21世纪高等学校规划教材 | 财经管理与应用

计算机辅助审计应用教程

陈福军 主编

清华大学出版社
北京

内 容 简 介

本书从审计工作的实际需求出发，以应用为核心，以案例方式阐述计算机辅助审计技术的审计应用，主要包括计算机辅助审计的基本理论、审前调查的基本内容与方法、审计数据的采集、验证、整理和分析的基本理论与方法以及 Excel、数据库、审计软件在计算机辅助审计中的应用，为辅助于各章节学习，还设计了相应的实践训练项目。

本书适合作为高等学校财经类专业教学用书，亦可供培训审计人员使用，还可作为会计与审计工作者的学习参考资料。

图书在版编目（CIP）数据

计算机辅助审计应用教程 / 陈福军主编. —北京：清华大学出版社，2011.8
（21 世纪高等学校规划教材・财经管理与应用）
ISBN 978-7-302-25119-4

Ⅰ. ①计…　Ⅱ. ①陈…　Ⅲ. ①计算机辅助设计-教材　Ⅳ. ①TP391.72

中国版本图书馆 CIP 数据核字（2011）第 050883 号

责任编辑：魏江江　薛　阳
责任校对：焦丽丽
责任印制：李红英
出版发行：清华大学出版社　　**地　　址**：北京清华大学学研大厦 A 座
http://www.tup.com.cn　　**邮　　编**：100084
社　总　机：010-62770175　　**邮　　购**：010-62786544
投稿与读者服务：010-62795954，jsjjc@tup.tsinghua.edu.cn
质　量　反　馈：010-62772015，zhiliang@tup.tsinghua.edu.cn
印　刷　者：北京富博印刷有限公司
装　订　者：北京市密云县京文制本装订厂
经　　销：全国新华书店
开　　本：185×260　**印　张**：19　**字　数**：464 千字
版　　次：2011 年 8 月第 1 版　　**印　　次**：2011 年 8 月第 1 次印刷
印　　数：1～3000
定　　价：29.50 元

产品编号：037835-01

出版说明

随着我国改革开放的进一步深化，高等教育也得到了快速发展，各地高校紧密结合地方经济建设发展需要，科学运用市场调节机制，加大了使用信息科学等现代科学技术提升、改造传统学科专业的投入力度，通过教育改革合理调整和配置了教育资源，优化了传统学科专业，积极为地方经济建设输送人才，为我国经济社会的快速、健康和可持续发展以及高等教育自身的改革发展做出了巨大贡献。但是，高等教育质量还需要进一步提高以适应经济社会发展的需要，不少高校的专业设置和结构不尽合理，教师队伍整体素质亟待提高，人才培养模式、教学内容和方法需要进一步转变，学生的实践能力和创新精神亟待加强。

教育部一直十分重视高等教育质量工作。2007 年 1 月，教育部下发了《关于实施高等学校本科教学质量与教学改革工程的意见》，计划实施“高等学校本科教学质量与教学改革工程（简称‘质量工程’）”，通过专业结构调整、课程教材建设、实践教学改革、教学团队建设等多项内容，进一步深化高等学校教学改革，提高人才培养的能力和水平，更好地满足经济社会发展对高素质人才的需要。在贯彻和落实教育部“质量工程”的过程中，各地高校发挥师资力量强、办学经验丰富、教学资源充裕等优势，对其特色专业及特色课程（群）加以规划、整理和总结，更新教学内容、改革课程体系，建设了一大批内容新、体系新、方法新、手段新的特色课程。在此基础上，经教育部相关教学指导委员会专家的指导和建议，清华大学出版社在多个领域精选各高校的特色课程，分别规划出版系列教材，以配合“质量工程”的实施，满足各高校教学质量和教学改革的需要。

为了深入贯彻落实教育部《关于加强高等学校本科教学工作，提高教学质量的若干意见》精神，紧密配合教育部已经启动的“高等学校教学质量与教学改革工程精品课程建设工作”，在有关专家、教授的倡议和有关部门的大力支持下，我们组织并成立了“清华大学出版社教材编审委员会”（以下简称“编委会”），旨在配合教育部制定精品课程教材的出版规划，讨论并实施精品课程教材的编写与出版工作。“编委会”成员皆来自全国各类高等学校教学与科研第一线的骨干教师，其中许多教师为各校相关院、系主管教学的院长或系主任。

按照教育部的要求，“编委会”一致认为，精品课程的建设工作从开始就要坚持高标准、严要求，处于一个比较高的起点上；精品课程教材应该能够反映各高校教学改革与课程建设的需要，要有特色风格、有创新性（新体系、新内容、新手段、新思路，教材的内容体系有较高的科学创新、技术创新和理念创新的含量）、先进性（对原有的学科体系有实质性的改革和发展，顺应并符合 21 世纪教学发展的规律，代表并引领课程发展的趋势和方向）、示范性（教材所体现的课程体系具有较广泛的辐射性和示范性）和一定的前瞻性。教材由个人申报或各校推荐（通过所在高校的“编委会”成员推荐），经“编委会”认真评审，最后由清华大学出版社审定出版。

目前，针对计算机类和电子信息类相关专业成立了两个“编委会”，即“清华大学出版社计算机教材编审委员会”和“清华大学出版社电子信息教材编审委员会”。推出的特色精品教材包括：

（1）21 世纪高等学校规划教材·计算机应用——高等学校各类专业，特别是非计算机专业的计算机应用类教材。

（2）21 世纪高等学校规划教材·计算机科学与技术——高等学校计算机相关专业的教材。

（3）21 世纪高等学校规划教材·电子信息——高等学校电子信息相关专业的教材。

（4）21 世纪高等学校规划教材·软件工程——高等学校软件工程相关专业的教材。

（5）21 世纪高等学校规划教材·信息管理与信息系统。

（6）21 世纪高等学校规划教材·财经管理与应用。

（7）21 世纪高等学校规划教材·电子商务。

清华大学出版社经过二十多年的努力，在教材尤其是计算机和电子信息类专业教材出版方面树立了权威品牌，为我国的高等教育事业做出了重要贡献。清华版教材形成了技术准确、内容严谨的独特风格，这种风格将延续并反映在特色精品教材的建设中。

清华大学出版社教材编审委员会
联系人：魏江江
E-mail:weijj@tup.tsinghua.edu.cn

随着计算机和信息技术的迅猛发展，特别是会计信息系统的普及和国家信息化建设的加强以及企业业务管理的高度信息化，使得审计人员正面临着如何审查电子数据和提高审计工作效率及数据分析能力等多重压力，审计人员只有熟练掌握了计算机辅助审计理论的方法才能适应信息化发展的需要。在信息化这个大背景下，掌握计算机辅助审计技术已成为每个审计人员必须具备的一项能力。

开展计算机辅助审计，关键在于提升审计人员的计算机辅助审计技术和业务分析能力。为适应我国审计形势发展的需要，满足广大审计工作者实际工作和计算机辅助审计教学的需求，我们组织编写了本书。本书从应用的角度出发，以实用性为重点，突出计算机在审计中的应用操作，力求做到理论与实践的有机结合。本书在内容和结构上重点突出了以下两方面的特点：

（1）编写案例化：本书在编写上以应用为出发点，突出审计人员的实际需求，通过大量审计实践案例的讲解，阐述计算机辅助审计技术理论与应用，以期在提供给读者完整的计算机辅助审计理论体系的同时，提高其解决实际问题的能力。

（2）突出应用性：从审计工作的实际需求出发，突出实践能力的培养，结合流行的计算机辅助审计软件工具的使用，以案例形式探讨计算机辅助审计的理论与应用问题，辅以实践训练，全面提升计算机辅助审计的应用能力。

本书共分 8 章，第 1 章是对计算机辅助审计的一个概括性介绍，以期读者能对计算机辅助审计有一个基本的了解；第 2 章论述了计算机辅助审计审前调查的基本内容与方法；第 3～4 章以案例方式阐述了计算机审计数据的采集、验证、整理和分析的基本理论与方法；第 5 章以案例形式阐述了 Excel 电子表格软件在审计中的应用；第 6 章以 SQL Server 数据为基础，以案例形式阐述了数据库技术在审计中的应用；第 7 章以用友审易 A460 为例，阐述了审计软件的应用；第 8 章是为辅助各章节学习所设计的实践训练项目。

本书由陈福军主编，负责设计内容框架、总纂书稿及定稿。参加本书编写的有刘景忠、赵耀、齐鲁光、王朝等同志。在本书的编写过程中，参阅、引用了部分参考数据资料，对资料的原作者表示诚挚的感谢。

本书可作为高等学校财经类专业教学用书，也可作为一般审计（会计）从业人员和审计（会计）工作者的学习参考资料。

在本书的编写过程中得到了出版社编辑和许多专家学者的鼎力支持，在此深表谢意。尽管我们尽力做好本书的编写工作，但限于作者的水平，书中难免存在缺点和错漏之处，我们诚挚地希望广大读者对本书的不足之处给予批评指正，并提出宝贵意见，以便将来加以修正和改进。作者联系方式：E-mail:chenfj@126.com，QQ：1102360537。

编　者

2011 年 1 月

目 录

第1章 计算机审计概述

随着计算机技术、现代通信技术及互联网技术的迅猛发展，人类社会进入了以网络经济为代表的知识经济时代，这一时代显著的特征之一就是IT技术被广泛应用于社会的各个领域，成为社会发展的重要支柱。IT技术的发展使得会计系统从手工数据处理系统转变为电算化数据处理系统，审计对象也发生了重大的变化。为适应会计信息加工、存储形式的变化及对审计质量和效率的要求，实施计算机审计成为审计事业发展的必然要求。

1.1 计算机审计的产生与发展

计算机审计是伴随着科学技术的不断进步、审计对象的电算化及审计事业的不断发展而成长起来的，它是审计科学、计算机技术和数据处理电算化发展的必然结果。

1.1.1 计算机审计的产生

信息处理的电算化是计算机审计产生的一个直接原因。管理信息系统由手工操作转变为计算机处理后，在许多方面（如组织结构、信息处理流程、信息存储介质和存取方式、内部控制等方面）均发生了很大变化。手工会计信息系统也转变为会计电算化信息系统。这些变化对审计产生了极大影响，如审计线索、审计技术和方法、审计手段、审计标准和审计准则及审计人员的知识和技能都受到了影响。同时，计算机还可以帮助审计人员减轻繁重的审计文书负担，从而使审计人员有精力发展和创造新的审计方法、技术和技巧。从审计工作自身的角度来说，有两个方面的原因促使了计算机审计的产生。

1．审计业务范围的不断扩大

随着社会经济的发展，审计由原来单纯的以查错防弊为主的财政财务收支审计，发展到经营管理审计、经济责任审计和经济效益审计。审计作为一项具有独立性的监督、评价或鉴证的活动，产生于受托经济责任关系，因此，它总是与查明、考核和评价经济责任有关。随着外部审计向内部审计的发展，以及事后审计到事前审计、事中审计的发展，利用传统的方法进行审计已显得越来越“力不从心”，所以有必要使用先进的计算机技术来及时完成审计任务，因此产生了计算机审计。

2．人们对电子数据处理过程及其影响的认识不断深入

在电子数据处理的初期，由于人们计算机知识的缺乏，以及对数据处理过程及结果的不甚了解，很少对电子数据处理系统本身进行审计，即使进行审计也不采用计算机审计的方法，而是把经过计算机处理的数据打印出来，采用传统的手工方法进行审计。会计实现电算化以后，对计算机信息处理系统的安全性、可靠性及效率进行检查、监督与评价显得越发必要。利用计算机舞弊和犯罪的案件不断出现，给审计界带来了压力，从而使审计人员认识到，要对被审单位的经济活动做出客观、公正的评价，必须使用计算机辅助审计技术对电子数据处理系统进行审计。面对如此广泛的审计对象，利用传统的手工方法进行审计越来越不能及时完成审计任务，达到审计目的。因此，如何对那些已经在不同程度上实现了会计电算化的单位进行审计的研究，以及对如何用计算机辅助审计手段审计会计系统，如何发展和创造新的审计方法等问题的研究，促使了计算机审计的产生。

1.1.2 计算机审计的发展

1. 国外计算机审计的发展

为了发展同计算机审计相适应的理论与实务，世界各国的审计机关和组织都进行了积极的研究和探索。美国执业会计师协会早在1968年就出版了《电子数据处理系统与审计》一书，该书较详细地探讨了审计与电子数据处理系统的关系，提出了若干计算机辅助审计的电子数据处理系统的方法。在20世纪70年代，国际性组织——内部审计师协会又出版了《系统控制与审计》一书，进一步总结了电子数据处理系统的控制与审计实务，提出了不少行之有效的计算机辅助审计的方法和技术。1978年，美国注册公共会计师协会的计算机服务执行委员会出版了《计算机辅助审计技术》一书，详细地介绍了如何利用计算机辅助审计，提出了许多实用和有效的计算机辅助审计技术。1984年，美国EDP审计人员协会发布了一套EDP控制标准——《EDP控制目标》，提出了电算化系统一系列总的控制标准。

目前，大多数发达国家已普遍实行了计算机审计，许多重要单位的电子数据处理系统相互联结成大型的计算机网络，审计机关或大型的会计师事务所通过企业局域网和广域网，可以把自己的计算机终端连到这些大型的计算机网络上。审计时，审计人员只要在自己的终端上就可以调取被审单位的有关资料，进行实时、在线审计。不少国际性的会计公司都成立了专门的机构，负责研究计算机审计技术以及审计实务。近年来，国际软件市场涌现出了许多通用或专用的审计软件，审计软件的商品化也促进了计算机审计的发展。

2. 我国计算机审计的发展

我国的计算机审计起步于20世纪80年代末，计算机审计从无到有、从简单到复杂、从局部探索到逐步走向普及，已取得了一定成绩。在理论研究方面，各种杂志上已发表了一些价值较高的有关计算机审计的论文，审计署已举办了多次计算机审计研讨会，许多财经院校、审计科研机构已将计算机审计列为重要的研究课题。在审计实务方面，已有一批计算机审计软件在审计实践中取得了明显的效果，提高了审计效率与质量。当前，我国计算机审计发展的现状是成效与问题并存。

1）计算机审计已取得初步成效

计算机审计是指对计算机信息系统的审计和利用计算机辅助审计，广义的计算机审计，还包括计算机在审计领域中的其他应用。目前我国计算机审计尚处于起步阶段，但近几年来随着信息化的发展已取得了初步成效。

（1）培养了一批计算机审计人才。

为了适应计算机审计工作的要求，审计署就如何使用数据采集软件，通过何种渠道采集电子数据，如何将采集到的数据转换为审计所需要的格式，如何开展数据查询和分析等一系列具体工作对审计人员进行了专门培训，培养了一批计算机审计专业人才。

（2）审计软件的开发取得了显著进步。

由于审计环境和审计工作的不确定性，我国审计软件的开发多年来受到较大的困扰，但近年来有所突破，取得了显著进步。尤其在审计法规检索系统和审计信息管理系统的开发方面取得了较大成就，已开发出多个审计信息管理系统和审计办公自动化系统，多种行业审计软件的成功开发和使用，极大地提高了行业审计的效率和深度。

（3）初步建立了计算机审计准则和规范。

为规范审计人员开展计算机审计工作，我国已初步建立了相应的准则和规范，如 1996 年，审计署发布的《审计机关计算机辅助审计办法》；1999 年，中国注册会计师协会颁布的《独立审计具体准则第 20 号——计算机信息系统环境下的审计》；2001 年，国务院办公厅发布的《关于利用计算机信息系统开展审计工作有关问题的通知》；2003 年，审计署信息化建设领导小组编制了《审计软件开发指南》；2005 年，GB/T19584——《信息技术、会计核算软件数据接口》国家标准开始在全国实施等。这些准则和规范的制定明确了审计机关有权检查被审计单位运用计算机管理财政收支、财务收支的信息系统，对信息系统的数据接口、电子信息的保存要求、系统的测试、网络远程审计的探索、审计机关和审计人员在计算机审计中的义务等做出了规定，指出了在计算机信息系统环境下审计的一般原则、计划、内部控制研究、评价与风险评估和审计程序等。

（4）规范了计算机审计的基本流程。

在计算机审计的实施过程中，逐步形成和规范了计算机审计业务流程，形成了“三阶段、七步骤”的计算机审计实施流程。“三阶段”是指将计算机审计划分为计划准备、审计实施、审计终结三个阶段。“七步骤”是指将计算机信息数据审计划分为审前调查，获取必要和充分的信息；采集数据，全面掌握情况；数据转换、清理和验证；建立审计中间表，构建审计信息系统；多维分析、把握总体，锁定重点，写出数据分析报告；建立个体模型，内外关联，筛选分析数据；延伸落实，审计取证七个基本步骤。

（5）构建了计算机审计的质量控制模型。

计算机审计的质量控制模型主要以计算机数据审计的流程为主线，规范了从审前调查、数据采集、转换一直到数据分析的各个步骤的控制目标、控制标准和实现方法。除计算机数据审计外，质量控制模型还探讨了如何控制对信息系统审计的质量，主要包括一般控制审计、应用控制的审计和信息系统生命周期的审计等领域。

（6）促进了审计方式的转变。

近几年，伴随着计算机审计的纵深发展，实现了审计方式的根本性转变，主要表现为审计方式由“瞎子摸象”变成了把握总体、由孤立判断变成了系统把握、由凭个人经验看账变成了用模型分析、由进点以后摸线索为主变成了带着线索延伸审计为主；审计组织和管理方式打破了传统的审计组织模式，变成以资源整合、集中分析、辐射延伸为导向新的组织方式；形成了“一条主线、四个要点、三个层次”的审计实施方案，即审计实施方案的制定要以审计目标为主线，紧紧把握被审计单位的特点，培育审计的亮点，突出审计的重点，找准审计的切入点，在审计组、审计小组和审计人员三个层次编制具体的审计方案。

2）计算机审计存在的主要问题

在信息化地推动下，我国计算机审计有了迅猛的发展，但总的来说还是处于学习和摸索阶段，仍然存在不少问题，主要表现在以下几方面。

（1）缺乏胜任的计算机审计人才。

计算机审计是会计、审计、信息系统、网络技术与计算机应用的交叉学科。开展计算机审计要求审计人员具有复合型的知识结构，既要掌握财会、审计知识，又要掌握信息系统、计算机与网络技术。但我国现在还很缺乏具有复合型知识结构的计算机审计人员，大部分审计人员不熟悉计算机是如何进行经济与会计业务处理的，不了解计算机处理与网络技术的运用有什么风险、怎样才能有效控制这些风险，不熟悉如何对计算机信息系统进行审计或利用计算机和网络技术进行审计。计算机技术人员熟悉计算机和网络技术，但不熟悉会计、审计知识，不知道如何进行审计。此外，缺乏开发实用性和通用性较强的审计软件所需要的高层次、高水平的人员，复合型人才的缺乏严重制约着我国计算机审计的发展。

（2）与计算机审计有关的法规和准则有待进一步完善。

目前，在计算机审计中审计机构的权力、责任和被审计单位的义务等相关法律法规还不完善，还没有与电子商务、网络经济和计算机应用相配套的法律法规（如电子凭证、电子合同、数字签名的法律效力和保存要求，数字认证机构的认定及其法律责任）。另外，尽管审计署和中国注册会计师协会都已颁发了一些有关计算机审计的准则和规范，但这些准则和规范都比较笼统，没有相应的实施细则，有的准则和规范中缺乏计算机信息系统审计和电子商务审计方面的内容。

（3）被审单位的信息系统缺乏应有的审计接口，相当数量的审计软件实用性不强。

开展计算机审计要求计算机信息系统留有审计接口，以便取得被审系统的电子信息，进行有关的审计处理。虽然我国软件协会财务及管理软件分会曾对财务软件的数据接口提出了标准要求，但许多财务与管理软件都没有执行。除已有的信息系统缺乏审计接口外，目前正在开发的电子政务系统和企业管理系统大部分也都没有考虑到审计接口的要求。此外，在为数不少的审计软件中，实用性强的不多，使用效果不够理想，一个重要的原因就是开发人员与用户的脱节。用户在使用中发现的问题和改进的要求没有反馈给开发人员，开发人员无法根据用户的建议和要求不断改进与优化软件。

3）我国计算机审计发展的趋势和方向

随着我国经济与管理信息化的发展，大力发展计算机审计是审计现代化的必然趋势，展望未来，计算机审计应做好以下几个方面工作。

（1）大力加强人才培养和人员培训。

要推动计算机审计的发展，必须加强计算机审计人才的培养。对不同需求的人才培养进行统筹规划，有针对性进行培训。对普通在职人员的培训，除一般的文字处理、制表软件的操作外，应将重点放在计算机辅助审计技术的应用上，包括利用被审单位的计算机信息系统、Excel 电子表格和审计软件进行辅助审计的技术和方法，并逐步加入计算机信息系统与网络安全、有关控制及其测试等内容。对较高层次的人才培养，重点放在信息系统开发审计、系统功能或应用程序审计、网络安全审计和审计软件的开发等方面。对未来审计人员培养，应在高校审计及相关专业教学计划中增加信息技术和电子商务等内容，把计算机审计列为必修课。

（2）进一步完善有关计算机审计的法规和准则。

首先，要加强与电子商务、网络经济相关的立法工作，确保计算机审计有法可依。我国应尽快制定有关电子商务的法律、法规，把电子凭证、电子合同和数字签名的法律效力和保管要求，数字认证机构的管理，电子信息与网络系统的安全等相关问题以法律法规的形式明确下来。其次，进一步完善与计算机审计有关的法规和准则。在法律法规上确定审计机构和审计人员有权审查被审计算机信息系统的功能与安全措施，有权利用网络和审计软件进行审计，被审单位应给予积极协助。在审计准则方面，可考虑补充对计算机信息系统审计以及网络审计等准则或规范，并适时制定相应的操作指南。

（3）强制要求信息系统提供审计接口，大力开发、优化审计软件。

我国许多信息系统没有审计接口，审计软件无法获取系统的电子资料。缺乏数据接口已成为我国利用计算机辅助审计的桎梏，解决审计接口问题刻不容缓。信息产业管理部门与经济监管部门要加强监督，强制要求各单位在开发涉及经济和会计业务处理的计算机系统时，必须为经济监督部门提供数据接口，便于计算机辅助审计和审计信息化建设顺利实施。要推动计算机审计的发展，一项重要的工作就是要提高我国审计软件的质量和实用性，关键是做好软件的开发和优化工作。软件开发人员必须深入审计工作第一线，审计软件的分析设计要吸纳经验丰富的审计人员参加。我国现有的审计软件还处于使用和改进过程中，只有加强使用者与开发者之间的沟通与联系，才能将使用中发现的问题及改进建议及时反馈给开发者，有利于审计软件的不断优化提高，真正成为实用的审计工具。

（4）注重对计算机信息系统的审计。

信息系统审计的发展是伴随着信息技术的发展而发展的。在数据处理电算化的初期，人们对计算机在数据处理中的应用所产生的不利影响没有足够的认识，认为计算机处理数据准确可靠，不会出现错误，因而很少对数据处理系统进行审计。随着计算机应用在数据处理中的逐步扩大，利用计算机犯罪的案件时有发生，使审计人员认识到有必要对信息系统本身进行审计，即信息系统审计。信息系统审计主要审查系统的可行性、系统业务处理功能的合法性和正确性、系统安全控制的恰当性与有效性、留有充分的审计线索与扩展性。应督促信息系统用户在系统中建立监控程序，以便计算机能对一些敏感和重要环节实行实时监控，遇到异常情况马上报警并予以记录，以便审计人员审查。

（5）积极尝试电子商务审计。

电子商务审计主要运用网络审计和网站审计。网络审计是指通过计算机网络监控被审单位的计算机信息系统，对被审计单位财会数据进行收集审核。审计人员在网上通过被审计单位赋予的审查权限，可以完成大部分审计工作，如运用审计软件对各种电子会计信息抽查验证，网上复制有关数据，编写审计工作底稿，使用电子邮件向银行或债权人、债务人进行函证等。网站审计是指由审计人员和工程技术人员，对网站上进行的电子商务行为及信息系统的安全性进行审计，如对在网站中进行商品交易、支付、清算等业务进行审查，利用审计软件抽取样本，进行各种数量关系的配比分析与数据查询。调查异常项目，对相关数据进行检查、分析与核对，运用信息控制和加密技术保证信息传输过程中不被截取和破译，对各类病毒进行控制、检测，防止电脑黑客的攻击。

1.2 计算机审计的概念

计算机审计是与传统手工审计相对应的概念。传统手工审计是指在手工操作下对手工信息系统所进行的审计；计算机审计则是随着电子计算机产生及其在审计中的应用，以及数据处理电算化的发展，随着电算化信息系统的产生和发展而出现的。计算机审计与传统手工审计没有本质的区别，基本的审计目标和审计范围是相同的，同样也是执行经济监督职能，但是审计的方法和技术发生了改变，主要是审计机关和被审计单位双方都利用计算机作为作业的工具，即一方用计算机记录财务会计核算和经营管理数据，一方用计算机进行审计。

1.2.1 计算机审计的含义

计算机审计是一个不断发展的过程，对计算机审计的含义，人们有不同的理解，概括起来主要有以下几方面的阐述。

1．EDP 审计

EDP 审计（Electronic Data Processing Audit，EDPA）是指针对电子数据及其处理过程的审计，它是在计算机技术应用于电子数据处理，特别是应用于管理和会计核算的电子数据处理时出现和发展起来的。世界上最早出现的 EDP 审计专业组织是 1969 年在美国成立的 EDP 审计师协会，早期的 EDP 审计的对象不是进行电子数据处理的计算机信息系统，而是被审计机构的电子数据处理过程和结果及相关的控制，因此 EDP 审计可看作是信息系统审计的雏形。

EDP 审计强调的是对电子数据处理过程及结果的审计。

2．信息系统审计

信息系统审计（Information System Audit，ISA）目前有比较一致的定义，比较有代表性的定义有：

（1）“信息系统审计是一个获取并评价证据，以判断信息系统是否能够保证资产的安全、数据的完整以及有效率地利用组织的资源并有效果地实现组织目标的过程”（Ron Weber 1999）。

（2）“为了信息系统的安全、可靠与有效，由独立于审计对象的 IT 审计师，以第三方的客观立场对以计算机为核心的信息系统进行综合的检查与评价，向 IT 审计对象的最高领导提出问题与建议的一连串的活动”（日本通产省 1996）。我国学者胡克瑾也借用和认可了日本的这一定义。

（3）“IS 审计是指对信息系统从计划、研发、实施到运行维护各个过程进行审查与评价的活动，以审查企业信息系统是否安全、可靠、有效，保证信息系统得出准确可靠的数据”（邓少灵 2002）。

信息系统审计是指根据公认的标准和指导规范，对信息系统及其业务应用的效能、效率、安全性进行监测、评估和控制的过程，以确认预定的业务目标得以实现。具体而言，信息系统审计就是以企业或政府等组织的信息系统为审计对象，通过现代的审计理论和 IT 管理理论，从信息资产的安全性、数据的完整性以及系统的可靠性、有效性和效率性等方面出发，对信息系统从开发、运行到维护的整个生命周期过程进行全面审查与评价，以确定其是否能够有效可靠地达到组织的战略目标，并为改善和健全组织对信息系统的控制提出建议的过程。

信息系统审计强调的是对信息系统和系统数据的审计。

3．电算化审计

电算化审计（Computerized Audit，CA）是随着我国会计电算化的发展而逐步发展起来的，是指对使用电算化会计信息系统的企业单位所进行的审计，它强调审计对象是电算化会计信息系统，而不论审计手段是手工的还是计算机化的。

4．信息技术审计

信息技术审计（Information Technology Audit，ITA）简称 IT 审计，常常被当作是信息系统审计（Information Systems Auditing，ISA）的代名词，但严格来说，IT 审计与信息系统审计是不完全相同的，信息技术审计虽然也是针对系统的审计，但更加强调对信息技术的审计以及审计过程中信息技术手段的运用；而信息系统审计则是对信息系统的审计，强调的是系统的概念。从英文含义看，使用 ISA 这一概念对这一活动的描述较 ITA 更为全面。

信息技术审计强调对信息技术的审计以及审计过程中信息技术手段的运用。

5．计算机审计

计算机审计（Computer Audit，CA）是全球通用的概念，在我国较早见之于肖泽忠教授的《计算机审计》一书。虽然至今尚无一致的解释，但一般认为，计算机审计是与传统手工审计相对应的概念，主要是指运用计算机审计技术对与财政、财务收支有关的计算机应用系统实施的审计，具体来说包括两方面的内容：

（1）对包括会计电算化在内的信息系统的设计进行审计，以及对包括会计电算化在内的信息系统的数据处理过程和处理结果进行审计。

（2）审计人员利用计算机辅助审计技术——把计算机作为工具，将计算机及网络技术等各种手段引入审计工作，建立审计信息系统，帮助审计人员完成部分审计工作，实现审计工作的办公自动化。

计算机审计概念相对最广，只要是审计师一方使用计算机技术或是被审计单位一方使用计算机技术，该审计过程就可以称为计算机审计。

6．计算机辅助审计

计算机辅助审计（Computer-Assisted Audit，CAA）实际上是指计算机辅助审计工具与技术（Computer Assisted Audit Tools and Techniques，CAATTs），它强调的是审计方法、技术和手段的计算机化。国际审计实务委员会认为“按照《国际审计准则 15——电子数据处理环境下的审计》的解释，在电子数据处理的环境下进行审计时，并不改变审计的总体目标和范围。但是，审计程序的运用，可能要求审计人员考虑利用计算机技术作为一项审计的工具。计算机在这方面的各种使用称之为计算机辅助审计技术。”国家审计署则认为“计算机辅助审计，是指审计机关、审计人员将计算机作为辅助审计的工具，对被审计单位财政、财务收支及其计算机应用系统实施的审计。本办法所称计算机应用系统，是指被审计单位与财政、财务收支有关的计算机应用系统。”

计算机辅助审计强调的是计算机技术的应用，是一种审计的技术与方法。

纵观上述观点，计算机审计的内涵至少应包括三个方面的内容：一是对财务数据进行审计，二是对会计信息系统进行审计，三是利用计算机技术辅助实施审计。

1.2.2 计算机审计的特点

由于计算机审计包括对桌面与网络化的财会及经济信息系统的审计，以及利用计算机及其网络进行辅助审计，因此，计算机审计存在以下主要特点。

1. 会计信息系统审计的特点

1）审计范围的广泛性

在电算化信息系统中，原始数据一经输入，即由计算机按程序自动进行处理，中间一般不再进行人工干预。这样，系统的合法性、效益性，系统输出结果的真实性，不仅取决于输入数据、操作系统的工作人员，还取决于计算机的硬件和软件等。因此，要确定系统的合法性、效益性，系统输出结果的真实性，不仅要对输入数据、操作系统的工作人员及其打印输出的资料进行审查，而且还要对计算机的硬件、系统软件、应用程序和机内的数据文件进行审查，而这些内容在传统的手工审计中是没有的。另外，由于电算化信息系统投入使用后，对它进行修改非常困难，代价也非常昂贵。因此，除了要对投入使用后的电算化信息系统进行事后审计外，审计人员还要对系统进行事前和事中审计。由此可见，电算化信息系统的审计范围比传统的手工审计范围更广泛。

2）审计线索的隐蔽性、易逝性

在电算化信息系统中，审计需要跟踪的审计线索大部分存储在磁性介质上，这些线索是肉眼不可见的，容易被篡改、隐匿，也容易被转移、销毁或伪造。在实时系统中，有些数据只存在很短的时间就被新的数据所覆盖。在审计中，如果操作不当，很可能破坏系统的数据文件和程序，从而毁坏了重要的审计线索，甚至干扰被审系统的正常工作。

3）审计取证的实时性和动态性

在大中型企事业单位中，电算化信息系统是一个企业不可缺少的神经系统，该系统如果停止工作，有时会直接影响单位的生产经营活动。例如，有些企业的电算化会计信息系统每天都要结算成本和利润，进行生产动态分析，以供领导进行决策和指挥时参考。在这些企业中，如果该系统停止运行，会给企业带来巨大的损失。因此，对电算化信息系统的审计，往往是在系统运行过程中进行审计取证，审计人员一方面要及时完成审计任务，另一方面又要不干扰被审系统的正常工作，这就给审计工作带来了一定难度。

4）审计技术的复杂性

首先，由于不同被审单位的计算机设备各式各样，有大中型机、微型机，有国产机、进口机等，各种计算机的功能各异，所配备的系统软件也各不相同。由于审计人员在审计过程中，必然要和计算机硬件和系统软件打交道，这些不同势必会增加审计技术的复杂性。其次，由于不同单位的业务规模和性质不同，所采用的数据处理和存储方式也不同。因此，审计时所采用的方法和技术也不同。此外，不同被审单位其应用软件的开发方式、开发的程序设计语言也不尽相同，对其进行审计的方法和技术也不一样。

2．计算机辅助审计的特点

利用计算机对手工信息系统或电算化信息系统进行审计，有以下明显特点。

1）审计过程自动控制

在审计工作中常常有大量重复性计算，以往审计人员都是借助算盘和计算器进行计算，这样虽然也能提高运算速度，但是，它必须在手工直接操作下才能完成，其中每一步运算都要输入数据和决定进行什么样的操作，这种操作把人严重地束缚在繁重的运算过程中，往往容易使人在疲劳中产生差错。使用计算机则可以对不连续或离散的信息单元进行运算，使其完全按照人们事先编好的程序自动运行。由于计算机运算速度快、精度高，审计过程中大量的分析、计算可方便地由计算机完成。另外，计算机具有的逻辑判断功能，能够对审计所进行的每一步做出正确的判断和选择，保持了审计过程的连续性和一贯性。

2）审计信息自动存储

在审计过程中，审计人员经常需要对审计信息频繁地寄存和提取。在手工审计中，审计人员使用笔和纸来进行记录，既费时又容易出错，而计算机的存储器有足够的容量保存各种审计信息，当计算机运行时，审计信息被加载到存储器中并被存储起来，在需要时，这些信息可被迅速、准确地取出。自动控制和存储技术的结合使计算机辅助审计成为可能。

3）改变了审计作业小组成分

由于目前还缺乏具备复合型知识结构的审计人员，所以，在开展计算机辅助审计时，审计小组不可避免地需要计算机技术人员。在审计过程中，要坚持审计人员与计算机技术人员相互结合、取长补短，只有充分发挥他们各自的作用，才能圆满完成审计任务。

4）转移了审计技术的主体

在手工审计中，一些审计人员的技术和经验往往支撑着审计的全过程，利用计算机辅助审计使得审计处理的主体由人变为计算机。相应地，部分审计人员在审计小组中的主导地位也或多或少地发生变化，这种变化集中表现在他们赖以主导审计过程的技术和技巧已被计算机所代替。因此，他们可以把精力放在对一些审计项目内容的规范上或去探讨一些新的审计方法。

1.2.3　计算机审计的目的

计算机审计的目的对应具体的审计项目，不同的审计项目其主要目的各不相同。财务审计的目的是保护资产安全，保证财务信息的质量；财经法纪审计是揭发违法乱纪行为，维护社会利益和国家利益；经济效益审计是通过对被审计单位经济活动的效率、效果和效益等方面进行检查和分析，提出建议，促使其经济效益提高。一般而言，计算机审计的目的主要包括以下内容。

1．保护系统资源的安全和完整

资产和资源包括计算机硬件、软件设备，电子数据处理系统有关的各种文件、程序和数据。计算机审计应能通过对内部控制的研讨、评价，通过符合性测试和实质性测试，发现内部控制的弱点、数据处理中的问题，为被审计单位财产物资的安全问题提出建议；通过数据与资产实物核对、查证，证实各项资产的安全性；通过审计，杜绝或防止损坏和盗窃资产及其他资源的现象，为资产的安全提供合理的保证。

2．保证信息的可靠性

计算机审计要通过各种有效的方法、程序，审查和证实系统所提供的信息是否正确，是否恰当、公正和全面地反映了被审计单位的财务状况和经营成果。

3．维护法纪，保护社会和国家利益

审计人员通过对电算化信息系统的审计，对揭露并防止利用计算机进行犯罪、舞弊行为起着重要作用。随着电子计算机应用的推广及应用水平的提高，计算机犯罪越来越多，其手段和方法也越发高明，给国家和社会带来的损失也越来越大，审计人员努力达到抑制计算机犯罪这一目的，具有重大的法律和社会意义。

4．促进计算机应用效率、效果和效益的提高

计算机在管理信息处理方面的运用，技术性强、环境复杂、代价昂贵，被审计单位的计算机应用效率、效益和效果如何，是审计人员应当注意的一个重要方面。计算机处理速度快、计算精度高、存储量大不一定表明计算机信息系统的效率高，效率高要求计算机应用系统运行速度快，各项资源得到充分利用，系统提供的报告能便利地被信息使用者和决策者使用；效果好要求系统能提供令各方面用户（包括审计人员）满意的信息服务；效益佳要求系统的成本与系统给被审计单位带来的利益之比是最佳的，一个高效益的计算机系统是耗用最少资源取得所需要的信息输出的系统。通过审计，应能对这些方面进行评价并提出改进建议。

5．促进内部控制的完善

同手工审计一样，计算机审计也是以研究和评价系统的内部控制系统为基础的，电算化信息系统比手工操作的信息系统更为复杂。没有完善的内部控制，它所产生的信息就难以保证其可靠性，就难免发生舞弊、犯罪行为；反之，则可以减少或杜绝舞弊和犯罪的机会和可能性。计算机审计人员研究和评价电算化信息系统的内部控制，一方面为进一步确定审计性质、范围和时间提供依据，另一方面通过了解内部控制的强弱，为改善内部控制提供意见，促使被审计单位强化电算化信息系统的内部控制。

1.2.4 计算机审计的内容

1993 年 9 月 1 日签发的中华人民共和国审计署令第 9 号《审计署关于计算机审计的暂行规定》第 2 条和第 3 条明确指出：凡使用计算机处理财政、财务收支及其有关经济活动的被审计单位，审计机构有权使用计算机技术，依法独立对其计算机财务系统进行审计监督。计算机审计的内容包括：内部控制制度，包括管理制度和软件控制技术；记录在各载体上的数据资料，包括纸性、电磁性的凭证、账簿、报表等；应用软件及其技术档案，包括各种管理财政、财务及其有关经济活动信息的计算机应用软件。

为达到以上目的，审计人员需进行多方面的审计活动。从审计对象的含义来看，计算机审计包括审计项目管理系统的计算机辅助审计、手工会计系统的计算机辅助审计和会计信息系统审计三方面的内容。

1．审计项目管理系统的计算机辅助审计

审计项目管理系统包含的内容有审计项目计划、审计工作底稿、审计报告、审计意见、审计决定、审计档案、审计案例等，都可以由计算机统一管理。计算机可以将上述内容以机器可读的形式存储在磁性介质上，将各种信息重新组织、重新分类，进行各种所需格式的数据处理，供审计人员需要时随时调用和打印输出，以提高审计工作的效率。

2．手工会计系统的计算机辅助审计

从原理上来说，手工审计要做的审阅、复核、核对、比较、分析、计算等工作都可以利用计算机辅助执行，但是，在手工会计条件下，要利用计算机辅助审计，必须把有关资料输入计算机，才能由计算机进行有关的处理。因此，只有在计算机处理资料所省下的时间大于输入有关资料所耗费的时间，利用计算机审计的效益大于其成本的条件下，计算机辅助审计才是可取的。一般在逐一浏览有关资料中可以完成的审查工作，不需要计算机来完成，而需要作比较繁多的计算，但需要输入的数据不太多，或者数据输入一次，可由计算机分别作多项审计处理的审查工作，可以考虑利用计算机辅助审计。例如，利用计算机来审查被审单位材料成本差异的处理情况，利用计算机辅助审计抽样，利用计算机进行经济效益指标计算等。

3．会计信息系统审计

由于审计的具体目的不同，审计的内容也有所不同，但总的来说，会计信息系统审计包括内部控制系统审计、系统开发审计、应用程序审计、数据审计等内容。

1）对内部控制系统的审计

对计算机会计信息系统审计时，整个审计工作的基础仍然是内部控制系统。内部控制系统的审计主要是审查内部控制制度与措施是否建立、是否完善、是否被一贯地执行。计算机会计信息系统的内部控制按其内容可分为一般控制和应用控制两种。一般控制是指对计算机会计信息系统中组织、操作、安全、开发等运行环境方面的控制，一般以规章制度、采用网络安全软件和程序控制的形式体现。应用控制是指为保证数据的准确与完整，适用于各种具体会计处理的特殊控制，一般将其概括为输入控制、处理控制和输出控制等，主要以程序的形式发挥作用。

审计人员需要了解具体的内部控制制度和措施，用手工或计算机辅助软件获取样本，具体审计时，对一般控制和应用控制的审计方法不同：采用原手工审计的方法对系统有关的规章制度等一般控制做出评价；采用读取原程序、模拟数据测试、上机进行实际业务处理等方法对安全软件、程序控制的正确性、有效性和一贯执行性做出评价，并提出改进意见。

2）对数据资料的审计

当前，在计算机会计环境下，数据资料包括纸张存储的数据资料（如发票等），还包括以电磁信号等形式保存的数据库信息。

对数据库信息的审计将越来越被重视，因为在计算机会计信息系统中，大量的凭证、账簿、报表都是以数据库的形式存储，它们直接或间接地反映着会计程序运行的正确性。虽然许多会计软件提供了凭证、账簿、报表等的查询和打印功能，但如果只是依靠这些输出的信息进行判断还具有很大的审计风险，因为这些信息在输出时是依赖于输出程序的，假如数据库信息不正确，但是经过输出程序进行修改，也可以让输出给人看的信息呈现正确的状态，所以利用计算机技术直接对数据库信息进行审查相当重要。

对系统数据资料进行审计：一方面是对数据资料进行实质性测试，即对各会计账户余额、发生额直接进行检查，同时对会计数据进行分析性审核；另一方面是通过对系统数据资料的审计，测试一般控制措施和应用控制措施的符合性。对于纸质数据资料，可以采用人工审查的方式，即进行人工抽样检查。对于非纸质数据资料，可用计算机审计软件对这些数据文件进行测试和检查，作为辅助手段，也可以将相关数据打印出来进行检查。

3）对系统开发的审计

系统开发审计是指审计人员对计算机会计信息系统开发过程中的各项活动及由此产生的系统文档所进行的审核与评价。在系统开发过程中进行的审计是事前审计，审计人员特别是内部审计人员要参与系统分析、系统设计、系统调试、系统的运行与维护等。在审计过程中，审计人员一方面要检查系统的开发活动是否可行与恰当，开发方法是否科学、先进、合理；另一方面还要检查开发过程中是否产生了必要的审计线索，以及这些审计线索是否规范。

对计算机会计信息系统开发进行审计，对于保证系统的可靠性，系统运行的效率性，系统内部控制的适当性，系统运行结果的正确性、完整性，以及提高系统的可审性等，都具有积极的意义。另外，系统开发过程结束后进行的系统开发审计是事后审计，是评价系统内部控制是否可靠的重要方面。

4）对系统应用程序的审计

计算机会计信息系统是利用程序进行会计业务的处理，所以应用程序本身的正确性对整个系统的正确性起关键的作用，如果程序本身存在问题，那么其他控制措施都失去了意义，可见，对系统程序的审计是相当重要的。但对系统程序的审计具有一定的难度，因此可以聘请计算机专业人员一起开展工作。

对系统应用程序进行审计，一是要对嵌入应用程序中的控制措施进行测试，看其是否按设计要求在系统运行中起作用，即测试应用控制系统的符合性；二是通过检查程序运算和逻辑的正确性达到实质性测试的目的。

对系统应用程序进行审计时，可以采用以下方法：

（1）检查系统是否经过上级主管部门和科研技术机构组织的鉴定，鉴定的结果如何，如系统的档次、级别是什么等。这种方法往往应用于购买商品化会计软件的单位。

（2）阅读程序的源代码，检测程序是否正确。

（3）通过设计真实的或模拟的验证数据来执行程序，以检测程序的正确性。

（4）用专门的审计程序取代被审程序，数据仍用被审计数据，比较两者的结果是否一致。

1.3 会计信息系统对审计的影响

随着会计信息系统的飞速发展，现代审计理论和审计实务面临着许多前所未有的问题和挑战，审计环境由手工处理发展到全面的计算机处理，审计人员面对的不再是传统的手工会计及其控制方法，而更重要的是要研究与评价计算机数据处理系统。

1.3.1 会计信息系统对审计的影响概述

企业实施会计信息系统以后，在数据处理和工作效能等方面发生了根本性的变化，这种变化不仅反映在人们无法直接看到会计常见的凭证、账簿、报表等，而且还表现在系统的处理程序、组织方式、审计线索等方面的变化，如：肉眼可见的审计线索减少、会计核算过程不直观、控制弊端的方法不严密及计算机本身所带来的问题。总之，会计核算方式的转变对传统的手工审计工作形成了强有力的冲击，影响到了审计工作的方方面面，这种影响主要表现在以下几方面。

1．对审计环境的影响

会计信息系统的发展与实施，使得审计环境发生了很大的变化，一方面表现为审计人员必须利用计算机实施审计，要求审计人员能熟练操作计算机特别是相关的审计软件，另一方面由于被审计单位会计环境的变化，即会计电算化系统的运用，审计人员所面对的已不是传统意义上的账本，而是无形的电子数据和处理这些电子数据的会计核算管理系统，而会计核算软件千姿百态，使得审计环境比传统手工模式下显得更为复杂。

2．对审计线索的影响

审计线索对审计来说是极其重要的。传统的手工会计系统，审计线索包括凭证、日记账、分类账和报表。审计人员通过顺查或逆查的方法来审查每一笔记录，检查和确定其是否正确地反映了被审计单位的经济业务，检查企业的财务活动是否合法。而在电算化条件下，某些审计线索会中断或消失。电算化信息系统通过改变与审计线索有关的某些因素（如数据存储介质、存取方式、处理程序等）影响审计线索的形成。

（1）从经济业务数据输入计算机到会计报表输出都由计算机按程序指令自动完成，各项经济业务没有直接的责任人。

（2）纸质的凭证、账簿和报表被磁性介质上的代码代替。

（3）保存在磁性介质上的数据可能被篡改而不留痕迹，除非依靠计算机和应用程序，否则无法阅读。

（4）计算机记录的顺序和数据处理工作很难直接观察。

这些影响的结果是审计人员难以像以前那样对经济业务进行跟踪。为了继续跟踪审计线索，顺利完成审计任务，在电算化会计系统的开发和设计阶段，开发者应注意使系统在处理问题时留下可跟踪的审计线索，另外，审计人员还要学会从磁性文件中寻找审计线索。

3．对审计技术的影响

会计信息系统对审计技术的影响主要表现在以下两个方面：

1）对审计技术手段的影响

过去审计人员进行审计都是手工操作的，但随着会计信息系统广泛地应用了电子计算机技术，审计人员若仍以手工操作方式进行审计，显然难以达到目的。因此，审计的技术手段也应由手工操作向电子计算机操作转变。当然这并不是说在审计中能用电子计算机完全替代手工操作，而是审计人员应该掌握电子计算机科学及其应用技术，把电子计算机当作一种有力的审计工具来使用。

2）对审计技术方法的影响

与传统手工会计系统相比，计算机会计信息系统在许多方面发生了变化，审计人员必须采用新的技术方法才能适应这种变化。例如，传统的记账方法是每登记一笔账，便可以在账上看到一笔记录，而电子计算机却不能，一般是定期打印，供人们使用。平时这些记录只能在计算机上阅读，若要几笔业务对照来看，则很难做到。这种情况下审计取证的方法、对证据进行检验和审核的方法必须进行相应的改变。又如，传统的手工记账一般可从字迹上辨认登记人以明确责任，而计算机只能提供统一模式的输入资料，无法从记录上辨认登记人，这样，计算机中的记录可轻易被改变而不留痕迹。这就要求审计人员对已经实现了会计电算化的单位的内部管理、控制制度、职责的划分情况进行审查和评价。会计信息系统的实施要求审计人员必须采用新的审计方法，如审计取证方法、对证据进行检验和审核的方法。在传统方式下，审计人员可以采用诸如面谈法、问卷调查法、流程图检查法等获取审计证据，而实施会计信息系统后，则必须采用新的方法，诸如程序代码检查法、程序代码比较法、系统测试法等获取审计证据。

4．对审计内容的影响

在会计信息系统环境下，审计的监督职能并没有发生根本性的变化，但由于会计信息系统的特点，审计内容发生了相应性的变化。在会计信息系统中，各项会计事项都是由计算机按程序进行自动处理，它可以使因疏忽大意等原因造成的错误不致发生，但若系统应用程序有错误或被人篡改，计算机则只能以错误的方法处理所有的会计事项，后果不堪设想；若应用程序中被非法嵌入舞弊程序，则可帮助犯罪分子贪污国家或集体的财产，或在某种情况下使系统处于瘫痪。会计信息系统的特点及其固有的风险，决定了会计信息系统条件下审计的内容包括对会计信息系统的处理和控制功能进行审查，这是手工系统下审计所没有也不能审查的内容，这就要求审计人员具有计算机会计和计算机审计的知识和技能来进行审查。对会计信息系统的审查着重审查系统的应用程序，审查其处理功能是否符合会计制度及其有关规定，是否能合法正确地处理各项业务，应用程序中的控制程序是否恰当有效，是否能达到控制目的。审计人员如果不懂计算机知识就无法进行审计工作。

5．对审计人员的影响

“审计人员不掌握计算机技术，将失去审计的资格。”在手工系统中，审计人员凭借自己的经验、专业知识，结合运用各种审核检查的方法，就可以达到目的。然而，在实现会计信息系统后，由于电算化管理信息系统的环境比手工处理的管理信息系统更复杂，审计线索、内部控制、审计内容和审计技术都发生了变化。倘若审计人员只依靠过去的知识和技能是根本不能胜任工作的。因此，审计人员面临着更新知识的需要，他们不仅要有丰富的会计、审计、经济、法律、管理等方面的知识和技能，熟悉审计的政策、法令法规及其审计依据，还要掌握计算机和会计电算化方面的知识和技能，了解如何利用计算机进行审计。要有效地利用计算机进行审计，还需要审计人员自行开发计算机审计软件或辅助审计软件。

（1）适应会计信息系统的发展，审计人员应实现以下几方面的转变。

① 在思维方式方面，要在确保会计信息的真实性的前提下，挖掘会计信息深层性的管理信息，为企业决策层提供服务信息。

② 在管理理念方面，要树立行业自律，要在灵活掌握和运用审计准则、审计指南的前提下，熟练掌握计算机审计操作指南，为审计管理提供服务。

③ 在审计职能方面，要形成“监督、评价、服务”三位一体监督服务体系，要能够有效开展静态与动态、定性与定量、宏观与微观、历史与现实的分析，从而为监督服务提供保障。

④ 在审计层次方面，要实现从事后审计转向事中、事前的效益审计、管理审计，要熟练掌握数学方法、预警方法、智能方法、预测方法等，为效益审计、管理审计服务。

⑤ 在审计技术方面，要尽快适应信息化、网络化发展的需求，灵活运用网络平台、信息平台、知识平台和工具平台所提供的技术方法为审计服务。

（2）适应会计信息系统的发展，审计人员应在以下几方面不断提高自身素质。

① 不断完善、充实自己的知识，成为知识结构合理的复合型人才。

② 具备风险防范意识，掌握风险防范技术。

③ 熟悉现代信息技术，具备运用信息技术为审计工作服务的能力。

④ 熟练掌握计算机审计技术，能够灵活运用计算机技术开展审计工作。

（3）适应会计信息系统的发展，审计人员应掌握以下几方面的基本技能。

① 熟悉计算机会计信息系统的结构与运行原理。

② 熟悉掌握计算机硬件与软件的应用技术。

③ 有能力对计算机会计信息系统的内部控制做出适当的评价。

④ 有能力运用计算机进行分析性审计。

⑤ 掌握审计软件的开发技能。

6．对审计准则和审计标准的影响

各国的审计界在以往的审计工作中已经建立了一系列的审计标准和准则，如：审计人员标准、现场审计标准、审计报告标准、职业道德规范、审计效果衡量标准、财务审计标准、经济效益审计准则等。但在实施会计信息系统后，由于审计对象发生了重大变化，审计线索、审计方法和审计手段也受到了一定影响，发生了一些变化，过去的某些审计标准和准则已不再适用，如现场操作准则、质量检查标准等。因此，必须制定一套与之相适应的新的审计标准和准则。

（1）审计对象、审计环境、审计线索、审计技术手段方法等的改变使得原有准则、标准出现不适应性，必须建立新的准则以满足变化的需求。

（2）新情况缺乏准则规范，需要建立新准则加以指导，如审计人员培训考核标准、信息系统开发审计准则、内部控制审计准则、审计软件标准等都有待完善和建立。

7．对会计信息系统内部控制的影响

会计信息系统的应用实施使得数据处理方式、信息存储模式、会计工作组织等都发生了重大变革，急需重新建立一套新的适应会计信息系统环境的内部控制制度。会计信息系统对内部控制制度的影响是全方位的，从控制的形式、内容、重点到范围乃至具体的控制技术，无不呈现出和传统内控完全不同的特点。

1）对内部控制内容的影响

计算机会计系统比手工会计系统更加复杂，技术性更高。在手工会计系统中，会计人员分掌职权，会计人员之间的相互牵制和监督通过分工来实现，不仅局外人很难插手，而且相互之间也不能越权处理。但是在计算机会计系统中，操作人员都是通过计算机来完成数据的输入、处理和输出，这就存在一个如何识别合法操作员及其操作权限的问题，而且识别和控制都由计算机负责，不能仅靠分工来实现。由于机内数据极易被不留痕迹地大量删除、破坏和篡改，这使计算机内文件的安全保护、备份、禁止非法操作变得极为重要。同时，防止计算机舞弊和防止病毒破坏也成为会计内部控制的一个重要内容。

2）对内部控制重点的影响

在计算机会计系统中，会计核算工作由计算机集中完成。凭证数据录入后，会计软件

能迅速、毫无差错地分别记入各种账簿，并据此编制会计报表。只要输入的会计数据是正确的，其输出的会计信息也必然是正确的。这使手工会计方式下各种账簿之间和账簿与报表之间的相互核对变得毫无意义。企业内部数据控制的重点转移到凭证的填制、录入和审核环节，只有严把会计数据输入的质量关，才能保证输出会计信息的有用性和可靠性。

3）对内部控制形式的影响

计算机会计系统内部控制的形式主要是人机控制，改变了手工会计条件下单纯由人工控制的局面。人机控制是由人和计算机共同完成的，其效果比单纯的人工控制更严密、更准确，可以避免一些人为的舞弊和差错。计算机的应用使会计内部控制的许多具体方法和措施可以通过编制成计算机程序进行控制，如凭证序号的控制、凭证类型的控制、口令及操作权限控制、时间控制等等，计算机控制克服了人工控制的随意性，保证了控制的严格可靠。

4）对内部控制技术的影响

计算机在会计中的应用不仅大大提高了会计核算的质量和效率，而且还为内部控制提供了先进的控制技术，使会计内部控制的许多具体方法和措施可以编制成计算机程序进行控制，如软件保密控制、数据的正确性校验、操作权限控制等。但是任何事物有其利必有其弊，计算机亦是如此，它既可以提供先进的控制技术强化内部控制，又会给舞弊者留下可乘之机。

5）对内部控制范围的影响

手工会计的内部控制主要是对会计人员及其工作信息处理方法和程序进行控制，而在计算机会计系统环境下，由于系统建立和运行的复杂程度提高了，因此内部控制的范围也相应地扩大，包含了手工会计系统中所没有的控制，如对计算机硬件、软件以及相关设备的控制、网络系统安全的控制、系统权限的控制、修改程序的控制等。同时，网络技术和电子商务在财务软件中的广泛应用，对计算机会计系统的组成结构和运行模式产生了深远的影响，要实现远程报账、远程支付、远程报表、远程审计等一系列功能，其相应环节的内部控制变得十分必要，内部控制的范围已经延伸到财务软件开发过程、系统转换过程、远程网络系统等方面。

1.3.2 开展计算机审计必要性

“开展计算机审计是一场革命，如果不搞计算机审计，我们将失去审计资格。”随着信息技术的迅猛发展和会计电算化的日益普及，审计手段已由传统的手工审计逐渐向计算机审计过渡，开展计算机审计已成为审计人员面临的紧迫任务。

1. 传统审计面临的挑战

计算机会计代替手工会计，使得传统手工审计工作面临许多新的问题，信息系统及信息技术等在企业中的应用，也使得审计工作面临诸多挑战，如图 1-1 所示。

从图 1-1 中可以看出，信息技术、知识经济、加入 WTO 及数据信息处理技术的变革给审计工作带来的挑战主要表现在以下几方面。

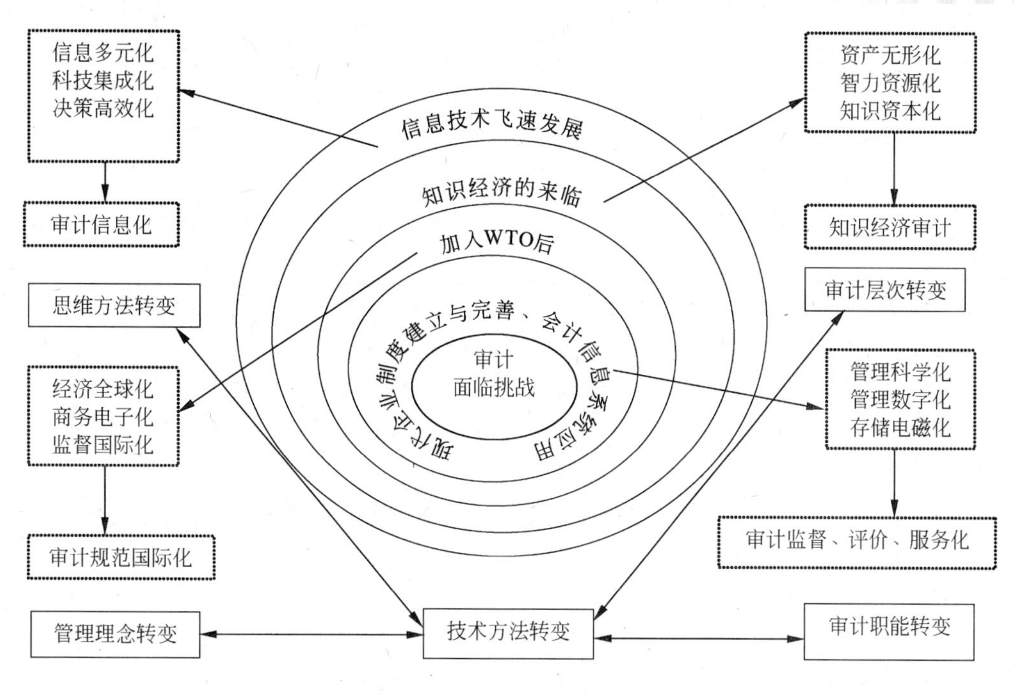

图 1-1　审计面临的挑战

1）肉眼可见的审计线索减少

在手工会计中，审计线索包括会计凭证、账簿、报表等会计资料，这些资料都反映在书面上，审计人员利用这些资料就能够从原始凭证开始，通过记账凭证、账簿追踪到会计报表，也可以从会计报表开始，追根溯源，一直追溯到原始凭证，通过这些可见的审计线索检查证、账、表数据所反映的经济业务的合法性，通过每个会计人员书写笔迹的不同，确定每一责任人完成业务的正确性。总之，在手工会计中，会计人员对经济业务的详细记录都跃然纸上，审计人员所需的审计线索，都可以通过这些书面记录获得。但是，在计算机会计中，除了一些原始文件、打印的会计账册、会计报表等为肉眼可视的审计线索，其他大部分数据都以电磁等信号形式保存在各种存储设备中，这些会计信息只有通过机器才可读，不再是肉眼直接所能识别的了，审计人员难以像在手工会计中那样对经济业务进行追踪、审查。

2）大部分人工完成的会计业务处理由计算机自动处理所代替

手工会计中的会计处理全部由人工来完成，而计算机会计信息系统的大部分工作由计算机程序自动完成，不需要人工的干预（例如账务处理中“记账”的完成），而且处理后的结果保存在计算机中，很容易被不留痕迹地修改，这样，审查计算机会计程序是否正确，处理是否合法、合规、合理就显得更加重要，而对计算机程序进行审计却是手工审计中不曾碰到的。

3）内部控制的方法更加依赖于计算机技术

对内部控制的评审是审计工作的重要任务，系统内部控制的变化直接影响审计技术与方法的变化。相对于手工环境，计算机会计信息系统的内部控制发生了重大变化。

（1）内部控制的重点由会计人员和会计业务部门转移到电子数据处理环境。相对于手工会计而言，计算机会计中的数据处理工作集中由计算机自动完成，财会人员对交易活动的直接监督减少了；计算机数据处理的集中性、连贯性，使大部分职权分离的控制作用近于消失；数据存储载体的改变及共享程度的提高，又使手工会计系统下的账簿控制体系失去作用。这样，企业需要采用新的控制方式。例如，同样是职责的分工控制，在计算机会计环境下，就需要进行口令的设置及修改制度的控制，这在手工会计下是不存在的。

（2）内部控制方式由手工控制变为手工控制和计算机控制相结合，计算机控制须依赖计算机硬件、软件等来实现。例如，在会计软件中对“记账凭证的输入”设计借贷平衡控制、科目合法性控制等，当用户输入记账凭证时，会计软件会自动执行相关控制。

（3）许多控制措施是直接对计算机硬件、软件以及其他有关设备进行控制，对计算机软硬件及其他设备进行的控制，技术性更强。

可见，内部控制的方法越来越依赖于计算机技术，传统手工审计方法已经不能满足要求，必须采用能对计算机控制进行审计的技术来对其进行审查监督。

4）差错因素发生了重大变化

手工会计中，会计数据处理的结果是否真实可靠是有据可查的，至于它是否合理合法、是否存在舞弊和差错，则主要取决于会计人员工作态度的好坏、工作能力的强弱、技术水平的高低，以及他们对有关法律法规、财经纪律、考核制度的理解程度及其贯彻执行情况。但是，在计算机会计信息系统中，会计数据处理结果是否真实可靠，就不仅仅取决于会计人员的业务水平和工作态度等因素，更取决于会计处理过程中所使用的计算机硬件系统和软件系统是否准确可靠，操作运行及处理流程是否符合要求等，这为判断是否存在舞弊行为增加了难度，需要计算机辅助审计。

5）企业信息系统的集成化

从20世纪90年代后期至今，会计电算化已逐步走向成熟，而企业的信息化建设并没有就此停止，以ERP为代表的企业信息系统的高度集成逐渐兴起。这时的企业信息系统不再是一个个孤立的系统，而是集财务、人事、供销、生产为一体的综合性的系统，会计信息只是这个系统所处理信息的一部分，单独的会计信息系统已不存在。由于计算机技术的高度介入，信息系统的控制越来越多地由计算机来完成，ERP的实现甚至改变了手工环境下的管理方式及业务流程，一般的财务审计知识已无法满足对系统和系统控制进行了解及测试的需要。审计人员只有对企业的整个信息系统全面了解，才能把握审计对象的总体情况。

2．开展计算机审计的必要性

从形势发展和实践应用过程来看，计算机审计有效地提升了审计质量，从而成为应对审计质量新挑战的必然选择。

1）适应审计环境变化的需要

随着信息经济时代的到来，电子商务在经济全球化形势下迅猛发展，使企业在各个方面发生了深刻的变化。企业确认客户订购、安排生产计划、控制采购计划、进行账务处理都由系统自动完成，经营管理走向网络化与自动化。电子商务与网络经营使企业的经营观念、组织结构、管理模式、交易授权等发生巨大变化，同时交易中的支付方式也开始转向电子化。就会计工作而言，也由传统的手工操作转向电算化会计。所有这些巨大的变化使得审计工作的环境、审计工作的对象、审计范围、审计线索等基本的审计要素都发生了巨大的变化。传统的审计工作方法不能适应这种变化的要求，开展计算机审计，实施审计信息化是社会信息化的必然。

2）有利于审计管理质量的改善

计算机审计通过专门设计的审计管理软件使审计管理模式发生了根本性的变化。上级审计机关可以通过审计管理软件，科学地进行审计分工，划定审计权责，利用电子数据包调控下级的工作；下级审计机关可以在统一的计算机系统内，利用软件的各项特定功能规范有序地进行审计管理工作。

3）有利于审计作业的规范运作

审计指南是审计经验的结晶，审计作业的整个过程可以依据审计指南来有序进行。贯彻审计指南是增强审计查证的准确性、规范审计行为、提高审计质量的有效方法。将审计指南纳入计算机审计系统，利用软件提供的导向作用，审计人员能够较快地编制规范的审计程序，并在实施时，规范地进行符合性测试和实质性测试。

4）有利于审计文档管理的标准化

审计过程形成的各类审计文书数量较大，种类繁多。利用计算机系统可将这些常用的审计方案、工作底稿、审计报告等文书制成标准化的模板，形成审计文书模板库。

5）有利于审计质量监督的实时有效

现代计算机技术使我们可以充分利用软件系统提供的操作权限控制功能，在各审计环节设置质量控制点，实行适时监控，从而有利于审计责任的跟踪检查，使审计质量监督更加实时有效。

6）有利于审计结果的层次分析

通过采用计算机技术，可以在审前调查的基础上，精心制定统计指标体系，然后制成审计单项统计软件发给审计人员收集数据。审计人员收集到的原始数据汇总后，可以采用计算机中的多种数据挖掘技术，高效能、规范化地进行审计分析。

7）有利于审计质量、审计效率的深度拓展

由于现代企业业务量大、数据量大，并且信息化技术在企业管理和经济活动中被广泛地应用和发展，使应用计算机审计的效果更为明显。可以说，不利用计算机，审计就无从下手。计算机审计的开展，使审计人员能够从容应对被审计单位海量的财务、业务信息，从大量原始、枯燥、繁杂、重复的手工操作中解脱出来，更有效地推进审计工作的深度和广度，进一步提升审计质量。

1.4 计算机审计技术、方法与过程

计算机审计技术、方法是计算机审计的重要组成部分，作为连接审计主体和审计客体的中介，对于完成计算机审计任务起着重要的作用。

1.4.1 计算机审计的基本方法

计算机软硬件的发展及管理信息系统的电算化，引起了计算机审计的发展和变化，这

可以从计算机审计方法的变化上反映出来。计算机审计的基本方法可以简要归纳为四种方式：绕过计算机审计（Auditing Around the Computer）、利用计算机审计（Auditing With the Computer）、穿过计算机审计（Auditing Through the Computer）、联网审计（Auditing on Line）。

1. 绕过计算机审计

从20世纪50年代中期至60年代中期，电子数据处理系统处于数据的单项处理阶段，管理信息系统、会计信息系统的电算化还处于起步阶段，这时系统结构和应用环境简单，计算机没有得到广泛和深入的应用，审计人员还未来得及更新知识，掌握计算机技术。因此，这时的审计主要采用"绕过计算机审计"的方法。

1）绕过计算机审计的含义

绕过计算机审计又称为"黑盒"审计或间接审计，这种审计模式把计算机仅仅看成存储和处理数据的机器，审计人员在审计时不审查机内程序和文件，只审查输入数据和打印输出资料及其管理制度的方法。这种审计方法的理论基础是"黑箱原理"，审计时，审计人员追查审计线索直到输入计算机，然后核对计算机的输入与输出，得出黑箱内部情况的推理：如果输入与输出不相符，则推定会计电算化系统的处理过程是错误的，反之亦然。"绕过计算机审计"的审计过程如图1-2所示。

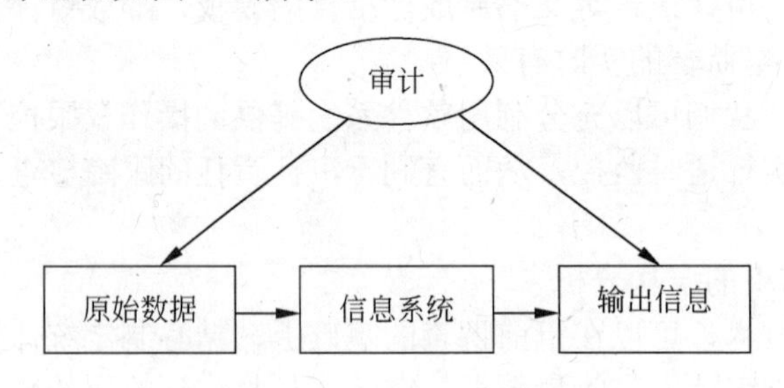

图1-2 绕过计算机审计示意图

2）绕过计算机审计的优点

绕过计算机审计的优点主要表现在以下两方面。

（1）审计技术简单。绕过计算机审计与电算化以前的审计方法没有多大区别，这种审计模式实际上是审计人员对会计电算化信息系统采取的一种类似传统手工审计模式，即便审计人员没有计算机知识也可以进行审计，它是计算机审计的初级阶段，在审计人员对计算机知识了解不多的情况下广泛采用这种方法。

（2）较少干扰被审系统的工作。由于采用的是绕过计算机的审计方法，审计人员既不需要使用被审系统的计算机，也不需要查看被审系统的程序、计算机硬件，因此，也就不会干扰被审系统的工作，从而使审计工作易于得到被审单位的理解和支持。

3）绕过计算机审计的缺点

绕过计算机审计最明显的缺点就是审计风险高，主要表现在两个方面。

（1）审核范围有限。此审计模式应用的前提是被审单位提供充分的输入与输出资料，审计所需线索与证据必须打印齐全。但是，计算机具有强大的数据存储功能，被审单位打印输出的资料仅是其中为数有限的一部分，而且许多会计软件在设计时出于系统运行速度等方面的考虑，并没有为日后审计保留审计线索。同时，输入数据进入计算机经过简单的处理以后，即可打印输出。例如，将记账凭证输入计算机，经过简单的分类汇总，编成日记账后打印输出。这样，输入的记账凭证和输出的日记账并未经过很多的数据处理，审计人员很容易将输入的记账凭证和输出的日记账进行核对，如果存在问题，也容易发现。但是，如果输入数据经过多次计算和处理，反复进行分类、汇总、分配、归集等处理以后，就不可能从直观上看出输入与输出之间的联系。例如，在成本核算系统中，只看输入的费用数和其他输入数据，再和输出的产品成本计算表进行比较，就很难确定成本报表的正确性。由此可见，绕过计算机审计模式所取得的审计线索和审计证据是不充分的。

（2）审计结果不太可靠。绕过计算机的审计方法，不对会计电算化系统本身进行测试，只能依靠被审单位打印出来的书面资料进行审计，但这些资料是否真实，审计人员并没有把握。因此，审计人员如果过分依赖被审单位提供的书面资料进行审计，就有可能发生错误的判断。

4）绕过计算机审计的适用范围

由于绕过计算机审计所存在的缺陷，运用此种审计模式审计时，要求被审单位经济业务简单，业务处理过程比较单一，计算机输入资料与输出资料联系比较密切而且内部控制制度健全。因此，绕过计算机审计模式适用于应用系统简单，面向批处理，应用系统软件平台采用广泛使用的可靠的软件，应用系统的用户诚信可靠，内控制度比较健全的中小企业的审计。

2. 利用计算机审计

随着计算机技术的发展，数据处理技术进入数据综合处理阶段。计算机技术和电算化管理、会计信息系统的发展，既向审计人员提出了挑战，又为审计人员提供了接受挑战、解决新问题的有力工具。计算机不仅可以帮助审计人员减轻繁重的审计文书处理负担，加快审查速度，提高审计效率，而且可以用来审计电算化信息系统应用程序和数据文件，扩大审计范围，提高审计质量。另外，有了计算机，审计人员可以利用计算机发展和创造新的审计方法、技术和技巧。

1）利用计算机审计的含义

利用计算机审计又称为计算机辅助审计，是指利用计算机技术和审计软件对会计信息系统所进行的审计。审计中所使用的计算机程序包括审计软件和一些实用程序等。审计软件有专用审计软件和通用审计软件。专用审计软件是为了对某个特定的系统或某个审计项目进行审计而研制的；通用审计软件可适用于多种审计工作，利用这些审计软件，可以帮助审计人员对存储在计算机内的程序和文件进行审查。除了审计软件外，审计人员还可以利用一些实用程序、数据库管理系统、被审单位的会计信息系统子模块（如查询、财务分析等）进行审计，开展审计抽样、打印函证、审计数据中例外情况的数据、进行实质性测试中的趋势分析、进行预算数与实际数的比较、本期与上期实际数据的比较等工作。“利用计算机审计”的审计过程如图 1-3 所示。

2）利用计算机审计的优点

利用计算机审计的优点主要体现在以下两方面。

（1）扩大了审计范围，审计结果较为可靠。计算机抽样技术使得对被审对象的全面审计成为可能，手工审计中以样本推断总体的常规做法已不必要。利用计算机技术，审计人员在对重点项目进行审计时，可以扩大审计范围，甚至可以在一定范围内进行逐笔审计。同时，由于这种方法要求审查计算机内的程序和文件，这样就可以把系统进行数据处理的方法和原则审查清楚，从而得到对系统评价的可靠证据。

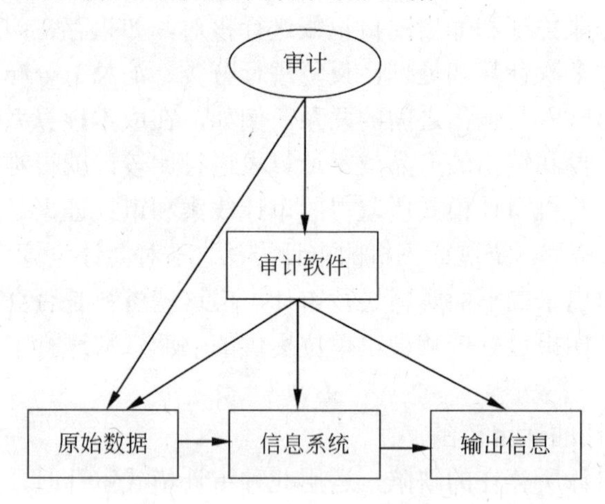

图 1-3 利用计算机审计示意图

（2）提高了审计效率。例如，手工抽样是一项复杂耗时的工作，而利用计算机抽样软件，只需审计人员对可信赖度、重要性水平等参数进行设置，计算机便会自动进行计算样本量、选择样本、推断总体误差等一系列工作，快速而准确。同时，计算机在数据计算、综合与分析方面的强大优势也为提高审计效率提供了重要保障。

3）利用计算机审计的缺点

利用计算机审计的缺点主要表现在以下两方面。

（1）审计技术较复杂。通过计算机的审计方法，要求审计人员具有较多的计算机知识，要了解被审电算化系统所使用的操作系统、程序设计语言、数据的结构、系统的主要功能等，要使用一定的计算机辅助审计技术进行审查，这样对不懂计算机的审计人员有一定的难度。

（2）审计成本较高。通过计算机审计，要使用计算机辅助审计技术，往往要购置或开发计算机辅助审计软件，要占用被审系统的工作时间，有时还要聘请计算机专家参加审计，这无疑会增加审计成本。

4）利用计算机审计的适用范围

由于是“辅助”审计模式，因此这一审计模式在审计实务中一般与其他审计模式相结合。其中，直接审计模式与辅助审计模式关系最为密切，因为直接审计模式涉及对系统程序化控制的测试、数据文件的实质性测试等内容。在间接审计中，对一些原始数据不多、计算过程费时、易错，但运用计算机强大的计算功能可以大幅度提高审计工作效率与质量的工作，可利用计算机辅助审计模式，如执行分析性程序、计算折旧、各种应计项目的计提等。

3. 穿过计算机审计

电算化管理信息系统以及计算机技术的复杂化，使得向计算机输入的数据与从计算机输出的数据越来越缺少一一对应的关系。而且，在某些系统中，采用了联机数据输入技术，输入数据时并没有产生和留下原始凭证；在另一些系统中，由于采用实时文件更新技术，各原始数据在输入计算机后，立即就加以处理，数据文件随时都在更新，其打印结果一般具有滞后性；此外，存储于计算机的数据，只有在例外情况下才打印输出，即便有原始凭证，也没有与之对应的输出信息。所有这些情况，都使审计人员不得不“进入”计算机系统，以确定数据处理、内部控制、文件内容的正确性和可靠性。

1）穿过计算机审计的含义

穿过计算机审计又称“白盒”审计或直接审计，这种审计模式不仅要求审查被审单位的输入与输出数据，还要审查被审单位会计电算化系统的系统程序、应用程序、数据文件以及计算机硬件等配置，以实现在对被审系统的控制与处理功能的可靠性进行评价的基础上确定实质性测试的性质、时间与范围。“穿过计算机审计”的审计过程如图 1-4 所示。

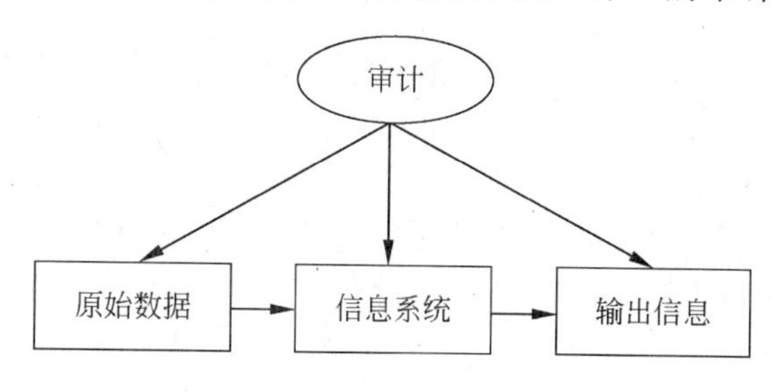

图 1-4　穿过计算机审计示意图

2）穿过计算机审计的优点

穿过计算机审计的显著优点是审计风险低，主要表现在两个方面。

（1）审计独立性较强。审计人员利用这一模式进行审计时，直接对被审单位的会计电算化信息系统的程序、数据文件进行审查，在对系统内控可靠性进行科学评价的基础上确定实质性测试的性质、时间与范围，而不再仅仅依靠被审单位提供的打印资料对系统内部控制进行推理，审计的独立性较强。

（2）审计报告质量高。审计人员利用这种审计模式审计，不仅要审查被审单位的输入与输出数据，还要审查被审单位会计电算化系统，直接对被审单位的各个运行部分进行审查，较少依赖被审单位提供的书面资料，这使得审计结论、可靠性都得到显著提高，从而提高了审计报告质量，并可以把审计风险控制在可接受的范围内。

3）穿过计算机审计的缺点

穿过计算机审计的缺点主要体现在两个方面。

（1）审计技术复杂。运用这一审计模式时，审计人员要对被审单位会计电算化系统内部控制的可靠性进行评价，而在计算机信息系统环境下，内部控制大多是通过程序化的方式实现。这就要求审计人员必须掌握计算机知识及其应用技术、数据处理及其管理技术，熟悉通用审计软件的操作，并能根据审计过程中出现的问题编写各种测试审查程序，否则若依赖计算机技术人员协助工作会减弱审计人员的独立性。

（2）易干扰被审系统的正常工作。因为这一审计模式要审查被审单位系统的程序、数据文件以及计算机硬件等配置，因此会占用被审系统较多的正常工作时间。

4）穿过计算机审计的适用范围

由于这一审计模式对审计人员素质提出了更高的要求，而且审计成本无论是对被审单位还是对审计单位都很高。因此这一审计模式适用于大中型会计师事务所对大中型企业的审计工作。

4. 联网审计

自20世纪以90年代以来，特别是进入21世纪之后，随着Internet和电子商务的发展，现代信息技术为计算机审计的发展带来前所未有的机遇。审计人员只要把自己的计算机连接到网上，并取得被审单位的审查权限，就能在任何地方、任何时间通过网络完成除实地盘点和观察外的大部分审计工作。审计项目负责人可以在网上完成制定审计计划，给在不同地点的审计人员分配审计任务；在网上复核审计人员的工作底稿，并对助理人员进行监督与指导；随时了解审计项目的进展情况，协调各审计人员的工作；草拟和签发审计报告等工作。Internet和网络经营的发展使计算机审计步入了联网审计的新时代。

1）联网审计的含义

随着计算机网络的发展，出现了会计联机实时报告系统，传统的事后审计、就地审计方式将逐渐被在线实时审计模式所取代，即联网审计。所谓联网审计是审计机构或人员通过计算机远程访问、调用被审计单位的财务会计资料、业务数据资料及其所反映的经济活动，按照一定的程序，利用辅助审计工具实时检查和评价相关资料及其所反映的经济活动的真实性、合法性、效益性以及内部控制的健全性、有效性，帮助企业加强风险管理，增加组织价值，从而实现组织目标的独立性、经济监督和评价活动。"联网审计"的审计过程如图1-5所示。

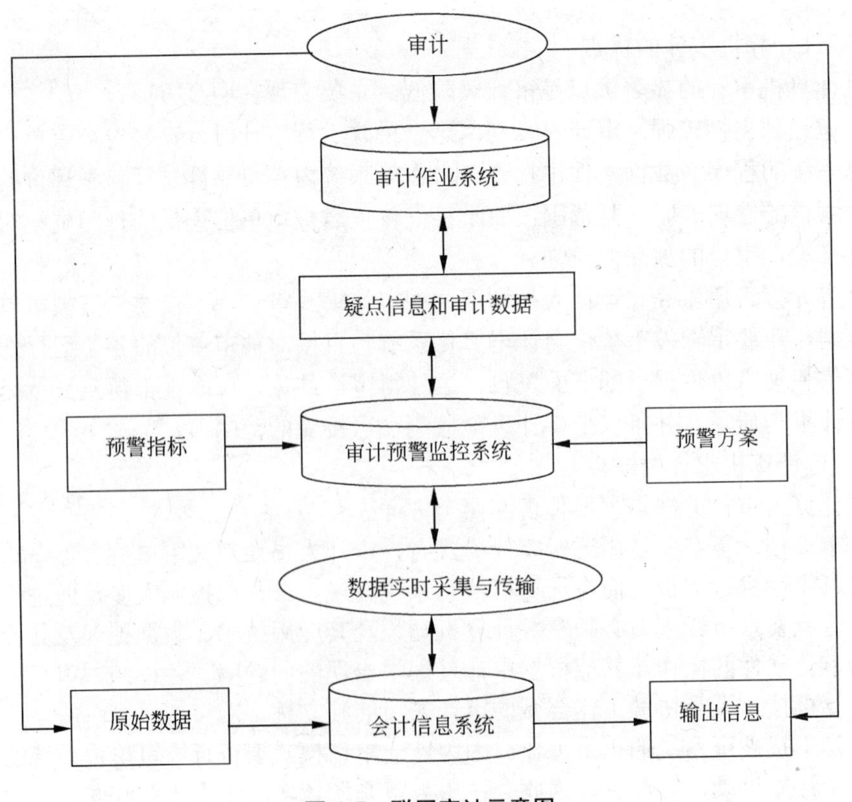

图1-5 联网审计示意图

2）联网审计的特点

与传统现场审计相比，联网审计具有以下显著的特点。

（1）审计检查适时化。审计人员通过网络访问被审计单位财政财务信息数据库，缩短了多次检查活动的相隔期间以及每次检查时间，对于具体的财政财务收支事项，既可以在该事项结束后实施审计，也可以在该事项进行过程中适时进行审计，从而实现了事后审计与事中审计的结合，静态审计与动态审计的结合。

（2）审计方式远程化。联网审计中，审计机关可以通过网络远程访问被审计单位的财政财务管理系统及其数据库或数据库备份，随着被审计单位信息化程度的逐步提高，通过远程访问完成审计的程度也将得到提高，适时性特征也因此而更加明显。

（3）审计分析高效化。数据采集和分析的效率是采集和分析的数据量与时间的比，在传统现场审计中，审计人员利用计算机辅助实施审计数据的采集和分析，在数据量上受到所携带设备、审计范围的限制；在时间上受到现场组网和审计进度的影响。联网审计中，网络连接一次性完成，其数据采集和分析的数量，基本不受设备限制；审计范围在事前确定为最大可能的范围；时间不受现场组网时间与审计期间影响。因此，联网审计具有更高的审计数据采集和分析效率。

（4）工作方式协同化。联网审计工作方式最大的特点就是联网、分工、合作与协同，通过联网方式可以实现审计项目内的数据同步、审计共享，实现小组协同作业，将以前单兵分散工作的传统模式转变为计算机协同作战，大大减轻审计人员的工作量，提高审计的工作效率。审计小组与被审计单位的计算机中心联网，通过数据库接口技术可以实现对全部数据进行分析、核实，扩大了审计的覆盖率。审计部领导坐在办公室内就能随时查阅和批示审计人员在现场填写的审计日记、工作动态等资料，也可以组织专家组通过网络与现场审计人员共同会诊，初步实现审计作业的远程控制。

3）联网审计的优点

这一审计模式拓展了审计时空，加强了审计监督职能。审计单位和被审单位的网络互连，使得审计人员足不出户就可以对被审单位进行远程审计，可以分散或实时连续地抽取审计数据，使传统审计的时空向更为广阔的信息化电子时空拓展，从而变定时实地审计为实时远程审计，变事后审计为事前、事中审计，变静态审计为动态审计，既提高了审计效率，也使审计的监督作用得到了加强。

4）联网审计的缺点

网络安全问题使在线实时审计面临着固有风险、控制风险以外的风险——信息风险。由于网络化会计信息系统自身的设计缺陷以及黑客袭击等原因，用户错误操作时有发生。在网络环境下，信息系统的安全、稳定和有效成为审计部门关注的重点。同时，审计人员在利用网络进行数据、信息的收集、分类、管理、存档时，也要有可靠的技术手段和管理技术，以保证网上审计系统和审计信息的安全，从而把网络审计的信息风险降低到可接受的程度。

5）联网审计的适用范围

在线实时审计模式无论是对企事业单位的内部审计、动态审计，还是对上市公司的事中、事前审计都是必不可少的。网络审计模式代表着未来审计的发展方向。

1.4.2 计算机审计技术

计算机审计技术可分为基于程序分析的审计技术和基于数据分析的审计技术。一般来说，基于程序分析的审计技术关注程序不同阶段的查证，直至程序的全部检查（这种说法是理论性的，在实践中会非常困难)。基于数据分析的审计技术则忽略产生数据的程序，而只关注数据分析。当然，这并不代表使用基于数据分析的审计技术时就不能同时结合基于程序分析的审计技术。

1. 基于程序分析的审计技术

1）测试数据法

测试数据法是指审计人员把一批预先设计好的检测数据，利用被审程序加以处理，并把处理的结果与预期的结果作比较，以确定被审程序的控制与处理功能是否恰当有效的一种方法。可用来审查系统的全部程序，也可用来审查个别程序，还可以用来审查某个程序中的某个或某几个控制措施，以确定这些控制是否能发挥有效功能。

2）抽样数据法

抽样数据法是指审计人员使用审计抽样技术，从被审单位抽样若干经济业务数据，检查被审程序的控制与处理功能是否恰当有效的方法。

3）程序编码比较法

程序编码比较法是指比较两个独立保管的被审程序版本，以确定被审程序是否经过了改变。审计人员要用由审计部门自己保管的，经以前审查其处理和控制功能恰当的被审程序副本与被审单位现在使用的应用程序进行比较，可发现任何程序的改动，并评估这些改变带来的后果。这种方法不仅适用于源程序编码之间的比较，也可用于目标程序码之间的比较。

4）受控处理法、受控再处理法

受控处理法是指审计人员通过被审程序对实际业务的处理进行监控，查明被审程序的处理和控制功能是否恰当有效的方法。采用这种方法，审计人员首先对输入的数据进行查验，并建立审计控制，然后亲自处理或监督处理这些数据，将处理的结果与预期结果加以比较分析，判断被审程序的处理与控制功能能否按设计要求起作用。例如，审计人员可通过检查输入错误的更正与重新提交的过程，判断被审程序输入控制的有效性，通过检查错误清单和处理打印结果来判断被审程序处理控制和功能的可靠性，通过核对输出与输入来判断输出控制的可靠性。

受控再处理法是指在被审单位正常业务处理以外的时间里，由审计人员亲自进行或在审计人员的监督下，把某一批处理过的业务进行再处理，比较两次处理的结果，以确定被审程序有无被非法篡改，被审程序的处理和控制功能是否恰当有效。运用这种方法的前提是以前对此程序进行过审查，并证实它原来的处理和控制功能是恰当有效的。因此，这种方法不能用于对被审程序的首次审计。

5）平行模拟法

平行模拟法是指审计人员自己或请计算机专业人员编写具有和被审程序相同处理和控制功能的模拟程序，用这种程序处理当期的实际数据，把处理的结果与被审程序的处理结果进行比较，以评价被审程序的处理和控制功能是否可靠的一种方法。运用这种方法，审计人员不一定要模拟被审程序的全部功能，也可只模拟被审程序的某一处理功能或控制功能。

6）实时处理技术

实时处理技术是由审计模块或其他程序代码组成，对审计人员选择的重要应用交易进行审查并监控数据处理过程。该技术适用于复杂和互连的信息系统。实时处理技术中常用的有标记追踪技术和系统控制审计复核文件技术。

此外，还有漏洞扫描与入侵检测技术，用于审查和测试系统安全性。

2．基于数据分析的审计技术

在计算机系统中，输入的原始数据、处理的中间结果和最后的结果都是以数据文件的形式存储在磁性介质或打印输出在纸性账面上。要对计算机系统输出的真实性、正确性和合法性等进行评价，必须对数据文件进行审计。

1）数据采集

数据采集方法一般有以下几种：一是备份法，在本地恢复被审计单位数据库备份，该方法普遍使用于 Oracle、SQL Server 等数据库的采集；二是通过 ODBC 数据库访问接口采集数据；三是要求被审计单位按审计要求格式和内容提供所需数据的文本文件。

2）数据处理

数据处理是审计人员通过数据字典、关联图及询问被审单位系统管理员等，对采集到的原始数据格式的转换、关系表的处理和字段类型的调整等数据转换和整理工作，其目的是生成审计中间表。审计中间表既解决了原始数据中表名和字段名难以识别的问题，又解决了因范式分解而造成的信息分裂问题，更为重要的是审计中间表面向全体审计分析人员，适用于计算机审计多人合作模式，有利于构建行业审计标准数据表，开发行业审计软件。

3）数据分析

数据分析包括对数据总体分析和具体分析。对数据总体分析，如进行账表核对、表表核对，以及指标分析等，掌握被审单位的总体情况、寻找薄弱环节、确定审计重点；对数据具体分析，审计人员应根据相关的业务逻辑、业务数据勾稽关系、法律法规的规定或审计经验等，建立分析问题的概况性、抽象性的表述，即建立审计分析模型，然后通过分析工具对数据进行复算、检查、核对或判断等操作，来审核数据的真实性、合法性。数据分析技术可利用的工具有很多种，如数据仓库、联机分析处理、数据挖掘、标准数据库查询语言 SQL 等。

1.4.3　计算机审计的过程

计算机审计的过程是指审计工作从开始到结束的整个过程，它与手工审计的过程基本相同。根据我国审计工作的实践经验，审计过程一般包括三个主要阶段，即计划准备阶段、审计实施阶段和审计完成阶段。其中重点是计算机审计实施阶段，包括计算机信息系统的内部控制评价和对计算机系统所产生的会计数据（信息）进行测试评价。

1．计划准备阶段

计划准备阶段是指从接受审计任务开始，到制定出审计实施方案、发出审计通知书为止的过程。这一阶段的任务是：明确审计任务，根据审计的任务对被审计单位的计算机系统进行初步调查，编制审计计划，配备计算机审计人员，发出审计通知书或审计业务约定书，做好其他准备工作。

1）明确审计任务

审计人员要明确审计的目的和范围、审计的问题是什么、属什么类型的审计，最主要的是要了解在这次审计任务中计算机技术的应用范围。

2）初步调查

初步调查内容包括计算机会计信息系统的硬件、软件配置情况；系统总体结构、功能模块划分及各模块之间的关系；系统人员的配备、职责分工，相关规章制度及业务流程。在调查的基础上，审计人员要初步评价内部控制的情况。

3）组织计算机审计小组

根据被审计单位计算机会计信息系统的复杂程度、审计任务的难度及审计人员的素质选择适当的审计人员组成计算机审计小组，并指定较有经验的审计人员担任组长。小组成员可以是熟悉计算机知识、掌握计算机会计信息系统原理的审计人员，也可以是具有会计、审计知识的计算机技术人员，还可以由审计人员和计算机技术人员共同组成，各自发挥专长，相互配合完成审计工作。在审计小组中，最好包含较多既懂计算机原理和操作又懂计算机会计的审计人员，尤其组长更应是复合型人才。

4）进一步调查研究，掌握情况

计算机审计小组成立后，应进一步调查被审计单位的具体情况，为编制审计计划打好基础。

如果是对手工会计系统进行计算机辅助审计，审计小组应着重了解审计过程中还需要采集哪些类型的数据，这些数据是如何处理的，数据的输出格式是什么，是否需要审计软件才能完成审计数据的处理，能否利用数据库管理系统、实用程序等对审计数据进行处理，以及利用计算机审计的效果如何等。

如果是对计算机会计信息系统进行审计，审计小组应着重了解被审计系统的下述内容：

（1）硬件系统。如果是单机系统，则主要包括主机的机型、所配置的外围设备、辅助设备等；如果是网络系统，则包括网络的类型、安全技术等。

（2）系统软件。包括所选用的操作系统、数据库管理系统等。

（3）应用软件。包括软件的取得方式（是购买的商品化软件还是单位自行开发的软件）、软件的主要功能和模块结构等。

（4）文档资料。包括系统的操作手册、维护手册、系统和程序的框图等。

此外，审计小组还要调查：被审计单位的业务完成情况，如财务完成情况等；系统的业务完成过程，如哪些工作由手工完成，哪些工作由计算机完成，数据是如何收集、输入、处理和输出的；系统的内部控制情况。根据这些调查情况，从而使小组确定审查的重点和范围。

根据了解的情况，审计小组还需确定以下工作：需要测试的项目，是否需要聘请计算机专家参加系统的审计，准备采用哪些计算机审计技术，是在被审计单位的计算机上进行审计，还是在审计人员自己的计算机上进行审计，被审计单位的计算机与审计人员的计算机是否兼容等。

5）编制审计计划

调查后，审计小组人员应进行充分讨论，由审计项目负责人起草审计计划。计划的基本内容包括被审计单位的基本情况、审计目的、审计范围及重点、工作进度、审计小组人员组成及分工、审计程序、提出审计报告的时间等。审计计划报审计机构领导审批后方可执行。

6）发出审计通知书或签订审计业务约定书

当执行计算机辅助内部审计和政府审计时，审计人员要对被审计单位发出审计通知书。审计通知书是告知对被审计单位进行审计的书面文件，内容包括如下：

（1）审计机构的名称和概况；

（2）审计的目的、范围、重点；

（3）审计的时间安排、人员分工以及要求；

（4）审计方式；

（5）运用的计算机审计方法等。

在执行计算机辅助社会审计时，委托方要与受托方签订审计业务约定书，确定审计业务的委托与受托关系，明确审计目的、范围、双方应负的责任等。

2．审计实施阶段

审计实施阶段是从计算机审计人员到被审计单位开始工作，至问题基本查清、落实，取得证明材料，整理工作底稿完毕的过程，它是审计全过程的中心环节。其主要任务是：对被审计单位内部控制的建立及遵守情况进行控制测试，对系统处理功能及处理结果的正确性进行实质性测试。以下为审计实施阶段的主要工作程序。

1）详细调查应审查的范围或系统

调查的方法是：与管理人员商讨或检查有关的规章制度、查阅有关资料等。在调查的基础上，审计人员对所了解到的各个环节进行系统分析。

2）对内部控制进行测试，可分为一般控制测试和应用控制测试。内部控制的测试应在调查的基础上进行。审计人员一般可以通过与被审计单位有关人员座谈、实地观察、查阅系统的文档资料等方法，并跟踪若干业务处理的全过程，了解被审计的手工会计信息系统或计算机会计信息系统的处理过程和内部控制，然后把它描述出来。

3）收集各种审计证据，进行实质性测试。

4）做出审计评价，例如对被审计系统的内部控制进行评价。进行审计评价时，应主要考虑以下几个问题：

（1）经过测试，被审计系统现行的内部控制中有哪些满意或比较满意的控制；

（2）各项控制是否确实发挥作用，其符合程度如何；

（3）各项控制是否可以依赖，其符合程度如何。

5）整理审计工作底稿。

3．审计完成阶段

审计完成阶段是审计组向其所属的审计机构提交审计报告，经审计机构审定后，向被审计单位发出审计结论和决定的阶段。审计完成阶段是实质性审计工作的结束，其主要任务如下。

1）整理、评价收集到的审计证据

审计人员通过分类、计算、比较、综合等方法来整理、分析审计证据。

2）复核审计工作底稿

审计人员通过对审计工作底稿的复核，检验所引用的资料是否翔实可靠、所获取的审计证据是否充分适当、审计判断是否合理、审计结论是否恰当。

3）编写审计报告

审计人员必须正确运用职业判断，综合收集到的审计证据，根据审计准则，形成正确的审计意见，出具审计报告。审计报告除了要对被审计单位财务报表编制的合法性、公允性、会计处理方法的一贯性发表审计意见外，还应对计算机会计信息系统的内部控制和处理功能进行评价，如果需要，还应提出改进建议。

4）向被审计单位发出审计结论和决定

审计报告由审计机构审定。审计机构在审定审计报告的过程中，必须以事实和各种审计标准为依据。在审定审计报告的基础上，审计机构要对被审计单位做出实事求是、恰如其分的审计结论。

5）审计资料归档

审计任务完成后，为了便于今后查考和复审的需要，应按照“谁审谁主卷”的原则，除必须将审计工作的所有纸性资料归类存档外，还必须把计算机内此次审计的资料分别保存到磁性介质上，并按磁性文件保管要求进行保管。

1.4.4 面向电子数据计算机辅助审计的步骤

为避免影响被审计单位信息系统的正常运行，并保持审计的独立性，规避审计风险，审计人员在进行面向电子数据的计算机辅助审计时，一般不直接使用被审计单位的信息系统进行查询、检查，而是将所需的被审计单位的电子数据采集到审计人员的计算机中，利用审计软件或分析工具进行分析。一般来说，面向电子数据的计算机辅助审计主要包括以下步骤。

1. 审前调查

在对被审计单位实施计算机辅助审计前，应在对其组织结构进行调查的基础上，掌握信息系统在组织内的分布和应用的总体情况。然后，根据审计的目的和信息系统的重要性确认深入调查的子系统，进行全面和详细的了解，内容应包括软硬件系统、应用系统的开发情况和有关技术文档情况、系统管理员的配置情况、系统的功能、系统数据库的情况等。通过审前调查，审计人员应全面了解被审计单位信息系统的概况，对信息系统中与审计相关的数据更要有全面、详细、正确的认识，提出可行的、满足审计需要的数据需求，确定数据采集的对象及方式。

2. 采集数据

在审前调查提出数据需求的基础上，审计人员在被审计单位的配合和支持下，通过可行的技术手段，如直接复制、文件传输和 ODBC 连接等方式，及时获取所需的被审计单位信息系统中的数据。一般情况下，还应当在审计现场构建网络环境，用于数据的分析处理和共享。

3. 对所采集的数据进行整理

由于被审计单位数据来源繁杂，数据格式不统一，信息代码化，数据在采集和处理的过程中可能失真，被审计单位有意更改、隐瞒数据真实情况等诸多影响，根据对这些数据的分析和理解，对采集到的数据必须进行整理，将其转换为满足审计数据分析需要的数据形式，为审计所用。数据整理为计算机辅助审计的进行创造了“物质”基础，其工作的质量直接影响计算机辅助审计的开展和成败。

4．把握总体，选择审计重点

对整理后的数据，首先从不同层次、不同角度进行分析，从总体上把握情况，找准薄弱环节，选择审计重点，深化实施审计方案，避免审计的片面性和盲目性。

5．审计数据分析

根据所选择的重点问题，审计人员应采用合适的审计方法，采用通用软件或专门的审计软件对采集到的电子数据进行分析处理，从而发现审计线索，获得审计证据。

6．延伸查实，审计取证

通过对被审计数据进行分析，有可能直接发现、查实问题，也有可能只发现问题的线索。针对不同的情况，在延伸时可以采取直接或进一步核查的方式取证，验证和查实问题。

本书主要阐述面向数据的计算机审计数据采集、整理、分析技术及常用工具。

思考练习题

1. 如何理解计算机审计的内涵？
2. 计算机审计有何特点？
3. 计算机审计的目的有哪些？
4. 简述计算机审计的内容。
5. 会计信息系统对审计的影响表现在哪些方面？
6. 简述计算机审计的基本过程。
7. 为适应计算机审计发展的需求，审计人员应如何完善自身的素质能力？
8. 什么是联网审计？联网审计有何特点？
9. 为什么要开展计算机审计工作？
10. 我国开展计算机审计的现状是怎样的？

第2章 计算机审计审前调查

《审计机关审计项目质量控制办法》明确要求，审计机关和审计组在编制审计实施方案前，应当根据审计项目的规模和性质，安排适当的人员和时间，对被审计单位的有关情况进行审前调查。审前调查是全面了解掌握被审单位基本情况，落实、量化、细化审计工作方案，确定审计内容和重点，合理配置审计资源，制定审计实施方案的基础和前提。认真做好审前调查，是“全面审计，突出重点”的必然要求，是严谨细致，保证审计项目质量的必然要求。高度重视审前调查，扎实有效地开展审前调查，是每个审计组必须认真对待的一项重要工作。

2.1 审前调查的意义与方法

计算机审计审前调查是指计算机专业人员在审前调查阶段加入审计组，对被审计单位的业务流程和计算机信息系统等进行调研，全面掌握被审计单位的计算机应用情况，编写计算机辅助审计方案，为具体实施计算机审计做好必要的准备。

2.1.1 审前调查的作用和意义

计算机审计审前调查在计算机辅助审计中具有重要的作用和意义，主要体现在以下 5 个方面。

1. 进行计算机审计审前调查是审计相关法规的要求

国家审计署颁布的《审计机关审计方案准则》、《审计机关审计项目质量控制办法》、《计算机审计审前调查指南》等，对计算机审计审前调查做出了相应的规定。《审计机关审计方案准则》第十条规定：审计组编制审计实施方案前，要求被审计单位提供与审计工作有关的电子数据、数据结构文档。《审计机关审计项目质量控制办法》第二章第九条规定：审前调查应当收集与审计项目有关的电子数据、数据结构文档。可见，计算机审计审前调查工作，已经成为审计工作的一个法定程序，做好计算机审计审前调查工作势在必行。

2. 了解计算机辅助审计的重要性、可行性和风险性

通过了解被审计单位信息化的应用程度，例如是否使用正版软件，应用软件是自主开发还是购买商品软件，是否通过国家有关部门的验收，被审计单位是否有该软件的源代码，数据库的规模，数据的保存方式和对数据采取的安全措施等情况，审计人员可以大致确定计算机辅助审计的重要性、可行性和风险性，并作为制定计算机辅助审计方案的重要参考。

3．确定计算机辅助审计的范围和重点

计算机信息系统是对相关业务工作的信息化管理，审计人员只有了解被审计单位的业务流程和相关的计算机信息系统，把实际业务与计算机信息系统的数据对应起来，挑选出需要的数据库和数据表，才能确定计算机辅助审计的范围和重点，进行准确的数据采集、转换和分析。

4．合理安排审计人员

在审前调查阶段，通过对被审计单位计算机信息系统进行研究与评估，有助于确定审计组人员的构成。如果被审计单位只有简单的财务数据，只需安排一名计算机技术人员，将被审计单位的财务数据导入到辅助审计软件中，其余的工作由精通财务的审计人员完成；如果要对对方的计算机信息系统进行审计，需要对业务比较熟悉的审计人员和计算机功底比较好的技术人员一起配合进行审计。必要的时候，聘请相应的专家加入审计组。

5．确定开展计算机辅助审计的软硬件条件

通过开展计算机审计审前调查，详细了解被审计单位的信息系统后，可以确定开展计算机辅助审计工作需要的软件和硬件。例如被审计单位有基建数据，就可能需要基建投资审计软件或工程造价软件；如果直接接入被审计单位的信息系统进行审计，就需要准备交换机等硬件设备；在对银行等单位进行计算机辅助审计时，可能需要现场搭建网络，以实现总行和分行之间的数据传输，所以要准备服务器、路由器等硬件设备和相关软件。

2.1.2 审前调查的方法

审前调查的方法可以采用审阅调查法、问卷调查法、访谈调查法、观察调查法、分析调查法、重点调查法、文献调查法和测评调查法等。

1．审阅调查法

审阅调查法是审计前调查审计证据的最基本、最直接的方法，是指审计人员通过审查和翻阅被审计单位及相关单位的相关文件，获得相关证据资料的一种方法。审计人员可以根据需要，查阅与被审计单位相关的经济政策、法律法规、行业地区、背景材料；查阅被审计单位的报表、账册、财政财务收支计划、内部管理制度、重要会议记录、文件、合同；查阅有关的审计档案，统计资料等。运用这种方法，主要是为了收集有关资料，熟悉被审计单位内外情况，为下一步调查做好准备。

2．问卷调查法

问卷调查法是指审计人员事先设计好问卷（调查提纲或询问表），通过邮政部门或以组织形式交给被调查者，让其在规定的时间内回答完毕，然后通过邮局寄回或由调查者收回，最后进行统计汇总，以取得所需调查资料的调查方法。问卷法是一种间接的、书面的访问。调查者一般不与被调查者见面，而由被调查者自己填写答卷。一份完美的问卷应是问题具体、重点突出、使被调查者乐于合作，能准确地记录和反映被调查者回答的事实，而且便于资料的统计和整理。它省时、省力、匿名性强，但调查质量难以保证，需要时应进一步分析处理。运用这种方法可以收集用其他方式难以获得信息，如账外资金、小金库等。

3. 访谈调查法

访谈调查法是指由审计人员向当事人或知情人询问、交流来获得审计信息的方法。访谈有多种方式，可以通过电话进行访谈，也可以面对面的访谈，还可以通过信函方式进行访谈。访谈的对象可以是被审计单位领导，也可以是财会人员，还可以是与被审计单位相关的人员。通过访谈，可以在短时间内迅速了解被审计对象的总体概貌，为下一步审计指明方向和重点内容，确定风险点及控制状况，以及合理配置审计资源。

4. 观察调查法

观察调查法是审计人员对被审计单位的经营场所、有形资产和有关业务活动及内部控制程序进行实地察看，了解被审计单位的基本情况，被审计单位的经营环境、生产状况，业务运行情况及内部控制情况的证据。实地观察的目的是更多地了解被审计单位的办公用房及环境，有无房屋出租、固定资产存放位置等情况。现场观察使审计人员对被审计单位有一个感性的认识，以利于实施阶段审计工作的开展。这种方法虽然比较简单但作用却很大。运用观察法往往可以掌握到被审计单位账簿之外的一些重要经济信息和疑点，再结合其他审计方法加以灵活运用，能够有效提高审计效率，发现重大问题。

5. 分析调查法

分析调查法是根据审计目标的要求，将有关数据资料和具体情况结合起来通过分组分析、对比分析、结构分析、趋势分析、因素分析等手段，进行归纳、推理、判断、概括出审计事项的内在联系，从而得出结论，做出评价，判断其存在的主要问题，确定审计重点和目标。运用这种方法可以甄别票据的真伪，某项收支的异常变动等问题。

6. 重点调查法

重点调查法是一种非全面调查，它是在普遍调查的基础上选取少量典型样本进行侧重检查的一种方法。重点调查主要适用于那些反映主要情况或基本趋势的调查。单位的选取通常是指在调查总体中具有举足轻重的，能够代表总体的情况、特征和主要发展变化趋势的那些样本单位。这些单位可能数目不多，但有代表性，能够反映调查对象的基本情况。运用这种方法，可以抓住典型综合剖析，理清审计的整体思路，规避大型项目的审计风险。

7. 文献调查法

文献调查法是指审计人员根据一定的研究目的或课题需要，通过查阅文献来获得相关资料，全面地、正确地了解所要研究的问题，找出事物的本质属性，从中发现问题的一种研究方法。文献是第二手材料，它是审计调查中不可缺少的环节。文献研究的途径包括：一是历史文献资料，即查阅与审计项目有关领域的研究报告、书籍、论文以及以往审计资料等，来收集相关的背景资料或细节、信息，更能加深审计人员对审计项目的了解；二是现有统计资料，即通过统计、财政及主管部门等提供的数据信息，查阅与被审计单位相关的数据；三是网络文献资料，随着信息技术的飞速发展，网络文献日益成为文献研究的重要方面，它具有信息量大、动态性强、时效性广等特点。运用这种方法可以更多地了解被审计单位的基本情况。

8. 测评调查法

测评调查法是指审计人员通过调查了解被审计单位内部制度的设置和运行情况，并进行相关测试，对内部控制制度健全性、合理性和有效性做出评价，以确定是否依赖内部控制制度和实质性测试的性质、范围、时间及重点内容的活动。通过了解和测试内部控制，可以初步评价控制风险，初步确定控制保证程度系数，决定是否采取依赖内部控制审计策略。为确定实质性测试的程序和范围服务，如果能依靠测试和评价内部控制来开展审计工作，就能既提高审计效率，又保证审计质量。

总之，审前调查采用什么样的方法，应根据审前调查的目标、内容、时间、地点、调查人员及被审计单位的特点，结合实际情况加以选择。事实证明，运用好审前调查的方法，对开展好审前调查工作能够收到事半功倍的效果。

2.2　审前调查的内容与步骤

《审计机关审计项目质量控制办法》和《计算机审计审前调查指南》针对计算机审计的审前调查的内容、实施方法等都做出了明确的规定。审计人员应充分了解计算机审前调查的内容、过程和要求，只有这样才能有效地开展审前调查工作。

2.2.1　审前调查的内容

在传统审计模式下，不论审计项目的大小，在审计之前都要对审计对象的基本情况进行了解，以便制定切实可行的审计方案，有条不紊地开展审计工作。计算机审计方式下同样需要审计人员进行审前调查，而且审前调查的内容不仅包含常规审计方法下的所有内容，还要追加与计算机有关的内容，主要体现在以下几方面。

1．被审计单位所使用的信息系统

对被审计单位所使用的信息系统进行调查，应当收集、记录下列资料，以了解相关情况。

（1）信息系统的名称及版本，取得方式和时间。

（2）信息系统所使用的操作系统、数据库管理系统、应用软件的名称及版本，信息系统运行环境硬件配置。

（3）信息系统担负的主要任务、所处理数据的归属、主要来源、传递方式、主要流程、与其他信息系统的共享、交互等情况。

（4）信息系统对外输出数据的方式，可输出数据的类型。

（5）主要岗位设置、责任划分、权力分配等控制环节，主要访问控制、变更控制等安全策略。

（6）有可能获得的系统建设文档、系统取得之后重大调整升级的更新记录。

审前调查中可视需要和条件，对被审计单位的信息系统进行测试。测试工作应当编制适当的预案，确保信息系统的正常运行。要充分了解被审计单位业务系统所使用的数据库系统的基本情况，重点是数据库系统本身的数据格式，数据库系统本身可导出的数据格式。要了解哪些表是所需要的，并要了解各表之间存在什么样的关联关系以及各表的结构。

对被审单位计算机信息系统使用情况的调查，通常通过编制调查表的形式进行，调查表格式如表 2-1 至表 2-3 所示。

表 2-1　被审计单位计算机信息系统调查表（财务信息系统）

被审计单位：　　　　　　　　　　　　填报人：

<table>
<tr><td rowspan="7">财务信息系统</td><td>硬件系统</td><td colspan="5">□ 台式计算机　□ 服务器　□ 小型机</td></tr>
<tr><td>操作系统</td><td colspan="5">□ DOS　□ Windows　版本号：　□ 其他：</td></tr>
<tr><td rowspan="4">财务软件</td><td rowspan="2">软件名称及版本</td><td rowspan="2">后台数据库名称及版本</td><td colspan="3">账套信息（可另附表格）</td></tr>
<tr><td>账套名称</td><td>启用时间</td><td>管理人</td></tr>
<tr><td rowspan="2"></td><td rowspan="2"></td><td></td><td></td><td></td></tr>
<tr><td></td><td></td><td></td></tr>
<tr><td>管理制度</td><td colspan="5">财务信息系统使用的管理制度：</td></tr>
</table>

表 2-2　被审计单位计算机信息系统调查表（业务信息系统）

被审计单位：　　　　　　　　　　　　填报人：

<table>
<tr><td rowspan="7">业务信息系统</td><td>硬件系统</td><td colspan="5">□ 台式计算机　□服务器　□小型机</td></tr>
<tr><td>操作系统</td><td colspan="5">□ DOS　□ Windows　版本号：　□ 其他：</td></tr>
<tr><td rowspan="4">业务软件</td><td rowspan="2">软件名称及版本</td><td rowspan="2">后台数据库名称及版本</td><td colspan="3">模块及功能描述（可另附表格）</td></tr>
<tr><td>模块名称</td><td>功能描述</td><td>启用情况</td></tr>
<tr><td rowspan="2"></td><td rowspan="2"></td><td></td><td></td><td></td></tr>
<tr><td></td><td></td><td></td></tr>
<tr><td>管理制度</td><td colspan="5">业务信息系统使用管理制度：</td></tr>
</table>

表 2-3　被审计单位计算机信息系统调查表（数据流向说明）

被审计单位：　　　　　　　　　　　　填报人：

系统	数据流向关系说明
财务信息系统	
业务信息系统	

对被审计单位所使用的信息系统进行调查，最好采用实地观察，到各部门现场进行观察、询问，并由审计人员自己完成调查表的填写。

2．被审计单位的电子数据

对被审计单位的电子数据进行调查，应当收集、记录下列资料，以了解相关情况。

（1）数据内容、范围，存储媒介。

（2）以 GB 为单位计算的被审计单位源数据量、估算的审计所需数据量。

（3）会计核算软件等信息系统输出的数据与国家标准（GB / T19581－2004）的符合程度，或者是否能被审计软件顺利采集。

（4）数据元素满足专业审计数据规划的程度及主要差异。

（5）有可能获得的数据结构说明、用户使用手册等文档资料。

（6）被审计单位对审计人员采集、整理数据的支持程度和支持能力。

（7）有可能涉及的外部电子数据。

审前调查中可视需要和条件，采集、转换审计所需要的部分数据以至全部数据，对数据的真实性、可用性进行初步审查，按照审计项目性质对数据进行初步分析。在对被审计单位的电子数据进行调查时，可通过调查表方式重点了解业务应用系统数据库表的结构及其关系，调查表格式如表 2-4 所示。

表 2-4 业务（财务）系统主要数据库表

系统名称	数据库类型	主要数据表	
		表名	作用

由于系统数据库表较多，一般只有凭证库、科目库、总账库等才是审计人员所需要的，因此在进行数据库表调查时，审计人员只需关注审计时所需要的数据库表即可，对其他无关数据表可不予关注。

3. 被审计单位业务流程对信息化的依赖程度

对被审计单位业务流程对信息化的依赖程度进行调查，应当收集、记录下列资料，以了解相关情况。

（1）信息系统全部停止运行或者局部停止运行对被审计单位持续运行的影响程度。

（2）使用信息系统的员工比重，信息化处理过程占全部业务流程的比重。

（3）使用信息系统的员工对信息系统功能、运行情况、技术部门支持服务满意度的评价。

审前调查中可视需要和条件，抽查流程的实际执行、控制程度。要详细了解被审计单位整个业务从头至尾每个环节的具体操作方式和目的，并根据了解的情况绘制业务流程图。目的是使审计人员有一个初步的审计思路，更好地设计切实可行的审计方案，同时初步确定数据采集的范围。

4. 与信息系统有关的管理机构及管理方式

对被审计单位与信息系统有关的管理机构及管理方式进行调查，应当收集、记录下列资料，以了解相关情况。

（1）相关法规、规章对在用信息系统的规范要求。

（2）信息技术部门在被审计单位组织架构中的位置。

（3）信息技术部门及其工作人员管理维护职责分工。

（4）财务、业务人员使用信息系统的职责分工。

（5）信息系统主要控制环节及岗位设置。

审前调查中可以视需要和条件，绘制组织系统图，抽查管理制度的实际执行、控制程度。

5. 开展计算机审计的环境条件

审前调查中，应当实地考察开展计算机审计的环境条件，了解下列相关情况。

（1）被审计单位可以提供的设备，审计组完成审计工作必须自行携带的设备。

（2）被审计单位可利用的网络，审计组需要搭建网络环境的规模和所需设备材料。

（3）被审计单位可以提供的数据库管理软件、其他辅助软件工具以及需要审计组另行准备的软件等。

（4）利用被审计单位计算机环境条件对审计工作、被审计单位系统安全的影响程度。

要充分了解被审计单位所处的经济环境、法律环境、行业地区环境、组织经营情况、以前年度审计或其他监管部门的检查情况以及有关账外资产负债收支等。

2.2.2 审前调查的步骤

合理、有序的工作程序是实现目标、完成任务的基本要求，如同工厂生产产品一样，它必须严格执行规定的工艺和流程，审计项目的审前调查同样也要遵循一定的工作程序。审前调查必须明确审前调查的目标，调查人员组成及分工，调查的时间、地点、内容、方法，形成审前调查小结，为编制审计工作方案和审计实施方案打好基础。

1. 组成审前调查组

项目实施部门选择一定数量有相当业务素质、能胜任审前调查任务的人员，组成审前调查组，一般来说，项目组长或主审应担任审前调查组的组长。

2. 拟定审前调查方案

在调查前，调查人员要做好充分的准备，对调查内容，要逐项列出明细；对调查采取的方式方法，要提前设计并做好人员分工；实行问卷调查的，要将问卷印制完成，可以制成表格的，要提前将表格绘制好。

3. 全面收集资料

在调查中，调查人员要根据被审计单位的实际情况和所调查内容的不同，采取适合的调查方法进行全面调查，收集符合审前调查目标所需的各方面内容的相关资料。

4. 及时汇总情况

调查结束后，调查人员要及时将被审计单位的情况进行汇总。必要时绘制被审计单位工作流程图，如财务流程图、业务流程图、 内部控制流程图等。根据汇总的情况，找出被审计单位应该重点关注的领域。

5. 召开审前调查组会议

根据调查汇总的情况，讨论重要性水平，评估审计风险，确定审计策略、审计范围、内容和重点，规划符合性测试和实质性测试程序，形成会议结论和记录。

6. 形成书面调查报告

根据审前调查组会议记录，调查人员把审前调查的过程、方式、参加人员，调查的重点内容及审前调查的结论形成书面调查报告并存档。

2.2.3 审前调查的基本要求

为确保审前调查的质量，在审前调查过程中应注意以下基本要求。

1. 调查人员及调查时间要适当

要根据审计项目的规模和性质，安排适当的人员搞好审前调查。对于规模大、业务复杂的审计项目，如行业审计，要安排较多数量的调查人员，并分成多个小组分别进行调查；

对于规模小、业务简单的审计项目，可由具体承办该项目的审计组进行审前调查。同时，要根据审计项目的复杂程度，安排适当的调查时间，以便进行深入细致的调查，确保调查质量。

2. 审前调查内容要明晰

要保证审前调查的效果，必须明确审前调查的内容。调查内容不仅要包含常规审计所需要的内容，更重要的是要调查与企业财务管理信息系统应用相关的内容。

3. 资料收集要全面

在审前调查中，需要及时收集比较全面的资料，主要包括与审计有关的法律、法规和政策；被审计单位的银行账户、会计报表及其他有关会计资料；被审计单位的重要会议记录和有关文件；审计档案资料；被审计单位的电子数据、数据结构文档以及其他需要收集的资料。

4. 调查方式要灵活

一是直接到被审计单位调查了解情况，询问单位领导、财会人员，查阅相关的经济活动资料、管理制度、业务流程，通过发放审前调查表或召开座谈会的形式搞好调查，充分掌握第一手资料；二是走访被审计单位的上级主管部门、有关监管部门、组织人事部门、税务工商部门等，了解被审计单位执法执纪情况等；三是充分发挥审计公示的作用，了解执行财经法规所存在的问题等。

5. 重大审计线索要注意保密

对于审前调查中发现的重大审计线索，审计组成员要注意保密，特别是要注意进一步审计查证的方式和方法，要做到适可而止，避免打草惊蛇，防止被审计单位做手脚。

6. 要充分发挥审计职业判断的作用

审计职业判断来源于审计实践，是审计人员长期从事审计工作的实践积累。审计客体的千差万别，长期挑战着审计人员对不同领域知识与信息的持续获取能力。由于审前调查的内容较多，涉及的单位、人员也较多，就需要审计人员从全局着眼，善于总体把握；透过事物的表面现象，抓住主要矛盾；敏锐地捕捉与审计目的相关的信息资料并及时汇总，作为编制审计实施方案的内容与重点。

2.3 审计数据需求分析与审计方案编制

2.3.1 计算机辅助审计数据需求分析

在充分的审前调查的基础上，应提出书面的数据需求交予被审计单位，指定采集的系统名称（必要时还应指定数据库中具体的表名称）、采集的具体方式、指定数据传输格式、所需数据的时间段、交接的方式、数据上报期限和注意事项等内容。

1. 确定所需数据内容

应在审计组内将对计算机信息系统及系统数据库、数据方面的调查情况进行通报，将调查所形成的书面材料分发给组员阅读，并由负责具体调查工作的组员对材料进行讲解。

审计组全体成员应对所需数据的内容进行讨论，再决定初步的数据需求。

进行讨论是必要的，经过讨论，一是可以提出尽量全面、完整的数据需求，防止因考虑不周全而多次、零星提出数据需求而延误电子数据的获取，或引起被审计单位的抵触；二是通过讨论，使组员能了解系统及数据的概况，为进一步使用数据，建立数据分析模型奠定基础。

2．确定数据获取的具体方式

经审计组讨论，初步确定数据需求后，应同被审计单位的计算机技术人员商量，从技术的角度考虑所需要的数据能否获取，以哪种方式获取更好，具体的文件格式、传输介质，数据处理所需时间等问题。如果在发出正式的数据需求前不向计算机技术人员询问，有可能造成数据需求不合理，特别是在数据格式、数据采集方式等方面不现实或没有采用最佳方式则不利于工作的开展。

3．提出书面数据需求

在做好上述两步工作后，审计组应发出书面的数据需求说明书，说明书的主要内容应包括以下几个方面：

（1）被采集的系统名称。

（2）数据的内容。

（3）数据格式和传递的方式，时限要求。

（4）双方的责任。

（5）其他未尽事宜。

常用的方式是请被审计单位将指定数据转换为通用的、便于审计组利用的格式的间接采集方式；也可以通过 ODBC 等方式连接直接对数据进行采集；特别情况下，还可以移植应用系统及数据。无论采取哪种方式，都应该以审计组的名义发出数据需求说明书，明确目的、内容和责任等事项。数据需求说明书可以消除只进行口头说明可能引起的需求不明，能准确表达审计组的需求，并使被审计单位正确理解数据需求，为顺利获取数据奠定条件。另外，在数据需求说明书中规定安全控制措施、双方责任等事项还可以在一定程度上避免审计风险。

2.3.2 计算机辅助审计方案的编制

计算机辅助审计实施方案是审计组为了顺利完成审计任务，达到预期审计目的，在实施计算机辅助审计前所作的计划和安排，是整个审计实施过程的行动指南。因此，计算机辅助审计实施方案在审计质量控制体系中起到“龙头”的作用，其编制质量直接影响到计算机辅助审计的质量。

1．编制计算机辅助审计方案的重要性

编制好计算机辅助审计方案是审计质量控制的基础和灵魂，是指导审计人员现场工作的依据，它对实施计算机辅助审计起着全面控制作用，具体表现在以下几方面。

（1）编制计算机辅助审计方案从根本上讲，规定了审计项目的发展方向，是审计工作的指导性文件。

（2）编制计算机辅助审计方案是实施审计和质量检查的标准。

（3）编制计算机辅助审计方案可以有效防范审计风险。

（4）编制计算机辅助审计方案是做好审计报告的基础。

2．计算机辅助审计方案的内容

审计人员必须充分利用计算机辅助审计审前调查的信息，编写完整的计算机辅助审计方案。计算机辅助审计方案的内容除《审计机关审计方案准则》所规定的内容外，还应包括以下内容。

（1）计算机辅助审计的范围和重点。根据审计目的而定，原则上讲，凡能使用计算机来进行审计的，都要纳入计算机辅助审计的范围。

（2）对被审计单位计算机信息系统进行符合性测试的方案。对被审计单位计算机信息系统是否进行符合性测试，应根据计算机审计的具体情况而定。

（3）被审计单位相关数据的获取、转换方案。根据审前调查获取的被审计单位计算机信息系统的有关信息，提出获取电子数据的方案。例如海量数据如何提取，加密文件如何解密等等。

（4）数据的分析方法。通过对被审计单位信息系统的初步分析，针对业务应用系统的不同数据类型，提出分门别类的数据分析方法。如对一般性的财务数据，提出借助计算机辅助审计软件和 Excel 工具来进行审计分析的办法，对结构比较复杂的数据库，制定通过编写程序来进行分析的方案。

（5）计算机辅助审计的人员及分工。根据计算机辅助审计的内容，确定审计组人员的构成，并明确每个审计人员的分工。

（6）开展计算机辅助审计工作所必需的计算机软件、硬件配置及所需的技术条件。应根据审计数据的结构特点及所采用的辅助技术的要求，进行计算机软硬件环境的配置。

3．计算机辅助审计方案案例——××省立医院计算机审计实施方案[1]

1）医院计算机审计实施背景

在信息技术发展日新月异的今天，医疗机构普遍采用计算机系统处理收费业务，相关经济活动信息全部以电子数据形式存储和反映。摆在审计人员面前的，已经不再是以往熟悉的纸质资料，取而代之的是少则数十万条，多则数百万条、上千万条电子数据，利用手工审计依靠被审单位提供表格以及详细查询档案的方式不但效率低下，面对如此庞大的数据量往往手段极其有限，甚至显得无从下手，无能为力。而利用计算机对医疗机构的收费价格进行检索、查询、统计、对比、取证，把审计人员的审计思路转换为电子数据特征，通过数据间的相互关系，确定审计重点，查找可疑线索，不但可以极大地节约审计成本、提高审计工作效率，而且可以很好地延伸审计方向，提高审计工作质量，提升审计成果。

2）医院信息系统基本情况

（1）财务信息系统。

医院的财务信息系统是由江苏会计软件责任有限公司开发的 AC900 财务软件。医院本部采用软件的网络版，其后台数据库为 SQL Server，开发平台为微软的 Windows 系列操作系统，采用 C 语言开发。医院康复部采用软件的单机版，其后台数据库为 Access，康复部

---

[1] 本案例源自 http://bbs.esnai.com/frame.php?frameon=yes&referer=http%3A//bbs.esnai.com/thread-3762227 -1-1.html

同医院本部没有联网，其合并报表采取每月报送的方法。两个版本的数据结构完全相同，系统功能类似，主要有账户管理、制作凭证、凭证管理、账簿管理、日记账、数据维护和会计制度管理。数据采取按月备份的方式。

（2）业务信息系统。

业务信息系统是由合肥工业大学汉思信息技术有限责任公司开发，后台数据库为微软的 SQL Server，采用 Delphi 语言开发，开发平台为 Windows 2000。该系统以计算机网络为支撑环境，覆盖医院各诊疗和管理环节，为医院及其所属各部门提供病人医疗信息、财务收费信息、行政管理信息和领导决策分析统计信息，并追踪与管理伴随人流、物流和财流所产生的信息。系统的主要功能如表 2-5 所示。

表 2-5　业务信息系统功能一览表

门诊挂号系统	物资材料管理系统	门诊收费(可划价)系统	低值易耗品管理系统
病案管理系统 (主要产生医疗报表)	门诊挂号收费系统	人事工资管理系统 (人事管理系统)	门诊诊间医生站系统 (含门诊财务报表)
入/出院记账(可划价)系统	医保接口系统	门诊药房(可划价)系统	触摸屏查询系统
语音显示唱付系统	住院医保系统	医技划价收费系统	住院财务报表系统
住院医嘱系统	科研教育系统	住院药房(可划价)系统	图书管理系统
医院 OA	药库管理系统	膳食管理系统	标准数据系统
手术室管理系统	电子屏公告系统	药品维护系统	院长查询系统
院内职工医保系统	经济核算系统	排班管理系统	电子公告牌
制剂管理系统	网络管理系统	固定资产管理系统	

HIS（Hospital Information System，医院信息系统）有一套独立的软件备份系统，采取离线备份，每天进行一次差异备份，定期进行完全备份。

3）计算机审计的对象和范围

同《审计工作方案》。（此处省略）

4）计算机审计目标

在摸清医院财务信息系统和业务信息系统的基础上，对财务数据和业务数据结构进行分析，对相关数据进行清理整合，将其采集到 AO 系统中，进行财务数据和业务数据对比，检查有无虚报或隐瞒收入情况，审查各项收入的真实性、合规性。重点关注医院收费系统，分析数据结构及数据间的关联关系。利用 AO 软件的系统功能，结合其他分析软件，重点揭示和发现医疗服务收费和药品价格存在的问题。在对医院信息系统数据进行分析、审计的同时，核对数据的一致性、完整性，检查医院的财务与业务信息系统是否存在控制漏洞，判断有无修改业务程序和数据的可能。针对系统问题，深入分析原因，提出意见和建议。

利用 AO 软件的审计文书管理功能，实现审计方案、审计通知书、审计日记、审计底稿、审计证据、审计报告的电子化，并将其打包集成，生成计算机审计实施档案。

5）计算机审计的内容与重点

同《审计工作方案》。（此处省略）

6）计算机审计的主要步骤和思路

（1）数据采集。

医院规模较大，其数据信息量非常大，数据结构很复杂，将其数据全盘吸收分析是不符合实际情况的。为此，数据采集工作必须由计算机人员和审计人员共同参与，重点是与被审单位人员沟通，了解被审计单位的信息系统与业务流程，并尽可能多地得到被审计单位信息系统资料，如开发说明书、数据字典以及系统操作手册等，共同研究审计内容、审计范围与审计重点，确定数据采集的重点，制定可行的数据采集方案。

（2）数据整理与验证。

由于医院数据来源于很多科室，操作人员水平参差不齐等原因，使审计原始数据存在很多问题，必须通过数据清理消除数据的冗余、值缺失以及不完整性与不一致性，并将数据转化为审计软件所能识别的数据。在数据整理的基础上，对采集的数据进行验证，检查数据的真实性。

（3）审计分析与重点思路。

- 核对业务、财务收入数，关注医院有无隐瞒或虚报收入情况。
- 重点分析药品和低耗材料验收、入库、保管、出库、退库以及价格差异等数据，以检查存货账实是否相符。检查医院存货计价及使用、消耗、盘盈（亏）等业务核算情况，关注药品进销差价的计算与药品成本结转核算的合规性。
- 关注医院病人的费用组成，以查看医院的资源配置与社会分配是否合理合规。
- 关注住院费用中常规费用情况，重点关注床位费、空调费、输液费、注射费。
- 关注医院单个病人项目次数超常规情况，例如，监护时间达到几千小时以上，每天化验几十次等。
- 关注超现实收费情况，例如某些项目一天按超过 24 小时收取。
- 重点关注医院模糊收费和非限定收费。例如，空调费不分病房等次，而是统一收取。吸氧费用一天超过 50 元后不按最高标准 50 元收取，而是按实际发生收取等。
- 特别关注医院组合项目收费和分解项目收费。例如尿常规 1 是非法定项目，其按很多检查组合而成，收费标准是 30 元，医院注射中包括一次性注射器，但一次性注射器仍收取费用。
- 关注一些重要医疗材料的收费情况，例如内固定材料/进口收费为 15 500 元，全年用量为 454 次（个）。
- 关注一些收费在百元级别，次数在百次级别，总费用在万元和十万元级别的非常规项目。特别关注各种化验收费情况。
- 关注手术费用以及手术材料收费情况。

7）组织分工和时间安排

根据审计工作方案，4 月中下旬至 5 月初为审前准备阶段，由厅文化卫生审计室会同信息办进行审前调查，根据本方案摸清被审单位信息系统基本情况，收集必要的电子数据和相关文档。6 月上旬至 9 月为计算机审计实施阶段，审计人员根据审计分工组织开展实施审计。在现场审计实施结束后，由审计组提交计算机审计报告，并将其汇总到审计报告中。审计项目实施结束后，对原始数据、计算机审计成果、经验等电子资料进行汇总整理，编写计算机审计情况说明，送厅信息办备存。

8）审计要求

（1）在 AO 软件中编写审计方案、审计日记、工作底稿、审计证据与审计报告，实现审计文书规范化，加强质量控制。

（2）积极运用计算机技术开展审计，形成有效的、统一的思路、方法和审计模块，为其他医院的计算机审计提供经验。

思考练习题

1. 开展计算机审前调查有何重要意义？
2. 计算机审前调查的内容有哪些？
3. 开展计算机审前调查的步骤有哪些？
4. 计算机辅助审计方案的内容主要有哪些？

第3章 审计数据采集与整理

数据采集与数据整理是审计人员在审前调查的基础上，按照审计目标，采用一定的工具和方法对被审计单位信息系统的相关数据进行采集，转换为审计软件所需要的数据类型，并对转换后的数据进行清理，剔除无用信息，验证数据真伪的过程。

3.1 审计数据采集

如何把被审计单位的电子数据采集过来，是开展计算机辅助审计工作的前提和基础，审计数据采集质量直接影响到审计质量，必须引起高度重视。

3.1.1 数据采集的概念

1. 数据采集的概念

所谓审计数据采集，就是审计人员为了完成审计任务，在审前调查提出的数据需求基础上，按照审计目标，采用一定的工具和方法从被审计单位信息系统中的数据库中或其他来源中获取相关电子数据的过程。

2. 数据采集的特点

数据采集是计算机数据审计的首要前提和基础，一般来说，它具有明确的选择性、目的性和可操作性。

1）选择性

所谓选择性，是指审计人员只采集与审计需求相关的数据。审计人员在进行审计数据采集工作之前，必须认真学习和研究本次审计工作方案中明确的审计范围、审计内容及重点，结合审前调查所提出的数据需求，来确定本次计算机数据审计的数据采集范围、采集内容以及采集重点。尤其当审计人员面对海关、银行、电力等被审计单位的“海量”电子数据时，在不能完全下载和转换电子数据的情况下，采集数据必须要做到有的放矢，减少盲目性，提高审计效率。

2）目的性

所谓目的性，是指数据采集的目的是在掌握第一手资料、把握总体情况的前提下，为审计准备基础数据。审计人员应把审计对象作为一个系统，通过数据采集工作，将被审计单位的信息全部都纳入审计监督范围之内，从而把“全面审计”落到实处，为下一步“突出重点”的数据分析、审计延伸调查做好铺垫。

3）可操作性

所谓可操作性，是指数据采集的技术和方法多种多样，但所用的技术和方法都必须易于操作。在实际工作应用中，可由审计人员现场亲自采集或监督被审计单位技术人员配合采集，从而保证所采集的数据是真实、正确和完整的。

3.1.2 数据采集过程与方法

1. 数据采集过程

在实施计算机辅助审计的过程中，数据采集的主要步骤如下。

1）确定所需数据内容

在审前调查的基础上，审前调查人员应在审计组内将被审计单位计算机信息系统的相关情况进行通报，将调查所形成的书面材料分发给审计组成员阅读，并由负责具体调查工作的组员对材料进行讲解。审计组全体成员应对所需数据的内容进行讨论，再决定初步的数据需求。

2）确定数据采集的具体方式

经过审计组讨论，初步确定数据需求后，应同被审计单位的计算机技术人员商量，从技术的角度考虑所需要的数据能否采集，以哪种方式采集更好，具体的文件格式、传递介质等问题。如果在发出正式的数据需求前不向计算机技术人员询问，有可能造成数据需求不合理，特别是在数据格式、数据采集方式等方面不现实或不是最佳方式，不利于工作的开展。

3）提出书面数据需求

在做好上述两步工作后，审计组应发出书面的数据需求说明书。说明书的主要内容应包括以下几个方面：被采集的系统名称、数据的内容、数据格式、传递方式、时限要求、双方的责任等。在实践中，常用的方式是请被审计单位将指定数据转换为通用的、便于审计组利用的格式；也可以通过 ODBC（Open Database Connectivity，开放式数据库互接）等方式连接，直接对数据进行采集；特殊情况下，还可以移植应用系统及数据。无论采取哪种方式，都应该以审计组的名义发出数据需求说明书，明确目的、内容和责任等事项。数据需求说明书可以消除只进行口头说明可能引起的需求不明，它能准确表达审计组的要求，并使被审计单位正确理解数据需求，从而为顺利采集数据打下基础。另外，在数据需求说明书中，通过规定安全控制措施、双方责任等事项，可以在一定程度上避免审计风险。

4）制定数据采集方案

制定审计数据采集方案、选择数据采集方法工具。

5）完成数据采集

根据数据采集方案，获得所需要的审计数据。

6）数据验证

对获得的数据进行理解和检查，以确保采集到的数据的质量符合要求。

需要指出的是，在数据采集过程中，由于电子资料比纸质资料更容易被篡改，并且难以发现篡改的痕迹，为了降低实行计算机辅助审计的风险，必须建立电子数据承诺制，即被审计单位必须保证所提供电子数据的真实性和完整性。

2. 数据采集方式

在进行审计数据采集时，审计人员可根据审计任务的需要以及被审计单位的实际情况，依据审计数据采集的相关理论，采用通用软件或专门的审计软件来完成数据采集。在数据采集过程中，审计人员常用的数据采集方法主要有以下几种。

1）直接拷贝和直接读取

当被审计信息系统中的数据库系统与审计人员使用的数据库系统相同，或者虽不相同，但审计人员的数据库引擎可以直接访问被审计信息系统的数据库。这时可以通过直接复制或直接读取方式将被审计对象的数据采集到审计人员的计算机系统中。

（1）直接从被审计单位信息系统的数据存储目录获取数据。

早期单机版会计软件多采用 dBASE、FoxPro、Access 等单机数据库管理系统。这些会计软件的数据库文件一般均直接存储在应用软件的安装运行目录中，而且数据量一般都不大。通常情况下，这些数据可以通过相应的数据库管理系统进行处理，审计软件也可直接读取。因此，审计人员可先通过查看被审计单位应用系统的各项属性来确定数据存储的目录，然后直接从被审计单位信息系统的数据存储目录获取数据。

（2）利用被审计单位信息系统提供的备份工具进行数据采集。

被审计单位对信息系统中以前年度的电子数据，是通过信息系统自身提供的备份工具进行备份和加密处理的。这种情况下，审计人员一般可采取以下两种办法进行数据采集：一是对未经加密存储的备份数据进行直接拷贝；二是对于加密存储的备份数据，首先在一个模拟复制的被审计单位信息系统中恢复备份数据，然后找到恢复后的数据存储目录获取数据。

2）利用数据库系统的导入导出工具

很多数据库管理系统都自带数据导入导出工具，如比较流行的 SQL Server，它不仅支持将自身数据库文件导出，而且还支持以 Access 等其他类型数据库文件导出。该数据库在 Windows 平台上兼容性好，市场占有率高。在实际工作中，Access 数据库软件也是审计人员经常使用的数据库转换及分析整理的工作平台。

下面以 SQL Server 数据库导出为 Access 数据文件为例阐述操作步骤。

（1）首先创建空的 Access 数据库文件。

（2）启动 SQL Server 数据库服务器，打开 SQL Server 企业管理器，选择目标数据库，单击鼠标右键，在弹出的快捷菜单中，依次选择【所有任务】|【导出数据】命令，打开【DTS 导入 / 导出向导】对话框，如图 3-1 所示。

（3）单击【下一步】按钮，打开数据源选择对话框，如图 3-2 所示。

（4）选择数据源后，单击【下一步】按钮，打开选择复制目标对话框，如图 3-3 所示。

（5）选择目的数据库及数据库文件后，单击【下一步】按钮，打开【指定表复制或查询】对话框，如图 3-4 所示。

（6）指定表复制或查询方式后，单击【下一步】按钮，打开【选择源表和视图】对话框，如图 3-5 所示。

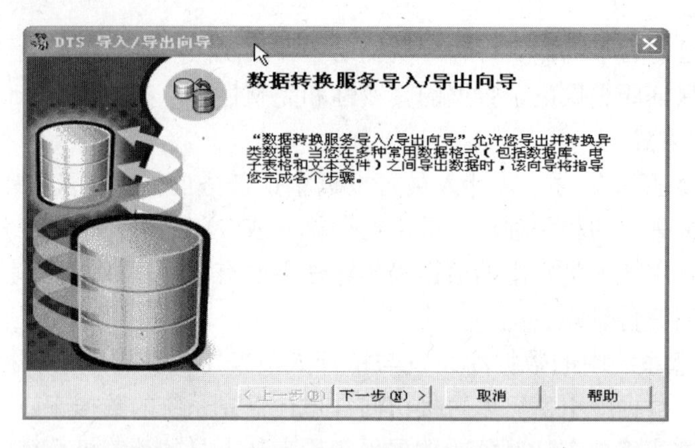

图 3-1 【DTS 导入 / 导出向导】对话框

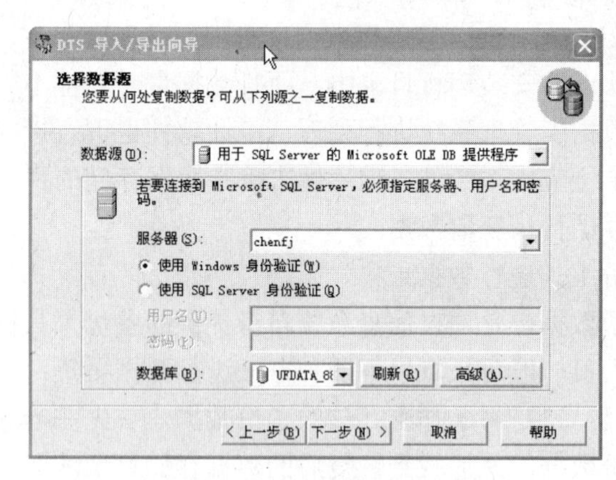

图 3-2 数据源选择对话框

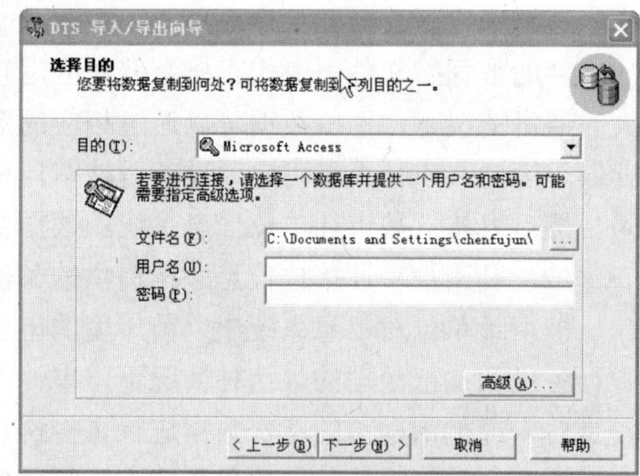

图 3-3 选择复制目标对话框

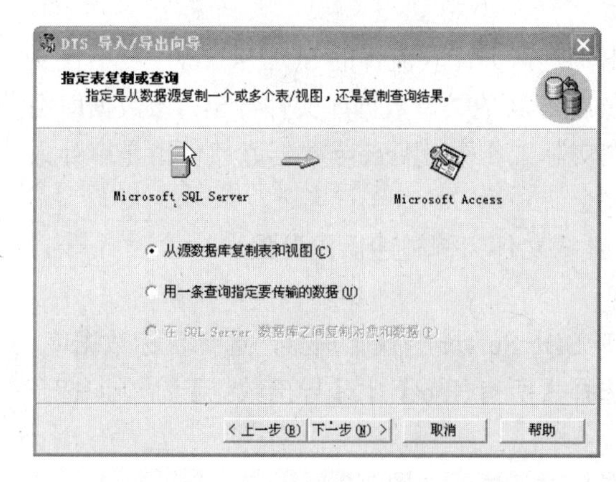

图 3-4 【指定表复制或查询】对话框

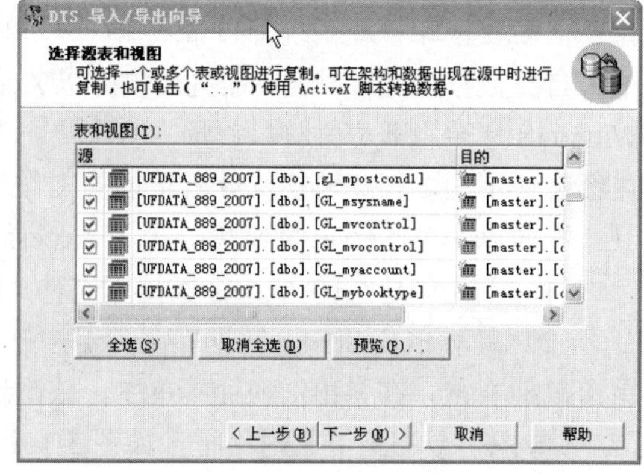

图 3-5 【选择源表和视图】对话框

（7）选择审计所需要的数据表后，单击【下一步】按钮，打开【保存、调度和复制包】对话框，如图 3-6 所示。

（8）单击【下一步】按钮，弹出信息确认对话框，如图 3-7 所示。

（9）单击【完成】按钮，进行数据库转换操作，如图 3-8 所示。

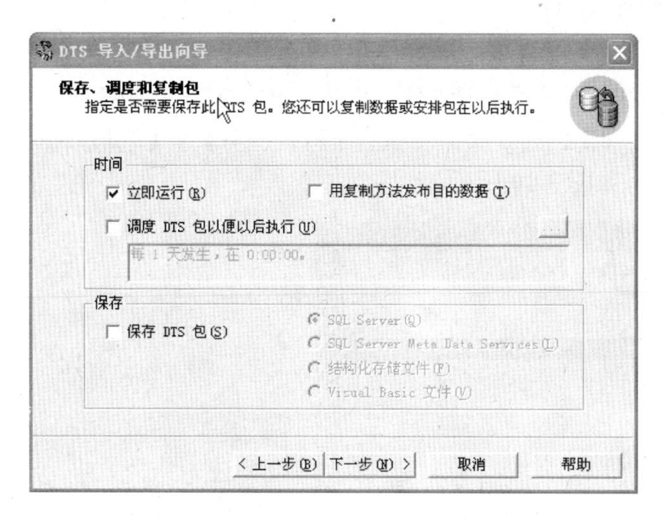

图 3-6 【保存、调度和复制包】对话框

图 3-7　信息确认对话框

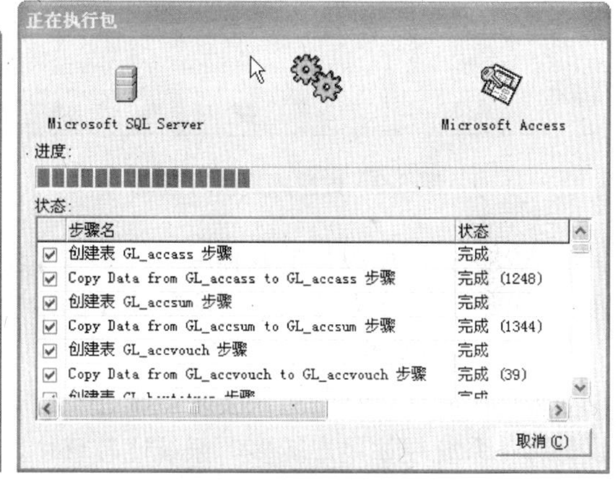

图 3-8　数据库转换

（10）数据库转换完成后，单击【确定】按钮结束数据库转换操作。

3）实体迁移

对被审计单位信息系统数据库与审计软件系统数据库类型相同的，可采取数据库实体迁移的方式采集数据。现在市场上使用 SQL Server 作为后台数据库管理系统的财务软件很多，如用友和金蝶的网络版财务软件。在采集转换 SQL Server 数据库管理系统中的数据时，如果审计人员的电脑也安装了 SQL Server 数据库，则可以直接将需要的数据库实体转移到审计人员的电脑中。

下面以 SQL Server 数据库为例说明实体迁移的一般方法。

（1）启动 SQL Server 数据库服务器，打开 SQL Server 企业管理器，选择目标数据库，单击鼠标右键，在弹出的快捷菜单中执行【属性】命令，打开数据库属性对话框，如图 3-9 所示。

（2）选择属性对话框中的【数据文件】选项卡，确定数据库文件存储位置。

（3）停止 SQL Server 数据库服务，将数据库文件（.mdf 和.ldf）拷贝到审计人员的电脑中。以下操作在审计人员的电脑中进行。

（4）启动 SQL Server 数据库服务器，打开 SQL Server 企业管理器，在【数据库】节点上单击鼠标右键，在弹出的快捷菜单中执行【所有任务】|【附加数据库】命令，打开【附加数据库】对话框，如图 3-10 所示。

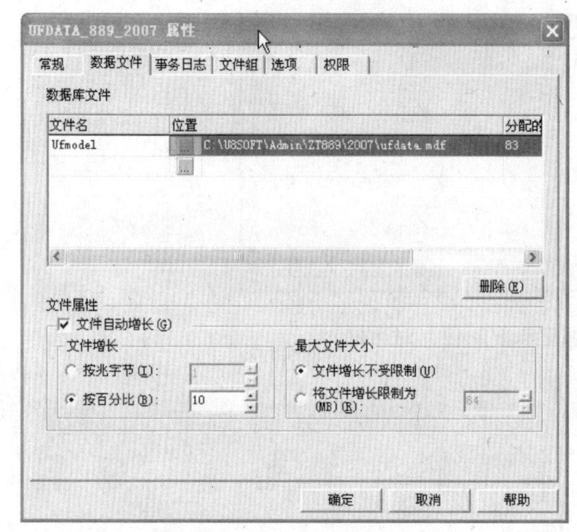

图 3-9 数据库属性对话框

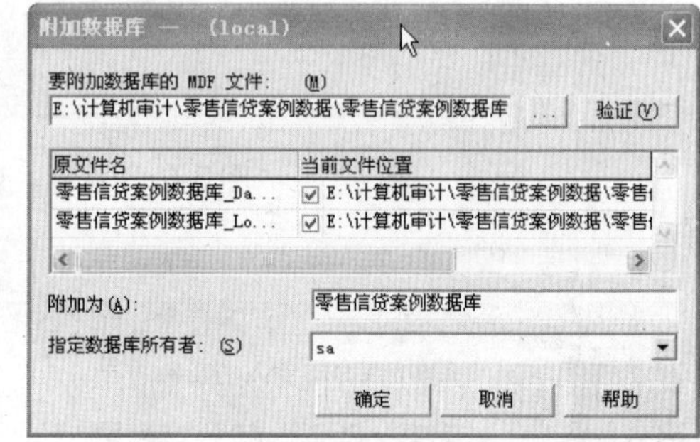

图 3-10 【附加数据库】对话框

（5）选择所要附加的数据库后，单击【验证】按钮对数据库的完整性进行验证。验证通过后单击【确定】按钮，完成数据库的附加操作。

4）先备份后恢复

数据库实体迁移的方式要求被审计单位数据库处于空闲状态，但在现实工作中，网络版的财务系统往往用户较多，系统比较繁忙，如果将后台数据库管理系统停下来，势必会影响被审计单位的正常工作，同时由于要停止被审计单位的数据库管理系统，当再次启动时如果因为病毒感染等原因而不能正常启动，那无疑增加了审计人员的审计风险。而数据库数据备份的方式则不必停用被审计单位数据库，虽然不会影响被审计单位的正常工作，但是备份耗时较长，影响效率。因此，如果目标数据库空闲或者短时间停用对被审计单位的影响很小，则采用第一种方式即数据库实体附加的方式；反之，如果目标数据库总是繁忙，将其停用会明显影响被审计单位的工作，则采用数据库数据备份、恢复的方式采集数据。除了可以直接利用被审计单位的财务系统本身具有的备份功能进行备份外（一般被审计单位的操作人员都会进行备份操作，不同的系统有不同的操作方式，在此不作赘述），还可以采用数据库备份操作。

以 SQL serve 数据库为例说明操作步骤。

（1）启动 SQL server 数据库服务器，打开 SQL Server 企业管理器，在需要备份的目标数据库上单击鼠标右键，在弹出的快捷菜单中依次选择【所有任务】|【备份数据库】命令，打开【备份】对话框，如图 3-11 所示。

（2）在【备份】对话框中单击【常规】选项卡，选择【数据库—完全】单选项，其他选项保持默认，单击【添加】按钮，弹出【选择备份目的】对话框，如图 3-12 所示。

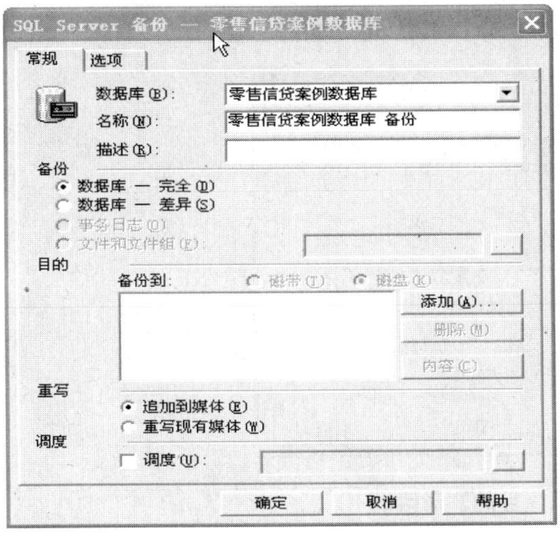

图 3-11 【备份】对话框

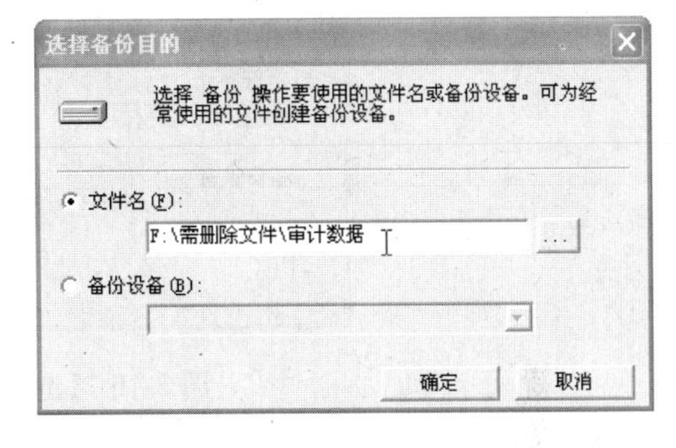

图 3-12 【选择备份目的】对话框

（3）选择【文件名】单选项，单击其右侧的参照按钮，弹出备份设备位置对话框，指定备份文件存放位置及文件名。设置完毕，单击【确定】按钮，返回到【常规】选项卡，然后单击【确定】按钮开始备份。

因备份数据库时目标数据库处于占用状态，所以备份耗用的时间会比其在空闲期明显增加。在这种状态下备份时，除保留必要的数据库进程外，应尽量减少目标数据库任务，如客户端财务人员继续输入凭证资料等操作。

（4）将备份的目标数据库拷贝到审计人员电脑中，启动 SQL Server 数据库服务器，打开企业管理器。在企业管理器窗口中，鼠标右键单击【数据库】文件夹，在弹出的快捷菜单中依次选择【所有任务】|【还原数据库】命令，打开【还原数据库】对话框，如图 3-13 所示。

（5）单击【常规】选项卡，在【还原为数据库】文本框中输入还原后的数据库名称，本例为“审计数据库”，然后单击【从设备】单选项，并单击【参数】栏中的【选择设备】按钮，打开【选择还原设备】对话框，如图 3-14 所示。

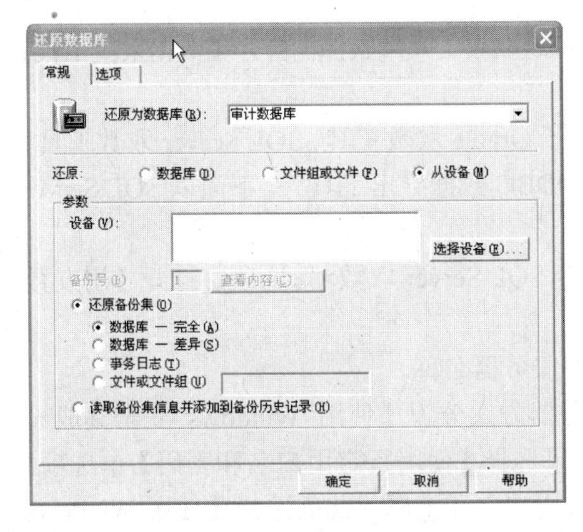

图 3-13 【还原数据库】对话框

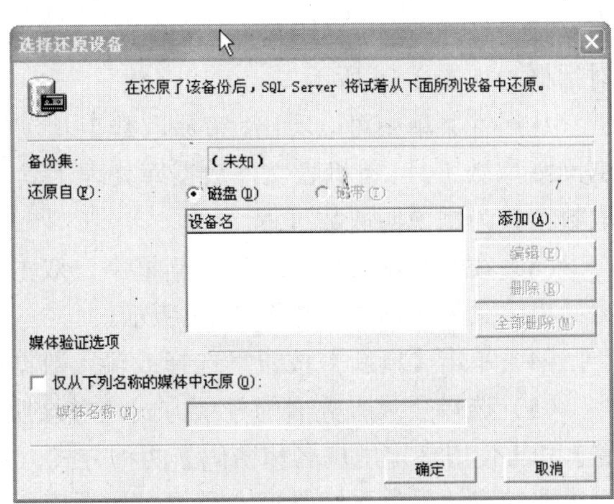

图 3-14 【选择还原设备】对话框

（6）单击【添加】按钮，打开【选择还原目的】对话框，如图 3-15 所示。

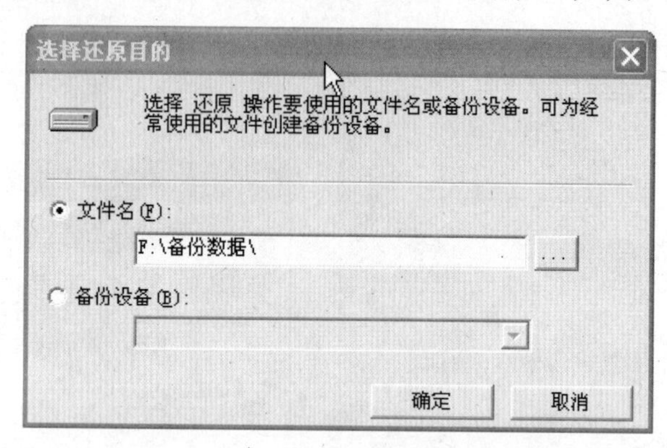

图 3-15 【选择还原目的】对话框

（7）选择【文件名】单选项，单击其右侧的参照按钮，选择待还原的数据库文件的路径和名称后，单击【确定】按钮，返回到【选择还原目的】对话框。

（8）在【选择还原目的】对话框中单击【确定】按钮，返回到【还原数据库】对话框，如果要改变还原后的数据库文件的路径或文件名，单击【选项】选项卡，更改默认的路径和文件名，其他选项可根据需要更改，确认好配置选项后单击【确定】按钮，即将被审计单位信息系统中的备份数据库文件还原到审计人员所使用的数据库中。

5）利用审计软件中的专用数据获取工具

目前市场上有成熟的数据转换工具软件，可以将数据在各种数据库间方便地进行转换，也有一些专门针对财务系统使用的数据提取工具，如用友审易软件中包含一个非常好用的取数工具包，它包含了对 SQL Server、Sybase、Oracle 等数据库管理系统的几种取数工具，只要系统安装有相应的数据库驱动程序就可以将这几种数据库的数据导出到 Access 数据库，使用简单、方便。

利用用友审易软件专用数据获取工具采集数据的操作步骤如下。

（1）建立要导出的数据库文件（空数据库），本例以 Access 数据库为例，新建空 Access 数据库并命名为“审计数据”。

（2）打开用友审易取数工具文件夹，执行“审易取数工具”软件，打开【数据采集工具】对话框，如图 3-16 所示。

从属性菜单中可以看出，审易取数工具包含了 Oracle 取数工具、SQL Server 取数工具、Sybase 取数工具、单机版文件数据库处理工具、ODBC 数据导出工具等。下面以 SQL Server 取数工具为例说明取数过程。

（3）在【数据采集工具】对话框中，双击“<SQL Server 取数>”选项，打开【用友数据导出工具】对话框，如图 3-17 所示。

（4）单击【刷新】按钮，选择或输入数据库服务器名称。

（5）选择登录服务器的登录方式。登录服务器方式分为【使用 Windows 安全集成设置】和【使用指定用户名和密码】两种方式，如果选择【使用指定用户名和密码】单选项，则需要被审计单位系统管理人员提供数据库登录用户名和密码，此处选择【使用 Windows 安全集成设置】单选项。

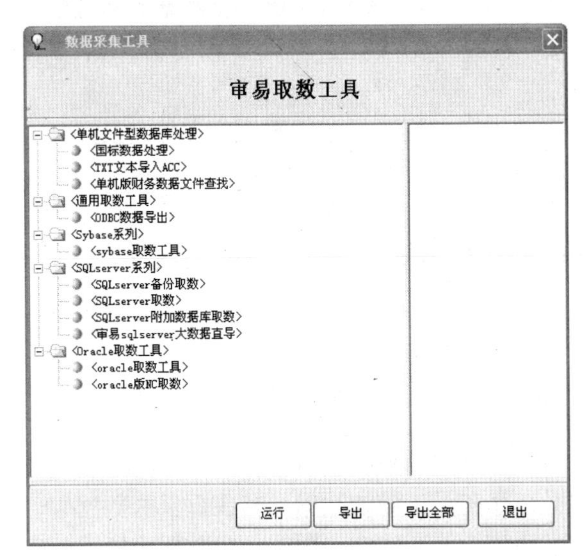

图 3-16 【数据采集工具】对话框

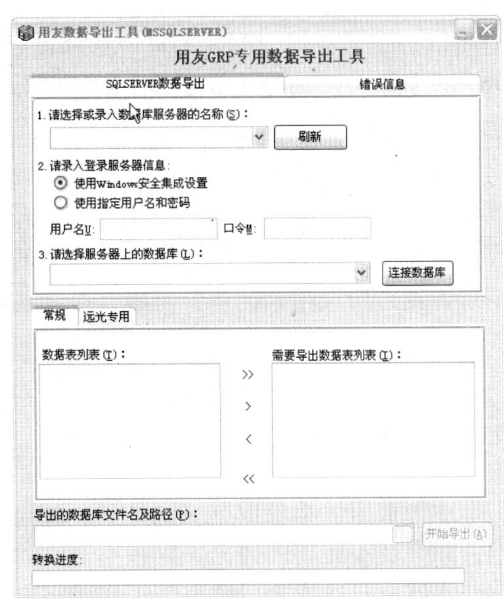

图 3-17 【用友数据导出工具】对话框

（6）如果数据库连接正常，则在【请选择服务器上的数据库】下拉框中选择需要导出的目标数据库。然后单击【连接数据库】按钮，目标数据库中的数据表自动显示在对话框左下方的【数据表列表】框中，如图 3-18 所示。

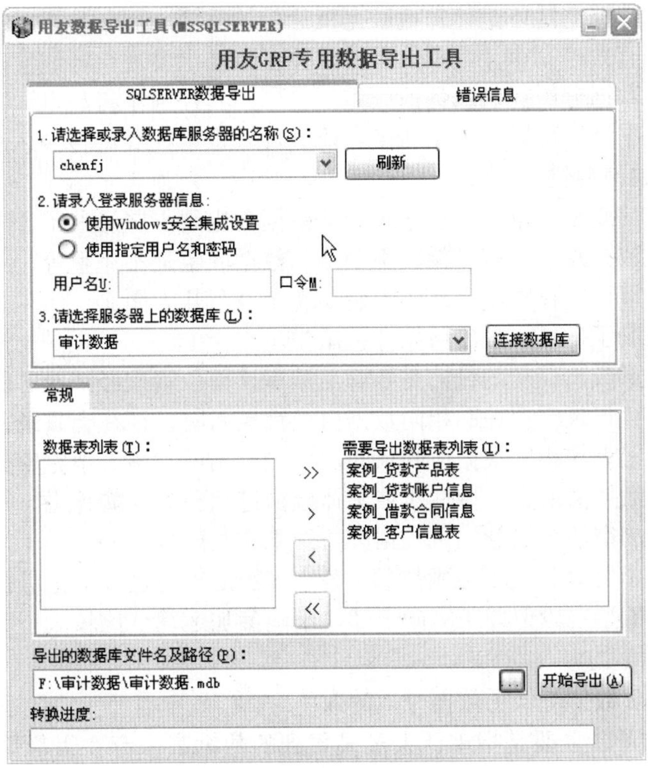

图 3-18 数据导出信息设置

（7）在【数据表列表】框中选择需要导出的表，单击【>】按钮，将数据表从【数据表列表】框中添加到【需要导出数据表列表】框中。单击【>>】按钮可以把所有的表都添加到【需要导出数据表列表】框中。

（8）在【导出的数据库文件名及路径】下拉框中，选择导出的数据库文件名及路径。

（9）完成上述设置后，单击【开始导出】按钮，执行数据导出处理。

数据采集技术和方法较多，在实际的审计工作中，审计人员应根据被审计单位的实际情况，结合所选用辅助审计手段，合理选用数据采集方法，确保数据采集的高效与合理。

3.2 数据整理

由于被审计单位数据来源众多、种类繁杂，采集来的数据往往会存在不少数据质量问题，如存在不完整的数据、存在不一致的数据、存在不正确的数据、存在重复的数据等，这些问题将直接影响后续审计工作所得出的审计结论的准确性。因此，在数据采集后，审计人员必须对从被审计单位获得的原始电子数据进行整理，使其满足后续数据分析的需要。根据计算机审计工作的实际情况，数据整理主要分为数据清理和数据转换两部分内容。

3.2.1 数据清理

数据清理也称数据清洗，是计算机数据审计中的重要一环，是指对被审计数据进行检查、分析和验证，有效控制审计数据的质量，并在数据上发现审计线索，清理数据质量问题，为后续的审计数据分析提供服务的一系列过程，其任务是将与审计工作无关的或者冗余的数据删除。数据清理可以在数据转换之前进行，也可在数据转换之后进行。

1．数据清理的必要性

由于各种各样的原因，审计人员采集到的数据会出现一些影响审计工作质量的问题，如值缺失、空值、数据冗余、字段类型不合法、数据域定义不完整等，对这些问题必须加以修正，才能满足审计工作需要，具体来说表现在以下几方面。

（1）值缺失限制了审计人员的数据分析工作。

被审计数据的形成，最初的目的是要满足被审计单位管理经济业务的需要。所以，操作人员在对多条连续记录中存在的相同数据值进行录入时，往往会只录入第一条记录的数据值，而省略后续记录的相同数据值的录入，导致数据不完整。不完整数据的存在，限制了审计人员按这一数据值的某一特性对被审计数据进行分析（如查询、筛选、汇总）。

（2）数据表中的空值直接影响了数据分析结果的准确性。

被审计数据中常常会存在部分数据值为空（NULL）的现象。在进行数据分析时，原始数据中为空的数值型字段值并不等同于 0，不能参加运算、比较大小等分析，必须对这部分空值进行数据清理。

（3）大量的冗余数据降低了数据分析的效率。

这里说的数据冗余主要是指审计人员采集到的数据表中存在大量原本就没有使用或存储辅助信息的字段和记录。这些字段和记录对于审计人员来说，可能是多余的，没有任何意义。大量的冗余数据的存在不仅占据了审计人员本来就十分有限的硬盘空间，而且还会大大降低审计人员以数据查询为主的数据分析的效率。因此，必须对冗余数据进行清理。

（4）数据值域定义的不完整性给数据审计工作带来障碍。

由于被审计单位信息系统对某些数据没有形成较强的值域或数据格式的约束性限制，极易造成因操作人员失误等原因导致录入的数据中存在错误值或同一类型数据值的表达格式不统一的情况。如在对交通部门车辆购置附加税的审计中，审计人员通过了解车辆购置附加税的征稽业务知识，对发票的价值进行了错误值的检测。根据市场行情可知，一辆国产汽车的购入价一般不会超过100万元，但在采集的原始数据中，有的发票价为400万元，这显然是错误的数据。又如在某中央专款审计中，审计人员发现在采集的数据表中，同一类型的数据值的表述多种多样，格式不统一。

如果审计人员对上述存在的错误值和格式不一致的数据在未经清理的情况下加以利用，将直接导致数据分析结果的不完整，甚至形成错误分析结果。

2．数据清理技术

进行数据清理的技术方法很多，应用比较多、通用性较好的主要是通过Excel、SQL语言、审计软件、数据库等数据处理技术来实现。

1）使用Excel处理

Excel不仅提供了数据导入、导出以及数据排序、筛选、分类汇总等比较实用的数据操作功能，而且还可以直观地进行插入、删除、修改字段或数据记录的数据清理工作，方便快捷地进行数据值的复制、粘贴、清除。

使用Excel进行数据清理比较适合于以下几种情况：

（1）被审计单位提供的或审计人员采集到的数据本身就是Excel表（*.xls），部分数据清理工作可直接在Excel中进行。

（2）数据表存在大量值缺失的情况，而且这些值缺失没有明显可以加以分类的条件。数据清理主要依靠审计人员手工进行填充，而Excel方便、快捷的复制、粘贴功能为这类数据清理提供了强大的帮助。

（3）对于数据量小、任务较轻的数据清理，可以使用Excel进行，操作简单、省时省力。

2）通过SQL语言实现

SQL是关系数据库的标准语言，SQL语言集数据查询、数据操纵、数据定义和数据控制功能于一身，是一种高度非过程化的语言。SQL语言不仅可以嵌入到程序设计语言中使用，还可以直接以命令方式交互使用，使得审计人员在数据清理的过程中能清楚地掌握被清理数据的实时状况，及时纠正所发现的错误和问题。

使用SQL语言进行数据清理比较适合于以下几种情况：

（1）数据来源较多，需要以SQL Server数据库为平台对采集到的数据进行集成，使用SQL语言进行数据清理成为其中的重要一环。

（2）数据表中存在的需要清理的数据质量问题具有一定的规律性，通过归纳，数据清理工作可以由多条SQL命令来完成。

（3）数据量较大，存在同一类型数据质量问题的记录较多，将数据导入SQL Server数据库，使用SQL语言进行数据清理可以简化操作、节约时间、提高效率。

3）其他数据清理技术

数据清理中，审计人员还可以根据所采集数据的具体格式，采用除Excel、SQL以外的其他清理技术实现数据清理。如，可以利用审计软件提供的“数据维护”功能进行数据清理；对于数据格式为 Access（*.mdb）文件的，可以通过在 Access 数据库中执行“更新查询”或更改表结构等操作来实现数据清理。

3．数据清理的内容

根据影响审计质量的数据因素，数据清理的内容主要体现以下五个方面。

1）值缺失处理

通常情况下，缺失的数据值只能靠审计人员手工填入，少数的缺失值可以从本数据源和其他数据源直接导入。对于没有分类条件的连续值缺失，可以将数据导入 Excel 中，利用“填充柄”手工连续填入。

2）空值处理

针对 SQL 等数据库中存在的空值（NULL）的数据清理，可以在 SQL Server 的查询分析器中执行如下 SQL 语句用“0”替换某些字段的空值：

如：UPDATE　数据表名　SET　字段名=0　WHERE　字段名　IS　NULL

3）清除冗余数据

清除冗余数据就是将与审计工作无关的字段信息和记录清除掉。

假设被审计单位为了方便现金流量表的编制，对于收款凭证和付款凭证，在凭证库中用两个数来记录发生的现金变化情况，一个是在会计核算的会计科目下记录，一个是在反映现金流量辅助核算信息的现金流量类科目下记录，且这类科目均以“s”开头，这样的数据库对审计而言，显然是发生了数据冗余问题，审计人员需要将冗余数据清除掉。可以使用下列 SQL 语句完成数据的清除工作。

如：DELETE　FROM　数据表名　WHERE　字段名　LIKE　‘s%’

4）数据值定义不完整

由于被审计单位信息系统对某些数据没有形成较强的值域或数据格式的约束性限制，有时会出现因操作人员失误等原因导致录入的数据中存在错误值或同一类型数据值的表达式不统一的情况。如果审计人员对错误值和表达式不一致的数据在未经清理的情况下加以利用，将直接导致数据分析结果的不完整，甚至形成错误分析结果，给数据审计工作带来很大障碍。数据定义不完整性问题主要是负值问题、数据格式问题。

假设审计人员在采集数据后，发现在固定资产表中固定资产原值字段存在负值的情况，这显然与会计处理的常规不符，需要将其进行处理。审计人员可以使用下列 SQL 语句清理数据。

UPDATE　固定资产表　SET　资产原值=ABS(资产原值)　WHERE　资产原值<0

5）字段类型不合法问题

有时，在采集到的被审计单位的数据库中，存在某些反映金额、数量的数据字段的类型被定义为字符型或其他类型，使审计软件无法识别，也不便于审计人员利用其他工具软件对数据进行核对。这就需要审计人员将这些字段的数据类型调整为数值型字段，以便于审计过程中的计算、汇总和分析。

3.2.2　数据转换

数据转换不仅是一个语法层次上的问题，同时还是一个语义层次上的问题。首先，数据转换技术必须解决对被审计单位不同类型数据库格式的识别问题，将具有相同或相近含义的各种不同形式的数据转换成审计软件处理所需的相对统一的数据形式，这是一个语法层次上的问题。其次，数据转换还要解决对采集到的原始数据的含义进行识别的问题，明确地标识出每张表、每个字段的经济含义及其相互之间的关系，这是一个语义层次的问题。简单地讲，数据转换就是把具有相同或相近意义的各种不同格式的数据转换成审计人员所需要的相对统一的数据格式，或把采集到的原始数据转换成审计人员容易识别的数据格式和容易理解的名称。

1．数据转换的必要性

数据转换是进行计算机审计必不可少的工作，由于被审计单位提供的审计数据在结构和表现形式上五花八门，难以满足审计分析的需要，因而必须对被审计单位提供的电子数据加以转换，形成易于识别和分析的数据形式，才能满足审计分析的需求。

1）被审计单位信息系统的多样性导致数据的不一致性

开展计算机审计必然面临各种各样的被审计单位信息系统。被审计单位信息系统的差异给审计工作带来数据的不一致性问题，主要表现在以下几方面。

（1）同一字段在不同的应用中具有不同的数据类型。例如，字段“借贷方标志”在A系统中的类型为“字符型”，取值为“Credit/Debit”；在B系统中的类型为“数值型”，取值为“0/1”；在C系统中类型又为“布尔型”，取值为“True/False”。

（2）同一字段在不同的应用中具有不同的名字。例如，表示余额的字段在A系统中的字段名为“balance”，在B系统中名称为“bal”，在C系统中又变成了“currbal”。

（3）同名字段，不同含义。例如，字段“月折旧额”在A系统中表示用直线折旧法提取的月折旧额，在B系统中表示用加速折旧法提取的月折旧额等等。

（4）同一信息，在不同的应用中有不同的格式。例如，字段“日期”在A系统中的格式为“YYYY-MM-DD”，在B系统中格式为“MM/DD/YY”，在C系统中格式又为“DD/MM/YY”。

（5）同一信息，在不同的应用中有不同的表达方式。例如，对于借贷方发生额的记录，在A系统中设计为两个字段：“借方发生额”与“贷方发生额”，在B系统中设计为两个字段“借贷方标志”与“发生额”。

对于这些不一致的数据，必须进行转换后才能供审计软件分析之用。数据的不一致性是多种多样的，对每种情况都必须进行专门处理，因而是一项比较繁琐的工作。

2）被审计系统的安全性措施给审计工作带来障碍

基于安全性考虑，被审计单位的系统一般都采取一定的加密措施，有系统级的加密措施和数据级的加密措施。特别对具有一定含义的数据库的表与字段的名称，一般都要进行映射或转换。例如，将表命名为T1，T2，…；将字段命名为F1，F2，…对于这样的数据，不进行含义的对照与转换就不明白表或字段的经济含义，计算机数据审计也就无法顺利进行。各种各样的加密措施不胜枚举，这都给计算机审计带来了障碍，同时也给数据转换带来挑战。

3）审计目的的不同决定了审计数据的范围和要求不同

被审计单位的信息系统规模不一，数据量相差悬殊。审计人员往往是根据审计目的和要求，选取一定范围的、满足一定要求的审计数据。如果被审计单位不能提供完全满足审计要求的数据，就有必要对采集到的数据进行转换。审计人员必须通过数据转换，将审计所需的分布在被审计系统的若干张表中的信息统一在一张或多张表中，为提高数据分析效率奠定基础。

4）数据转换是数据分析处理的前提

计算机软件设计一般都是基于一定的数据结构或数据模式的，专用的审计软件更是如此。在输入数据不能满足软件处理的需求时，就必须对它进行转换。通用的审计软件，对输入数据的适应性相对强一些，但并不意味着它可以处理不经转换的任意数据，仍然存在较多局限。而且，审计软件中有很多特定的分析方法和专用的工具，这些方法和工具往往要求一定的数据结构或数据模式。例如，在对数据进行趋势分析时，就首先要将数据按年、月、日三个层次进行分类汇总，而绝大部分被审计单位提供的电子数据的年月日数据往往只用一个日期字段反映。这时，审计人员就必须将数据的一个日期字段转换成年、月、日三个字段反映，保证数据趋势分析的顺利进行。

2．数据转换方法与工具

数据转换可以采用的工具和方法多种多样，实际工作中具体采用的数据转换工具和方法，主要依据审计目标、被审计单位的数据结构和格式、审计软件对输入数据的处理需求等因素而定。

1）数据库管理系统自带的转换工具

很多的数据库管理系统都自带非常出色的数据转换工具，如导入/导出工具（DTS）、开放数据库互连（ODBC）等。微软的 SQL Server 自带的 DTS 工具就是操作简便、功能强大的数据抽取和转换工具，它支持多种形式的转换。

2）审计软件

几乎每一种审计软件都提供了自己的数据转换工具，利用审计软件的数据转换工具可以实现特定类型数据的转换。

3）SQL 语言

SQL 语言是关系数据库的标准语言。利用 SQL 语言进行数据转换，对于具有中级以上计算机应用水平的审计人员来说尤为适合。SQL 语言中的语句可以分为数据定义语句（DDL）、数据操纵语句（DML）和数据控制语句（DCL）。在数据转换中用得较多的是数据操纵语句和数据定义语句。一般可以用数据定义语句来定义目标数据库和目标表的结构，用数据操纵语句将源数据检索到目标数据库中并对检索的结果进一步加工。

4）程序编码

程序编码是实现数据转换的最基本的方法，对于以下情形可考虑采用程序编码方式进行。

（1）对复杂数据文件中包含的数据进行转换时。

（2）对于非关系型数据库中的数据进行转换时。

（3）数据关系复杂，转换需求固定，使用频繁时。

3. 数据库类型转换

1）数据库类型判断

不同的数据库其文件类型往往存在很大的差异，因此可通过文件后缀名对数据库类型进行判断。常用数据库系统及其文件类型对照如表 3-1 所示。

表 3-1　数据库系统及文件类型对照表

序　号	数据库系统	后　缀　名	备　注
1	SQL Server	.mdf .ldf	二者缺一不可
2	Access	.mdb	
3	Sybase	.db	
4	dBASE	.dbf	
5	FoxPro	.dbf	
6	Paradox	.db	
7	Oracle	.dmp	备份文件后缀名
8	文本文件	.txt	

2）数据库格式转换举例

【例 3-1】 将 TXT 文本格式转换为 Excel 文件格式。

利用 Excel 电子表格的“导入外部数据”功能实现数据格式的转换，具体操作步骤如下。

（1）新建一个空白 Excel 文件，执行【数据】菜单中的【获取外部数据】|【导入文本文件】命令，打开【导入文本文件】对话框，如图 3-19 所示。

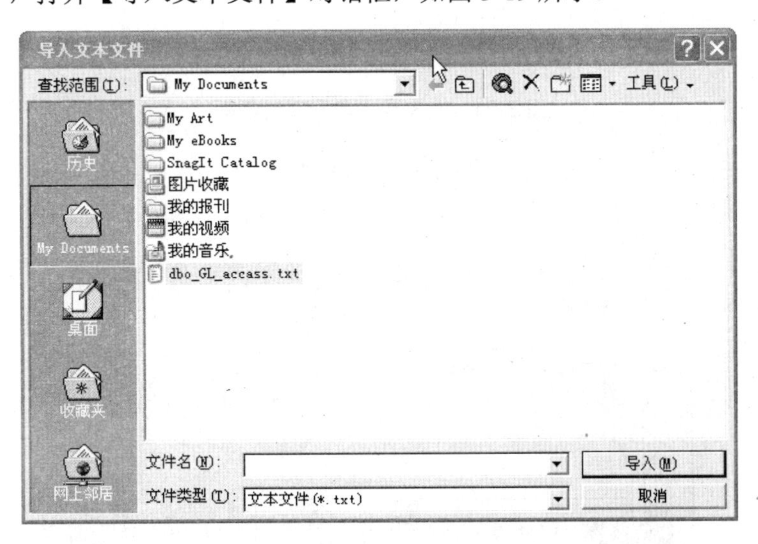

图 3-19　【导入文本文件】对话框

（2）选择所要导入的文本文件后，单击【导入】按钮，进入文本导入向导一对话框，如图 3-20 所示。

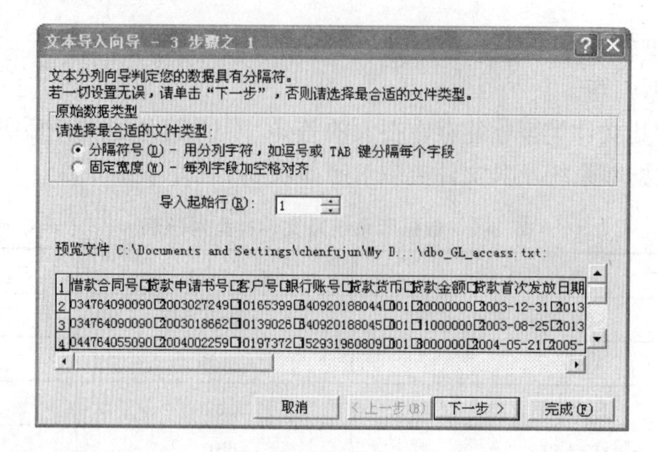

图 3-20　文本导入向导一对话框

（3）选择文件类型后，单击【下一步】按钮，进入向导二对话框，如图 3-21 所示。

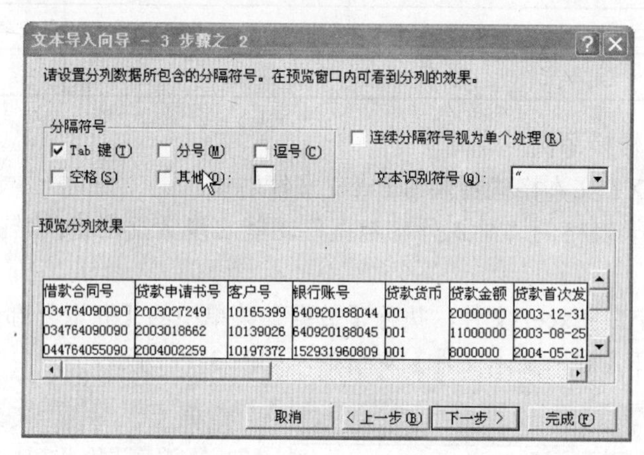

图 3-21　文本导入向导二对话框

（4）选择“分隔符号”类型后，单击【下一步】按钮，进入向导三对话框，如图 3-22 所示。

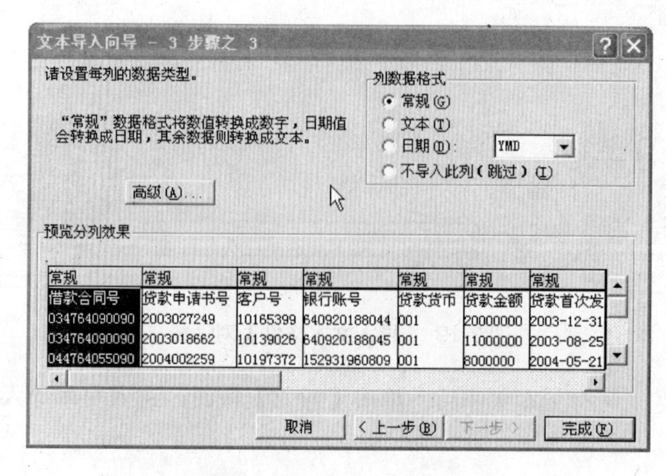

图 3-22　文本导入向导三对话框

（5）设置各列数据类型后，单击【完成】按钮，进入【导入数据】对话框，如图 3-23 所示。

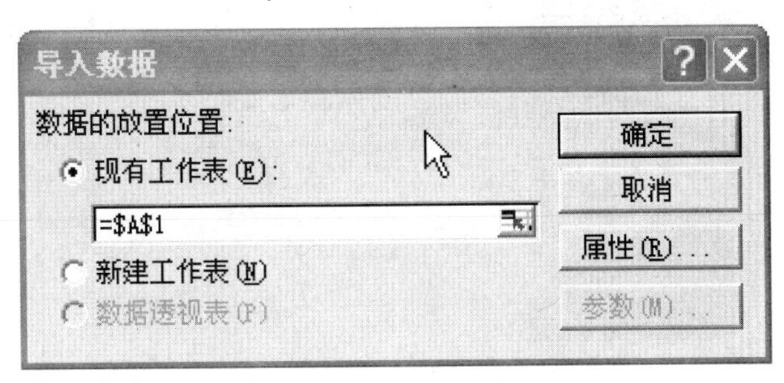

图 3-23　【导入数据】对话框

（6）选择存放位置后，单击【确定】按钮完成数据导入处理。

【例 3-2】 将 SQL Server 数据文件转换为 Access 数据库文件。

方式一：利用 SQL Server 数据库的“导出数据”功能实现，操作步骤参见“数据采集方式”章节。

方式二：利用 Access 数据库的“获取外部数据”功能实现，具体操作步骤如下。

（1）在数据源设置中建立一个 ODBC 链接数据源。在【开始】菜单上依次选择【设置】|【控制面板】命令，打开【控制面板】窗口；在打开的【控制面板】窗口中单击【性能和维护】，进入【性能和维护】窗口，在【性能和维护】窗口中单击【管理工具】，进入【管理工具】窗口；在【管理工具】窗口中双击【数据源（ODBC）】，打开【ODBC 数据源管理器】对话框，如图 3-24 所示。

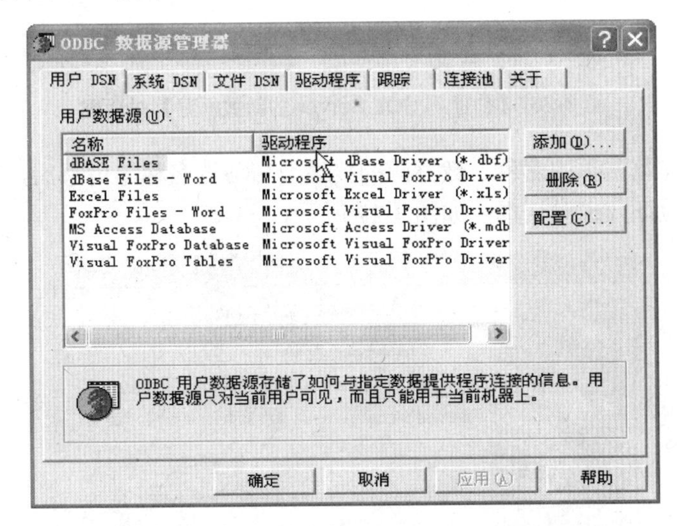

图 3-24　【ODBC 数据源管理器】对话框

（2）单击【添加】按钮，打开【创建新数据源】对话框，如图 3-25 所示。

（3）在【创建新数据源】对话框中，根据所要获取的数据库类型选择相应的数据库驱动程序，本例以 SQL Server 数据库为例说明以后操作过程。选择 SQL Server 后，单击【完成】按钮，打开【创建到 SQL Server 的新数据源】对话框，如图 3-26 所示。

（5）选择“使用网络登录 ID 的 Windows NT 验证”方式登录数据库，单击【下一步】按钮，进入数据源选择对话框，如图 3-28 所示。

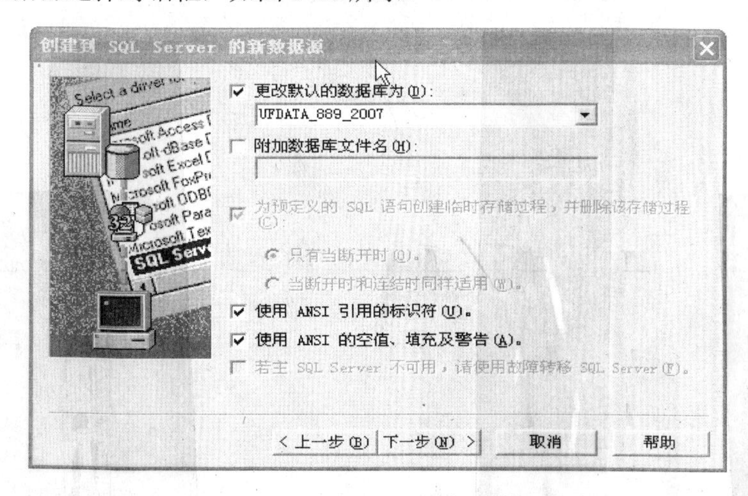

图 3-28　数据源选择对话框

（6）选中“更改默认的数据库为”复选框，并从下拉列表中选择相关数据库后，单击【下一步】按钮，进入数据存储信息设置对话框，如图 3-29 所示。

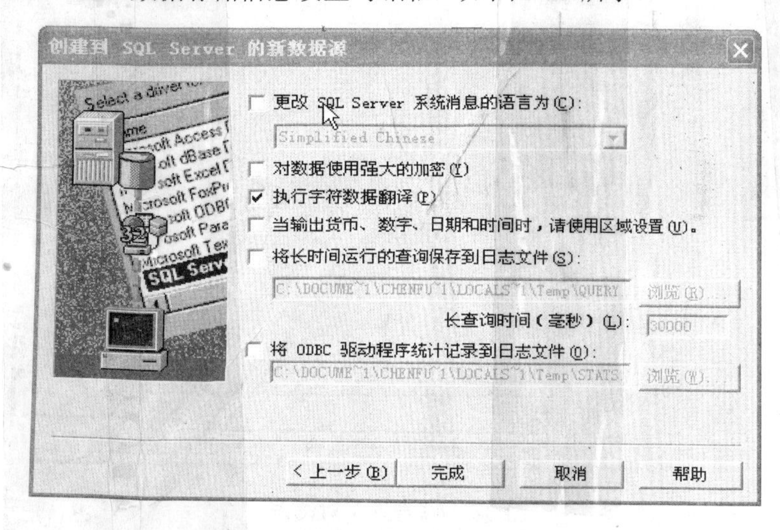

图 3-29　数据存储信息设置对话框

（7）单击【完成】按钮，进入【ODBC Microsoft SQL Server 安装】对话框，如图 3-30 所示。

（8）在【ODBC Microsoft SQL Server 安装】对话框中，单击【测试数据源】按钮，对所选择的数据源进行连接测试，测试通过表示可以获取相关数据；单击【确定】按钮，即可完成数据源的添加。

（9）创建一个空的 Access 数据库文件，执行【文件】菜单中的【获取外部数据】|【导入】命令，打开【导入】对话框，如图 3-31 所示。

图 3-30 【ODBC Microsoft SQL Server 安装】对话框

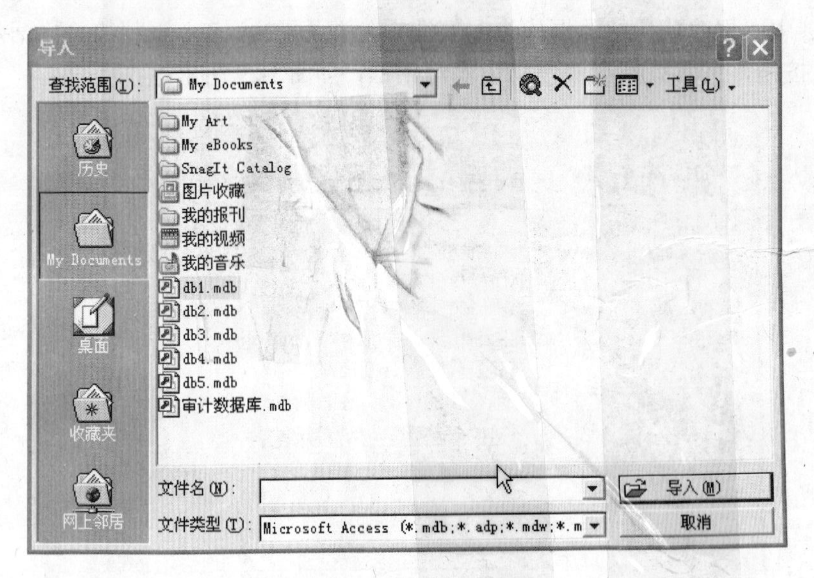

图 3-31 【导入】对话框

(10) 在【文件类型】下拉列表框中选择 ODBC Databases 文件类型，打开【选择数据源】对话框，如图 3-32 所示。

(11) 在【选择数据源】对话框中，单击【机器数据源】选项卡，在“数据源名称”列表框中选择在第（1）~（8）步中所建立的数据源（本例为 mydata，如果未建立，可单击【新建】按钮，按提示一步步创建数据源），然后单击【确定】按钮，打开【导入对象】对话框，如图 3-33 所示。

(12) 用鼠标单击欲导入的数据表或单击【全选】按钮选择所有数据表，然后单击【确定】按钮，开始进行数据导入处理。

图 3-25 【创建新数据源】对话框

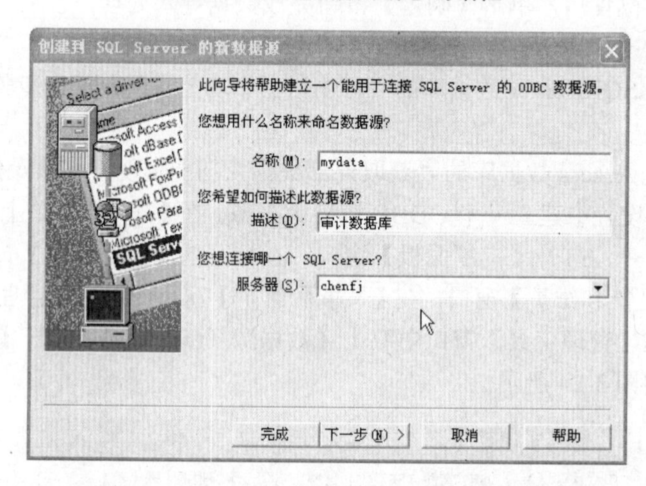

图 3-26 【创建到 SQL Server 的新数据源】对话框

（4）输入创建数据源的名称、数据源的描述及服务器名称等信息后，单击【下一步】按钮，进入登录验证方式对话框，如图 3-27 所示。

图 3-27 登录验证方式对话框

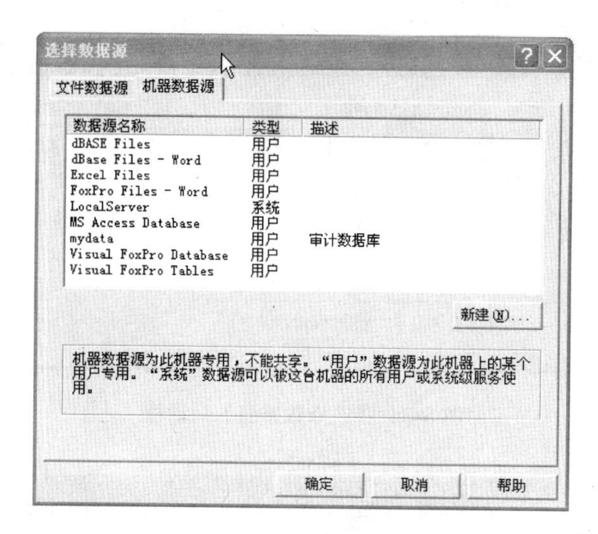

图 3-32　【选择数据源】对话框

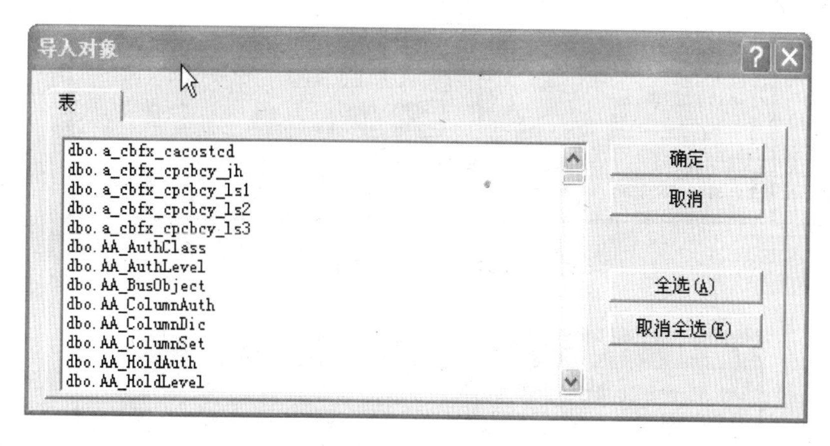

图 3-33　【导入对象】对话框

【例 3-3】 Access、FoxPro、SQL Server 等数据库文件转换为 Excel 文件格式。

利用数据库的“导出”或“导入”数据功能实现，以 SQL Server 数据库转化 Excel 文件为例说明转换过程（不同的数据库转换为 Excel 文件的方式存在一定的差异，转换时需具体把握）。

方式一：利用数据库的导出功能实现。

（1）新建一个空的 Excel 文件。

（2）其他操作同 SQL Server 数据库转换为 Access 数据库的操作。

方式二：利用 Excel 获取外部数据功能实现。

（1）新建一个空的 Excel 文件，执行【数据】菜单中的【获取外部数据】|【新建数据库查询】命令，打开【选择数据源】对话框，如图 3-34 所示。

（2）选择所需要的数据源类型后，单击【确定】按钮，打开【选择数据库】对话框，如图 3-35 所示。

（3）选择所需要的数据库名称后，单击【确定】按钮，打开【查询向导-选择列】对话框，如图 3-36 所示。

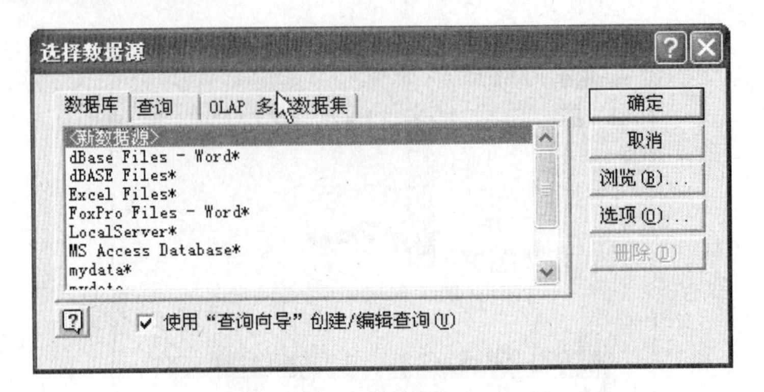

图 3-34 【选择数据源】对话框

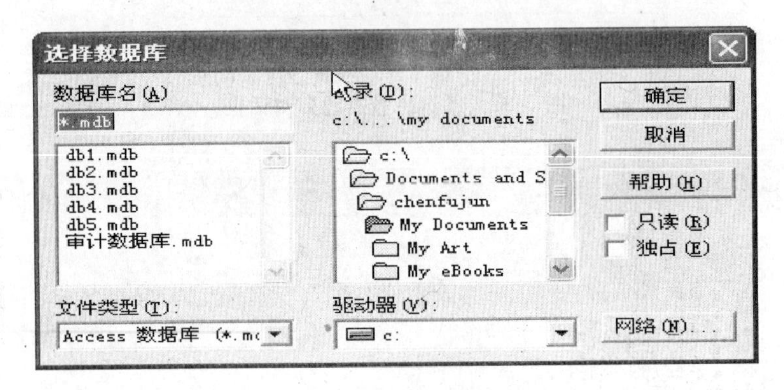

图 3-35 【选择数据库】对话框

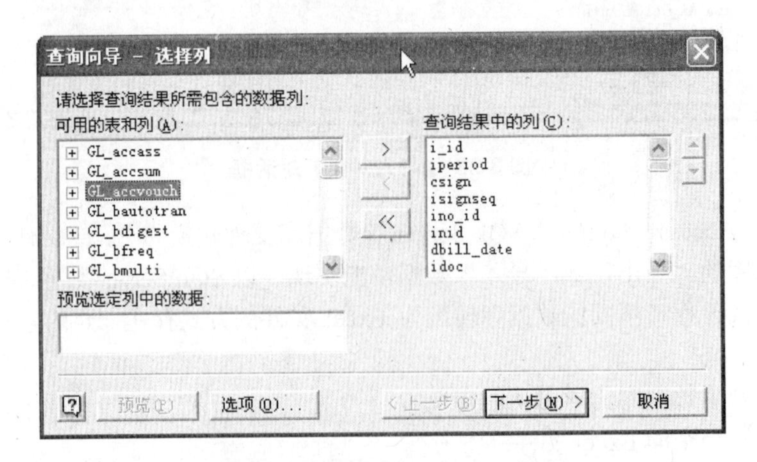

图 3-36 【查询向导-选择列】对话框

（4）选择需要进行转换的数据表及数据列后，单击【下一步】按钮，打开【查询向导-筛选数据】对话框，如图 3-37 所示。

（5）设置数据筛选条件后，单击【确定】按钮，打开【查询向导-排序顺序】对话框，如图 3-38 所示。

（6）设置排序方式后，单击【确定】按钮，打开【查询向导-完成】对话框，如图 3-39 所示。

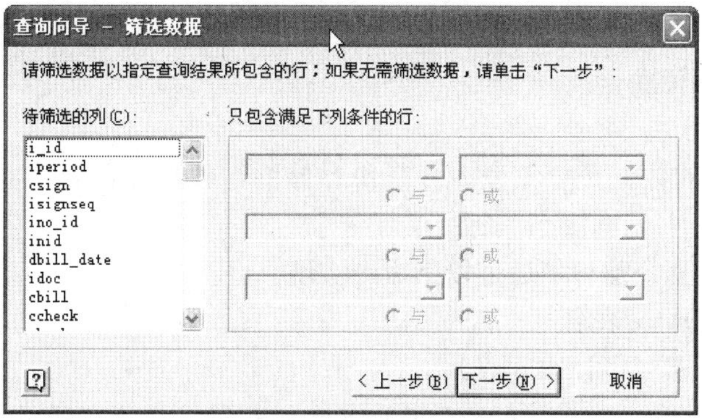

查询向导 － 筛选数据

请筛选数据以指定查询结果所包含的行；如果无需筛选数据，请单击“下一步”：

待筛选的列(C)：

i_id
iperiod
csign
isignseq
ino_id
inid
dbill_date
idoc
cbill
ccheck

只包含满足下列条件的行：

与　或
与　或
与　或

< 上一步(B)　下一步(N) >　取消

图 3-37 【查询向导-筛选数据】对话框

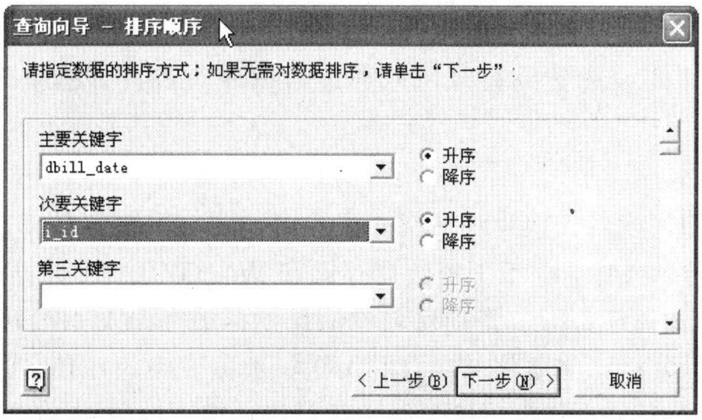

查询向导 － 排序顺序

请指定数据的排序方式；如果无需对数据排序，请单击“下一步”：

主要关键字
dbill_date
升序
降序

次要关键字
i_id
升序
降序

第三关键字
升序
降序

< 上一步(B)　下一步(N) >　取消

图 3-38 【查询向导-排序顺序】对话框

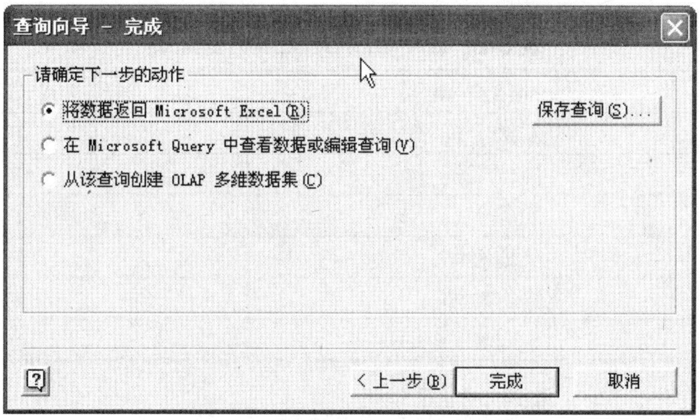

查询向导 － 完成

请确定下一步的动作

将数据返回 Microsoft Excel(R)
在 Microsoft Query 中查看数据或编辑查询(V)
从该查询创建 OLAP 多维数据集(C)

保存查询(S)...

< 上一步(B)　完成　取消

图 3-39 【查询向导-完成】对话框

（7）单击【完成】按钮，打开数据存放位置设置对话框，如图 3-40 所示。

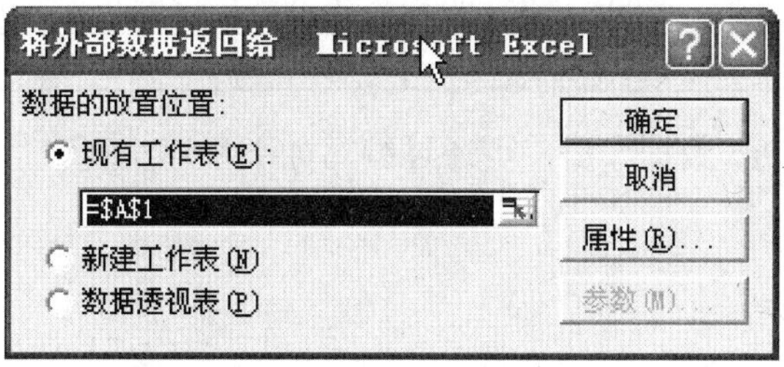

将外部数据返回给 Microsoft Excel

数据的放置位置：
现有工作表(E)：
=$A$1
新建工作表(N)
数据透视表(P)

确定
取消
属性(R)...
参数(M)...

图 3-40　数据存放位置设置对话框

（8）选择设置数据存放位置后，单击【确定】按钮，系统自动完成数据转换处理。

4．数据库结构转换

1）合并数据表

多数财务软件的数据是以年度、分月份存储的，使用时需要将其合并到一个数据文件中。

如：在 FoxPro 命令窗口中通过以下命令实现。

APPEND　FROM　表名

2）组合生成新表（审计中间表）

在财务软件设计时，为尽可能减少数据冗余，相关信息分别存储于不同的数据表中，在审计时需要将这些信息合并在一起进行综合处理，这就需要通过从不同的表中提取所需字段生成审计所需要的数据表。

组合生成审计所需要的数据表，可以通过数据库查询设计器实现或通过 SQL 语句实现。

3）字段名转换

将字母等格式的字段名转换为汉字格式字段名，以提高阅读效率。

例如在用友财务软件中，职工工资数据存储在 WA_GZDATA 数据表中，但工资项目则以 F1、F2、F3 等形式体现，而工资项目名称信息则存放在 WA_GZTBLSET 数据表中。为便于观察和进行统计分析，需要将 WA_GZDATA 数据表中的 F1、F2、F3 等字段名称用 WA_GZTBLSET 数据表中的工资项目名称进行替换。WA_GZTBLSET 和 WA_GZDATA 数据表结构简表如表 3-2、表 3-3 所示。

表 3-2　WA_GZTBLSET 数据简表

igzitem_id	csetgzitem	对应 WA_GZDATA 字段
1	薪级工资	F_1
2	岗位工资	F_2
3	职务工资	F_3
4	交通补贴	F_4
5	物价补贴	F_5
…	…	…

表 3-3　WA_GZDATA 数据简表

职工编号	职工姓名	F_1	F_2	F_3	F_4	F_5	F_6	…
01010001	张三	672.00	378.00	432.00	260.00	200.00	126.00	…
01010002	李四	578.00	362.00	378.00	260.00	200.00	137.00	…
…	…	…	…	…	…	…	…	…

转换为 Visual FoxPro 数据库后，可通过编写如下程序实现。

```
SELECT 1
USE WA_GZDATA
SELECT 2
USE WA_GZTBLSET
```

```
DO WHILE NOT EOF( )
  x="F_"+ALLTRIM(STR(igzitem_id))
  y=ALLTRIM(csetgzitem)
  SELECT 1
  ALTER TABLE WA_GZDATA RENAME COLUMN &x TO &y
  SELECT 2
  SKIP 1
ENDDO
CLOS ALL
```

在 SQL Server 数据库中，可通过以下命令实现。

```
Sp_rename 'tablename.[oldfieldname]','newfieldname','column'
```

4）金额存储方式转换

在会计信息系统中，金额存储方式主要有“借方金额+贷方金额”方式，如表 3-4 所示；“借贷方向+金额”方式，如表 3-5 所示；“带正负号的金额”方式，如表 3-6 所示。

表 3-4 “借方金额+贷方金额”存储形式简表

期间	凭证类型	日期	凭证序号	分录序号	摘要	科目代码	借方金额	贷方金额
	收		1	1		银行存款	200	0
	收		1	2		营业外收入	0	100
	收		1	3		其他业务收入	0	100

表 3-5 “借贷方向+金额”存储形式简表

期间	凭证类型	日期	凭证序号	分录序号	摘要	科目代码	借贷方向	金额
	收		1	1		银行存款	借	200
	收		1	2		营业外收入	贷	100
	收		1	3		其他业务收入	贷	100

表 3-6 “带正负号的金额”存储形式简表

期间	凭证类型	日期	凭证序号	分录序号	摘要	科目代码	金额
	收		1	1		银行存款	200
	收		1	2		营业外收入	–100
	收		1	3		其他业务收入	–100

为了便于统计计算，通常需要将其他存储方式下存储的数据转换成第一种方式，“借方金额+贷方金额”存储格式比较符合人们的思维习惯。

（1）将“借贷方向+金额”转换为“借方金额+贷方金额”。

假设数据表 K1 是以“借贷方向+金额”方式存储金额值，数据表 K2 是以“借方金额+贷方金额”方式存储金额值。

在 Visual FoxPro 数据库中，可以通过建立以程序实现转换。

```
SELE 1
USE K2
SELE 2
```

```
USE  K1
SELE  2
GO  1
DO  WHILE  NOT  EOF( )
  qj=期间
  pzlx=凭证类型
  pzxh=凭证序号
  flxh=分录序号
  rq=日期
  jy=摘要
  kmdm=科目代码
  je=金额
  IF 借贷方向="借"
    INSER INTO  K2(期间,凭证类型,凭证序号,分录序号,日期,摘要,科目代码,借方金额,贷方金额) VALU(qj,pzlx,pzxh,flxh,rq,jy,kmdm,je,0)
  ELSE
    INSER  INTO  K2(期间,凭证类型,凭证序号,分录序号,日期,摘要,科目代码,借方金额,贷方金额) VALU(qj,pzlx,pzxh,flxh,rq,jy,kmdm,0,je)
  ENDIF
  SKIP
 ENDDO
 USE
 SELE 1
 USE
```

（2）将“带正负号的金额”转换为“借方金额+贷方金额”。

假设数据表 K3 是以“带正负号的金额”方式存储金额值，数据表 K2 是以“借方金额+贷方金额”方式存储金额值。

在 Visual FoxPro 数据库中，可以通过建立以程序实现转换。

```
SELE  1
USE  K2
SELE  2
USE  K1
SELE  2
GO  1
DO  WHILE  NOT  EOF( )
  qj=期间
  pzlx=凭证类型
  pzxh=凭证序号
  flxh=分录序号
  rq=日期
  jy=摘要
  kmdm=科目代码
  je=ABS(金额)
  IF 金额>0
```

```
    INSER  INTO  K2(期间,凭证类型,凭证序号,分录序号,日期,摘要,科目代码,借方金额,贷
方金额)  VALU(qj,pzlx,pzxh,flxh,rq,jy,kmdm,je,0)
  ELSE
    INSER  INTO  K2(期间,凭证类型,凭证序号,分录序号,日期,摘要,科目代码,借方金额,贷
方金额)  VALU(qj,pzlx,pzxh,flxh,rq,jy,kmdm,0,je)
  ENDIF
  SKIP
 ENDDO
 USE
 SELE 1
 USE
```

3.3　数据验证

数据验证是指在数据的采集、清理、转换等过程中，对数据进行检查，验证其真实性、准确性和完整性等目标的过程。数据验证在计算机数据审计中占有很重要的地位，贯穿于计算机数据审计的全过程。在审计过程中，审计人员必须不断进行数据验证，以确定所审计的电子数据的真实性、正确性和完整性。

3.3.1　数据验证的目的与作用

进行数据验证的目的是确保数据的真实、完整，它的作用主要体现在以下三个方面。

（1）确认所采集的电子数据是否真实地反映了被审计单位的实际经济业务活动。

通过验证电子数据对被审计单位实际经济业务活动的真实反映程度，排除被审计单位有意隐瞒、修改部分数据的可能性，从而确认审计人员采集的电子数据的真实性、正确性和完整性。

（2）检查数据在采集过程中是否发生遗漏。

当电子数据从一台计算机转移到另一台计算机，或从一个信息系统转移到另一个信息系统时，由于信息系统的数据输入输出控制的多样性，数据采集人员受相关知识、源数据库特性的掌握程度等因素影响，可能导致在数据采集过程中发生数据遗漏的问题，这就需要审计人员对所用的数据进行充分验证，确认数据的正确性和完整性。

（3）检查数据清理时是否发生数据遗漏和数据错误。

审计人员在进行数据清理时，编写的程序可能会存在逻辑错误或对数据的操作不规范等问题，这些问题可能导致部分数据遗漏和错误，使得随后进行的数据分析结果发生错误。因此，审计人员在完成数据清理操作后，必须对被操作的电子数据进行数据验证，确保数据的正确性和完整性。

3.3.2　数据验证内容与技术

数据操作对数据的影响是多方面的，因而数据验证也需要从多个角度进行，以确保数

据的真实与完整。在数据验证时可以从信息系统内部数据间的勾稽关系、不同信息系统间数据的勾稽关系、电子数据与其他数据之间的勾稽关系等角度开展。数据验证的内容主要包括核对记录数、核对总金额、检查借贷平衡、验证凭证断号与重号以及检查勾稽关系等。

1．验证记录数

审计人员在采集到审计数据后，首先要将取得的电子数据的记录数与被审计单位信息系统中的记录数进行核对（有打印纸质凭证的，还要与纸质凭证数核对），验证凭证数据的完整性。验证记录数包括两个方面，一是验证凭证数是否一致，二是验证数据库记录数是否相等。

1）凭证总数验证

以用友财务软件为例说明凭证总数验证的方法。

（1）查询被审计单位的会计信息系统查询凭证总数。在【总账】系统中，执行【凭证】|【凭证查询】命令，打开【凭证查询】对话框，如图 3-41 所示。

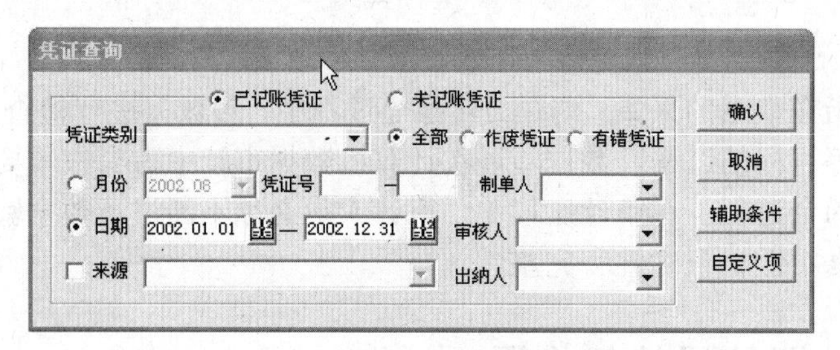

图 3-41 【凭证查询】对话框

（2）设置查询条件，将日期设置为从 1 月 1 日至 12 月 31 日，单击【确认】按钮，显示查询结果，如图 3-42 所示。

查询凭证

凭证共 92 张　□已审核 80 张　□未审核 12 张

制单日期	凭证编号	摘要	借方金额合计	贷方金额合计	制单人	审
2002.08.02	现收 - 0001	收入	700.00	700.00	demo	UFS
2002.08.01	现收 - 0002	收入	1,000.00	1,000.00	demo	UFS
2002.08.03	现收 - 0003	收入	1,100.00	1,100.00	demo	UFS
2002.08.02	现收 - 0004	收入	1,200.00	1,200.00	demo	UFS
2002.08.05	现收 - 0005	收入	1,300.00	1,300.00	demo	UFS
2002.08.04	现收 - 0006	收入	1,400.00	1,400.00	demo	UFS
2002.08.06	现收 - 0007	收入	1,500.00	1,500.00	demo	UFS
2002.08.15	现收 - 0008	收入	7,020.00	7,020.00	demo	UFS
2002.08.01	现付 - 0001	凭证摘要没有设置	10,000.00	10,000.00	demo	UFS
2002.08.01	现付 - 0002	应收借款	2,000.00	2,000.00	demo	UFS
2002.08.03	现付 - 0003	其他应付款	1,000.00	1,000.00	demo	UFS
2002.08.03	现付 - 0004	支付	800.00	800.00	demo	UFS

确定　退出

图 3-42 查询结果

在图 3-42 中，左上角显示了凭证的总数信息。

（3）查询拷贝数据库中的凭证数。通过数据库查询凭证数，需要注意的是数据库中的凭证数与记录数是不一致的。启动 SQL Server 数据库服务器，打开 SQL Server 企业管理器，打开目标数据库，选择凭证数据表 GL_accvouch，单击鼠标右键，在弹出的快捷菜单中执

行【打开表】|【返回所有行】命令，打开凭证数据表，如图 3-43 所示。

表“GL_accvouch”中的数据，位置是“UFDATA_999_2002”中、“(local)”上

i_id	iperiod	csign	isignseq	ino_id	inid	dbill_date	idoc	cbill	ccheck	cbook	ibook	ccashier	iflag
170	8	现付	2	6	1	2002-8-25	1	demo	UFSOFT	UFSOFT	1	demo	<NULL>
134	8	银收	3	1	1	2002-8-21	0	demo	UFSOFT	UFSOFT	1	demo	<NULL>
135	8	银收	3	1	2	2002-8-21	0	demo	UFSOFT	UFSOFT	1	demo	<NULL>
303	8	银收	3	2	1	2002-8-30	1	demo	UFSOFT	UFSOFT	1	demo	<NULL>
304	8	银收	3	2	2	2002-8-30	1	demo	UFSOFT	UFSOFT	1	demo	<NULL>
305	8	银收	3	2	3	2002-8-30	1	demo	UFSOFT	UFSOFT	1	demo	<NULL>
306	8	银收	3	2	4	2002-8-30	1	demo	UFSOFT	UFSOFT	1	demo	<NULL>
307	8	银收	3	3	1	2002-8-30	1	demo	UFSOFT	UFSOFT	1	demo	<NULL>
308	8	银收	3	3	2	2002-8-30	1	demo	UFSOFT	UFSOFT	1	demo	<NULL>
309	8	银收	3	4	1	2002-8-30	1	demo	UFSOFT	UFSOFT	1	<NULL>	<NULL>
310	8	银收	3	4	2	2002-8-30	1	demo	UFSOFT	UFSOFT	1	<NULL>	<NULL>
311	8	银收	3	5	1	2002-8-30	1	demo	UFSOFT	UFSOFT	1	demo	<NULL>
312	8	银收	3	5	2	2002-8-30	1	demo	UFSOFT	UFSOFT	1	demo	<NULL>
313	8	银收	3	6	1	2002-8-30	1	demo	UFSOFT	UFSOFT	1	demo	<NULL>
314	8	银收	3	6	2	2002-8-30	1	demo	UFSOFT	UFSOFT	1	demo	<NULL>
315	8	银收	3	7	1	2002-8-30	1	demo	UFSOFT	UFSOFT	1	demo	<NULL>
316	8	银收	3	7	2	2002-8-30	1	demo	UFSOFT	UFSOFT	1	demo	<NULL>
317	8	银收	3	8	1	2002-8-30	1	demo	UFSOFT	UFSOFT	1	<NULL>	<NULL>
318	8	银收	3	8	2	2002-8-30	1	demo	UFSOFT	UFSOFT	1	<NULL>	<NULL>
136	8	银付	4	1	1	2002-8-4	0	demo	UFSOFT	UFSOFT	1	<NULL>	<NULL>
137	8	银付	4	1	2	2002-8-4	0	demo	UFSOFT	UFSOFT	1	<NULL>	<NULL>
138	8	银付	4	1	3	2002-8-4	0	demo	UFSOFT	UFSOFT	1	<NULL>	<NULL>
139	8	银付	4	1	4	2002-8-4	0	demo	UFSOFT	UFSOFT	1	<NULL>	<NULL>
140	8	银付	4	2	1	2002-8-4	0	demo	UFSOFT	UFSOFT	1	<NULL>	<NULL>

图 3-43　凭证数据表

表中 iperiod 字段为月份、ino_id 为凭证编号，月份相同、凭证编号相同的记录为一张凭证，凭证库中的记录按月份和凭证类型自 1 号开始编号，这样将各月份、各类凭证求和即为凭证总数。

通过以下 SQL 语句统计凭证总数。

```
SELECT  COUNT(inid)  AS  凭证总数
FROM  GL_accvouch
WHERE  (inid = 1)  AND  (YEAR(dbill_date)= '2002')
```

2）记录数验证

（1）查询被审计单位会计信息系统中的记录数。

（2）查询拷贝数据库中的记录数。方法是打开数据库表，将光标定位在一条记录上，单击鼠标右键，执行【行】命令，弹出【转到行】对话框，如图 3-44 所示。

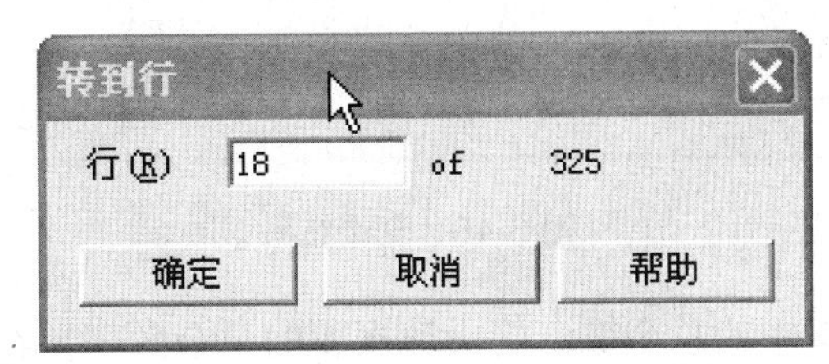

图 3-44 【转到行】对话框

在对话框 of 后面的数字即为数据库总记录数。

或通过以下 SQL 语句查询实现。

```
SELECT  COUNT(i_id)  AS  记录总数  FROM  GL_accvouch
```

2．验证总金额

审计人员在进行数据采集、数据清理以及数据转换后，都要进行总金额的核对，包括核对借方发生额合计数、贷方发生额合计数、借方余额合计数与贷方余额合计数，以确认每一步操作是否影响了数据的完整性。

以用友财务软件为例说明总金额验证的基本方法。

（1）查询被审计单位会计信息系统中的总金额。在【总账】系统中，执行【账表】|【科目表】|【余额表】命令，打开【发生额及余额查询条件】对话框，如图 3-45 所示。

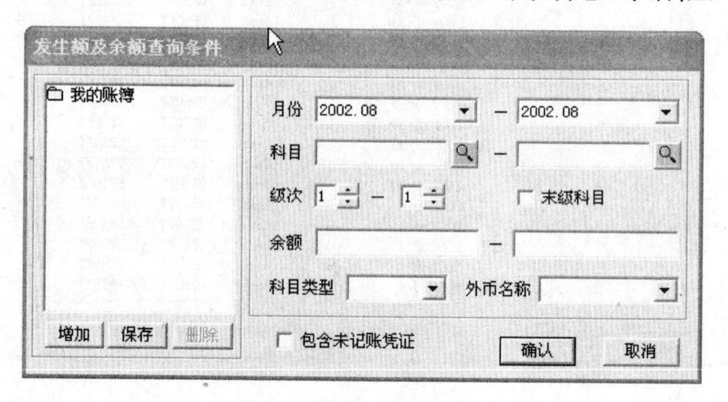

图 3-45 【发生额及余额查询条件】对话框

（2）选择查询条件为月份为“2002.01—2002.12”，科目为从第一个科目“1001”开始到最后一个科目，查询条件设置完毕后，单击【确认】按钮，显示查询结果如图 3-46 所示。

发生额及余额表

用友ERP-U8

设置 打印 预览 输出 | 查询 定位 过滤 | 转换 还原 | 专项 累计 | 帮助 退出　金额式

发生额及余额表

月份：2002.08-2002.12

科目编码	科目名称	期初余额		本期发生		期末余额	
		借方	贷方	借方	贷方	借方	贷方
成本小计				2,373,867.88	2,351,367.90	22,499.98	
5101	主营业务收入			5,622.23	5,622.23		
5102	其他业务收入				3,339.21		3,339.21
5103	利息收入				228.20		228.20
5201	投资收益			1,100.00	1,100.00		
5301	营业外收入			138,698.80	138,698.80		
5401	主营业务成本			27,146.99	27,146.99		
5405	其他业务支出			16,800.00	16,800.00		
5501	营业费用			3,200.00	3,200.00		
5502	管理费用			28,793.54	28,793.54		
5503	财务费用			800.00	800.00		
损益小计				222,161.56	225,728.97		3,567.41
合计		12,507,394.75	14,354,834.75	7,857,883.13	7,857,883.13	13,047,691.69	14,895,131.69

图 3-46　查询结果

（3）查询拷贝数据库中的总金额。拷贝数据库的总金额需要在对数据进行简单清理的基础上，通过编写 SQL 查询语句，利用计算列总和的 SUM()函数查询数据总金额，并与被审计单位会计信息系统中总金额进行核对。查询 SQL 语句如下（语句中的字段名称为数据表 GL_accvouch 中的字段）。

```
SELECT  SUM(md)  AS  借方累计发生额, SUM(mc)  AS  贷方累计发生额
FROM  GL_accvouch
```

```
WHERE  (YEAR(dbill_date)='2002')  AND  (ino_id  IS  NOT  NULL)  AND
(LEN(RTRIM(ccode))= 4)
```

3. 检查借贷平衡

数据借贷平衡性的检查是对会计数据最基本的检查内容，通常与核对总金额同时进行，即在核对总金额时，同时应检查期初、累计发生、期末、上下级科目的借贷平衡性，从而确认数据的正确性。一般来说，如果数据能够满足借贷平衡关系，基本可以断定数据是可以利用的。

1）验证一级科目年初余额借贷方是否平衡

（1）利用 FoxPro 验证一级科目年初余额借贷方是否平衡。

在 FoxPro 的命令窗口中，通过编写以下 SQL 语句验证余额是否平衡。

SELECT SUM(期初余额)，期初方向 FROM 总账 WHERE LEN(ALLTRIM(科目代码)) =3 GROUP BY 期初方向 ORDER BY 期初方向

上述 SQL 语句中所应用到的字段名称为数据表“总账”中的字段，一级科目编码长度为 3 位。

（2）利用 SQL Server 验证一级科目年初余额借贷方是否平衡。

在 SQL Server 数据库中通过编写以下 SQL 查询语句验证余额是否平衡。

```
SELECT  SUM(期初余额) AS  期初余额，期初方向
FROM  总账
WHERE  (LEN(RTRIM(LTRIM(科目代码)))= 3)
GROUP  BY  期初方向
ORDER  BY  期初方向
```

上述 SQL 语句中所应用到的字段名称为数据表“总账”中的字段，一级科目编码长度为 3 位。

在 SQL Server 数据库中编写 SQL 查询语句的途径有两种，一是通过 SQL 查询分析器实现，二是在数据表窗口通过 SQL 查询窗口实现。

方式一：通过 SQL 查询分析器实现。

启动 SQL server 数据库服务器，执行 SQL Server 查询分析器，打开服务器连接对话框，如图 3-47 所示。

图 3-47　服务器连接对话框

选择或设置 SQL Server 服务器及登录方式（一般选择使用“Windows 身份验证”方式），单击【确定】按钮，打开【SQL 查询分析器】对话框，如图 3-48 所示。

选择数据库，本例为“财务 SQL 数据”，然后在查询窗口输入 SQL 查询语句后执行查询，显示查询结果如图 3-49 所示。

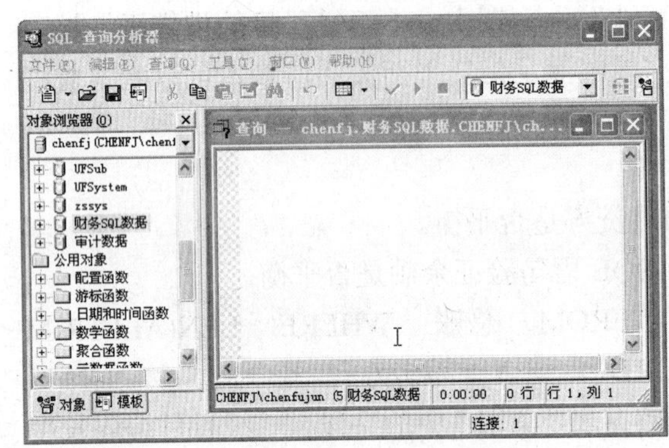

图 3-48 【SQL 查询分析器】对话框

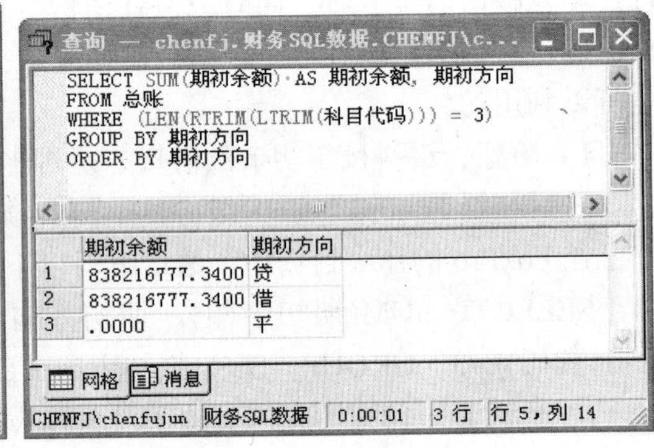

图 3-49 查询结果

方式二：通过 SQL 查询对话框。

启动 SQL Server 数据库服务器，执行 SQL Server 企业管理器，打开相关数据库，在需要查询的数据表上，单击鼠标右键，在弹出的快捷菜单中执行【打开数据表】|【返回所有行】命令，打开数据表窗口；在打开的数据表窗口中，单击工具栏上 SQL 按钮，打开查询对话框，如图 3-50 所示。

表“总账”中的数据，位置是“财务SQL数据”中、“(local)”上

```
SELECT *
FROM 总账
```

科目代码	期间	期初方向	期初余额	借方金额
101	1	借	42281.18	237096.4
101	2	借	49700.67	368899.02
101	3	借	63946.13	143995
101	4	借	22197.33	156781
101	5	借	21101.33	122794
101	6	借	24603.33	174399
101	7	借	26495.08	332100
101	8	借	42022.38	194189
101	9	借	30049.48	249695.24
101	10	借	19690.92	160142
101	11	借	8692.42	185133.3
101	12	借	103134.99	184571
10201	1	借	329162.07	255847
102	1	借	522508.46	305847
10201	2	借	194802.45	96290

图 3-50 SQL 查询对话框

输入 SQL 查询语句后，执行查询，查询结果显示如图 3-51 所示。

（3）利用 Access 验证一级科目年初余额借贷方是否平衡。

打开 Access 数据库（如“财务数据库”），在窗口中单击【查询】，然后选择“在设计视图中创建查询”并双击，打开【显示表】对话框。在【显示表】对话框中选择相关数据表（本例选择“总账”）后，单击【添加】按钮，将表添加到查询窗口中，如图 3-52 所示。

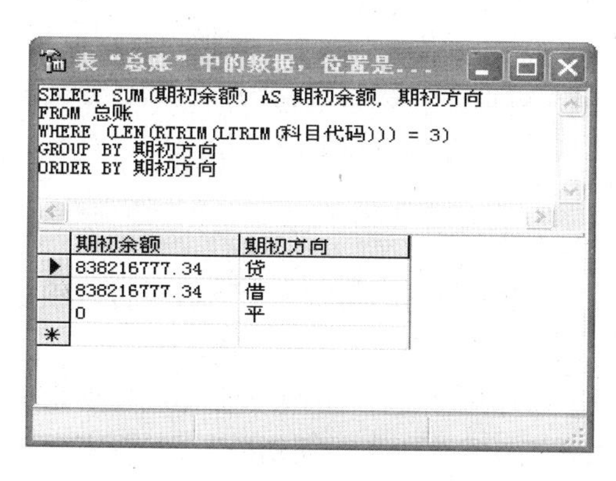

图 3-51　查询结果

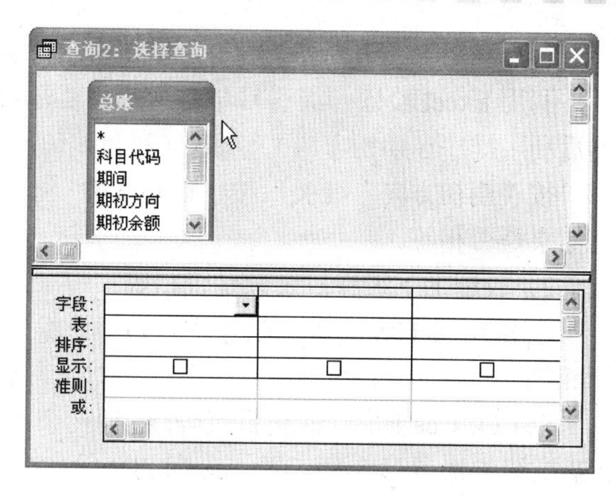

图 3-52 选择查询窗口

后续查询处理可采用以下两种方式中的一种进行。

方式一：通过设计器实现，设置查询条件如图 3-53 所示。

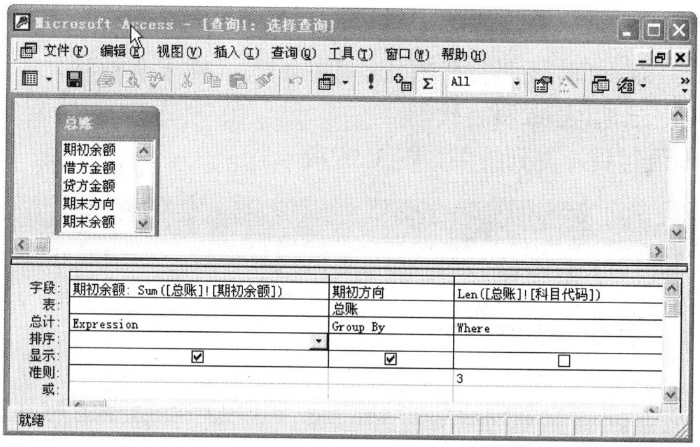

图 3-53　设置查询条件

方式二：执行【视图】|【SQL 视图】命令，打开 SQL 查询窗口，输入 SQL 查询语句，如图 3-54 所示。

执行上述查询，结果如图 3-55 所示。

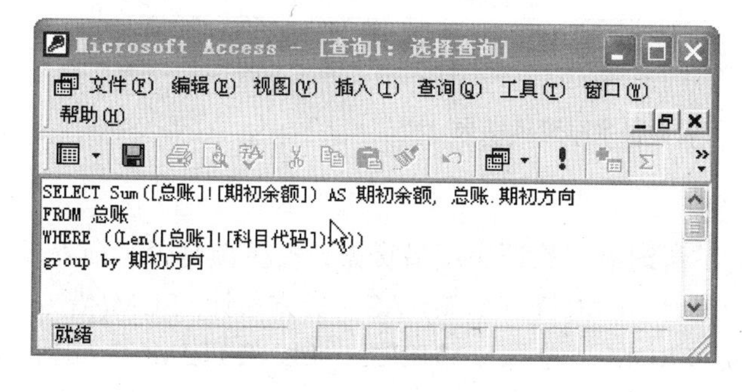

图 3-54　SQL 查询窗口

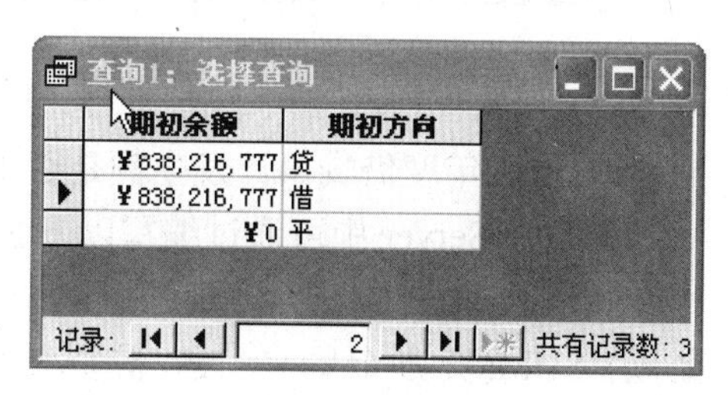

图 3-55　查询结果

（4）利用 Excel 验证一级科目年初余额借贷方是否平衡。

利用 Excel 验证一级科目年初余额需要在数据转换时将“科目编码”转换为数据值型，然后利用排序（期初方向）、筛选（科目编码<10^n，n 取值为一级科目编码长度。）、分类汇总（按“期初方向”分类，按“期初余额”求和汇总）等方式对数据进行处理后，查看汇总结果是否相等。

2）验证上下级科目余额是否相等

在 SQL Server 查询分析器中，可通过编写以下 SQL 查询语句验证上下级科目余额是否相等。

SELECT aa.期间, aa.科目代码, aa.期初余额 AS 期初一级科目余额, SUM(bb.期初余额) AS 期初二级科目余额汇总, aa.期初余额–SUM(bb.期初余额) AS 期初差异,aa.期末余额 AS 期末一级科目余额, SUM(bb.期末余额) AS 期末二级科目余额汇总, aa.期末余额–SUM(bb.期末余额) AS 期末差异

FROM 总账 aa INNER JOIN 总账 bb ON aa.科目代码 = LEFT(bb.科目代码, 3）AND aa.期间 = bb.期间

WHERE (LEN(LTRIM(bb.科目代码)) = 5) AND (LEN(LTRIM(aa.科目代码)) = 3)

GROUP BY aa.期间, aa.科目代码, aa.期初余额,aa.期末余额

ORDER BY aa.期间, aa.科目代码

执行上述查询语句后，得到结果如图 3-56 所示。

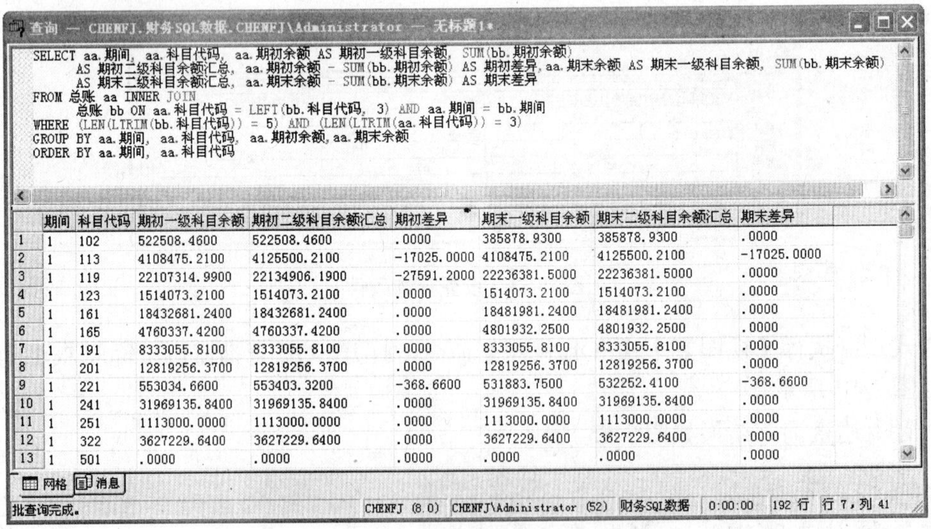

```
SELECT aa.期间, aa.科目代码, aa.期初余额 AS 期初一级科目余额, SUM(bb.期初余额)
      AS 期初二级科目余额汇总, aa.期初余额 - SUM(bb.期初余额) AS 期初差异,aa.期末余额 AS 期末一级科目余额, SUM(bb.期末余额)
      AS 期末二级科目余额汇总, aa.期末余额 - SUM(bb.期末余额) AS 期末差异
FROM 总账 aa INNER JOIN
      总账 bb ON aa.科目代码 = LEFT(bb.科目代码, 3) AND aa.期间 = bb.期间
WHERE (LEN(LTRIM(bb.科目代码)) = 5) AND (LEN(LTRIM(aa.科目代码)) = 3)
GROUP BY aa.期间, aa.科目代码, aa.期初余额,aa.期末余额
ORDER BY aa.期间, aa.科目代码
```

	期间	科目代码	期初一级科目余额	期初二级科目余额汇总	期初差异	期末一级科目余额	期末二级科目余额汇总	期末差异
1	1	102	522508.4600	522508.4600	.0000	385878.9300	385878.9300	.0000
2	1	113	4108475.2100	4125500.2100	-17025.0000	4108475.2100	4125500.2100	-17025.0000
3	1	119	22107314.9900	22134906.1900	-27591.2000	22236381.5000	22236381.5000	.0000
4	1	123	1514073.2100	1514073.2100	.0000	1514073.2100	1514073.2100	.0000
5	1	161	18432681.2400	18432681.2400	.0000	18481981.2400	18481981.2400	.0000
6	1	165	4760337.4200	4760337.4200	.0000	4801932.2500	4801932.2500	.0000
7	1	191	8333055.8100	8333055.8100	.0000	8333055.8100	8333055.8100	.0000
8	1	201	12819256.3700	12819256.3700	.0000	12819256.3700	12819256.3700	.0000
9	1	221	553034.6600	553403.3200	-368.6600	531883.7500	532252.4100	-368.6600
10	1	241	31969135.8400	31969135.8400	.0000	31969135.8400	31969135.8400	.0000
11	1	251	1113000.0000	1113000.0000	.0000	1113000.0000	1113000.0000	.0000
12	1	322	3627229.6400	3627229.6400	.0000	3627229.6400	3627229.6400	.0000
13	1	501	.0000	.0000	.0000	.0000	.0000	.0000

图 3-56 上下级科目余额查询结果

3）验证年度借贷累计发生额是否平衡

在 SQL Server 中可通过编写以下 SQL 查询语句验证年度借贷累计发生额是否平衡。

SELECT SUM(借方金额) AS 借方累计,SUM(贷方金额) AS 贷方累计, SUM(借方金额)–SUM(贷方金额) AS 借贷差额 FROM 总账 WHERE LEN(LTRIM(科目代码))=3

执行上述查询语句后，得到结果如图 3-57 所示。

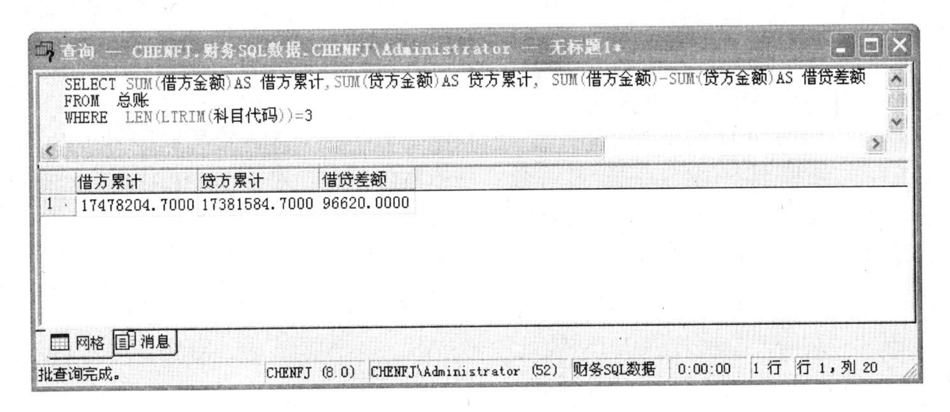

图 3-57　借贷累计发生额查询结果

4）验证年末余额借贷方是否平衡

在 SQL Server 中可通过编写以下 SQL 查询语句验证年末余额借贷方是否平衡。

SELECT SUM(期末余额),期末方向 FROM 总账 WHERE LEN(LTRIM(科目代码))=3 GROUP BY 期末方向 ORDER BY 期末方向

执行上述查询语句后，得到结果如图 3-58 所示。

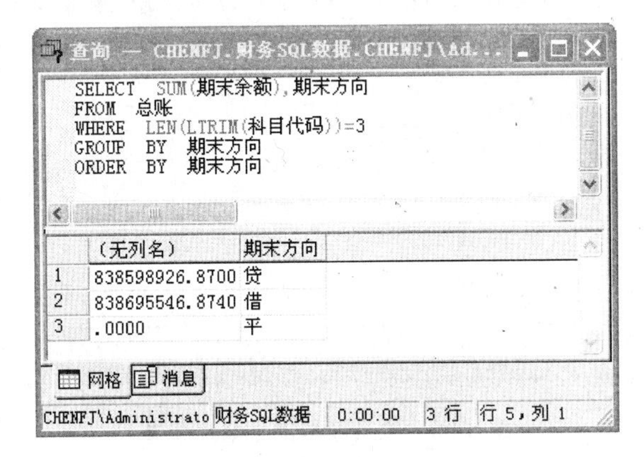

图 3-58　年末余额平衡查询结果

4．凭证号断号、重号验证

凭证表是由原始凭证向其他会计账簿、报表传递会计信息的最基础的会计数据表，所以在利用电子数据开展计算机审计过程中，必须注意保证凭证表数据的完整性。在会计信息系统中，凭证号是典型的顺序码，凭证号每月按照凭证类型连续编制，不同的凭证使用不同的凭证号，凭证号中间不能有断号、空号或重号出现。因此，分析凭证表中凭证号是否连续是验证审计人员所采集数据与被审计单位会计数据一致性的一种重要的数据验证内容。审计人员可以依据采集到的凭证表的存储特征，通过编写 SQL 语句来验证凭证号是否断号、重号。

编写 SQL 语句查询凭证号的连续性、完整性，应结合数据库中凭证记录的基本情况而确定，多数情况下，一张凭证在数据库呈多条记录存储，进行统计验证时需要特别注意。查询凭证号的连续性可按月份、凭证类型统计凭证的最小编号、最大编号和凭证总数，据此判断凭证的连续性。

1）在 Access、FoxPro 中查询凭证号断号、重号验证

可通过编写以下 SQL 语句实现。

SELECT 期间,凭证类型,MIN(凭证序号) AS 最小凭证,MAX(凭证序号) AS 最大凭证,COUNT(凭证序号) AS 凭证总数 FROM 凭证库 WHERE 分录序号=1 ORDER BY 期间 GROUP BY 期间，凭证类型

2）在 SQL Server 中查询凭证号断号、重号验证

可通过编写以下 SQL 语句实现。

SELECT 期间, 凭证类型, MIN(凭证序号) AS 最小凭证, MAX(凭证序号) AS 最大凭证, COUNT(凭证序号) AS 凭证总数

FROM 凭证库

WHERE (分录序号=1)

GROUP BY 期间, 凭证类型

ORDER BY 期间

执行上述查询语句后，得到结果如图 3-59 所示。

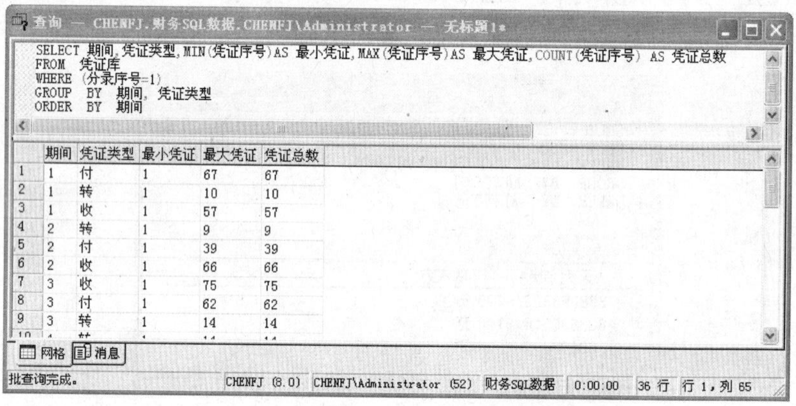

查询 — CHENFJ.财务SQL数据.CHENFJ\Administrator — 无标题1*

```
SELECT 期间,凭证类型,MIN(凭证序号)AS 最小凭证,MAX(凭证序号)AS 最大凭证,COUNT(凭证序号) AS 凭证总数
FROM 凭证库
WHERE (分录序号=1)
GROUP BY 期间, 凭证类型
ORDER BY 期间
```

	期间	凭证类型	最小凭证	最大凭证	凭证总数
1	1	付	1	67	67
2	1	转	1	10	10
3	1	收	1	57	57
4	2	转	1	9	9
5	2	付	1	39	39
6	2	收	1	66	66
7	3	收	1	75	75
8	3	付	1	62	62
9	3	转	1	14	14

网格 消息

批查询完成。 CHENFJ (8.0) CHENFJ\Administrator (52) 财务SQL数据 0:00:00 36 行 行 1，列 65

图 3-59 凭证断号重号查询结果

5．其他勾稽关系验证

在业务和会计数据中存在着许多钩稽关系，验证钩稽关系是否正确，是数据验证的重要内容。例如，在审计人员采集到的被审计单位固定资产数据表中，关于固定资产价值方面的数据一般都包括资产原值、累计折旧、资产净值字段内容，而且，这三个字段值之间存在如下钩稽关系：

资产原值–累计折旧=资产净值

因此，审计人员在使用被审计单位的固定资产数据表之前，有必要根据上述钩稽关系对这三个数据进行验证。

在验证时可以通过如下 SQL 语句进行。

```
SELECT  *
FROM  固定资产表
WHERE  (固定资产原值-累计折旧)<>资产净值
```

思考练习题

1. 何谓数据采集？数据采集有何特点？
2. 简述在计算机辅助审计过程中，审计数据采集的基本步骤。
3. 审计数据采集时，常用的数据采集技术有哪些？
4. 何谓数据清理？为什么要进行数据清理？
5. 审计数据清理时，需要进行清理的内容有哪些？
6. 何谓数据转换？为什么要进行数据转换？
7. 何谓数据验证？进行数据验证的目的和作用是什么？
8. 数据验证的内容有哪些？

第4章 审计数据分析

审计数据采集与整理的目的是为审计数据分析作准备，而审计数据分析的目的则是通过对采集来的电子数据进行分析，从而发现审计线索，获取审计证据。在电子数据分析的过程中，首先要进行总体分析，掌握被审计单位的总体情况，寻找薄弱环节，确定审计重点；其次，对具体的数据进行分析，建立审计分析模型，形成审计分析性"中间表"；再次，通过应用软件或编写计算机语句对数据进行复核、检查、核对或判断等手段，发现审计线索；最后，对审计线索加以取证，获取审计证据。

审计分析是审计疑点查证应用的主要方法，指审计人员利用各种分析技术，对被审计事项进行比较、分析和评价，查找可疑事项的线索，验证和评价各种经济资料所反映的经济活动的真实性、合法性和效益性的过程。

4.1 审计分析工具与分析手段

进行审计数据分析，需要选用一定的审计分析工具，采取一定的分析手段，以提高审计数据分析的质量与效率。

4.1.1 审计分析工具

随着计算机操作技术的普及提高，审计人员已经能运用各种辅助工具开展审计数据分析工作。审计人员在进行审计分析时所使用的分析工具主要分为以下几类。

1. 通用类

通用类数据分析工具是指在日常工作中常用的一些电子表格软件，如 Excel、WPS 表格等。其中，应用最多的是 Excel。Excel 是一个很好的应用软件，是办公软件 Office 系统中的捆绑软件，应用较为普遍。软件提供了大量的函数，并且为用户制作了大量的预定义公式，图表能够帮助直观显示数据情况，数据透视表实现对大量记录集合进行合成、分析等数据管理和分析方法，可以较好地满足审计数据分析的需求，但 Excel 能处理的最大数据记录为 65 536 条，当数据集合很大时，Excel 将变得无能为力。

2. 数据库类

数据库技术，特别是 SQL 查询功能具有强大的数据统计分析功能，能够满足审计人员多角度、多层次地开展审计分析工作，越来越受到审计人员的重视。目前常用的数据库包括 SQL Server、Oracle、Access、FoxPro 等，使用这些数据库，可以快速高效地分析大量数据，特别是 SQL 查询语句更是具有其他分析工具不可替代的作用，在一些无法使用其他分析工具开展数据分析工作的情况下，SQL 查询语句能有效地开展工作。

3．审计软件类

审计软件类分析工具主要是根据审计分析需求而开发的一些专业软件和程序，如现场审计实施系统、金剑审计软件、用友审易软件、中岳审计软件、IDEA、ACL、ECPA 审计软件等，这些审计软件均提供强大的数据分析功能，使用这些软件可以满足诸如数据检索、汇总、计算、分组和排序、一般统计、分层分析、断号/重号分析、时间序列分析、关联分析及审计抽样等分析需求。

4．统计分析软件类

统计分析工具软件是专门用于统计调查资料分析的计算机应用软件，它是为满足各种统计分析需求，依数理统计理论为基础而开发的，如 SPSS（PASW）、STATA、EViews、SAS 等，这些专业统计分析软件均提供了功能强大的统计分析功能，包括变量处理、记录处理、分类汇总等基本数据处理；抽样、方差分析、回归分析、多元分析、时间序列分析等统计分析；采样技术、决策树、关联规则、记分卡分析等数据挖掘以及统计制图等，可以满足深层次审计数据分析的需求。

4.1.2 审计数据分析手段

进行审计数据分析时，所采用的分析手段主要包括以下几种。

1．重算

重算是审计人员对被审计单位的数据文件中的数据，按照与被审计单位相同或相似的处理方法重新计算，目的是验证被审计单位提供的数据的真实性与准确性，以及被审计单位信息系统处理逻辑的正确性。

通常情况下，重算包括对被审计单位的凭证数据库、总账数据库和财务报表中的有关数据进行验算，以及对会计资料中相关项目进行加总或进行其他运算，如重新计算个人所得税、折旧费用、营业成本、应交税费等。审计人员在进行重算时，不仅要关注计算结果的正确性，还要关注其他一些可能的差错。

2．检查

检查是按照政策或法规，对被审计单位提供的审计数据进行总体检查或对数据处理方法进行检查，目的是检查政策与法规的执行情况。在数据检查时，应重点关注以下几方面。

（1）摘要不清楚。可能存在不合规的经济业务而故意将摘要写得模糊。

（2）内容不合理、不正确。

（3）业务发生时间不正常。如临近期末发生巨额交易、非节假日时间发放过节费等。

（4）经济业务发生额异常。如发生额过大、过小或为整数。巨额销售收入，可能意味着虚构销售收入。

（5）经济业务发生频率不正常。应当频繁发生的业务只偶尔发生，或偶尔发生的业务却频繁发生，则意味着业务不正常。

（6）明细账户名称异常。如应当采用人名或单位名称的，却用了物名或地名等。

（7）余额方向错误。余额方向不对，则很可能存在问题。

（8）标准与实际不一。如收费项目及收费标准等。

3．核对

核对是将某些具有内在联系的数据，按照其勾稽关系，进行逐一核对与排查，目的是验证被审计单位信息系统处理流程的正确性和控制的有效性，有无人为非法干预等。如公积金审计中的银行存款收益情况与银行利率的核对等。

4．统计

统计是审计人员对被审计单位提供的审计数据进行整理和分析的工作过程。在数据审计过程中，常用的统计方法有数据分类与汇总等。

（1）分类。分类是审计人员对被审计数据按照不同的属性特点进行划分，使无规律的审计数据变得有规律，以发现审计线索。

（2）汇总。汇总是审计人员对被审计数据按照不同的属性特点进行汇集处理。

在 Excel 中可通过 SUBTOTAL()函数进行分类统计，通过 COUNTIF()、SUMIF()等函数进行分类计数、求和等；在数据库中通过 group 进行分组，通过 Where 或 Having 进行数据筛选等。

除分类、汇总外，统计方法还有均值、标准差、正态分布、抽样、概率、方差分析、回归分析等。

5．审计抽样

审计抽样是指审计人员在实施审计程序时，依据特定的原则与方法，从审计对象总体中选取一定数量的样本进行测试，并根据样本测试结果，推断总体特征的一种方法。进行审计抽样的目的是缩小审计范围，降低审计风险。

审计抽样是随着经济的发展、被审计单位规模的扩大以及内部控制的不断健全与完善，而逐渐被广泛应用的审计方法。如商业银行贷款审计中，抽取贷款金额大、又是房地产企业的贷款笔数等。

根据决策依据方法的不同，审计抽样可以分为两大类：统计抽样和非统计抽样。统计抽样是在审计抽样过程中，应用概率论和数据统计的模型和方法来确定样本量、选择抽样方法、对样本结果进行评估并推断总体特征的一种审计抽样方法。非统计抽样也称为判断抽样，由审计人根据专业判断来确定样本量、选取样本和对样本结果进行评估。

在审计中应用统计抽样和非统计抽样方法一般包括如下四个步骤：

（1）根据具体审计目标确定审计对象总体。

（2）确定样本量。

（3）选取样本并审查。

（4）评价抽样结果。

6．审计预测

审计预测是审计人员在掌握现有信息的基础上，运用已经存在的知识与经验，依照一定的方法与规律对未来的事情进行推理与判断，预见问题的类型与可能发生的环节，以了解事情发展的结果。

进行审计预测时，必须遵循以下几个步骤：

（1）确定预测的用途。要确定进行预测所要达到什么样的目标。

（2）选择预测对象。要确定需要对什么对象进行预测。例如，生产预测中通常需要对公司产品的市场需求进行预测从而为公司制定生产作业计划提供资料。

（3）决定预测的时间跨度。要确定所进行的预测的时间跨度是短期、中期、还是长期。

（4）选择预测模型。要根据所要预测对象的特点和预测的性质选择一种合适的预测模型来进行下一步的预测。

（5）收集预测所需的数据。收集预测所需数据时，一定要保证这些数据资料的准确性和可靠性。

（6）验证预测模型。要确定选择的预测模型对于要进行的预测是否有效。

（7）做出预测。要根据前面收集的相关的数据资料和确定的预测模型对需要预测的对象做出合理的预测。

4.2　审计数据模型分析过程

在获取审计数据后，可根据审计目的，通过建立审计数据分析模型对审计数据实施分析，以获取审计线索。所谓审计分析模型是审计人员用于数据分析的技术工具，它是按照审计事项应该具有的时间或空间状态（例如趋势、结构、关系等），由审计人员通过设定判断和限制条件来建立起数学的或逻辑的表达式，并用于验证审计事项实际的时间或空间状态的技术方法。

4.2.1　建立审计数据分析模型的步骤

1．建立审计数据分析模型

结合审计目的和已有电子数据，进行审计需求分析，找出符合审计目的并且能利用现有电子数据实现的分析方向或拟分析的具体问题，然后根据对相关的政策、法律法规的把握，对被审计业务的认知，以及积累的审计经验，对将要分析的问题做出概括的、抽象的表达，建立可通过审计软件或计算机语言表达的检索、计算、统计等条件，建立审计分析模型。

2．分析审计数据

对采集的审计数据进行分析，明确各字段、代码和业务数据的具体含义，然后在已建立审计分析模型的基础上，分析需要哪些具体的审计数据。分析的过程中，需要综合数据词典和数据库说明等技术文档以及对业务、业务流程的理解等方面的知识，对数据进行总体把握。

3．建立分析性“中间表”

对采集的审计数据经清理、转换后，在进行审计分析前，还需要按审计目的进行“再加工”，从基础数据中选择出所需要的数据，生成能完成审计分析的数据表。为了实现审计分析，在数据分析的过程中往往需要构建多个数据表，这就是分析性“中间表”。建立审计分析性“中间表”一般是通过对选定的数据进行筛选来实现。

4．完成审计分析

按照分析模型，采用一定的方式、方法，对数据进行具体的分析，得出结果，完成分析。在实现的过程中，应根据数据、模型和对应用软件、计算机语言掌握等方面的具体情况，确定分析的实现方式，按照审计分析模型对数据进行分析，得出具体结果。

4.2.2 建立审计数据分析模型的方法

1．依据法律法规建立审计数据分析模型

在进行合法性审计时，审计人员依据的是相关的法律法规的规定。我国的法律是成文法，所以对于特定的业务而言，相关的法律法规一般都规定得非常具体。在建立分析模型时，就可以依据具体的条文，将法律、法规的定量、定性规定具体化为分析模型中的筛选、分组、统计等条件，对反映具体业务内容的特定字段设定判断、限制等条件建立起分析模型。

2．根据业务处理逻辑建立审计数据分析模型

被审计单位的业务总是在特定的经济技术条件下进行的，业务运行环境中的诸多因素，如设备、设施、技术、资金、专业人员等在一定时期是固定不变的，所以被审计单位的业务中会存在反映业务运行环境中这些不变因素的固定的经济指标。如一定的投入产出比、标准成本、产品成本单耗、毛利率、折旧计提、应纳税金、费用指标等。在审计特定对象时，审计人员应深入分析和挖掘，寻找、利用业务处理逻辑关系，根据业务处理逻辑关系建立分析模型。

3．根据数据勾稽关系建立审计数据分析模型

在会计账簿、报表及各类经济业务的统计指标体系中，每一类、每一个数据都有明确的经济含义，并且数据间往往存在着某种明确而固定的对应关系，这些对应关系便是勾稽关系。在建立审计模型时，可以充分利用经济指标中有关数据之间存在的这种可以据以进行相互查考、核对的关系，方便、快捷地建立审计分析模型。

4．根据审计人员经验建立审计数据分析模型

审计人员在长期对某类、某个问题的反复审计过程中，往往能摸索、总结出某类问题的表现特征，在实际的审计中，根据问题的特征，可以较为方便地核查问题。将审计人员的这种经验运用到数据审计中，将问题的表征转化为特定的数据特征，进而建立审计分析模型。

4.3 审计数据分析方法

在信息化环境下，审计的对象是电子数据，审计证据的获取多是通过采用信息技术对被审计数据的分析来完成的。一般来说，面向数据的计算机辅助审计中常用的数据分析方法主要有账表分析、经济指标分析、统计分析、数值分析、数据查询等。

4.3.1　账表分析

账表分析是指把采集来的财务备份数据还原成电子账表，然后直观地审查被审计单位的总账、明细账、凭证、资产负债表等财务数据，从而达到审计分析的目的。现实中，被审计单位往往存在人为调节报表、人为干预报表生成的情况，在不同程度上影响了会计信息的真实性。通过账表分析，可以从总体上把握情况，发现问题或线索，为进一步的核查提供重点和方向。

账表分析通常包括发生额和余额分析、借贷方对应关系分析、相关账户分析等。

1．发生额和余额分析

审计人员通过对账户的本期发生额和余额进行分析，以查明其内容是否正确、合理，有无错误和异常现象。

如，在审阅产品明细账时，发现某产品明细账结存中的数量是蓝字，金额却为红字。这可能是由于多转产品销售成本所造成的，说明该企业销售利润的核算不准确，应作为审计疑点，重点审查。

在进行发生额和余额分析时，除可凭经验通过直观方式进行审查外，还可以通过计算科目发生额（或余额）占全年发生额（或余额）的百分比进行分析，以发现审计线索。通过发生额和余额分析，可以发现库存现金超限问题、现金支出超限问题以及大额支出等业务。

2．借贷方对应关系分析

审计人员通过对账户借贷方的对应关系进行分析，查明是否有不正常、不合理的对应关系。如果科目之间出现了不应有的借贷对应关系，则视为异常对应，应作为重点进行审查。如，出现借记“现金”、贷记“固定资产”的业务凭证，则可以认定为不合理凭证。

根据会计法规的相关规定，企业销售材料时，应在“其他业务收入”科目记载实现的收入，但在审查销售材料业务时，发现用借方科目“银行存款”、贷方科目“原材料”记录材料销售业务，借贷方科目对应关系明显错误。

再如，根据会计制度相关规定，资产类账户期末若有余额，应为借方余额；负债及所有者权益类账户期末若有余额，应为贷方余额。审计人员在对账表科目余额审查时，若发现余额方向明显差错的账户，应作为重点进行审查。

3．相关账户分析

相关账户分析是指把两个以上相关账户内容结合起来分析，审查财务处理是否合规、正确的一种方法。

如，一般纳税企业以银行存款支付外购材料款的业务，一般应涉及“材料采购”、“应交税费”和“银行存款”三个账户，审计时应将这三个账户结合起来核对、分析，这样有利于快速查明该项经济业务的账务处理是否合规、正确。

【例 4-1】 利用账表分析方法对企业全年的生产成本进行分析。

分析过程如下：

（1）获取审计数据并将其转换为 Excel 文件。

（2）筛选生产成本数据，按生产成本项目、按月对借方发生额进行分类汇总，如图 4-1

所示。

账表分析

	A	B	C	D	E	F	G	H
1	凭证日期	凭证编号	期间	摘要	科目名称	科目编号	借方金额	贷方金额
2	20050125	1\53	01	结转48立方低温罐入库成本	生产成本-直接材料	40101		384940.46
3	20050125	1\64	01	本月材料分配	生产成本-直接材料	40101	681741.71	
4			**01 汇总**				681741.71	
5	20050228	2\57	02	本月材料分配	生产成本-直接材料	40101	186782.27	
6	20050228	2\64	02	补二院五立方入库成本	生产成本-直接材料	40101		8.5
7	20050228	2\65	02	结转五立方入库成本	生产成本-直接材料	40101		82630.26
8	20050228	2\66	02	结转30立方入库成本	生产成本-直接材料	40101		299536.72
9			**02 汇总**				186782.27	
10	20050331	3\61	03	03A49领料	生产成本-直接材料	40101	9327.63	
11	20050331	3\61	03	04A19领料	生产成本-直接材料	40101	209.04	
12	20050331	3\61	03	04A26领料	生产成本-直接材料	40101	549.32	

生产成本项目 / 生产成本 / 凭证库

图 4-1 生产成本项目分类汇总

（3）建立成本分析模型，按生产成本构成项目及各构成项目占全年生产成本的比率作为分析项目构建分析模型，如图 4-2 所示。

发生额分析

	A	B	C	D	E	F	G	H	I	J
1	期间	直接材料项目	直接人工项目	制造费用项目	燃料动力费项目	年生产成本	直接材料占年总生产成本比率	直接人工占年总生产成本比率	制造费用占年总生产成本比率	燃料动力费占年总生产成本比率
2	1	681741.71	27273.72	174746.46	5211.28	11179950.03	6.10	0.24	1.56	0.05
3	2	186782.27	155750.56	200691.87	8526.46	11179950.03	1.67	1.39	1.80	0.08
4	3	677163.17	42638.10	61616.55	6594.90	11179950.03	6.06	0.38	0.55	0.06
5	4	1449082.45	38473.92	167363.00	8601.45	11179950.03	12.96	0.34	1.50	0.08
6	5	574901.45	123668.28	179806.89	7906.51	11179950.03	5.14	1.11	1.61	0.07
7	6	833384.75	68990.97	261669.87	6574.25	11179950.03	7.45	0.62	2.34	0.06
8	7	1212815.86	74784.82	251179.66	5239.97	11179950.03	10.85	0.67	2.25	0.05
9	8	-37753.75	51753.09	-29626.22	4348.57	11179950.03	-0.34	0.46	-0.26	0.04
10	9	844369.45	60099.31	193420.30	5588.36	11179950.03	7.55	0.54	1.73	0.05
11	10	441288.11	51429.56	165424.03	6345.23	11179950.03	3.95	0.46	1.48	0.06
12	11	142202.01	79647.64	206693.24	4116.10	11179950.03	1.27	0.71	1.85	0.04
13	12	797134.09	55516.52	641113.80	3659.44	11179950.03	7.13	0.50	5.73	0.03
14										

生产成本项目 / 生产成本 / 凭证库

图 4-2 生产成本分析模型

（4）定义生产成本各项目取数公式，以 B2 单元为例说明取数公式的定义方法，其他成本构成项目的取数公式可参照定义。B2 单元取数公式为"=生产成本!G4"。

（5）定义生产成本各构成项目借方发生额占全年生产成本发生额的比率计算公式，以 G2 单元为例，其他参照定义。G2 单元取数公式为"=IF(AND(B2<>0,$F2<>0),B2/$F2*100,0) "。

通过对生产成本各构成项目的借方发生额及其所占比重的分析，发现直接材料项目出现了 8 月份发生额为负数，以及在 4 月、7 月直接材料项目与其他各月相比较数额超大的情况，应作为审计疑点，重点审查。

4.3.2 经济指标分析

经济指标分析是利用会计、统计等经济活动指标，对一定时期的经济活动及其经济效益进行比较、分析、评价，借以发现问题、查明原因、改善管理、提高效益的一种方法。在运用经济指标进行分析时，应特别注意对比指标的可比性，包括计算口径、计价基础、时间、单位等，常用的分析方法有比较分析法、结构分析法、趋势分析法、因素分析等。

1．比较分析

比较分析亦称对比分析，是通过对相关经济指标的对比分析，从中发现和查证问题的一种分析方法。应用比较分析时，应先将相关经济指标按一定标志分解成两个系列的具体指标，然后对这两个系列的具体指标分别进行对比分析，揭示变动差异，查明差异原因。具体的比较包括本期实际数与计划数比较、本期实际数与预算数的比较、本期实际数与同业标准数之间的比较等。按指标表现形式不同，比较分析分为绝对数比较分析和相对数比较分析。

1）绝对数比较分析

绝对数比较分析是通过经济指标绝对数的直接对比分析来衡量经济活动的成果和差异的方法。例如，把企业本年度实际完成的产品产值、产量、成本、利润等经济指标的绝对数与其相应的计划数或预算数进行对比分析，就可以揭示企业在计划或预算执行中出现的差异及其原因。

2）相对数比较分析

相对数比较分析亦称比率分析，是利用比率对比分析来说明相关项目之间的关系，测定财务状况及经济效益的一种方法。应用相对数比较分析时，应先将需要对比的数值换算成比率，再从相关比率对比分析中发现和查证存在的问题。例如，通过计算毛利率，并与以前年度、行业平均毛利率、合理毛利率等进行比较，就可以判断被审计年度毛利率水平是否有重大问题，从而可以初步判断主营业务收入、主营业务成本的合理性。再如，可将企业本年度的实际资产报酬率与本年计划资产报酬率进行对比分析，可以揭示企业的经济效益状况，评价经济活动是否经济、合理和有效。

【例4-2】 分析ABC公司全年资产变动情况，查找审计线索。

分析步骤如下：

（1）建立资产分析模型，各分析项目设置如图4-3所示。

ABC公司报表分析

	A	B	C	D	E	F	G	H	I	J
1	项　　目	行次	期初数值	期末数值	变动额	变动率	期初对总资产影响	期末对总资产影响	期末较期初变动	变动额对总资产影响
2	货币资金	1	565,499.72	416,528.67	-148,971.05	-26%	5.71%	4.24%	-1.47%	-1.50%
3	短期投资	2								
4	应收票据	3								
5	应收账款	4	1,073,874.30	2,240,366.64	1,166,492.34	109%	10.84%	22.79%	11.95%	11.78%
6	减:坏账准备	5	3,221.62	3,221.62			0.03%	0.03%	0.00%	
7	应收账款净额	6	1,070,652.68	2,237,145.02	1,166,492.34	109%	10.81%	22.76%	11.95%	11.78%
8	预付账款	7								
9	应收补贴款	8								
10	其他应收款	9	20,175.73	36,675.73	16,500.00	82%	0.20%	0.37%	0.17%	0.17%
11	存货	10	3,790,818.00	2,831,654.59	-959,163.41	-25%	38.28%	28.81%	-9.47%	-9.69%
12	待摊费用	11	2,086.84		-2,086.84	-100%	0.02%		-0.02%	-0.02%

经济指标分析 / 效绩评价指标体系 / 资产比较表 / 现金流量表 / 现金流量表

图4-3　资产分析模型

（2）定义“变动额”项目计算公式。在E2单元定义公式“=D2–C2”，将公式复制到“变动额”项目的其他单元。

（3）定义“变动率”项目计算公式。在F2单元定义公式“=IF(AND(E2<>0,C2<>0),E2/C2,0) ”，将公式复制到“变动率”项目的其他单元。

（4）定义“期初对总资产影响”项目的计算公式。在G2单元定义公式“=IF($C$37<>0,

C2/$C$37,0)”，将公式复制到“期初对总资产影响”项目的其他单元。

（5）定义“期末对总资产影响”项目的计算公式。在 H2 单元定义公式“=IF($C$37<>0, D2/$D$37,0)”，将公式复制到“期末对总资产影响”项目的其他单元。

（6）定义“期末较期初变动”项目的计算公式。在 I2 单元定义公式“=H2–G2”，将公式复制到“期末较期初变动”项目的其他单元。

（7）定义“变动额对总资产影响”项目的计算公式。在 J2 单元定义公式“=IF(E2<>0,E2/ $C$37,0)”，将公式复制到“变动额对总资产影响”项目的其他单元。

通过分析发现，企业应收账款增幅 109%、其他应收款增幅 82%、待摊费用减幅 100%，这些项目变化较大，应重点审计。

2. 结构分析

结构分析法就是通过计算财务报表的每一个项目是某一项目的百分比，确定各个项目的重要性程度并确定审计策略的技术方法。在资产负债表的结构分析中，一般以资产总额为基础，计算各项目占资产总额的百分比；而在利润表的结构分析中，一般则以主营业务收入总额为基础，分别计算各项目占主营业务收入总额的百分比，在此基础上，确定所要采用的审计策略。

【例 4-3】 分析 ABC 公司资产结构，查找审计重点。

分析步骤如下：

（1）定义资产结构分析模型，分析项目设置如图 4-4 所示。

ABC公司报表分析

	A	B	C	D	E	F	G
1	项　目	行次	期初数值	期末数值	期初占资产总额比率（%）	期末占资产总额比率（%）	变动率（%）
2	货币资金	1	565,499.72	416,528.67	5.71	4.24	-1.47
3	短期投资	2	0.00	0.00	0.00	0.00	0.00
4	应收票据	3	0.00	0.00	0.00	0.00	0.00
5	应收账款	4	1,073,874.30	2,240,366.64	10.84	22.79	11.95
6	减:坏账准备	5	3,221.62	3,221.62	0.03	0.03	0.00
7	应收账款净额	6	1,070,652.68	2,237,145.02	10.81	22.76	11.95
8	预付账款	7	0.00	0.00	0.00	0.00	0.00
9	应收补贴款	8	0.00	0.00	0.00	0.00	0.00
10	其他应收款	9	20,175.73	36,675.73	0.20	0.37	0.17
11	存货	10	3,790,818.00	2,831,654.59	38.28	28.81	-9.47
12	待摊费用	11	2,086.84	0.00	0.02	0.00	-0.02
13	待处理流动资产净损失	12	0.00	0.00	0.00	0.00	0.00

绩效评价指标体系 / 资产比较表 / 资产结构分析 / 现金流

图 4-4　资产结构分析模型

（2）定义“期初占资产总额比率”项目计算公式。定义 E2 单元公式为“=IF($C$37<>0, C2/$C$37*100,0) ”，将公式复制到“期初占资产总额比率”项目的其他单元。

（3）定义“期末占资产总额比率”项目计算公式。定义 F2 单元公式为“=IF($D$37<>0, D2/$D$37*100,0) ”，将公式复制到“期末占资产总额比率”项目的其他单元。

（4）定义“变动率”项目计算公式。定义 G2 单元公式为“=F2–E2”，将公式复制到“变动率”项目的其他单元。

通过分析发现，应收账款所占比重较大，且增幅大，应重点审计。

3. 趋势分析

趋势分析是连续考察被审计单位在一个较长时期内的各项财务数据，比较各期相关项目金额的增减变动方向和幅度，以揭示被审计单位一定时期财务状况变化趋势、获取有关审计证据的一种分析方法。一般来说，进行趋势分析，需要 3～5 期的资料，这样才能揭示其发展变化趋势。

【例 4-4】 分析 ABC 公司主要财务指标变化趋势，寻找审计线索。

分析步骤如下：

（1）获取 ABC 公司 1～12 月的总账数据或 1～12 月份的报表数据。

（2）建立财务指标趋势分析模型，主要分析项目设置如图 4-5 所示。

财务比率趋势分析

	A	B	C	D	E	F	G	H	I	J	K	L	M	N
1	财务比率	计算公式	1月份	2月份	3月份	4月份	5月份	6月份	7月份	8月份	9月份	10月份	11月份	12月份
2	流动比率	流动资产总额/流动负债总额	2.08	1.82	1.73	1.55	1.95	2.55	2.88	2.34	2.14	2.45	8.93	2.67
3	速动比率	速动资产总额/流动负债总额	0.67	0.89	0.82	0.68	0.85	1.24	1.39	1.41	1.22	1.42	3.07	1.34
4	负债比率	负债总额/资产总额	0.24	0.31	0.34	0.42	0.31	0.23	0.20	0.27	0.31	0.27	0.07	0.24
5	权益比率	所有者权益总额/资产总额	0.76	0.69	0.66	0.58	0.69	0.77	0.80	0.73	0.69	0.73	0.93	0.76
6	长期负债比率	长期负债/资产总额	0.00	0.00	0.00	0.00	0.00	0.00	0.00	0.00	0.00	0.00	0.00	0.00
7	销售毛利率	（主营业务收入-主营业务成本）/主营业务收入	0.25	0.23	0.18	0.23	0.16	0.18	0.22	0.22	0.38	0.30	0.27	0.00
8	销售利润率	净利润/主营业务收入	0.21	0.12	0.09	0.15	0.12	0.15	0.14	0.05	0.29	0.21	0.11	-0.16
9	资本保值增值率	期末所有者权益总额/期初所有者权益总额	1.06	1.08	1.08	1.09	1.13	1.19	1.22	1.23	1.27	1.31	1.33	1.26

财务比率趋势分析 / Sheet2 / Sheet3

图 4-5　财务指标趋势分析模型

（3）定义各月财务指标计算公式，以流动比率 1～2 月份计算公式定义为例说明。在 C2 单元输入公式“=[ABC 公司 1 月份报表.xls]资产负债表!$D$21/ [ABC 公司 1 月份报表.xls]资产负债表!$H$20”，在 D2 单元输入公式“=[ABC 公司 2 月份报表.xls]资产负债表!$D$21/ [ABC 公司 2 月份报表.xls]资产负债表!$H$20”，同样方式定义 3～12 月份流动比率计算公式。

（4）其他财务指标计算公式定义与流动比率计算公式定义相似，可参照流动比率计算公式定义方式进行定义。

（5）为直观地分析各指标变化趋势，选择 A1：A9、C1：N9 单元区域，然后生成趋势分析图（如折线图），如图 4-6 所示。

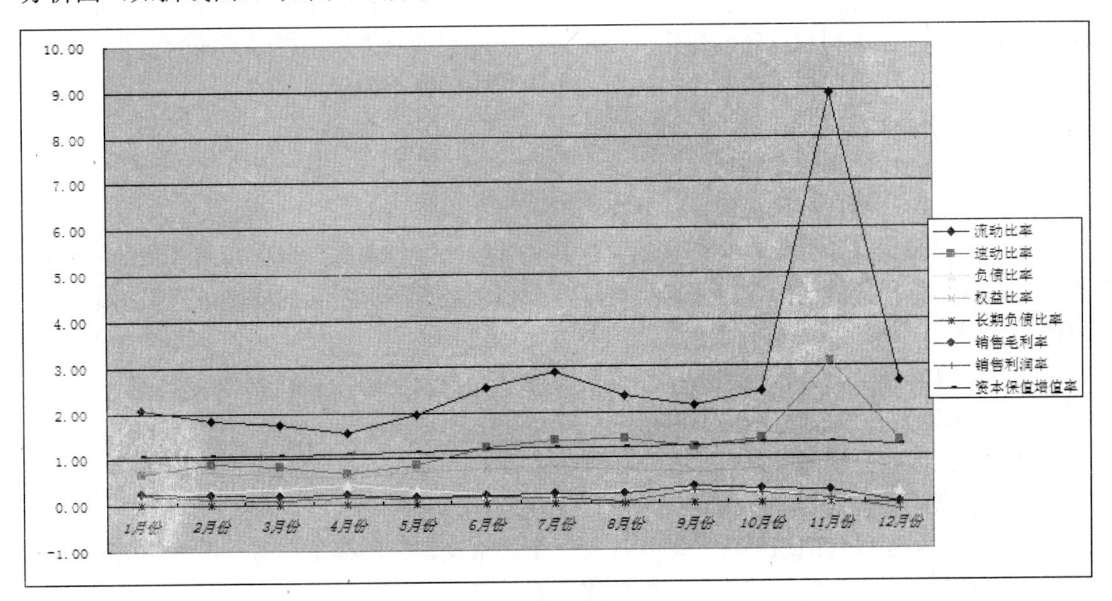

图 4-6　财务指标变化趋势图

分析财务指标变化趋势图可以看出，流动比率与速动比率 11 月份变化较大，应作为审计重点进一步分析造成变化较大原因；销售毛利率在 12 月份为 0、销售利润率在 12 月份出现了负值，应进一步分析是否存在人为调节利润的行为。

4．因素分析

因素分析法是指通过分析计算各个因素变动对有关综合性审计指标的影响程度，以分析各种经济核算指标的变动方向、变动程度和变动因素的一种分析方法。利用因素分析法，可以对审计的经济问题进行深入分析，找出产生问题的各因素，以及各因素影响程度的大小并判明其主要原因及其影响数值，以提出进一步审查的方向和重点。

1）因素分析的方法

因素分析常用的方法主要有因素分摊法、因素替代法和差额分析法等。

（1）因素分摊法。

因素分摊法是把综合指标分解为相互联系的若干因素，运用数学方法，按一定标准对这些指标所形成的差异进行分摊，以测定各因素差异对综合指标的影响程度。

（2）因素替代法。

因素替代法亦称连锁替代法，它是从数量上确定一个综合指标所包含的各个因素的变动对该综合指标影响程度的一种方法。采用这种方法时，应首先把综合指标分解为相互联系的若干因素，然后按照一定的顺序确定各个因素变动对指标变动的影响程度。在应用因素替代法时，必须正确进行指标分解，并确定替代顺序。替代顺序的确定，要从经济指标组成因素之间的相互关系出发，选定适当的条件，使分析结果具有客观性、有效性，以利于加强计划管理和经济核算。

（3）差额分析法。

差额分析法是因素替代法的一种简化形式，是利用各个因素的比较值与基准值之间的差额，来计算各因素对分析指标的影响。例如，企业利润总额是由三个因素影响的，其表达式为：利润总额=营业利润+投资损益±营业外收支净额，在分析去年和今年的利润变化时可以分别算出今年利润总额的变化，以及三个影响因素与去年比较时不同的变化，这样就可以了解今年利润增加或减少是主要由三个因素中的哪个因素引起的。

2）因素分析的步骤

进行因素分析的具体步骤如下：

（1）分析审计指标的构成因素，建立指数体系。

（2）选择对比基期。因素分析法的关键是同度量的时期选择。对比基期选择的一般原则是：质量指标指数的同度量因素为报告期的数值；数量指标指数的同度量因素为基期的数值。

（3）计算各指数，分析因素变动程度和方向，以及变动的绝对额。

3）采用因素分析法时注意的问题

（1）注意因素分解的关联性。

（2）注意因素替代的顺序性。

（3）注意顺序替代的连环性，即计算每一个因素变动时，都是在前一次计算的基础上进行，并采用连环比较的方法确定因素变化影响结果。

（4）注意计算结果的假定性，连环替代法计算的各因素变动的影响数，会因替代计算的顺序不同而有差别，即其计算结果只是在某种假定前提下的结果，为此，审计人员在具体运用因素分析法时，应注意力求使这种假定是合乎逻辑的假定，是具有实际经济意义的假定，只有这样，计算结果的假定性，才不会妨碍分析的有效性。

经济指标分析可应用于对一些主要成本费用类账户发生额进行分析，如对主营业务收入与主营业务成本、应收账款、材料采购、管理费用、销售费用、主要产品生产成本、制造费用等账户的发生额进行分析，初步确定其构成、发展变动趋势是否正常，并确定进一步审计线索。

在利用经济指标分析时，不能孤立地使用某一种分析方法，而应当结合其他分析方法，从不同的角度加以分析以获取审计线索，通过各种分析方法的相互印证，以提高审计证据的可靠性和证明力。

4.3.3　统计分析

在面向数据的计算机辅助审计中，统计分析的目的是探索被审计数据内在的数量规律性，以发现异常现象，快速寻找审计突破口。在对审计数据进行统计分析时，最常用的方法是回归分析。

回归分析方法是一种强有力的数据分析技术，是在掌握大量观察数据的基础上，处理因变量与自变量之间关系的一种数学分析方法，它侧重于考察变量之间的数量伴随关系，并通过一定的数学表达式（回归方程）将这种关系描述出来，进而确定一个或几个变量（自变量）的变化对另一个特定变量（因变量） 的影响程度，并对将来做出预测。相对于传统的分析法，回归分析法的突出优点在于以可计量的风险和准确性水平，量化审计人员的预期值，即能够准确的估计预期数据值，能够准确地判断严重偏离的波动，更重要的是回归分析法并不过多的依赖于审计人员的经验，一般审计人员也可以进行准确的分析。

回归分析方法有简单直线回归、方差分析、协方差分析、多元线性回归等，其中，最常用的回归分析方法是简单直线回归。

直线回归分析的任务就是要建立一个描述因变量 y 依自变量 x 而变化的直线方程，并要求各点与该直线纵向距离的平方和为最小。简单直线回归所建立的方程是一个二元一次方程式，其标准形式为：$y=a+bx$。

y 为由 x 计算出来的理论值，即 y 的估计值；a 为截距，它是当 $x=0$ 时的 y 值，即回归直线与纵轴的交点；b 称为回归系数，它是回归直线的斜率，其含义是当 x 每增加一个单位时，y 理论上相应增加（或减少）b 个单位。按这个要求计算回归方程的方法，称为最小二乘法。

1．直线回归分析的基本步骤

利用直线回归方法进行审计数据分析的步骤主要分为以下几步。

1）直线回归分析法模型的构建

直线回归分析法是以两个变量之间的理论上的线性关系为基础，其模型为：$y=a+bx$。

直线回归模型是建立在假设自变量 x 和因变量 y 是线性关系基础上得出的，只要获得了 a 和 b 的值，就可以通过公式，根据任何给定的 x 的值比较准确的预测 y 的值。

2）识别和确定要估计的模型

（1）审计人员要确定估计的变量（称因变量），即审计准则中的预期值，还要确定哪些变量（称自变量）可以用来估计预期值。

（2）要确定估计的预期值，即因变量与自变量之间确实存在逻辑上的因果关系。如企业的销售收入与企业的广告费之间就存在着极易令人理解的因果关系，即广告费支出的增加有利于提高销量，从而会导致销售收入的增加，因此，就可以根据一定期间的广告费支出估计销售的预期值；相反，销售收入与企业的营业外支出之间一般就不会存在这样的因果关系，故就无法利用一定期间的营业外支出去估计销售收入的预期值。

（3）审计人员还要确保估计的模型在一定期间具有稳定性，在直线回归分析中，审计人员一般是用客户以前期间的历史数据估计回归模型，如果现在已经发生了结构性的变动，再用历史数据估计回归模型，很可能导致错误的结果。例如，如果一个企业发生合并或分立，那么审计人员再用合并或分立前的历史数据估计回归模型，就很可能出现错误的结果。

3）收集恰当的数据资料

审计人员一旦确定了模型中应包括的变量，下一步就是获取足够、可靠的数据来估计模型的参数 a 和 b 的值，审计人员估计模型使用数据的质量对预测结果具有直接的影响。审计准则规定用于估计预期值的数据资料要确保可靠，为确保数据的可靠最好使用客户以前年度已经审计过的数据。此外，数据越充分，模型的预测效果就越显著。

4）利用数据资料估计模型的参数值

审计人员收集和筛选了恰当的数据后，就需要计算截距 a 和斜率 b 的值。截距 a 和斜率 b 的计算公式如下：

$$b=\frac{n\sum x_i y_i-\sum x_i\sum y_i}{n\sum x_i^2-\left(\sum x_i\right)^2}\cdot$$

$$a=\left(\sum y_i-b\sum x_i\right)$$

公式中 n 是变量 x 的个数。

5）评估回归模型的质量

计算出回归模型，还不能直接用于预期值的预测，还需要对其质量进行评估，这也是回归分析比传统分析更加科学的原因之一。估计的回归模型从函数的图形上是一条直线，在一定程度上描述了变量 x 与 y 之间的数量关系，但是该模型估计或预测的精度取决于回归直线与所用历史数据的拟合程度，判断回归模型质量常用的主要指标是相关系数 r 和估计标准误差 s，其计算公式分别为：

$$r=\frac{n\sum x_i y_i-\sum x_i y_i}{\sqrt{n\sum x_i^2-\left(\sum x_i\right)^2}\bullet\sqrt{n\sum y_i^2-\left(\sum y_i\right)^2}}$$

$$s=\sqrt{\frac{\sum\left(y_i-\hat{y}_i\right)^2}{n-2}}$$

公式中 n 是变量 x 的个数，$\hat{y}$ 为预测值。

根据经验，相关系数 r>0.5 就表明模型质量较好，即可应用模型进行估计预期值，该系数越大，分析模型的预测质量就越高。标准误差 s 是反映数据资料离散程度的一个指标，该值越小越好。在审计中判断标准误差是否合适，一般是和审计人员确定的重要性水平或可容忍误差进行比较，如果标准误差不超过可容忍误差水平的 1/2，就说明回归模型完全可以满足审计预测的要求；如果标准误差超过可容忍误差水平的 1/2，则模型将无法区别预测值与账面记录值之间的差额是随机误差项还是会计错报，该模型就无法使用，只能运用其他分析方法进行分析。

6）估计预期值，确定严重偏离的波动

回归分析模型质量评估合格后，就可以根据当期的相关数据利用模型估计预期值，只要将任何值的 x 代入模型，就能够得出相应的预测值，并计算出残差值和标准差作为确定严重偏离波动的判断依据。

2. 回归分析工具

回归分析通常需要处理大量的数据，工作量较大。随着计算机软件的开发与普及，提供数据分析功能的软件较多，代表软件有 Excel、SPSS、Matlab、SAS、BMDP、Stata、EViews 等，其中 SPSS、SAS、BMDP 并称为三大统计软件包，应用这些软件的数值分析功能可以协助审计人员有效开展审计数据回归分析等处理。

1）Excel

Excel 是微软公司的办公软件 Microsoft Office 的组件之一，它可以进行各种数据的处理、统计分析和辅助决策操作，被广泛地应用于管理、统计财经、金融等众多领域。

2）SPSS

SPSS 是世界上最早的统计分析软件，现已改名为 PASW Statistics，它具有功能强大的数学统计分析功能，能实现描述性统计、均值比较、一般线性模型、相关分析、回归分析、对数线性模型、聚类分析、数据简化、生存分析、时间序列分析、多重响应等多种分析类型，被广泛应用于自然科学、技术科学、社会科学的各个领域。

3）Matlab

Matlab 是美国 MathWorks 公司出品的商业数学软件，具有功能强大数据分析以及数值计算能力，被广泛应用于工程计算、控制设计、信号处理与通讯、图像处理、信号检测、金融建模设计与分析等领域。

4）SAS

SAS 是由美国北卡罗来纳州州立大学于 1966 年开发的统计分析软件，在国际上已被誉为统计分析的标准软件，它由数十个专用模块构成，功能包括数据访问、数据储存及管理、应用开发、图形处理、数据分析、报告编制、运筹学方法、计量经济学与预测等等。

5）BMDP

BMDP 是世界级的统计工具软件，至今已经有 40 多年的历史。它是一个大型综合的数据统计集成系统，从简单的统计学描述到复杂的多变量分析都能应付自如。BMDP 为常规的统计分析提供了大量的完备的函数系统，如方差分析、回归分析、非参数分析、时间序列等等。

6）Stata

Stata 是一套提供数据分析、数据管理以及绘制专业图表的完整及整合性统计软件。Stata 的统计功能很强，除了传统的统计分析方法外，还收集了近 20 年发展起来的新方法，

Stata 具有数值变量资料的一般分析、分类资料的一般分析、相关与回归分析等统计分析功能。

7）EViews

EViews 通常称为计量经济学软件包，是一款专门从事数据分析、回归分析和预测分析计量软件，在科学数据分析与评价、金融分析、经济预测、销售预测和成本分析等领域应用非常广泛。

3．利用 Excel 进行回归分析

Excel 提供了回归分析函数和回归分析宏两种回归分析形式。

1）利用回归分析函数进行回归分析

Excel 提供了 10 个函数用于建立回归模型和预测，这些函数包括：

（1）INTERCEPT(known_y's,known_x's)。

INTERCEPT 利用现有的 x 值与 y 值计算线性回归模型的截距，参数 known_y's 为因变的观察值或数据集合，参数 Known_x's 为自变的观察值或数据集合。

（2）SLOPE(known_y's,known_x's)。

SLOPE 用于返回根据 known_y's 和 known_x's 中的数据点拟合的线性回归模型的斜率，参数 known_y's 为数字型因变量数据点数组或单元格区域，参数 known_x's 为自变量数据点集合。

（3）RSQ(known_y's,known_x's)。

RSQ 用于返回根据 known_y's 和 known_x's 中数据点计算得出线性回归模型的判定系数，参数 known_y's 为数组或数据点区域，参数 known_x's 为数组或数据点区域。

（4）FORECAST(x, known_y's,known_x's)。

FORECAST 根据已有的数值计算线性回归模型的预测值，参数 x 为需要进行预测的数据点，参数 known_y's 为因变量数组或数据区域，参数 known_x's 为自变量数组或数据区域。

（5）STEYX(known_y's,known_x's)。

STEYX 返回通过线性回归法计算每个 x 的 y 预测值时所产生的标准误差，参数 known_y's 为因变量数据点数组或区域，参数 known_x's 为自变量数据点数组或区域。

（6）TREND(known_y's,known_x's,new_x's,const)。

TREND 计算线性回归线的趋势值，参数 known_y's 是关系表达式 $y=a+bx$ 中已知的 y 值集合，参数 known_x's 是关系表达式 $y=a+bx$ 中已知的可选 x 值集合，参数 new_x's 为需要函数 TREND 返回对应 y 值的新 x 值，参数 const 为一逻辑值，用于指定是否将常量 a 强制设为 0。

（7）GROWTH(known_y's,known_x's,new_x's,const)。

GROWTH 返回指数曲线的趋势值，参数 known_y's 为满足指数回归拟合曲线 $y=a*b^x$ 的一组已知的 y 值，参数 known_x's 为满足指数回归拟合曲线 $y=a*b^x$ 的一组已知的 x 值，为可选参数，参数 new_x's 为需要通过 GROWTH 函数返回的对应 y 值的一组新 x 值，参数 const 为一逻辑值，用于指定是否将常数 a 强制设为 1。

（8）LINEST(known_y's,known_x's,const,stats)。

LINEST 使用最小二乘法对已知数据进行最佳直线拟合，返回线性回归模型的参数，

参数 known_y's 是关系表达式 y=a+bx 中已知的 y 值集合，参数 known_x's 是关系表达式 y=a+bx 中已知的可选 x 值集合参数 const 为一逻辑值，用于指定是否将常数 a 强制设为 0，参数 stats 为一逻辑值，指定是否返回附加回归统计值。

LINEST 函数常与 INDEX 函数结合使用，INDEX(LINEST(known_y's,known_x's,TRUE,TRUE),1,1)返回 y=a+bx 的 b 值（斜率），INDEX(LINEST(known_y's,known_x's,TRUE,TRUE),1,2)返回 y=a+bx 的 a 值（截距），INDEX(LINEST(known_y's,known_x's,TRUE,TRUE),2,2)返回 y=a+bx 的 y 值的标准误差 s，INDEX(LINEST(known_y's,known_x's,TRUE,TRUE),3,1)返回 y=a+bx 的判定系数 r。

（9）LOGEST(known_y's,known_x's,const,stats)。

LOGEST 返回指数曲线模型的参数，参数 known_y's 为满足指数回归拟合曲线 $y=a*b^x$ 的一组已知的 y 值，参数 known_x's 为满足指数回归拟合曲线 $y=a*b^x$ 的一组已知的 x 值，为可选参数，参数 const 为一逻辑值，用于指定是否将常数 a 强制设为 1，参数 stats 为一逻辑值，指定是否返回附加回归统计值。

（10）CORREL(array1,array2)。

返回单元格区域 array1 和 array2 之间的相关系数。使用相关系数可以确定两种属性之间的关系。参数 array1 为第一组数值单元格区域，参数 array2 第二组数值单元格区域。

【例 4-5】 审计人员在审计某制造型企业的 2005 年销售成本时，获取了 2003—2005 年各月销售成本与生产工时，如表 4-1 所示。

表 4-1　销售成本与生产工时数据

月	2005 年		2004 年		2003 年	
	账面销售成本	生产工时	审定销售成本	生产工时	审定销售成本	生产工时
1	206.61	14.05	160.31	9.99	153.52	8.64
2	152.61	7.02	156.59	8.71	150.77	8.56
3	167.5	8.84	170.73	10.54	178.27	8.93
4	145.68	5.62	161.33	9.57	190.25	10.28
5	153.23	6.92	155.27	8.25	167.71	7.21
6	153.8	6.78	145.44	7.18	181.63	7.06
7	158.41	7.51	156.95	8.28	173.46	8.11
8	194.73	12.89	139.37	6.15	195.08	11.18
9	202.83	13.99	130.84	5.73	169.63	7.22
10	191.82	12.09	189.88	11.53	151.87	6.13
11	186.57	9.58	183.29	11.23	142.84	5.51
12	215.66	15.75	162.07	9.38	183.66	10.97

审计人员试图根据 2003—2004 年审定销售成本与生产工时估计 2005 年各月的销售成本，以查找审计线索。

工时是计算工人工资的主要依据，而生产工人工资构成了产品生产成本，产品销售后就形成销售成本，因而，工人工时与销售成本之间存在简单的因果关系，可以利用回归分析预测。

利用 Excel 回归分析函数对上述数据进行回归分析，操作步骤如下：

（1）建立销售成本回归分析模型，将表 4-1 中 2003—2004 年信息复制或输入 Excel 工作表的 A2:B26 区域，A 为审定销售成本，B 为生产工时，如图 4-7 所示。

销售成本回归分析

	A	B	C	D	E	F	G	H	I	J
1	2003-2004年审定数据		回归方程：y=a+bx		2005年					
2	审定销售成本（y）	生产工时（x）	回归方程参数	参数值	月	账面销售成本	生产工时	预测值	残差	标准离差
3	160.31	9.99	截距a	103.61	1	206.61	14.05	203.30	3.31	0.28
4	156.59	8.71	斜率b	7.10	2	152.61	7.02	153.42	-0.81	-0.07
5	170.73	10.54	标准误差s	11.78	3	167.5	8.84	166.34	1.16	0.10
6	161.33	9.57	判定系数r	0.56	4	145.68	5.62	143.49	2.19	0.19
7	155.27	8.25	相关系数	0.75	5	153.23	6.92	152.71	0.52	0.04
8	145.44	7.18			6	153.8	6.78	151.72	2.08	0.18
9	156.95	8.28			7	158.41	7.51	156.90	1.51	0.13
10	139.37	6.15			8	194.73	12.89	195.07	-0.34	-0.03
11	130.84	5.73			9	202.83	13.99	202.88	-0.05	0.00
12	189.88	11.53			10	191.82	12.09	189.40	2.42	0.21
13	183.29	11.23			11	186.57	9.58	171.59	14.98	1.27
14	162.07	9.38			12	215.66	15.75	215.37	0.29	0.02
15	153.52	8.64								
16	150.77	8.56								
17	178.27	8.93								
18	190.25	10.28								
19	167.71	7.21								
20	181.63	7.06								
21	173.46	8.11								
22	195.08	11.18								
23	169.63	7.22								
24	151.87	6.13								
25	142.84	5.51								
26	183.66	10.97								
27										

回归函数分析 / 宏分析 / Sheet3

图 4-7　销售成本回归分析

（2）定义回归方程 y=a+bx 的截距 a 的计算公式。选定 D3 单元，输入公式“=INTERCEPT(A3:A26,B3:B26)”。

（3）定义回归方程 y=a+bx 的斜率 b 的计算公式。选定 D4 单元，输入公式“=SLOPE(A3:A26,B3:B26)”。

（4）定义标准误差计算公式。选定 D5 单元，输入公式“=STEYX(A3:A26,B3:B26)”。

（5）定义回归方程 y=a+bx 判定系数的计算公式。选定 D6 单元，输入公式“=RSQ(A3:A26,B3:B26)”。

（6）定义销售成本与生产工时相关性分析计算公式。选定 D7 单元，输入公式“=CORREL(A3:A26,B3:B26)”。

通过上述计算可知，销售成本与生产工时之间的相关系数为 0.75，说明销售成本与生产工时之间存在相关性。回归分析模型为 y=103.61+7.10*x，方程判定系数为 0.56，销售成本标准误差为 11.78，完全可以用该模型预测销售成本的预期值。

（7）输入 2005 年各月实际值，定义预测值计算公式。选定 H3 单元，输入公式“=FORECAST(G3,$A$3:$A$26,$B$3:$B$26)”或“=103.61+7.10*G3”，然后将公式复制到 H4:H14 区域，完成预测值的计算。

（8）定义残差计算公式。选定单元 I3 单元，输入公式“=F3–H3”，然后将公式复制到 I4:I14 区域，完成残差的计算。

通过残差分析发现，1 月和 11 月残差最大，分别为 3.31 和 14.98，其是否属于严重偏离的波动还需要借助标准离差指标进行判断。

（9）定义标准离差计算公式。选定 J3 单元，输入公式“=I3/$D$5”，然后将公式复制到 J4: J14 区域，完成标准离差的计算。通过标准离差分析发现，11 月份的标准离差为 1.27，远远高于其他月份的标准离差，属于异常值，是错报的可能性非常大，是审计人员需要进一步审计调查的重点。

回归分析方程 y=a+bx 的系数，也可通过 INDEX 函数和 LINEST 函数结合来获取，公式设置如下：

截距 a= INDEX(LINEST($A$3:$A$26,$B$3:$B$26,TRUE,TRUE),1,2)=103.61

斜率 b= INDEX(LINEST($A$3:$A$26,$B$3:$B$26,TRUE,TRUE),1,1)=7.10

构成的回归分析方程为：y=103.61+7.10x

计算结果与通过 INTERCEPT 函数和 SLOPE 函数计算结果相同。

2）利用回归分析宏进行回归分析

依例 4-5 说明利用回归分析宏进行回归分析的基本过程。

（1）建立销售成本回归分析模型，将表 4-1 的信息复制或输入 Excel 工作表的 A2: B26 区域，A 为审定销售成本，B 为生产工时。

（2）执行【工具】菜单下的【数据分析】命令，打开【数据分析】对话框，如图 4-8 所示。

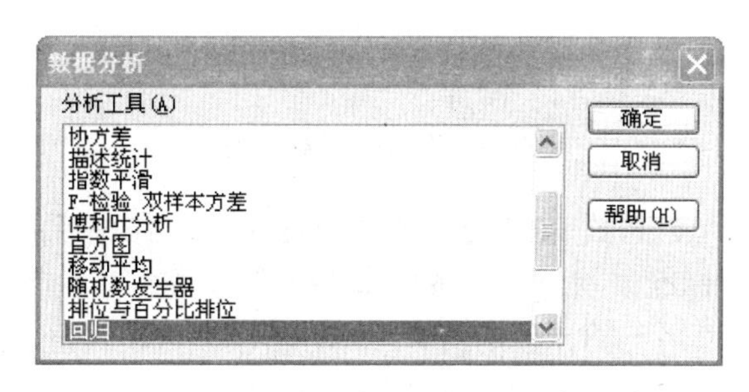

图 4-8 【数据分析】对话框

（3）选择“回归”分析工具，单击【确定】按钮，打开【回归】对话框，如图 4-9 所示。

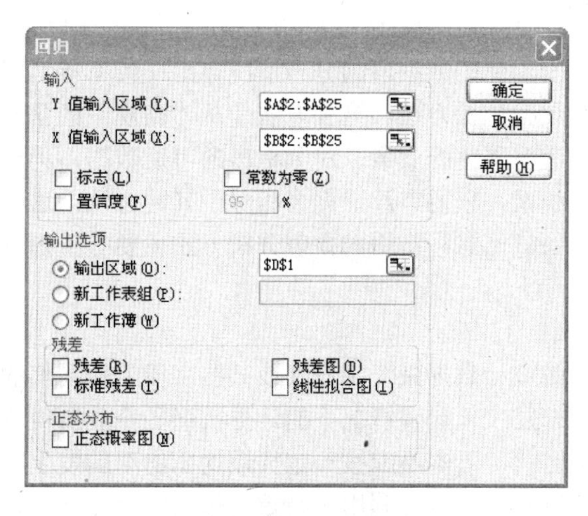

图 4-9 【回归】对话框

（4）选择【Y 值输入区域】为“审定销售成本”数据区域，即 A2:A25；选择【X 值输入区域】为“生产工时”数据区域，即 B2:B25；【输出选项】选择为【输出区域】，并设置输出区域为“D1”；然后单击【确定】按钮生成回归分析结果信息，如图 4-10 所示。

销售成本回归分析

	A	B	C	D	E	F	G	H	I	J	K	L
1	审定销售成本 (y)	生产工时 (x)		SUMMARY OUTPUT								
2	160.31	9.99										
3	156.59	8.71		回归统计								
4	170.73	10.54		Multiple R	0.7470851							
5	161.33	9.57		R Square	0.5581361							
6	155.27	8.25		Adjusted R Square	0.5380514							
7	145.44	7.18		标准误差	11.776269							
8	156.95	8.28		观测值	24							
9	139.37	6.15										
10	130.84	5.73		方差分析								
11	189.88	11.53			df	SS	MS	F	gnificance F			
12	183.29	11.23		回归分析	1	3853.8048	3853.8048	27.789086	2.737E-05			
13	162.07	9.38		残差	22	3050.9714	138.68052					
14	153.52	8.64		总计	23	6904.7762						
15	150.77	8.56										
16	178.27	8.93			Coefficient	标准误差	t Stat	P-value	Lower 95%	Upper 95%	下限 95.0%	上限 95.0%
17	190.25	10.28		Intercept	103.61074	11.819415	8.7661479	1.252E-08	79.098771	128.1227	79.098771	128.1227
18	167.71	7.21		X Variable 1	7.0955817	1.346018	5.2715355	2.737E-05	4.3041112	9.8870522	4.3041112	9.8870522
19	181.63	7.06										
20	173.46	8.11										
21	195.08	11.18										
22	169.63	7.22										
23	151.87	6.13										
24	142.84	5.51										
25	183.66	10.97										

回归函数分析 / 宏分析 / Sheet3

图 4-10　回归分析结果

从图中分析可知，判定系数（R Square）为 0.5581361，修正后的判定系数（Adjusted R Square）为 0.5380514，标准误差为 11.776269，说明销售成本与生产工时之间存在正相关，相关系数 r=0.58>0.5，可用于估计预期值。回归分析模型截距（Intercept）为 103.61074，斜率（X Variable 1）为 7.0955817，故构成回归分析模型为：y=103.61+7.10x，与利用回归分析函数所建立的回归分析模型一致。

4.3.4　数值分析

数值分析是根据字段具体的数据值的分布情况、出现频率等对字段进行分析，从而发现审计线索的一种审计数据分析方法。这种方法是从“微观”的角度来对电子数据进行分析的，它在使用时不用考虑具体的业务，对分析出的可疑数据，再结合具体的业务进行审计判断，从而发现审计线索，获得审计证据。相对于其他方法，这种审计数据分析方法易于发现被审计数据中的隐藏信息。常用的数值分析方法主要有重值分析、断号分析、负值分析和 Benford 定律检测等。

1．重值分析

重值分析用来查找被审计数据某个字段（或某些字段）中同值的数据，主要实现查找每月均衡的发生额，如未发生新购置情况下的计提折旧、企业所得税的按月缴纳、稳定来源的收入或补贴等；特定科目下本不应按一定周期均衡出现的发生额反常等额发生；相同编号的发票重复记账，以判断是否有利用发票重复报销或重复使用发票、使用虚假发票的情况。

多数审计软件提供了重值分析方法，除可通过审计软件进行重值分析外，还可以利用 Excel、SQL 查询语句进行分析。

【例 4-6】 某文化出版单位业务人员报酬的主要来源于文稿编写、翻译、校对等案头工作费用，该单位对上述劳务报酬统称为“稿酬”，凭证摘要为“稿酬”。“稿酬”按月计算发放，有明确的计价标准和每月每人的工作量统计，故每月发放的稿酬金额不应相等，据此审计人员如何对审计数据分析，查找审计线索。

分析基本思路如下：

（1）获取相关记录。利用 SQL 查询语句筛选出所有摘要包含“稿酬”的记录，创建中间表“稿酬”。SQL 查询语句定义如下：

```
Select * into 稿酬 From  凭证库  Where 摘要 LIKe “%稿酬%”
```

（2）查找金额相同的会计分录。利用 SQL 查询语句查找稿酬金额相同的会计分录。SQL 查询语句定义如下：

```
Select *
From  稿酬
Where 科目编码 In(Select  A.科目编码  From  稿酬  A  Inner Join 稿酬  b  On A.
科目编码=B.科目编码  Where  A.借方金额=B.借方金额  And  A.分录序号<>B.分录序号
And A.借方金额<>0)
```

【例 4-7】 对企业采购发票进行审计，查找是否存在虚构业务或使用虚假发票问题。

分析基本思路如下：

（1）获取企业采购数据库“发票库”。

（2）查找发票编码相同的发票。SQL 查询语句定义如下：

```
Select *
From 发票库
Where 发票编码 In(Select  A.发票编码  From 发票库 A Inner Join 发票库 B  On  A.
发票编码=B.发票编码   Where  A.记录号<>B.记录号)
```

2．断号分析

主要是对某字段值在数据记录中是否连续进行分析。通过断号分析可以实现对一些有特定要求的经济业务事项进行分析，以发现不规范的业务处理事项。根据会计制度相关规定，企业编制的记账凭证必须按月分类连续编号，不允许出现断号、重号，因此通过查询凭证编号是否连续，以判断企业提供电子数据的完整性和企业内部控制的有效性。再如，根据发票管理相关规定，发票编号事先编排，整本发售，因而，企业开具的销售发票编号应具有连续性，通过对发票编号的连续性进行分析，可以排查销售发票使用的违规问题。

【例 4-8】 利用 SQL 查询语句分析票据是否存在断号问题：数据取自 SQL Server 数据库“财务 SQL 数据”中的发货单、委托代销结算单主表 dispatchlist。

断号分析思路为：第一步，创建视图文件，内容为某类单据的发货单号；第二步，创建数据表，内容为未发生断号现象时应有的全部发货单号；第三步，利用子查询，查出因断号缺失的发货单号。

实现步骤和 SQL 语句如下：

（1）首先需要对表中数据进行初步分析，查出表所包含的全部单据类型，并分别显示各类单据的笔数。SQL 查询分析语句如下：

```
Select Distinct cvouchtype 单据类型,Count(*) 笔数 From Dispatchlist
Group By cvouchtype
```

执行上述语句得到结果图 4-11 所示。

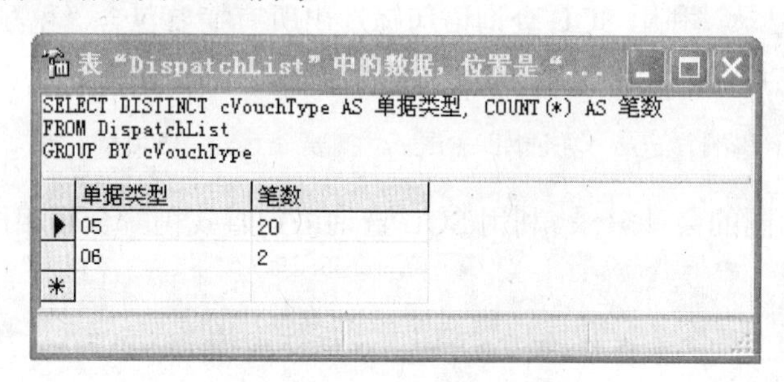

图 4-11 单据查询结果

从图中可以看出，06 类单据的笔数较少，能够直接观察出是否有票据断号现象，不需要进一步验证，只需对 05 类单据进行下一步验证操作。

（2）创建视图筛选 05 类单据的视图 v_b1，SQL1 语句如下：

```
Create View v_b1 As Select cdlcode=Convert(Int,cdlcode) From
dispatchlist Where cvouchtype='05'
```

执行上述 SQL 语句创建视图 v_b1。

（3）由表 dispatchlist 创建票据连续编号的新表 b2，SQL 语句如下：

```
Create Table b2(cdlcode int) Declare @n Int Set @n=1 While @n<=
(Select Max(Convert(Int,cdlcode)) From dispatchlist Where cvouchtype='05')
 Begin Insert Into b2 Values(@n) Set @n=@n+1 End
```

执行上述 SQL 语句创建表 b2。

（4）将视图 v_b1 与表 b2 进行比较，以获取断号票据记录，SQL 语句如下：

```
Select cdlcode 因断号缺失的发货单号 From b2 Where cdlcode Not In
(Select cdlcode From v_b1)
```

执行上述 SQL 语句，显示查询结果，若有记录存在，则表明票据存在断号现象。

3．负值分析

负值分析是通过检查与分析所有科目（或某个科目）在选定的时间段出现负值的情况，对被审计单位所有冲账或调账等情况进行统计分析，以发现异常情况或审计线索。例如，通过对凭证金额负值记录数量的分析，判断企业业务处理的规范性和内部控制的有效性以及是否存在调节收益的现象。

4．Benford 定律检测

在大量财务数据中，隐藏着一个古老而奇妙的数学规律：整数 1 在数字首位数上出现的概率为 30.1%，整数 2 在数字首位上出现的概率为 17.6%，整数 3 在数字首位上出现的概率为 12.5%，……，而整数 8 在数字首位数上出现的概率仅为 5.1%，整数 9 在数字首位数上出现的概率为 4.6%。这一揭示整数 1～9 数字首位出现概率分布规律的数学定律就是 Benford 定律。各数据首位出现概率如表 4-2 所示。

表 4-2　整数 1～9 在数字首位上出现的概率

N	1	2	3	4	5	6	7	8	9
P[dight(n)]	0.301	0.176	0.125	0.097	0.079	0.067	0.058	0.051	0.046

这一规律为审计人员通过数据分析发现财务舞弊线索提供了有力的分析工具。审计人员需要对大量发生的一些会计数据，如应收账款、应付账款、存货、成本费用、收入等的第一位数出现的概率进行统计，考察其是否符合 Benford 定律，进而寻找审计线索，查找欺诈舞弊行为。

1）Benford 定律适用条件

Benford 定律并不适用所有数据，使用 Benford 定律需要满足三个基本条件。

（1）数据具有一定规模，能够代表所有样本。数据规模越大，分析结果越精确。

（2）数据没有人工设定的最大值和最小值范围。

（3）要求目标数据受人为影响较小。

2）利用 Benford 定律进行分析的步骤

【例 4-9】 以 Excel 作为分析工具、以采购发票金额审计为例说明 Benford 定律审计分析的应用，基本方法与步骤如下：

（1）获取或输入样本金额数据。本例为采购发票金额数据，将采购发票数据库转换为 Excel 文件格式，假如发票金额处在 E 列，采购发票数量为 1600，如图 4-12 所示。

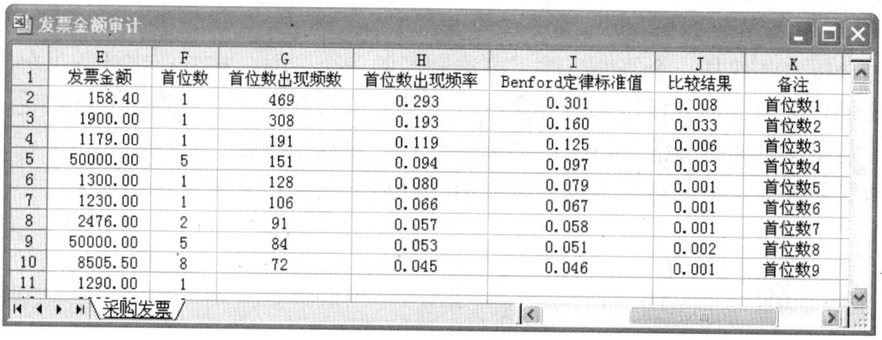

发票金额审计

	E	F	G	H	I	J	K
1	发票金额	首位数	首位数出现频数	首位数出现频率	Benford定律标准值	比较结果	备注
2	158.40	1	469	0.293	0.301	0.008	首位数1
3	1900.00	1	308	0.193	0.160	0.033	首位数2
4	1179.00	1	191	0.119	0.125	0.006	首位数3
5	50000.00	5	151	0.094	0.097	0.003	首位数4
6	1300.00	1	128	0.080	0.079	0.001	首位数5
7	1230.00	1	106	0.066	0.067	0.001	首位数6
8	2476.00	2	91	0.057	0.058	0.001	首位数7
9	50000.00	5	84	0.053	0.051	0.002	首位数8
10	8505.50	8	72	0.045	0.046	0.001	首位数9
11	1290.00	1					

采购发票

图 4-12　采购发票数据

说明： *在使用 Benford 定律进行数据分析时，若样本数据小于 1 或有小于 1 的数值存在，则需要将所有数据同乘以 10 或 100 等，将所有数据均转换为大于 1 的数据后，再进行分析。*

（2）截取样本数据的首位数。在 E 列右侧插入五列，在 F1 单元格输入“首位数”、在 G1 单元格输入“首位数出现频数”、在 H1 单元格输入“首位数出现频率”、在 I1 单元格输入“Benford 定律标准值”、在 J1 单元格输入“比较结果”；在 F2 单元格设置取数公式为“=LEFT(E2,1)，然后将公式向下复制到最后一个数据所在 F1601 单元。这样自动将 E 列的每一个数据的首位数选出并填充到 F 列。

（3）计算样本数据首位数 1～9 出现的频数。在 G 列的 G2：G10 区域分别输入公式“=Countif(F2:E1601,1)”、“=Countif(F2:E1601,2)”、……、“=Countif(F2:E1601,8)”、“=Countif(F2:E1601,9)”。此时，在 G2：G10 区域显示样本数据首位数 1～9 出现的频数。

（4）计算本数据首位数 1～9 出现的频率。在 H2 单元格输入公式“=G2/sum($G$2:$G$10)”，然后将公式复制到 H3：H10 区域，显示首位数 1～9 出现的频率。

（5）录入 Benford 定律标准值。在 I2：I10 区域对应录入 Benford 定律标准值。

（6）将计算结果与标准值进行比较，查找审计线索，延伸查询获取审计证据。

在大量样本的情况下，审计人员还可以做进一步分层的测试。运用 Benford 定律的数学表达式,进一步计算出前 2 位数 10～99、前 3 位数 100～999 分布的概率理论值，进而可以将对有欺诈问题数据的调查分析范围进一步扩大，捕捉到更多的欺诈线索。

4.3.5 数据查询

数据查询是目前面向数据的计算机辅助审计中最常用的数据分析方法。数据查询是指审计人员根据自己的经验，按照一定的审计分析模型，在通用软件（如 Access、SQL Server、Visual FoxPro 等）中采用 SQL 语句来分析采集来的电子数据。或采用一些审计软件，通过运行各种各样的查询命令，以某些预定义的格式来检测被审计单位的电子数据。这种方法既提高了审计的正确性与准确性，也使审计人员从冗长乏味的计算工作中解放出来，告别以前手工翻账的作业模式。另外，运用 SQL 语句的强大查询功能，通过构建一些复杂的 SQL 语句，可以完成模糊查询以及多表之间的交叉查询等功能，从而可以完成复杂的数据分析功能。关于 SQL 查询语句的具体使用，将在第 6 章数据库技术审计应用中重点介绍，此处不再赘述。

各种分析方法仅从一个侧面反映了事物发展的一个方面，在进行审计数据分析时，审计人员应综合运用各种分析技术和方法进行分析，以期获得一个正确的分析结论。随着信息技术的发展，越来越多的分析技术被应用到审计数据分析处理过程中，这就要求审计人员要不断更新知识，提高审计数据分析能力，以适应信息技术所带来的变化。

思考练习题

1. 什么是审计分析？常用的数据分析手段有哪些？
2. 何谓审计分析模型？利用审计分析模型进行数据分析的基本过程是怎样的？
3. 何谓经济指标分析？在审计数据分析过程中，常用的经济指标分析方法有哪些？
4. 什么是回归分析？利用回归分析方法进行审计数据分析的主要步骤有哪些？
5. 在 Excel 中，如何利用回归分析函数对审计数据进行分析？
6. 何谓数值分析？在审计分析中，常用的数值分析方法有哪些？
7. 如何利用 Benford 定律进行审计数据分析？

第5章 Excel审计应用

随着计算机技术的广泛运用，审计人员已经逐步从繁杂的手工劳动中解脱出来。电子表格软件 Excel 以其在处理数据、排序、筛选、汇总、计算、编制工作底稿等方面的强大功能受到了审计工作者的青睐，成为审计人员的有力助手。审计人员如果能够正确、灵活地使用 Excel，则能大大减少日常工作中手工劳动量，提高审计效率。

5.1 Excel 审计应用基础

5.1.1 复制、粘贴审计应用

复制和粘贴是各种审计数据资源相互传递的基本途径，是各种软件之间数据利用的有效方法。复制粘贴的基本操作步骤为：选定要复制的内容；单击鼠标右键选择【复制】，或单击【编辑】菜单下【复制】命令，或按 Ctrl+C 键；将光标定位到要插入的位置；单击鼠标右键选择【粘贴】，或单击【编辑】菜单下【粘贴】命令，或按 Ctrl+V 键。

1. 复制

复制是 Excel 中最常用的操作，灵活运用各种不同的复制方法，可以显著提高审计效率。

1）原样或全部复制已经编辑好的单元格内容

选中要复制的单元格，然后执行【复制】命令，再选择目标单元格，单击【粘贴】实现复制，或通过单元格拖动进行复制。

2）复制单元格中的部分特性

选中要进行复制的单元格，单击【复制】命令，然后将鼠标移动到目标单元格，单击【编辑】菜单下的【选择性粘贴】命令，打开【选择性粘贴】对话框，如图 5-1 所示。

选择所需粘贴的内容或其他选项，如只复制格式，则选中【格式】，单击【确定】按钮即可。

3）工作表的复制

在一个工作簿中，通常需要进行工作表之间的复制操作，如果仅在表格数据区进行选择，执行【复制】、【粘贴】命令后，只能复制其单元格数据，而结构、格式、属性并没有复制过来。要解决此问题，可以采用以下方法：

（1）使用菜单复制工作表。

用鼠标右键单击要复制的工作表标签，在打开的快捷菜单中选择【移动或复制工作表】单击，或单击【编辑】菜单下的【移动或复制工作表】，打开【移动或复制工作表】对话框，如图5-2所示。

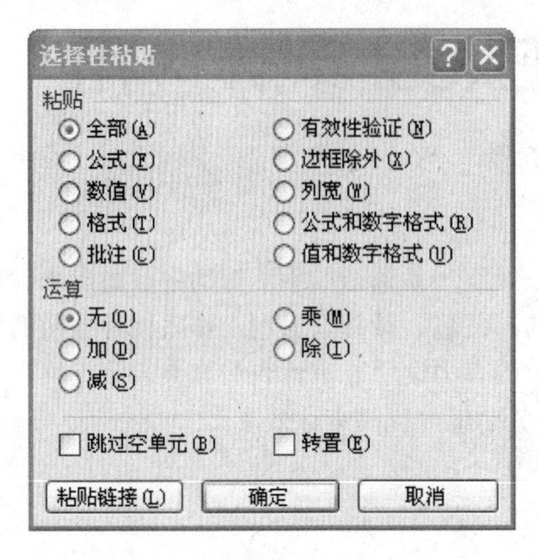

图5-1 【选择性粘贴】对话框

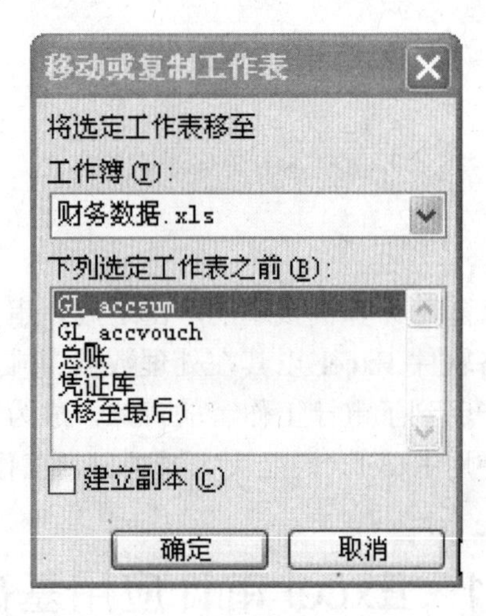

图5-2 【移动或复制工作表】对话框

选定目标工作簿及在工作簿中的位置，选择【建立副本】，单击【确定】按钮，新的工作表就建立了。

（2）鼠标拖动复制工作表。

这种方法仅限于同一工作簿内复制工作表。方法是单击要复制的工作表标签，同时按下Ctrl键，拖动光标到目标工作表标签处松开，就会产生一张完全相同的工作表，新工作表标签为“工作表（2）”，将其重新命名即完成一张工作表的复制。

4）复制到Word

审计数据通常以表格或报表的形式反映出来，而审计报告中常常要用到表格或报表的数据，如果表格的数值发生变动，必然要修改报告中的数据，如果数字被多次修改或修改的数字很多，很可能在报告中发生遗漏，而且非常麻烦。解决这类问题的方法是将Word与Excel结合起来使用，当报告中需要数据时，可以从Excel表格中链接过来；当Excel表格的数据发生变动时，Word中的数据会被自动更新。

具体操作如下：

（1）分别打开要进行链接的Word和Excel文件。

（2）在Excel表格中，选中要复制的单元格，单击【编辑】菜单下的【复制】命令。

（3）切换到Word文档，再在要输入数据处单击鼠标左键，然后单击【编辑】菜单下的【选择性粘贴】命令，打开【选择性粘贴】对话框，如图5-3所示。

（4）在【选择性粘贴】对话框中，选择【粘贴链接】，在【形式】备选框中选择【无格式文本】，单击【确定】按钮，Excel表格中的数据就复制到Word文档中了，当Excel表格中的数据发生变动时，报告中的数据会同时作相应变动。

如果要把Excel表格整体复制到Word文档中，在【粘贴链接】时，选择【带格式文本】，单击【确定】按钮即可。

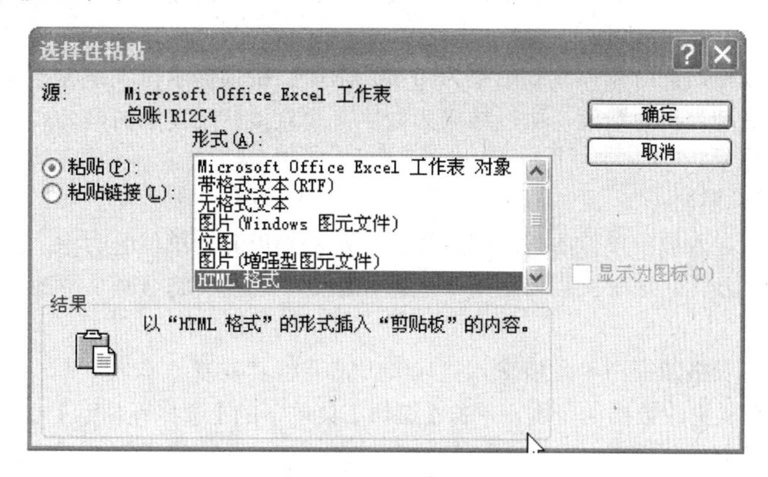

图 5-3 【选择性粘贴】对话框

2．粘贴

复制和粘贴是不可分的，二者通常结合在一起使用，此处主要阐述在复制中没有说明的粘贴处理问题。

1）粘贴数值

在审计工作中，经常会遇到这样的问题：如何将原来表格中的格式复制到现有工作表中？如何将计算结果保存到另一张工作表，而不将公式带过去？这就需要使用“选择性粘贴”来完成。

如：将一个工作簿中的某一单元格的计算结果复制到另一个工作簿的某一单元格中，其操作方法如下：

（1）选择要复制的区域单元，单击【编辑】菜单下的【复制】命令。

（2）切换到目标工作簿的目标单元格，单击【编辑】菜单下的【选择性粘贴】命令，打开【选择性粘贴】对话框，如图 5-4 所示。

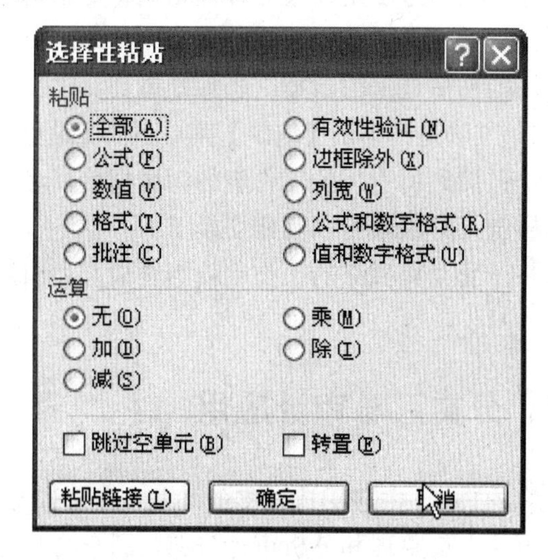

图 5-4 【选择性粘贴】对话框

（3）在【选择性粘贴】对话框中，选择【粘贴】类型中的【数值】，然后单击【确定】按钮即可。

如果执行【粘贴】命令，复制结果为 0 或 #REF! 错误提示，其差异显而易见。原因是选择性粘贴复制类型为数值，所以结果为数字；而直接粘贴复制的是公式，所以其结果为 0 或是错误提示。

2）运算后粘贴

审计人员在导入被审单位的报表时，往往其金额是以元为单位的数据，而审计中往往用的金额单位是万元，这时就需要运用“选择性粘贴”功能，将金额单位改为万元。具体操作如下：

（1）在选定表格的空白单元格输入“10000”，并将其复制。

（2）选定需要更改数据的范围，单击【编辑】菜单下的【选择性粘贴】命令，打开【选择性粘贴】对话框。

（3）在【选择性粘贴】对话框中，选择【粘贴】类型中的【全部】、选择【运算】类型中的【除】，然后单击【确定】按钮，此时被选范围内的数据均由元改为万元。

（4）删除在空白单元格输入的“10000”。

此操作也可以用公式法完成，结果虽然相同，但采用“选择性粘贴”计算的结果是静态的，即计算结果与输入“10000”的单元格无关，而采用公式法计算结果是动态的，若删除输入“10000”的单元格数值，则会出现错误信息。两种方法可以根据实际工作需要选择使用。

3）粘贴转置

在审计工作中还会遇到一个问题，就是要进行汇总的数据行和列正好相反，要处理这类问题，使用的就是【选择性粘贴】对话框中的【转置】功能。

4）粘贴连接

在复制中已经介绍了在 Word 中粘贴链接，其实，更常用的“粘贴链接”是在工作簿或工作表之间的链接，建立链接的方法是在【选择性粘贴】对话框中，选择【粘贴链接】功能。

另外，在 Word 中引用的粘贴过来的数据，若想知道其具体情况，这时可以采用建立“粘贴为超级链接”的办法，方法是：单击【编辑】菜单下的【粘贴为超级链接】命令。建立链接后，就可以从 Word 链接到所引用的工作表的源数据处，如果为了使用更方便，也可以建立一个对链接，这样链接对象就可以互相切换了。

利用这种方法，可以将一套互相独立的工作底稿组合成互相引用、互相切换、自动化程度较高的实用程序。

5.1.2 排序、筛选、分类汇总审计应用

排序、筛选和分类汇总是 Excel 中应用比较多的功能，在审计实务中运用也非常广泛。它可以快速、有效地帮助审计人员整理和分析审计资料，科学合理地按照某一标准确定抽查样本。

1．排序

使用 Excel 提供的排序功能，可以对数据按设定的排序字段按照升序或降序排序。选择【数据】中【排序】命令，打开【排序】对话框，如图 5-5 所示。

图 5-5　【排序】对话框

在排序对话框中设定排序的主要关键字、次要关键字和第三关键字。排序的顺序可以是递增的也可以递减。要注意的是如果数据中有标题行，在排序时应选择【有标题行】选项，排序时 Excel 就会将数据中的第一行作为标题行放置在最上端，否则就会和其他数据内容一起参与排序。

在审计实务中，排序和筛选功能可以应用到很多方面，如对“应收账款”的审计、对“业务活动费”的审计、对各成本项目的审计等，都可以应用。

（1）对“应收账款”等往来账户进行审计，可以按金额大小、账龄长短等进行分类排序，以分析其结构、性质，并进行数据筛选，抽取重点样本进行延伸审计。

（2）在“业务活动费”的审计中，可按类别、对象、经办人、金额等进行分类排列，不仅能摸清其全貌，从繁杂的经费支出中理出头绪，找出规律，分析其合理、合法性，同时也是发现审计线索的重要渠道。

（3）在审核成本计价和结转时（如原材料、生产成本、材料成本差异、产成品等），可以将相关期间的进、销、存资料按照审计目标进行分类排列，选择特殊样本进行审查，以便确定下一步审计的方向。

（4）在票据审计中，对税收发票、行政事业收费凭证、内部自制凭证等，选定目标，按编号排序，能得知票据短缺情况并进行追查；按金额排序，有利于选择重点抽查对象进行审查。

（5）在货币资金审计中，对现金、银行存款等项目确定抽样范围后，按笔次、金额大小进行排序，进行数据筛选，可找出重点、疑点进行审查。

（6）在对内部控制的实质性测试中，将确定的样本排序，可以有目的地选择好中差、高中低等进行测试。

2．筛选

Excel 提供的筛选功能包括两类：自动筛选和高级筛选。自动筛选可以在数据中通过使用同一数据列中的一个或两个比较条件来查找数据行中的特定值。

高级筛选可以根据一列中的多个条件、多列中的多个条件和作为公式结果生成的条件作为检索依据，查找数据行中的特定值。

使用自动筛选可以在选定数据清单任一单元格后，直接选择【数据】菜单中的【筛选】|【自动筛选】命令，数据中各列标题的右侧均出现一个下三角按钮，单击按钮即可进行操作。

使用高级筛选可以在数据清单下方建立条件区域，单击【数据】菜单的【筛选】|【高级筛选】命令，打开【高级筛选】对话框，如图 5-6 所示。

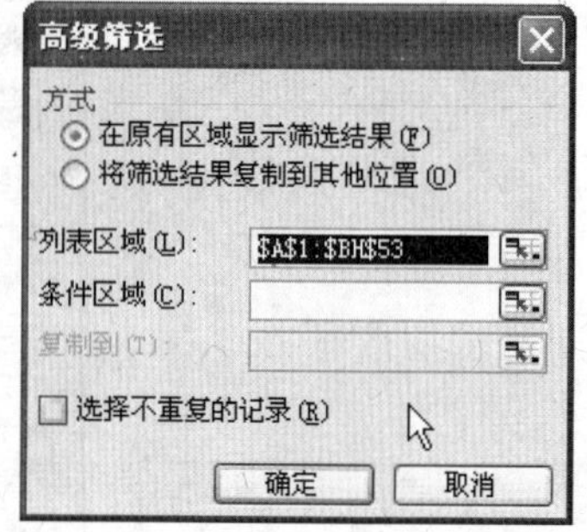

图 5-6 【高级筛选】对话框

在【高级筛选】对话框中输入【列表区域】和【条件区域】中的单元格引用，单击【确定】按钮即可显示出高级筛选后的结果。

在审计实务中对数据进行筛选时，由于一些表格的表头常带有标题、合并单元格等内容，结构比较复杂，因此在进行数据筛选时，常常会遇到计算机无法识别字段名的问题，使操作无法正常进行。要解决这一问题，可以采用将数据区域与表头区域分开的办法，即在表头和数据之间插入空行，然后再进行筛选。

具体操作如下：

（1）鼠标单击第一行要进行筛选的数据，单击【插入】菜单下的【行】命令，插入两行。

（2）把插入的第一空白行与原表头区域隐藏，方法是使用拖动或【格式】菜单下的【隐藏行】命令实现。

（3）在第二空白行中输入有助于识别标题作为字段名。

（4）单击数据区内任意单元格，然后单击【数据】菜单下的【筛选】|【自动筛选】命令即可。

在进行审计时，可将 Excel 的数据排序与数据筛选功能结合起来，以实现审计线索地查找。

例如：审计人员在对销货业务内部控制测试中，可运用 Excel 的数据排序与数据筛选功能检查销售发票连续编号的完整性问题。

操作步骤：

（1）利用 Excel 获取审计电子数据。可利用数据库“导出”功能或利用 Excel 的“获取外部数据”功能实现。

以用友 U8-ERP 财务软件为例，在用友 SQL 数据库的 SALEBILLVOUCH 数据库表中存储的销售数据，通过数据库“导出”功能或 Excel 的“获取外部数据”功能将 SALEBILLVOUCH 数据库表转换为 Excel 文件。为便于理解和观察，对转换后的 Excel 文件的字段名称进行修改，将 SBVID 改为“序号”、将 CSBVCODE 改为“发票编号”、将 CVOUCHTYPE 改为“发票类型”、将 DDATE 改为“发票日期”。

（2）对数据按“发票类型”、“发票编号”、“发票日期”进行排序。

（3）进行数据筛选，按“发票类型”进行筛选。

（4）检查同类发票的发票编号是否连续、开票日期是否有问题。

3. 分类汇总

Excel 提供了数据分类汇总功能，分类汇总是在数据清单中迅速建立数据汇总的方法，它不需要建立数学公式，只要选择了分类汇总，Excel 会自动地创建公式，并且自动分级显示数据清单。

Excel 提供的分类汇总统计功能包括汇总、计数、求平均值、求最大值、求最小值、乘积、标准偏差、总体标准偏差、方差、总体方差等。

对数据清单进行分类汇总的基本操作步骤为：

（1）对数据清单按要进行分类汇总的字段进行排序。

（2）排序后，单击【数据】菜单下的【分类汇总】命令，打开【分类汇总】对话框，如图 5-7 所示。

（3）在【分类汇总】对话框中确定需汇总的内容，包括【分类字段】、【汇总方式】、【选定汇总项】，再根据需要选择【替换当前分类汇总】、【每组数据分页】和【汇总结果显示在数据下方】，若不选【汇总结果显示在数据下方】选项，则汇总结果显示在数据上方，单击【确定】按钮完成数据分类汇总。

图 5-7 【分类汇总】对话框

4. 数据排序与分类汇总综合应用

【问题】如何利用 Excel 的功能进行表、账、证相关数据的核对，查找审计线索呢？

【方法】在实际审计工作中，审计人员进入审计现场进行实质性测试时，首先需要做的工作是获取被审计单位的会计报表，随后检查报表上的数据是否与总账的数据一致、总账的数据是否与明细账的数据相符、明细账的数据是否与记账凭证以及原始凭证的数据相符。数据的这种复合性检查工作可以通过 Excel 的数据分类汇总与数据排序功能的有机结合而实现，通过这种检查，可以有效地查找审计线索，获得审计证据，从而有效地完成审计工作。

【案例 5-1】 在用友 U8-ERP 财务软件中，会计报表数据单独存放，而账簿数据以及记账凭证数据分别保存在数据表 GL_ACCSSUM（保存科目总账数据）和数据表 GL_ACCVOUCH（保存凭证及明细账数据）中。审计人员如何运用 Excel 审查科目总账数据与凭证及明细账数据是否一致呢？

操作步骤：

（1）启动数据库管理系统将数据库（财务 SQL 数据库）的数据表 GL_ACCSUM（总账）和 GL_ACCVOUCH（凭证、明细账）导出为 Excel 格式文件；或利用 Excel 的获取外部数据功能获取上述数据。

（2）打开 Excel 文件，检查修改工作表中与审计有关的数据，例如将英文字段名修改为便于审计查询的中文字段名。

（3）对工作表“GL_ACCVOUCH”中的数据按照月份（iperiod）和科目代码（ccode）排序。在会计信息系统中，凭证与明细账数据保存在同一个数据表中，导出为 Excel 格式的数据也一样，工作表中按照记账凭证的顺序保存信息，每张记账凭证中的每一条分录的信息在 Excel 表中占一行。进行记账数据的核对，首先要对工作表“GL_ACCVOUCH”中的数据按照科目代码调整重新排序，排序的主关键字为“iperiod（月份）”，次关键字为“ccode

（科目代码）”，随后删除与本次审计目的无关的数据。

（4）对工作表“GL_ACCVOUCH”中的数据以“ccode（科目代码）”为分类字段建立分类汇总。分类汇总的基本过程为：

① 选定工作表“GL_ACCVOUCH”为当前工作表。

② 单击【数据】菜单下【分类汇总】命令，打开【分类汇总】对话框，定义分类字段为“ccode（科目代码）”，汇总方式为“求和”，在汇总项下选中“md（借方发生额）”和“mc（贷方发生额）”。该定义表示将整个工作表中科目代码相同的记录所在行的“md（借方发生额）”和“mc（贷方发生额）”分别按月进行求和，并在数据下方显示汇总结果。

③ 单击【确定】按钮，则在工作表“GL_ACCVOUCH”中完成数据的分类汇总。

在对数据建立了分类汇总后，可以只显示每个科目的“借方发生额”和“贷方发生额”的汇总数，此时，可以运用 Excel 提供的分级显示功能实现。需要注意的是，如果在工作表中没有见到分级显示符号，可以单击【工具】菜单下【选项】命令，在打开的【选项】对话框中选中【视图】选项卡，然后选中【分级显示符号】复选框即可。

（5）对工作表“GL_ACCSUM”中的数据以“iperiod（月份）”和“ccode（科目代码）”为关键字段建立排序，删除其他数据，只保留与本次审计有关的数据。

（6）表、账、证之间数据的核对。

核对的方法以“1221 会计科目”期末余额的核对为例说明：

① 选中工作表“GL_ACCSUM”为活动工作表，在“借方金额”列右侧插入 1 列，将其命名为“借方金额校验”，在相关科目对应的单元中定义从工作表“GL_ACCVOUCH”的取数公式，如在工作表“GL_ACCSUM”的 G842 单元中定义公式为“=GL_ACCVOUCH!J99”，则表示工作表“GL_ACCSUM”的 G842 单元格数据等于工作表“GL_ACCVOUCH”的 J99 单元的数据，公式输入确认后，G842 单元格中显示数据，检查该数据与被审计单位的数据 J99 单元格中的数据是否一致。如果一致，表明总账和凭证及明细账中的数据相符，如图 5-8 所示。

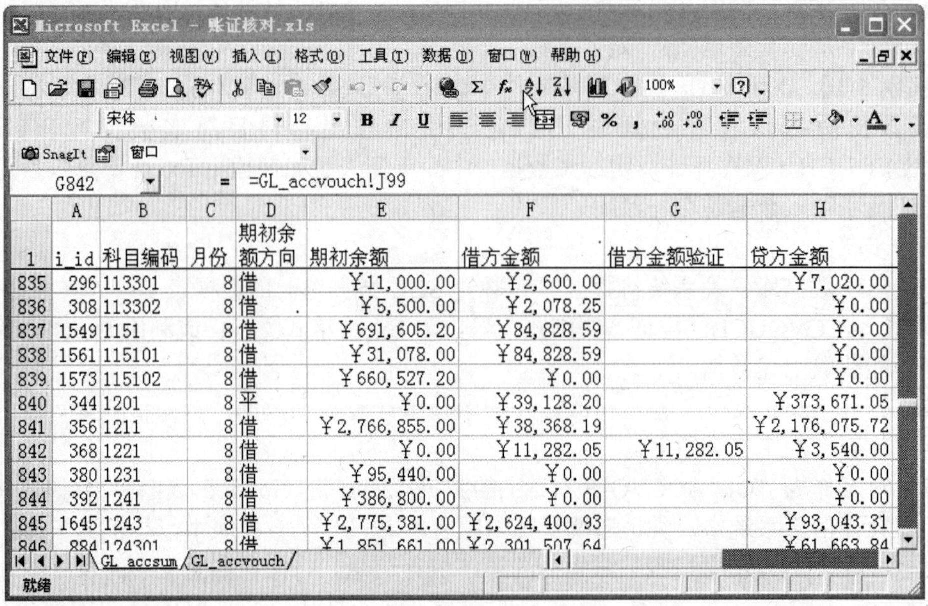

Microsoft Excel - 账证核对.xls

G842 = =GL_accvouch!J99

	A	B	C	D	E	F	G	H
1	i_id	科目编码	月份	期初余额方向	期初余额	借方金额	借方金额验证	贷方金额
835	296	113301	8	借	￥11,000.00	￥2,600.00		￥7,020.00
836	308	113302	8	借	￥5,500.00	￥2,078.25		￥0.00
837	1549	1151	8	借	￥691,605.20	￥84,828.59		￥0.00
838	1561	115101	8	借	￥31,078.00	￥84,828.59		￥0.00
839	1573	115102	8	借	￥660,527.20	￥0.00		￥0.00
840	344	1201	8	平	￥0.00	￥39,128.20		￥373,671.05
841	356	1211	8	借	￥2,766,855.00	￥38,368.19		￥2,176,075.72
842	368	1221	8	借	￥0.00	￥11,282.05	￥11,282.05	￥3,540.00
843	380	1231	8	借	￥95,440.00	￥0.00		￥0.00
844	392	1241	8	借	￥386,800.00	￥0.00		￥0.00
845	1645	1243	8	借	￥2,775,381.00	￥2,624,400.93		￥93,043.31
846	884	124301	8	借	￥1,851,661.00	￥2,301,507.64		￥61,663.84

GL_accsum / GL_accvouch

就绪

图 5-8 借方金额核对结果

② 利用同样的方法可对贷方金额进行核对。

③ 定义公式核对期末余额。选中工作表“GL_ACCSUM”，在 L842 单元格中输入公式“=E842+G842–I842”，回车后，数据显示出来，检查与被审计单位的数据 K842 单元格的数据是否一致，如图 5-9 所示。

L842　=E842+G842-I842

	E	F	G	H	I	J	K	L
1	期初余额	借方金额	借方金额验证	贷方金额	贷方金额验证	期末余额方向	期末余额	余额验证
835	￥11,000.00	￥2,600.00		￥7,020.00		借	￥6,580.00	
836	￥5,500.00	￥2,078.25		￥0.00		借	￥7,578.25	
837	￥691,605.20	￥84,828.59		￥0.00		借	￥776,433.79	
838	￥31,078.00	￥84,828.59		￥0.00		借	￥115,906.59	
839	￥660,527.20	￥0.00		￥0.00		借	￥660,527.20	
840	￥0.00	￥39,128.20		￥373,671.05		贷	￥334,542.85	
841	￥2,766,855.00	￥38,368.19		￥2,176,075.72		借	￥629,147.47	
842	￥0.00	￥11,282.05	￥11,282.05	￥3,540.00	￥7,080.00	借	￥7,742.05	4,202.05
843	￥95,440.00	￥0.00		￥0.00		借	￥95,440.00	
844	￥386,800.00	￥0.00		￥0.00		借	￥386,800.00	
845	￥2,775,381.00	￥2,624,400.93		￥93,043.31		借	￥5,306,738.62	
846	￥1,851,661.00	￥2,301,507.64		￥61,663.84		借	￥4,091,504.80	
847	￥923,720.00	￥322,893.29		￥31,379.47		借	￥1,215,233.82	
848	￥0.00	￥8,000.00		￥2,400.00		借	￥5,600.00	
849	￥6,600.00	￥0.00		￥0.00		借	￥6,600.00	
850	￥4,000.00	￥0.00		￥0.00		借	￥4,000.00	
851	￥2,600.00	￥0.00		￥0.00		借	￥2,600.00	
852	￥0.00	￥1,700.00		￥0.00		借	￥1,700.00	
853	￥0.00	￥1,700.00		￥0.00		借	￥1,700.00	

图 5-9 “1221 会计科目”余额核对结果

至此，可以断定期末余额账、证数据是否相符，从而查找审计线索。

5.1.3　公式及函数审计应用

公式与函数在审计工作应用十分广泛，善于利用公式与函数可以帮助审计人员解决许多审计中遇到的问题。

1. 公式

所谓公式，就是对单元格中的数值进行计算的表达式，主要用于进行合计、统计、比较、分析等计算，当公式中涉及的单元格内容发生变化时，公式会自动计算出相应的结果。公式是 Excel 的灵魂，没有公式的 Excel 就没有使用的价值。

1）运算符及其优先级

运算符对公式中的元素进行特定类型的运算。Excel 包含四种类型的运算符：算术运算符、比较运算符、文本运算符和引用运算符。各种运算符的优先级，由上到下排列如表 5-1 所示。

2）输入公式

在 Excel 中输入公式通常以“=”开始，用以表明此时对单元格输入的内容是公式。用户可在指定的单元格内输入自己定义的计算公式，方法是先单击选择单元格，然后输入等号，最后在等号右边输入公式即可。公式中可以包含数字、单元格引用、函数、运算符等。

表 5-1 公式运算符优先级

运 算 符	说 明
:（冒号）	区域运算符
,（逗号）	联合运算符
（空格）	交叉运算符
()	括号
–（负号）	如：–5
%（百分号）	百分比
^	乘方
*和/	乘和除
+和–	加和减
&	文本运算符
=、<、>、>=、<=、<>	比较运算符

（1）直接输入公式。单击将要输入公式的单元格，键入“=”，输入公式内容，按 Enter 键确认。

（2）使用公式选项板输入公式。如果创建含有函数的公式，使用公式选项板有助于输入工作表函数。当在公式中输入函数时，公式选项板会显示函数的功能、函数的名称、每个参数和参数的描述、函数的当前结果和整个公式的结果。使用公式选项板输入公式操作如下：

首先，单击【插入】菜单中的【函数】命令，打开【插入函数】对话框，如图 5-10 所示。

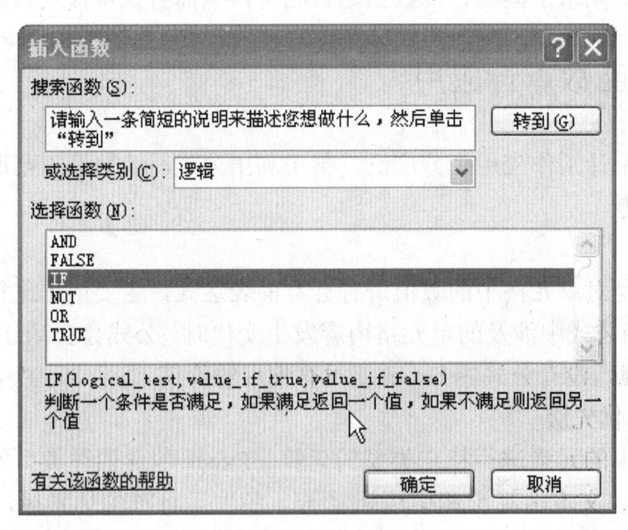

图 5-10 【插入函数】对话框

其次，选择所需函数，单击【确定】按钮，打开【函数参数】对话框，如图 5-11 所示。

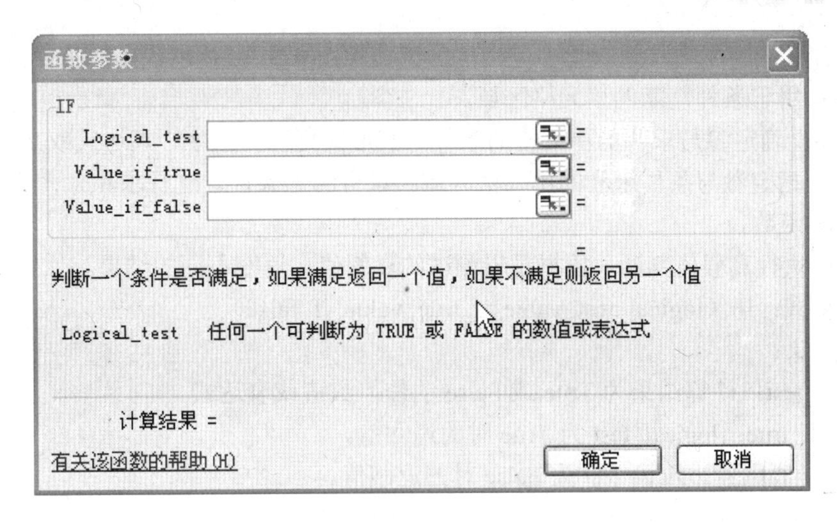

图 5-11 【函数参数】对话框

最后，输入相应的参数后，单击【确定】按钮。

（3）在工作表中显示公式和数值。在工作表中，如希望显示公式内容或显示公式结果，可按键盘上的 Ctrl+、功能键，便可实现二者之间的切换。

3）编辑公式

（1）修改公式。单击包含待编辑公式的单元格，在编辑栏中修改公式，按 Enter 键确认。

（2）移动或复制公式。当移动公式时，公式中的单元格引用并不改变；当复制公式时，单元格的绝对引用也不改变，但相对引用将会改变。操作如下：

首先，选定要移动或复制公式的单元格；然后，指定区域的边框，如果要移动单元格，把选定的区域拖动到粘贴区域的单元格中，该单元格的数据便被替换。如果要复制单元格，在拖动时按住键盘上的 Ctrl 键。

（3）删除公式。单击要删除的单元格，按 Delete 键。

2. 函数

函数是预先定义，对一个或多个执行运算的数据进行指定的计算、分析，并且返回计算值的特殊公式。执行运算的数据包含文字、数字、逻辑值称为函数的参数；经函数执行后传回来的数据称为函数的结果。

1）函数的分类

在 Excel 中提供了大量的函数，主要分为常用函数、财务函数、日期与时间函数、数学与三角函数、统计函数、查询与引用函数、数据库函数、文本函数、逻辑函数、信息函数等。

2）审计中常用函数

（1）SUMIF 函数。

功能：根据指定条件对若干单元格求和。

语法格式：SUMIF（range, criteria, range）

参数含义：

range：用于条件判断的单元格区域。

criteria：确定参与求和的单元格的条件，其形式可以为数字、表达式或文本。

range：指定参与条件求和的单元格区域。只有满足条件，进行求和。

（2）IF 函数。

功能：执行真假值判断，根据逻辑测试的真假值，返回不同的结果。

语法格式：IF（logical_test, value_if_true, value_if_false）

参数含义：

logical_test：计算结果为 True 或 False 的任何数值或表达式。

value_if_true：logical_test 为 True 时的返回值。

value_if_false：logical_test 为 False 时的返回值。

注意：IF 函数可嵌套 7 层。

（3）AVERAGE 函数。

功能：返回参数的算术平均值。

语法格式：AVERAGE（nl, n2,…）

参数含义：n1、n2 为要计算平均值的参数，参数可设置 1～30 个。

例如：AVERAGE（14, 6, 25, 76）、AVERAGE（C4: F8）

（4）COUNTIF 函数。

功能：返回参数组中满足条件的数据个数。

语法格式：COUNTIF（range, criteria）

参数含义：

range：参加计算的参数组。

criteria：需要满足的条件。

例如：COUNTIF（A1: D1, ">=2"）

（5）MAX 和 MIN 函数。

功能：返回参数列表中的最大值或最小值。

语法格式：MAX（n1, n2, …）、MIN（nl, n2, …）

参数含义：

nl、n2 为要计算最大值或最小值的参数。

（6）DDB 函数。

功能：使用双倍余额递减法或其他方法，计算固定资产在指定期间内的折旧额。

语法格式：DDB（Cost, Salvage, Life, Period, Factor）

参数含义：

Cost：资产原值。

Salvage：资产在折旧期末的价值，也称为资产残值。

Life：折旧期限，有时也称做资产的使用寿命。

Period：需要计算折旧值的期间，Period 必须使用与 life 相同的单位。

Factor：余额递减速率，如果 Factor 省略，则假设为 2。

（7）SLN 函数。

功能：计算固定资产每期的直线折旧费用。

语法格式：SLN（Cost, Salvage, Life）

参数含义：

Cost：资产原值。

Salvage：资产在折旧期末的价值，也称为资产残值。

Life：折旧期限，有时也称做资产的使用寿命。

3．公式出错原因

1）公式错误原因

在输入公式的单元格里，有时会出现“####”、“#VALUE!”、“#DIV/0!”、“#NAME？”、“#N/A!”、“#REF!”、“#NUM!”、“#NULL!”等错误标识，这些错误标识的含义如下：

（1）输入到单元格中的数值太长，在单元格显示不下时，将显示“####”信息，可通过调整列宽进行修正。

（2）使用错误的参数或运算对象类型时，就会产生错误值“#VALUE!”。

（3）当公式被 0 除时，会产生错误“#DIV/0!”。

（4）当公式中产生不能识别的文本时，将产生错误值“#NAME？”。

（5）当在函数或公式中没有可用数值时，将产生错误值“#N/A!”。

（6）当单元格引用无效时，产生错误值“#REF!”。

（7）当公式或函数中某个数字有问题时将产生错误值“#NUM!”。

（8）当试图为两个并不相交的区域指定交叉点时，将产生错误值“#NULL!”。

2）公式错误的排除方法

（1）确认所有的圆括号都成对出现。

（2）确认在引用单元格区域时，使用了正确的区域运算符。引用单元格区域时，使用冒号来分割区域中的第一格单元格和最后一个单元格。

（3）确认已经输入了所有被选的参数。有些函数的参数是必选的，还要确认没有输入过多的参数。

（4）可以在函数中输入（或嵌套）不超过七级的函数。

（5）确认每个外部引用包含工作簿名称和相应的路径。

（6）在公式中输入数字时不要设置格式。

（7）如果引用的工作簿或工作表名称中包含非字母字符，必须用单引号把名称引起来。

4．公式审核

在 Excel 中的【工具】菜单下有一个【公式审核】命令，利用“公式审核”功能可以帮助审计人员在处理 Excel 工作表时，追踪公式错误、追踪单元格的引用或从属单元格、圈释无效数据等，从而检查在工作表中的公式可能发生的错误、以及某项数据和其他数据之间的关系和对已有数据进行标识等，是审计工作中的有力工具。

1）追踪错误

在审计过程中，无论是在符合性测试阶段，还是在实质性测试阶段都经常利用到公式，比如在进行分析性复核时，为了确定被审单位的会计数据的变化程度和方向及被审单位的业务趋势，就会运用公式来计算各种分析指标。

在输入公式的单元格里，有时会出现“#DIV/0!”、“#VALUE!”、“#NAME？”、“#N/A!”、“#REF!”、“#NUM!”、“#NULL!”等错误标识。出现这些错误后，最重要的工作就是要查找错误来源。在 Excel 中可以利用“审核”功能查找这些公式中错误的来源。

例如：在图 5-12 的工作表中，G2、B10 单元格中都显示了公式的错误值。

	A	B	C	D	E	F	G
1	姓名	应发合计	扣款合计	实发合计	代扣税	应税工资额	月平均工资
2	赵珂	4877.38	1163.08	3714.3	196.23	4141.53	#DIV/0!
3	夏颖	4323.1	1020.76	3302.34	142.04	3670.38	
4	高静	4323.1	994.76	3328.34	142.04	3670.38	
5	王婷	3775	1118.25	2656.75	59.75	2847.5	
6	宋玢	3643.58	938.54	2705.04	71.89	2968.93	
7	王晓	2866.67	707.96	2158.71	13.62	2272.33	
8	孙翠	2818.34	655.57	2162.77	19.57	2391.34	
9	于洋	2741.9	786.91	1954.99	5.16	2103.15	
10		#VALUE!					
11							
12					月数	0	
13					说明	1月份	
14							

Sheet1 / Sheet2 / Sheet3

图 5-12　公式错误值的显示方式

追踪错误的操作处理方法如下：

（1）选中公式错误信息显示单元 G2 为活动单元。

（2）单击【工具】菜单中的【公式审核】|【追踪错误】命令，此时在屏幕上多了一些箭头，称为追踪箭头，该箭头显示活动单元格与其相关单元格之间的关系，如图 5-13 所示。

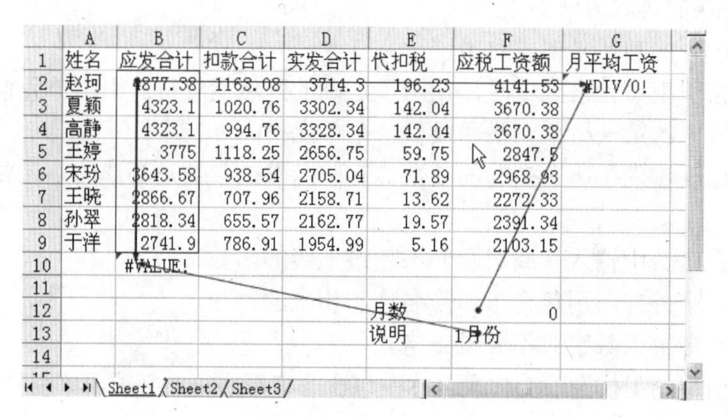

	A	B	C	D	E	F	G
1	姓名	应发合计	扣款合计	实发合计	代扣税	应税工资额	月平均工资
2	赵珂	4877.38	1163.08	3714.3	196.23	4141.53	#DIV/0!
3	夏颖	4323.1	1020.76	3302.34	142.04	3670.38	
4	高静	4323.1	994.76	3328.34	142.04	3670.38	
5	王婷	3775	1118.25	2656.75	59.75	2847.5	
6	宋玢	3643.58	938.54	2705.04	71.89	2968.93	
7	王晓	2866.67	707.96	2158.71	13.62	2272.33	
8	孙翠	2818.34	655.57	2162.77	19.57	2391.34	
9	于洋	2741.9	786.91	1954.99	5.16	2103.15	
10		#VALUE!					
11							
12					月数	0	
13					说明	1月份	
14							

Sheet1 / Sheet2 / Sheet3

图 5-13　活动单元格与相关单元格的关系显示方式

由提供数据的单元格指向其他单元格时，追踪箭头为蓝色，如 B2、F12；如果单元格中包含错误值，追踪箭头将显示为红色。根据前述公式错误原因，结合错误追踪情况，可以分析这些单元格公式错误。由于 F12 单元格的值为零，所以 G2 单元格出现了除零的错误；由于 F13 单元格的值为文本，所以 B10 单元格出现了公式除文本类型数据的错误。

2）追踪引用单元格

在审计过程中，常常需要阅读和审核被审单位的电子报表，而报表内各项目之间可能存在着相互关系，比如利润总额=营业利润+营业外收入–营业外支出，为了清楚掌握各单元格之间的关系，可以利用 Excel 的“追踪引用单元格”加以分析。

例如：如图 5-14 所示是一个简要的利润表（为了反映单元格之间的关系，对报表格式作了调整）。

利润表.xls

利润表

项目	行数	本月数	项目	行数	本月数	项目	行数	本月数	项目	行数	本月数
一、营业收入	1	1,895,012.81	二、营业利润	11	415708.58	三、利润总额	15	417708.58	四、净利润	17	417708.58
减:营业成本	2	1,376,590.79	加:营业外收入	12	2,000.00	减:所得税	16				
营业税金及附加	3		减:营业外支出	13							
销售费用	4	13,376.00									
管理费用	5	89,337.44									
财务费用	6										
资产减值损失	7										
加:公允价值变动净收益	8										
投资收益	9	4,500,000.00									

图 5-14　利润表

（1）选择 G3 单元格，单击【工具】菜单下的【公式审核】|【追踪引用单元格】命令，工作表就会出现 F3、F4、F5 三个单元格指向 G3 单元格的蓝色箭头，这是第一层蓝色箭头，体现了利润总额的来源。

（2）再执行一次单击【工具】菜单下的【公式审核】|【追踪引用单元格】命令，就会发现出现了第二层箭头，体现了营业利润的来源，据此可以发现在计算营业利润时，“投资收益”项目被漏记了，如图 5-15 所示。

利润表.xls

利润表

项目	行数	本月数	项目	行数	本月数	项目	行数	本月数	项目	行数	本月数
一、营业收入	1	1,895,012.81	二、营业利润	11	415708.58	三、利润总额	15	417708.58	四、净利润	17	417708.58
减:营业成本	2	1,376,590.79	加:营业外收入	12	2,000.00	减:所得税	16				
营业税金及附加	3		减:营业外支出	13							
销售费用	4	13,376.00									
管理费用	5	89,337.44									
财务费用	6										
资产减值损失	7										
加:公允价值变动净收益	8										
投资收益	9	4,500,000.00									

图 5-15　利润表各项目追踪

（3）得出结论：通过追踪的办法发现利润总额计算有误，需要修改营业利润的计算公式。

在进行审计试算时，一旦出现计算错误或得到错误值，就可以通过采用追踪引用单元格或追踪错误的功能很容易地找到错误的出处，查清原因，进行修改。

3）圈释无效数据

在审计工作中进行报表审计必须要关注被审单位报表项目中存在的异常事项，并要对这些异常事项加以审计。如果获得了被审单位某报表事项的电子数据，此时，可以利用 Excel 的“圈释无效数据”的功能来选出那些异常事项。

在审计工作中，从大量数据中确定审计抽样的样本时，需要按照选定的标准将异常的数据从总体中选出，这时，可以利用“圈释无效数据”的功能。

例如：对被审单位的业务招待费的使用情况进行审计，根据被审单位业务招待费使用规定，业务招待费单次超过 1000 元的列为异常项目。

利用 Excel 查找异常项目的基本操作如下：

（1）对获取的审计数据筛选出摘要包含“业务招待费”的记录并转换为 Excel 文件格式。

（2）选定工作表区域（可只选借方发生额区域），然后单击【数据】菜单下的【有效性】命令，打开【数据有效性】对话框，如图 5-16 所示。

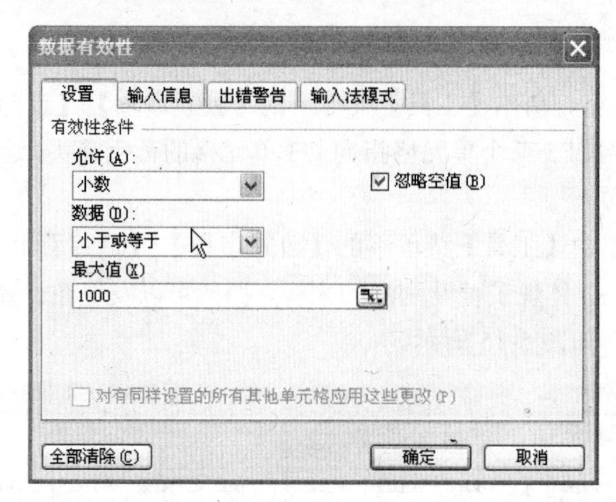

图 5-16 【数据有效性】对话框

（3）在设置界面选定【允许】下拉列表中的“小数”、【数据】下拉列表中的“小于”、在【最大值】文本框中输入“1000”，然后单击【确定】按钮。对于不同的有效性条件，所需设置内容不同。

（4）单击【工具】菜单下的【审核】|【显示“公式审核”工具栏】命令，打开【公式审核】浮动工具栏（双击可转换为固定工具栏），如图 5-17 所示。

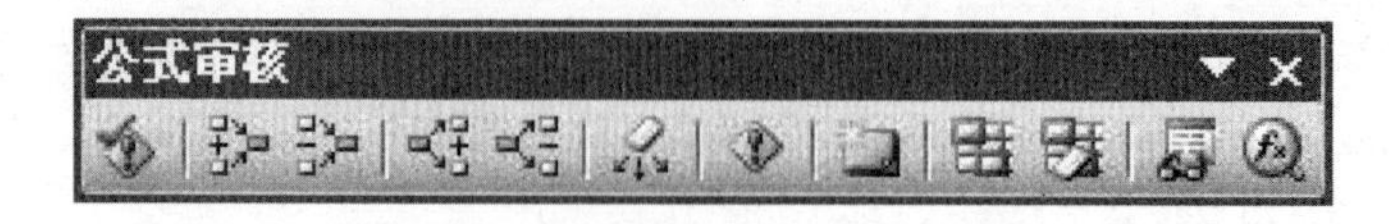

图 5-17 【公式审核】浮动工具栏

（5）单击右侧第四个按钮（圈释无效数据），就会发现凡是在确定的数据有效区域以外的数据都被加上了红圈，如图 5-18 所示。

	A	B	C	D	E	F	G	H	I	J	K	L	M	
1	i_id	月份	csign	附件张数	凭证序号	分录序号	日期	idoc	摘要	科目编码	借方金额	贷方金额	ccode_equal	dout
2	944	1	付	2	13	1	2003-1-13	20	刘三福报销业务招待费	52113	￥1,110.00	￥0.00	101	
3	946	1	付	2	13	3	2003-1-13	20	刘三福报销业务招待费、	101	￥0.00	￥1,210.00	52113,52120	
4	1140	2	付	2	2	1	2003-2-10	15	刘青录报销业务招待费	52113	￥518.00	￥0.00	101	
5	1141	2	付	2	2	2	2003-2-10	15	刘青录报销业务招待费	101	￥0.00	￥518.00	52113	
6	1504	3	付	2	6	1	2003-3-6	27	刘八方报销业务招待费	52113	￥1,100.00	￥0.00	101	
7	1505	3	付	2	6	2	2003-3-6	27	刘八方报销业务招待费	101	￥0.00	￥1,100.00	52113	
8	1627	3	付	2	27	1	2003-3-14	8	刘青录报销业务招待费	52113	￥512.00	￥0.00	101	
9	1686	3	付	2	37	1	2003-3-21	8	熊生明报销业务招待费	52113	￥462.00	￥0.00	101	
10	1687	3	付	2	37	2	2003-3-21	8	熊生明报销业务招待费	101	￥0.00	￥462.00	52113	
11	2024	4	付	2	1	1	2003-4-1	15	刘为民报销业务招待费	52113	￥1,251.00	￥0.00	101	
12	2596	5	付	2	12	1	2003-5-12	4	刘青录业务招待费	52113	￥400.00	￥0.00	101	
13	2597	5	付	2	12	2	2003-5-12	4	刘青录业务招待费	101	￥0.00	￥400.00	52113	
14	3477	7	付	2	21	1	2003-7-14	7	刘为民报销业务招待费	52113	￥612.00	￥0.00	101	
15	3478	7	付	2	21	2	2003-7-14	7	刘为民报销业务招待费	101	￥0.00	￥612.00	52113	
16	3515	7	付	2	39	1	2003-7-18	4	熊生明报销业务招待费	52113	￥400.00	￥0.00	101	
17	3516	7	付	2	39	2	2003-7-18	4	熊生明报销业务招待费	101	￥0.00	￥400.00	52113	
18	3602	7	付	2	49	1	2003-7-28	10	刘青录报销业务招待费	52113	￥590.00	￥0.00	101	
19	3604	7	付	2	49	3	2003-7-28	10	刘青录报销业务招待费、	101	￥0.00	￥750.00	52113,52120	
20	3615	7	付	2	55	1	2003-7-29	14	刘八方报销业务招待费	52113	￥654.00	￥0.00	101	
21	3616	7	付	2	55	2	2003-7-29	14	刘八方报销业务招待费	52120	￥200.00	￥0.00	101	
22	3617	7	付	2	55	3	2003-7-29	14	刘八方报销业务招待费、	101	￥0.00	￥854.00	52113,52120	
23	3669	7	付	2	64	1	2003-7-31	5	刘三福报销业务招待费	52113	￥470.00	￥0.00	101	
24	3670	7	付	2	64	2	2003-7-31	5	刘三福报销业务招待费	101	￥0.00	￥470.00	52113	
25	3935	8	付	2	6	1	2003-8-4	2	刘三福报销业务招待费	52113	￥1,000.00	￥0.00	101	
26	3936	8	付	2	6	2	2003-8-4	2	刘三福报销业务招待费	101	￥0.00	￥1,000.00	52113	
27	3947	8	付	2	12	1	2003-8-6	6	熊生明报销业务招待费	52113	￥950.00	￥0.00	101	

业务招待费 / GL_accvouch / GL_accvouch2

图 5-18 圈释无效数据

凡是被红圈标示出的就是需要确定的异常项目，可以对其实施确定的审计程序。

5. 公式函数审计应用案例

【案例 5-2】 利用 Excel 验证个人所得税扣缴是否符合税法的有关规定。

在用友财务管理软件中，工资数据存储在“WA_GZDATA”数据表中，获取工资数据后，就可以利用 Excel 来验证个人所得税扣缴的合法性。个人所得税税率如表 5-2 所示。

表 5-2 工资、薪金个人所得税率表

级 次	应纳税所得额下限	应纳税所得额上限	税率（%）	速算扣除数
1	0.00	500.00	5.00	0
2	500.00	2000.00	10.00	25.00
3	2000.00	5000.00	15.00	125.00
4	5000.00	20000.00	20.00	375.00
5	20000.00	40000.00	25.00	1375.00
6	40000.00	60000.00	30.00	3375.00
7	60000.00	80000.00	35.00	6375.00
8	80000.00	100000.00	40.00	10375.00
9	100000.00		45.00	15375.00

操作步骤如下：

（1）获取工资数据，将数据库表 WA_GZDATA 转换为 Excel 文件，修改相关字段名，删除无关数据，如图 5-19 所示。

（2）在工资审计中，需要进行“三险一金”的扣缴验证、应税工资额验证及个人所税验证等，为使验证信息清晰，需要在工资数据表中增加“三险一金计算”、“三险一金验证结果”、“应税工资额验证”、“适用税率”、“速算扣除数”、“应扣个人所税”、“个人所得税验证结果”等字段显示验证结果情况，如图 5-20 所示。

工资数据.xls

	A	B	C	D	E	F	G	H	I	J	K	L	M	N
1	姓名	月份	应发合计	扣款合计	实发合计	代扣税	工资总额	住房公积金	养老保险费	医疗保险费	失业保险费	应税工资额	上年月平均	
2	赵珂	12	4877.38	1163.08	3714.3	196.23	4872.38	292.34	243.62	146.17	48.72	4141.53	4872.38	
3	夏颖	12	4323.1	1020.76	3302.34	142.04	4318.1	259.09	215.91	129.54	43.18	3670.38	4318.1	
4	高静	12	4323.1	994.76	3328.34	142.04	4318.1	259.09	215.91	129.54	43.18	3670.38	4318.1	
5	王婷	12	3775	1118.25	2656.75	59.75	3350	201	167.5	100.5	33.5	2847.5	3350	
6	宋玢	12	3643.58	938.54	2705.04	71.89	3492.86	209.57	174.64	104.79	34.93	2968.93	3492.86	
7	王晓	12	2866.67	707.96	2158.71	13.62	2673.33	160.4	133.67	80.2	26.73	2272.33	2673.33	
8	孙翠	12	2818.34	655.57	2162.77	19.57	2813.34	168.8	140.67	84.4	28.13	2391.34	2813.34	
9	于洋	12	2741.9	786.91	1954.99	5.16	2474.3	148.46	123.72	74.23	24.74	2103.15	2474.3	
10	李雪	12	2808.8	639.48	2169.32	14.91	2703.8	162.23	135.19	81.11	27.04	2298.23	2703.8	
11	付学	12	3526.42	783.03	2743.39	65.82	3421.42	205.29	171.07	102.64	34.21	2908.21	3421.42	
12	赵海	12	2706.9	745.21	1961.69	3.46	2434.3	146.06	121.72	73.03	24.34	2069.15	2434.3	

工资数据

图 5-19　工资数据

工资数据.xls

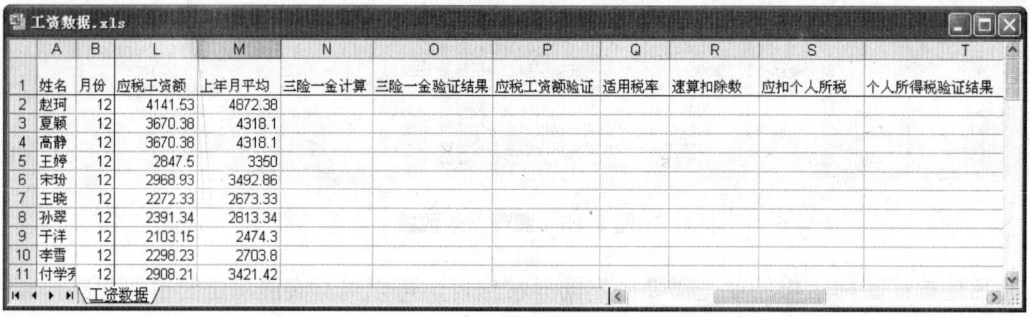

	A	B	L	M	N	O	P	Q	R	S	T
1	姓名	月份	应税工资额	上年月平均	三险一金计算	三险一金验证结果	应税工资额验证	适用税率	速算扣除数	应扣个人所税	个人所得税验证结果
2	赵珂	12	4141.53	4872.38							
3	夏颖	12	3670.38	4318.1							
4	高静	12	3670.38	4318.1							
5	王婷	12	2847.5	3350							
6	宋玢	12	2968.93	3492.86							
7	王晓	12	2272.33	2673.33							
8	孙翠	12	2391.34	2813.34							
9	于洋	12	2103.15	2474.3							
10	李雪	12	2298.23	2703.8							
11	付学	12	2908.21	3421.42							

工资数据

图 5-20　工资验证字段设置

（3）定义“三险一金计算”公式。选择 N2 单元为活动单元，按键盘上的“=”键后录入计算公式：“=M2*0.15”，录入完毕后回车确认。然后，重新选择 N2 单元格为活动单元，将光标移动到单元格的右下角，当指针变为“+”状时，按下鼠标左键向下拖动填充计算公式。

（4）定义“三险一金验证结果”栏验证公式。选择 O2 单元为活动单元，按键盘上的“=”键后录入计算公式：“=IF(N2=H2+I2+J2+K2,"计算结果正确","计算结果错误")”，录入完毕后回车确认。然后，重新选择 O2 单元格为活动单元，将光标移动到单元格的右下角，当指针变为“+”状时，按下鼠标左键向下拖动填充计算公式。

（5）定义“应税工资额验证”计算公式。选择 P2 单元为活动单元，按键盘上的“=”键后录入计算公式：“=C2–N2”，录入完毕后回车确认。然后，重新选择 P2 单元格为活动单元，将光标移动到单元格的右下角，当指针变为“+”状时，按下鼠标左键向下拖动填充计算公式。

（6）定义“适用税率”计算公式。由于目前个人所税计算采用的是九级累进税率，而 Excel 中的 IF 判断函数只能嵌套七级，因而在定义适用税率判断公式时，需要将税率分割为两部分进行定义，定义方法为：选择 Q2 单元为活动单元，按键盘上的“=”键后录入计算公式：“=IF（Z2<=0,0,IF（Z2<=500,0.05,IF（Z2<=2000,0.1,IF（Z2<=5000,0.15,0））））+IF（Z2<=5000,0,IF（Z2<=20000,0.2,IF（Z2<=40000,0.25,IF（Z2<=60000,0.3,IF（Z2<=80000,0.35,IF（Z2<=100000,0.4,0.45））））））”，录入完毕后回车确认。然后，重新选择 Q2 单元格为活动单元，将光标移动到单元格的右下角，当指针变为“+”状时，按下鼠标左键向下拖动填充计算公式。

（7）定义“速算扣除数”计算公式。选择 R2 单元为活动单元，按键盘上的“=”键后录入计算公式:“=IF(Z2<=500,0,IF(Z2<=2000,25,IF(Z2<=5000,125,0)))+IF(Z2<=5000,0,IF(Z2<=20000,375,IF（Z2<=40000,1375,IF（Z2<=60000,3375,IF（Z2<=80000,6375,IF（Z2<=100000,10375,15375))))))”，录入完毕后回车确认。然后，重新选择 R2 单元格为活动单元，将光标移动到单元格的右下角，当指针变为“+”状时，按下鼠标左键向下拖动填充计算公式。

（8）定义“应扣个人所得税”计算公式。选择 S2 单元为活动单元，按键盘上的“=”键后录入计算公式：“=ROUND（(P2*Q2–R2）,2)”，录入完毕后回车确认。然后，重新选择 S2 单元格为活动单元，将光标移动到单元格的右下角，当指针变为“+”状时，按下鼠标左键向下拖动填充计算公式。

（9）定义“个人所得税验证结果”计算公式。选择 T2 单元为活动单元，按键盘上的“=”键后录入计算公式：“=S2–F2”，录入完毕后回车确认。然后，重新选择 T2 单元格为活动单元，将光标移动到单元格的右下角，当指针变为“+”状时，按下鼠标左键向下拖动填充计算公式。

通过上述方式对个人所得税扣缴情况进行验证，如果“个人所得税验证结果”为零，表示计算正确，如果为正值，则需要进行补缴。

5.2　Excel 获取审计数据

利用 Excel 审计被审计单位电子数据，首先必须获取其电子数据。《审计法实施条例》第三十条规定：“被审计单位应当向审计机关提供运用电子计算机储存、处理的财政收支、财务收支电子数据以及有关资料。”

由于被审单位的软件开发环境以及软件来源不同，所以获取电子数据的途径也不一样。根据被审计单位数据管理程序开发工具以及程序来源，获取电子数据的方法主要有直接复制、利用软件自身导出功能、利用操作系统的复制功能和通过 ODBC 获取数据四种方式。

5.2.1　直接复制获取审计数据

对小型数据库数据管理系统，如采用 dBase、Access、Visual FoxPro 等语言开发的软件，可采取直接复制数据文件或直接打开的方式获取数据。

1．直接复制

以获取 Access 数据库中的数据为例说明操作过程。

（1）新建一个空白 Excel 文件。

（2）打开要复制的 Access 数据库，如图 5-21 所示。

（3）找到需要的数据表（如 GL_accvouch）双击打开。

（4）用鼠标拖动选中要进行复制的记录，然后单击【编辑】菜单中的【复制】命令，或单击鼠标右键，在打开的快捷菜单中单击【复制】命令。

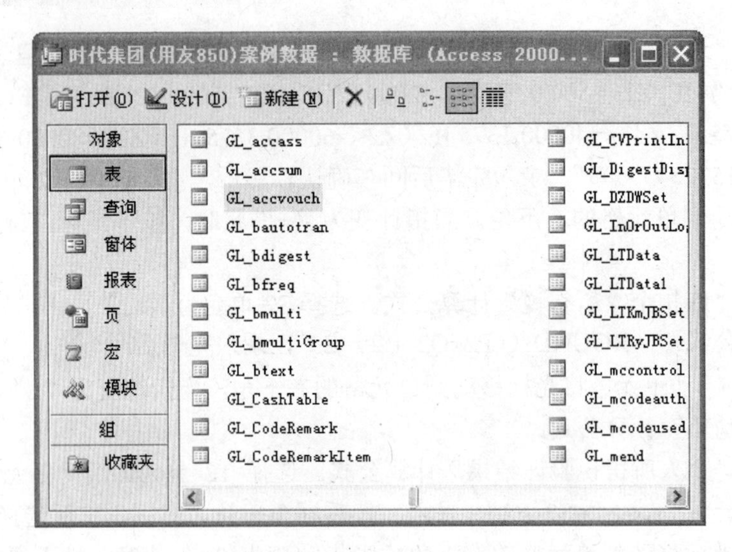

图 5-21 Access 数据库

（5）切换到 Excel 文件，选择 A1 单元格，然后单击【编辑】菜单中的【粘贴】命令，或单击鼠标右键，在打开的快捷菜单中单击【粘贴】命令，即可将审计数据复制到 Excel 文件中。

2. 直接打开

以获取 Access 数据库中的数据为例说明操作过程。

（1）新建一个空白 Excel 文件。

（2）单击工具栏上的【打开】按钮，打开【打开】对话框，如图 5-22 所示。

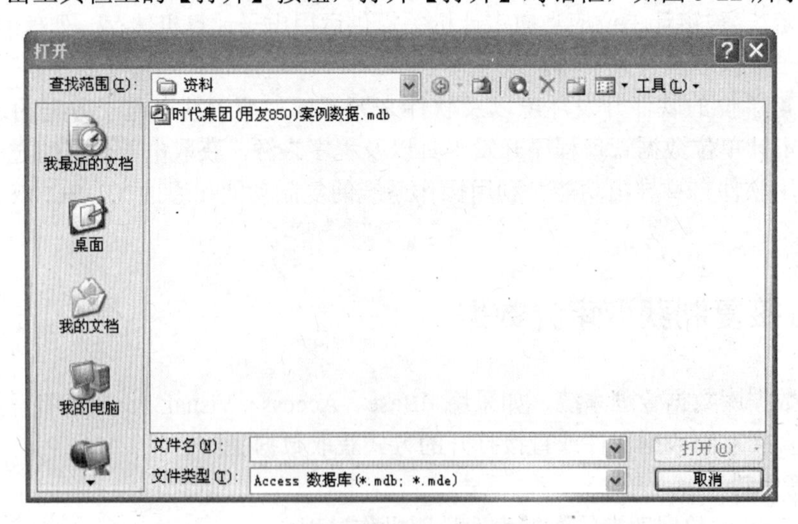

图 5-22 【打开】对话框

（3）在【文件类型】下拉列表中选择文件类型为“Access 数据库（*.mdb;*.mde）”，然后在文件列表中选择要打开的文件，单击【打开】按钮，打开【选择表格】对话框，如图 5-23 所示。

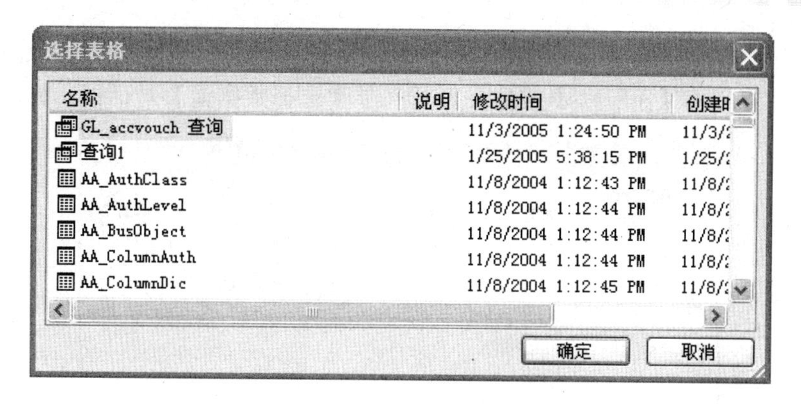

图 5-23　【选择表格】对话框

（4）选择要打开的数据表（如 GL_accvouch 查询），然后单击【确定】按钮，即实现数据获取。

5.2.2　利用软件自身导入/导出功能获取审计数据

对提供了数据导出功能的开发软件或财务软件，可以利用其自身的数据导出功能将电子数据转换为 Excel 文件；或将数据导出为 Excel 可导入的数据类型，然后利用 Excel 的导入功能获取数据。

1．直接导出为 Excel 文件

以 SQL Server 数据库导出为 Excel 文件为例说明操作步骤。

（1）建立一空白 Excel 文件，并进行保存。

（2）打开 SQL Server 数据库。方法是：单击【开始】菜单，依次指向【程序】|【Microsoft SQL Server】|【企业管理器】单击，打开 Microsoft SQL Server 控制台对话框，如图 5-24 所示。

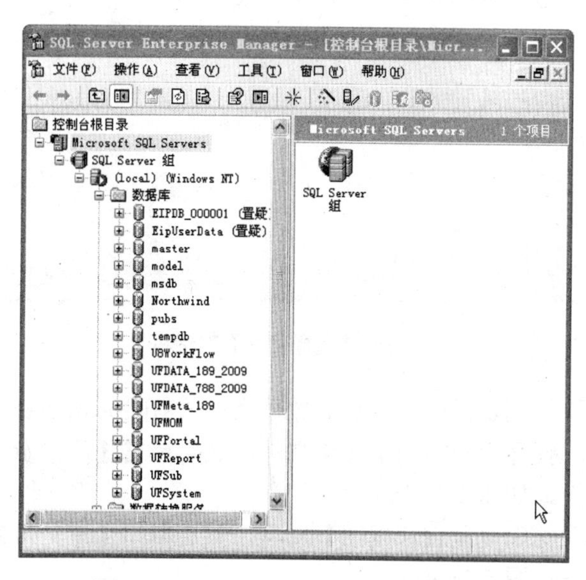

图 5-24　Microsoft SQL Server 控制台

（3）单击【操作】菜单，依次指向【所有任务】|【导出数据】单击，打开DTS导入/导出向导，直接单击【下一步】按钮，打开向导【选择数据源】对话框，如图5-25所示。

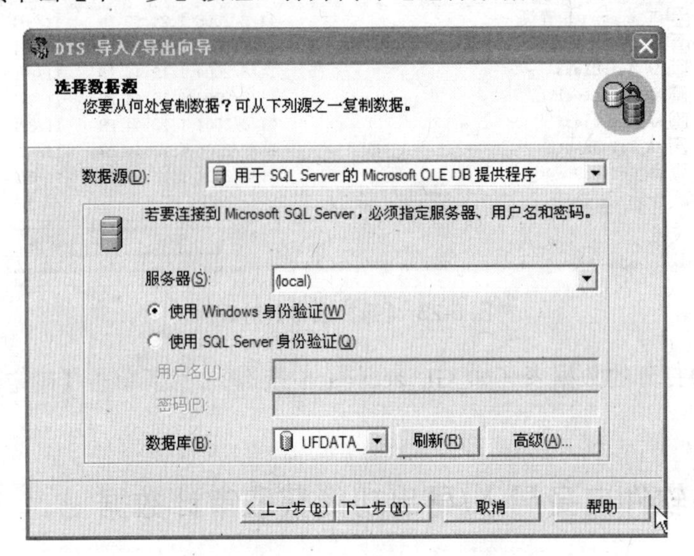

图5-25 【选择数据源】对话框

（4）从【数据库】下拉列表框中选择要导出数据的数据库，然后单击【下一步】按钮，打开向导【选择目的】对话框，如图5-26所示。

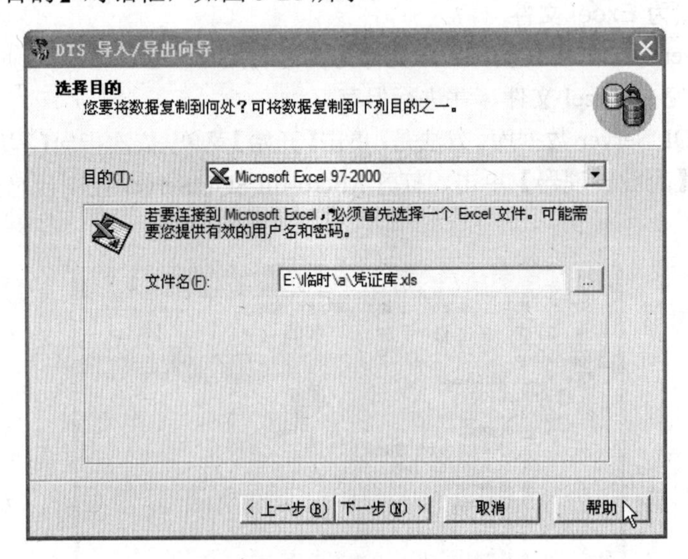

图5-26 【选择目的】对话框

（5）从【目的】下拉列表框中选择目标数据类型“Microsoft Excel 97-2000”，从【文件名】下拉列表框中选择存储数据的Excel文件，然后单击【下一步】按钮，打开【指定表复制或查询】对话框，如图5-27所示。

（6）选择【从源数据库复制表和视图】选项，然后单击【下一步】按钮，打开【选择源表和视图】对话框，如图5-28所示。

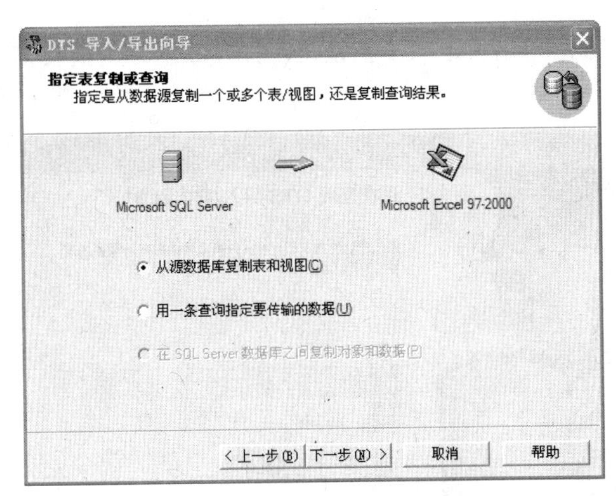

图 5-27 【指定表复制或查询】对话框

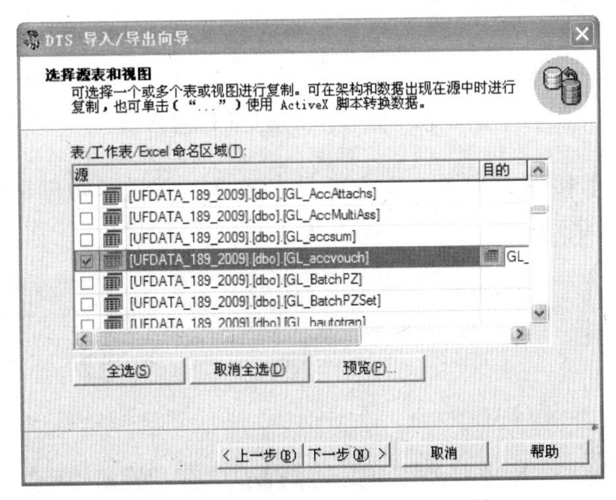

图 5-28 【选择源表和视图】对话框

（7）选择要导出数据的源表，然后单击【下一步】按钮，打开【保存、调度和复制包】对话框，如图 5-29 所示。

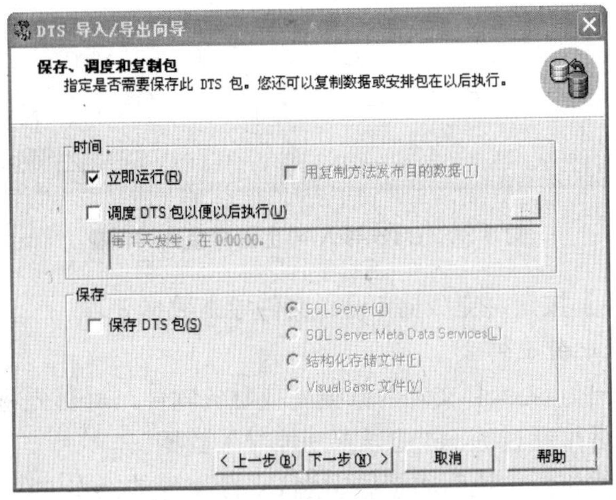

图 5-29 【保存、调度和复制包】对话框

（8）保持默认选择，单击【下一步】按钮，打开数据导出摘要信息对话框，如图 5-30 所示。

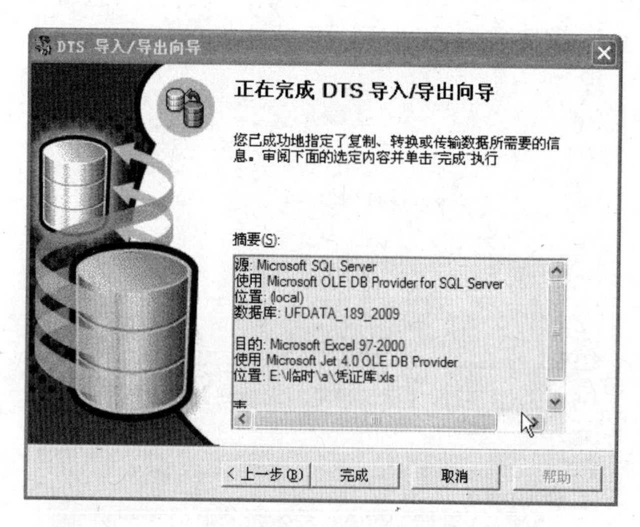

图 5-30　数据导出摘要信息对话框

（9）单击【完成】按钮，向 Excel 文件导出数据，并显示数据导出信息，确认后打开 DTS 导入/导出向导结束对话框，如图 5-31 所示。

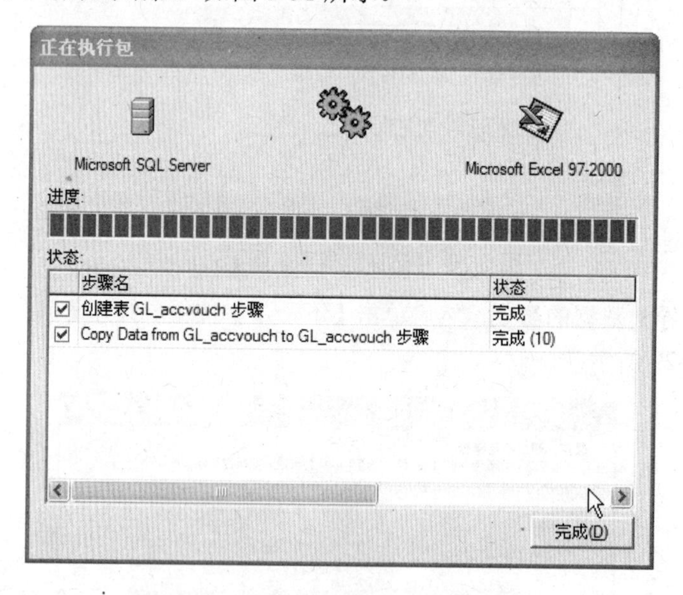

图 5-31　DTS 导入/导出向导结束对话框

（10）单击【完成】按钮，完成向 Excel 文件导出数据处理。

2. 间接导出为 Excel 文件

对于不能直接导出为 Excel 文件的数据库或财务软件，可首先将其导出为能被 Excel 导入的文件类型，然后再通过 Excel 的导入功能导入数据。

以导出为文本文件为例，说明间接导出为 Excel 文件的操作过程。

（1）将数据转换为文本文件，即*.txt 格式文件。多数数据库软件和财务软件均提供为此类文件的导出功能，可通过软件所提供的导出功能完成文本文件的导出功能。

（2）新建或打开 Excel 文件，单击【数据】菜单，依次指向【导入外部数据】|【导入数据】单击，打开【选取数据源】对话框，如图 5-32 所示

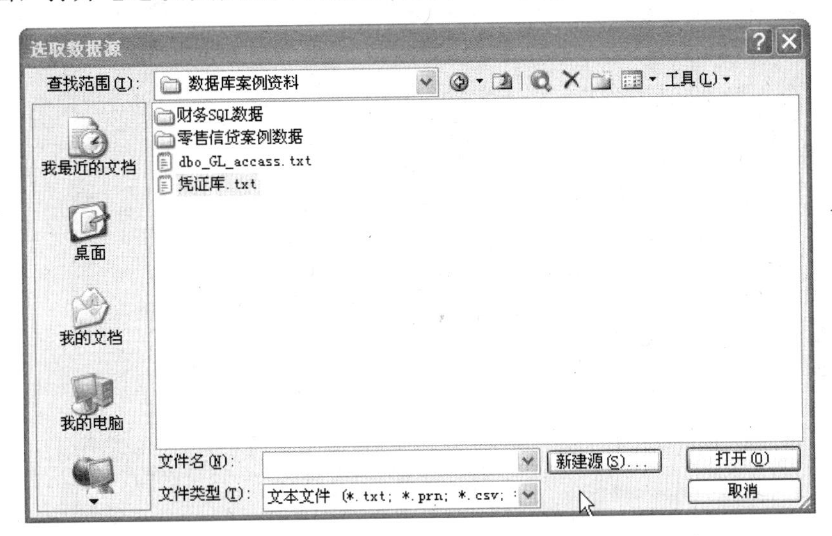

图 5-32 【选取数据源】对话框

（3）通过【查找范围】下拉列表定位文件存储位置，在【文件类型】下拉列表中选择"文本文件"，从文件列表中选择要导入的文本文件，然后单击【打开】按钮，进入【文本导入向导-3 步骤之 1】对话框，如图 5-33 所示。

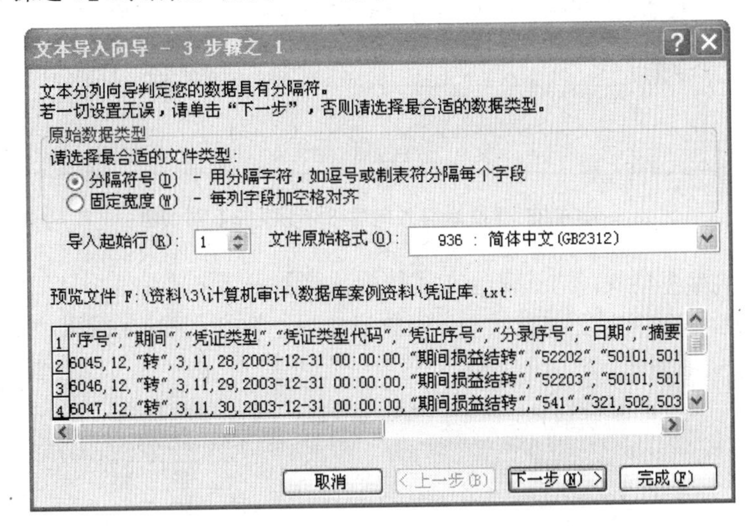

图 5-33 【文本导入向导-3 步骤之 1】对话框

（4）选择合适的文件类型，然后单击【下一步】按钮，进入【文本导入向导-3 步骤之 2】对话框，如图 5-34 所示。

（5）根据【数据预览】中数据分隔情况进行列分隔号的选择，本例选择"逗号"，然后单击【下一步】按钮，进入【文本导入向导-3 步骤之 3】对话框，如图 5-35 所示。

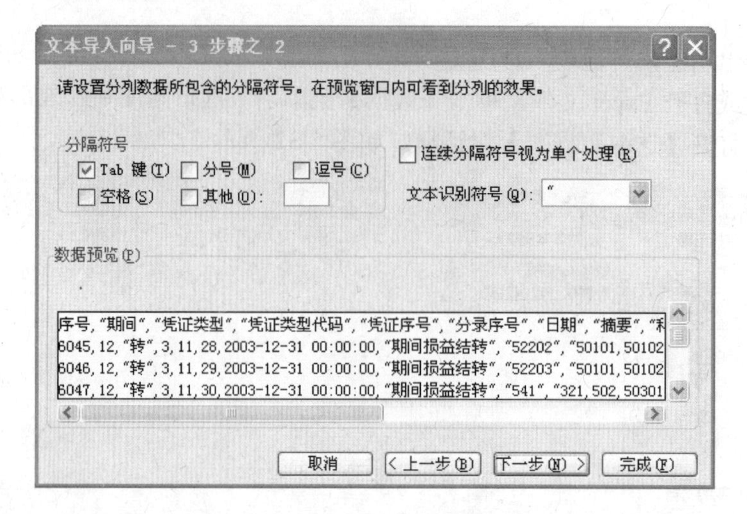

图 5-34 【文本导入向导-3 步骤之 2】对话框

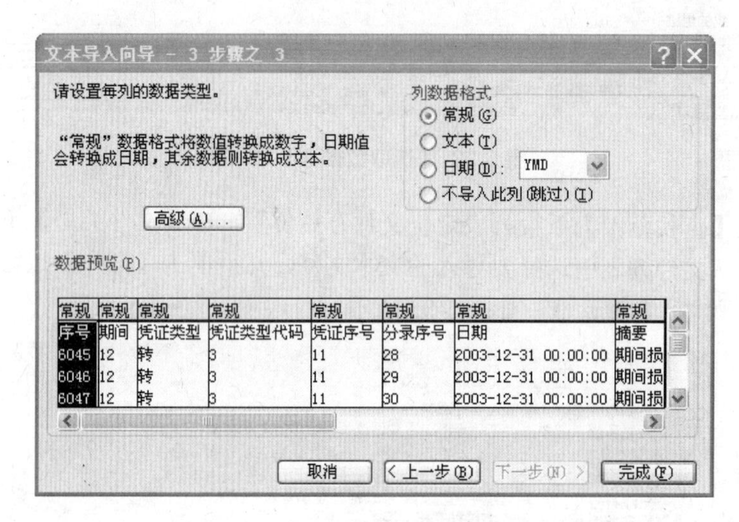

图 5-35 【文本导入向导-3 步骤之 3】对话框

（6）设置列数据格式，方式是先在【数据预览】中选中要设置格式的数据列，然后在【列数据格式】中设置列数据格式类型，设置完毕后，单击【完成】按钮，打开【导入数据】对话框，如图 5-36 所示。

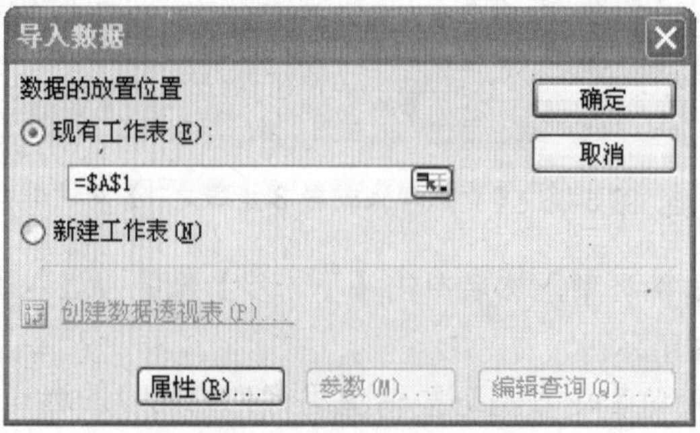

导入数据
数据的放置位置
现有工作表(E):
=$A$1
新建工作表(N)
创建数据透视表(P)...
属性(R)...
参数(M)...
编辑查询(Q)...
确定
取消

图 5-36 【导入数据】对话框

（7）选择数据存放位置后，单击【确定】按钮，完成数据的导入处理。

5.2.3　通过 ODBC 获取审计数据

基于服务器的数据源可以通过 ODBC 连接，利用 Excel 软件本身的数据导入功能获取数据。Excel 可以对任何支持 ODBC 的数据库（如：dBASE、FoxPro、Access、SQL Server 等）进行数据访问。Excel 导入数据的方法有多种，使用 Microsoft Query、数据透视表等都能够支持 ODBC 的数据库。

1. Microsoft Query

Microsoft Query 是一种用于将外部数据源中的数据引入 Excel 中的应用程序，使用 Microsoft Query 可以检索企业数据库和文件中的数据，而不必重新输入需要在 Excel 中进行分析的数据。当数据库更新数据时，还可以根据原始数据库中的数据自动更新 Excel 中的数据。

1）启动 Microsoft Query

单击【数据】菜单下的【获取外部数据】|【新建数据库查询】命令，启动 Microsoft Query，打开【选择数据源】对话框，如图 5-37 所示。

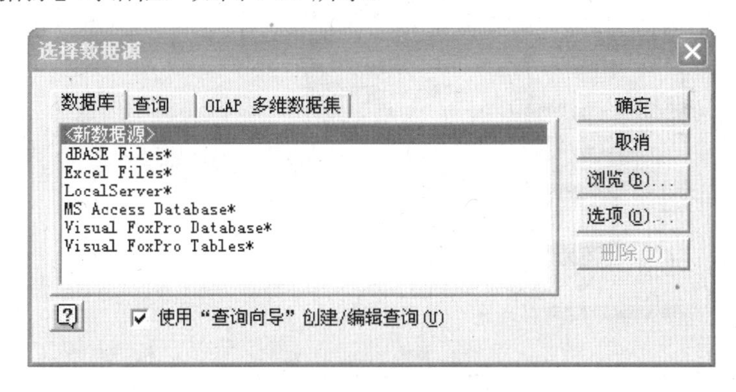

图 5-37　【选择数据源】对话框

2）在指定的数据库文件中选择数据

使用 Microsoft Query 可以检索多种类型数据库中的数据，包括 Access、SQL Server 和 OLAP Services 等。还可以从 Excel 清单和文本文件中检索数据。选中【使用查询向导创建 / 编辑查询】复选框。在数据库选项卡中，双击要用于检索数据的数据库。如果需要安装新的数据源，可双击“新数据源”，制定数据源名称后，按照“查询向导”中的操作完成相应的操作。

3）数据返回给 Excel 工作表

在查询向导完成查询作业时，可以选择“将数据返回到 Excel”，然后选择放置外部数据的位置。

2. 数据透视表

在 Excel 的数据管理中，对审计人员而言，使用最灵活、最先进、合适的工具是“数据透视表”，利用数据透视表可以灵活地组织工作表中的任何字段，以便生成新的有用的表格。

数据透视表是一种交互的、交叉制表的 Excel 报表，用于对多种来源（包括 Excel 的外部数据）的数据（如数据库记录）进行汇总和分析。它可快速合并和比较大量数据。用户可旋转其行和列以看到源数据的不同汇总，而且可显示感兴趣区域的明细数据。数据透视表能够直接从被审单位的数据库中读取数据，而且不会改变被审单位的数据。它读取的数据首先存储在 RAM 中，所以查询速度比直接访问磁盘的查询方法要快得多，同时还为审计人员提供了强大的数据分析工具。

创建数据透视表可以通过数据透视表向导来完成，建立数据透视表的基本方法如下：

（1）打开要创建数据透视表的工作簿。如果是基于 Web 查询、参数查询、报表模板、“Office 数据连接”文件或查询文件创建报表，则将检索数据导入到工作簿中，再单击包含检索数据的 Excel 列表中的单元格；如果基于 Excel 列表或数据库创建报表，则单击列表或数据库中的单元格。

（2）单击工作表中任何数据单元，然后单击【数据】菜单中的【数据透视表和数据透视图】命令，打开【数据透视表和数据透视图向导-3 步骤之 1】对话框，如图 5-38 所示。

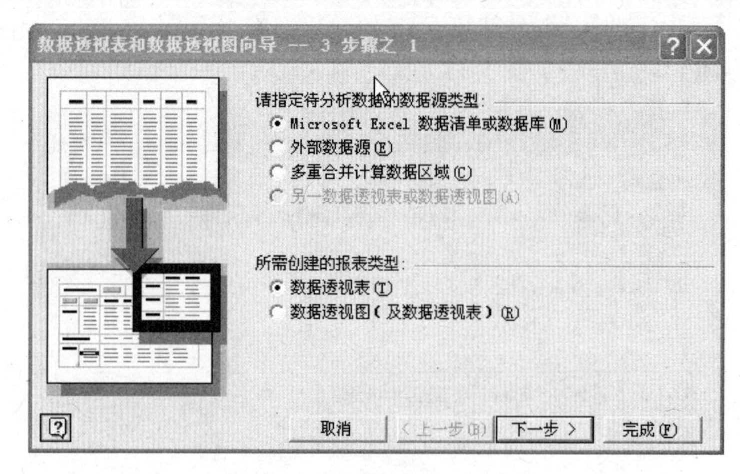

图 5-38 【数据透视表和数据透视图向导-3 步骤之 1】对话框

（3）选择数据类型为“Microsoft Excel 数据清单或数据库”，选择所需创建的报表类型为“数据透视表”。单击【下一步】按钮，进入【数据透视表和数据透视图向导-3 步骤之 2】对话框，如图 5-39 所示。

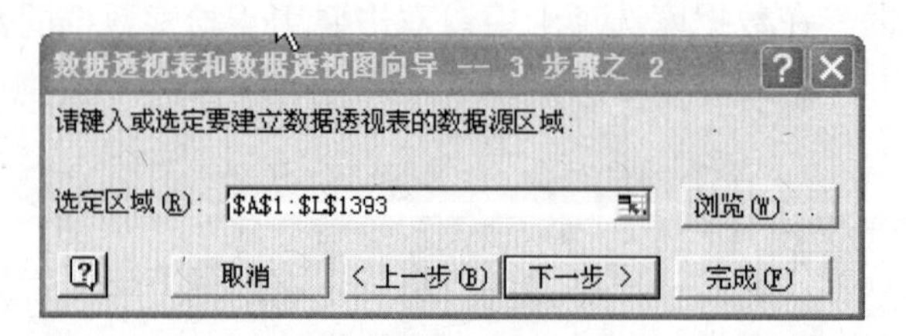

图 5-39 【数据透视表和数据透视图向导-3 步骤之 2】对话框

（4）在【选定区域】文本框中选择数据区域，默认的数据区域为数据表中全部有效的单元格。然后单击【下一步】按钮，打开【数据透视表和数据透视图向导-3 步骤之 3】对话框，如图 5-40 所示。

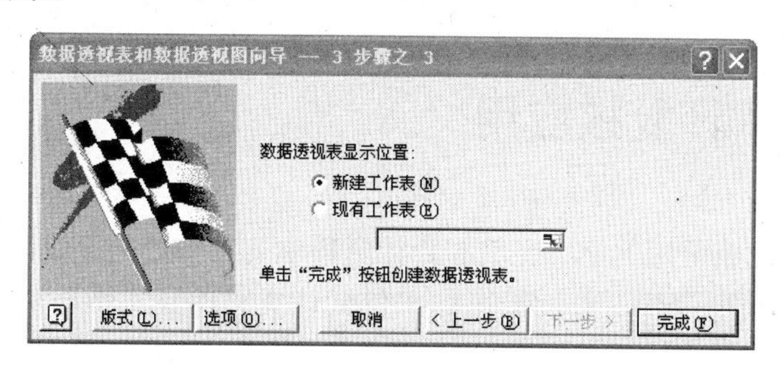

图 5-40 【数据透视表和数据透视图向导-3 步骤之 3】对话框

（5）选择数据透视表显示位置为新建工作表，然后单击【版式】按钮，进入数据透视表的布局设置对话框，如图 5-41 所示。

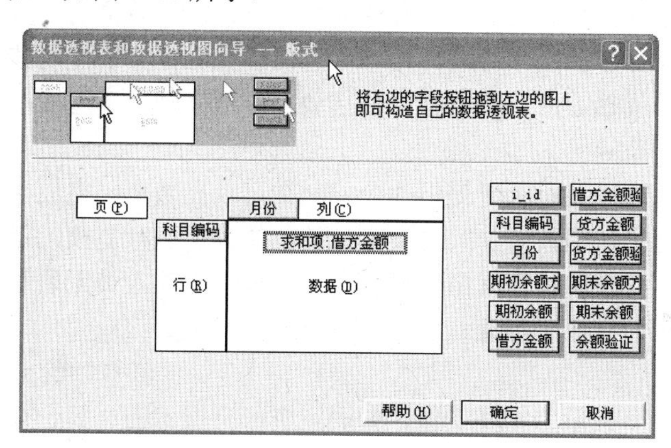

图 5-41 数据透视表的布局设置对话框

（6）将字段拖到标明“行”、“列”、“页”、“数据”的地方，表明该字段出现在相应的位置。单击【确定】按钮，返回到【数据透视表和数据透视图向导-3 步骤之 3】对话框，单击【完成】按钮出现数据透视表，如图 5-42 所示。

求和项:借方金额	月份												
科目编码	1	2	3	4	5	6	7	8	9	10	11	12	总计
1001	448354.6	0	0	0	0	0	0	4100	0	0	0	0	452454.6
1002	10499491.6	0	0	0	0	0	0	927655.2	0	0	0	0	11427146.8
100201	10499491.6	0	0	0	0	0	0	136941.6	0	0	0	0	10636433.2
10020101	9100000	0	0	0	0	0	0	20441.6	0	0	0	0	9120441.6
10020102	63259.6	0	0	0	0	0	0	116500	0	0	0	0	179759.6
10020103	52000	0	0	0	0	0	0	0	0	0	0	0	52000
10020104	48000	0	0	0	0	0	0	0	0	0	0	0	48000
10020105	1236232	0	0	0	0	0	0	0	0	0	0	0	1236232
100202	0	0	0	0	0	0	0	790713.6	0	0	0	0	790713.6
1009	1023256	0	0	0	0	0	0	0	0	0	0	0	1023256
100901	300000	0	0	0	0	0	0	0	0	0	0	0	300000
100902	300000	0	0	0	0	0	0	0	0	0	0	0	300000
100903	300000	0	0	0	0	0	0	0	0	0	0	0	300000
100904	100000	0	0	0	0	0	0	0	0	0	0	0	100000
100905	23256	0	0	0	0	0	0	0	0	0	0	0	23256
100906	0	0	0	0	0	0	0	0	0	0	0	0	0
1111	0	0	0	0	0	0	0	89000	0	0	0	0	89000
1131	0	0	0	0	0	0	0	116667	0	0	0	0	116667
113101	0	0	0	0	0	0	0	116667	0	0	0	0	116667

图 5-42 数据查询视图

通过上述方法获取数据后，就可以进行相应的审核了。

5.3 Excel 审计复核应用

审计人员需要对被审计单位所提供的会计资料中的某些数据重新计算、对会计资料中的勾稽关系进行重新审查，以验证被审计单位会计资料的真实性与可靠性，这就是审计复核。

审计复核主要包括勾稽关系复核、验算复核、分析性复核等。所谓勾稽关系复核，是检查账、证、表内勾稽关系的正确性，例如对资产账中期末余额的审计，资产账中的期末余额应该满足：期末余额=期初余额+本期借方金额–本期贷方金额；验算复核是指对被审计单位的这些会计数据计算结果进行重新计算，检查被审计单位的计算结果是否正确，如固定资产折旧值的计算、存货计价的计算、利息的计算等；分析性复核是指审计人员对被审计单位重要的比率或趋势进行的分析，包括调查异常变动以及这些重要比率或趋势与预期数额和相关信息的差异等。

在审计复核时，通过 Excel 所提供的公式函数可以高效率地完成复核工作，如在勾稽关系复核时，通过定义勾稽关系公式对被审计单位的数据进行复核，只要审计人员能正确定义勾稽关系公式，具体的计算就由计算机自动完成，审计人员无须对数据逐一计算，从而可以减少审计人员的复核工作量。

1．验算复核

会计业务处理中有大量的计算工作，如固定资产折旧值的计算、存货计价的计算、利息的计算、利润计算等。在审计工作中，经常需要对被审计单位的这些会计数据计算结果进行重新计算，检查被审计单位的计算结果是否正确，叫做验算复核。Excel 提供了丰富的函数，运用函数以及 Excel 的自动计算功能可以高效地完成数据验算复核工作。

例如在进行实质性测试时，审计人员往往会获取被审计单位的明细表，随后根据明细表进行审查。对明细表中的总额合计数进行复核检查，是审查的第一步。对合计数的复核，审计人员可以利用计算器重算，但效率很低，而利用 Excel 的“自动求和”功能则可简便地实现重算复核目标。当导入或输入被审计单位数据到 Excel 后，审计人员只要单击工具栏的自动求和按钮就可以直接对某行或某列的数据进行求和计算得到合计数，将获取的合计数与被审计单位所提供的合计数进行对比，以检查数据的正确性。

例：对凭证库借贷方平衡性进行复核。由于凭证编制时必须保证“借贷平衡”，因此，所有会计科目的借方发生额之和必然等于贷方发生额之和。审计人员在取得财务凭证数据库后，就可以通过 Excel 的直加方式来验证凭证库的平衡性。

具体操作步骤如下：

（1）建立空白 Excel 工作簿，将凭证数据库导入 Excel 工作表，修改相关字段名，删除无关数据，如图 5-43 所示。

（2）选中 U5727 单元格，然后单击工具栏上的【∑】按钮，计算会计科目的借方发生额之和。

GL_accvouch.xls

	S	T	U	V	W	X	
1	科目编码	cexch_nam	借方金额	贷方金额	md_f	mc_f	nf
5707	10201		22160.00	0.00	0.00	0.00	
5708	10201		1161.00	0.00	0.00	0.00	
5709	10201		19123.00	0.00	0.00	0.00	
5710	10201		12.00	0.00	0.00	0.00	
5711	10201		0.00	2150.00	0.00	0.00	
5712	10201		2128.00	0.00	0.00	0.00	
5713	10201		3344.00	0.00	0.00	0.00	
5714	10203		0.00	15908.62	0.00	0.00	
5715	10203		0.00	109.10	0.00	0.00	
5716	10201		0.00	5045.00	0.00	0.00	
5717	10201		3907.00	0.00	0.00	0.00	
5718	10201		5865.00	0.00	0.00	0.00	
5719	10201		50000.00	0.00	0.00	0.00	
5720	10201		4258.00	0.00	0.00	0.00	
5721	10201		0.00	5.20	0.00	0.00	
5722	10201		20000.00	0.00	0.00	0.00	
5723	10201		10000.00	0.00	0.00	0.00	
5724	10201		504.89	0.00	0.00	0.00	
5725	10204		49.36	0.00	0.00	0.00	
5726	10203		20.43	0.00	0.00	0.00	
5727							
5728							
5729							

业务招待费 GL_accvouch GL_accvou

图 5-43 凭证数据库

（3）选中 V5727 单元格，然后单击工具栏上的【∑】按钮，计算会计科目的贷方发生额之和。

（4）比较 U5727 单元格和 V5727 单元格中的数据是否相等。如果相等，说明凭证库借贷方平衡；否则，凭证库就不平衡。

2. 勾稽关系复核

在审计中经常需要检查账、证、表内的勾稽关系，验证发生额、余额计算的正确性，以确认原始数据的正确性。例如对资产账期末余额的审计中，资产账的期末余额应该满足：期末余额=期初余额+本期借方金额–本期贷方金额。在 Excel 中，可以对期末余额单元格按上述关系定义计算公式，然后利用 Excel 的自动计算功能完成数据的复核处理。

例：对银行存款日记账期末余额的复核。

操作步骤：

（1）在 Excel 中，导入或输入被审计单位的银行存款日记账数据，如图 5-44 所示。

银行存款日记账.xls

	A	B	C	D	E	F	G	H	I	J	K	L
1	月	日	凭证号数	摘要	结算号	对方科目	借方	贷方	方向	余额		
2				月初余额			0	0	借	400000		
3	07	01	付-0001	提现金_01	现金支票-	1001	0	800	借	399200		
4	07	09	收-0001	销售商品_	转账支票-	600101, 22	19890	0	借	419090		
5	07	11	付-0005	支付广告费	转账支票-	660101	0	20000	借	399090		
6	07	13	付-0006	采购材料_	转账支票-	140304, 22	0	2925	借	396165		
7	07	15	付-0007	支付工程款	转账支票-	160401	0	15000	借	381165		
8	07	17	付-0008	购买股票_	转账支票-	11010101,	0	13160	借	368005		
9	07	18	收-0002	收入销货款	转账支票-	1122	10000	0	借	378005		
10	07	19	付-0009	购买工程材	转账支票-	160401	0	18000	借	360005		
11	07	19	付-0009	购买工程材	转账支票-	160401	0	25000	借	335005		
12	07	22	付-0010	支付手续费		660302	0	200	借	334805		
13	07	24	收-0004	收取销货款	转账支票-	1122	100000	0	借	434805		
14	07	29	付-0012	支付借款和	现金支票-	2231	0	2000	借	432805		
15	07			当前合计			129890	97085	借	432805		
16												

银行存款日记账

图 5-44 银行存款日记账

（2）在 K1 单元格输入文本“审计复核余额”，在 L1 单元格输入文本“复核结果”。

（3）定义 K 列余额复核计算公式，定义公式如下：

K2 单元格的公式“=J2”；K3 单元格的公式“=K2+G3–H3”

选定 K3 单元格，拖动单元格填充柄至 K14 单元格，松开鼠标，每笔分录的期末余额就计算出来并显示在 K 列相应的单元格中。

（4）定义 L 列复核结果判断公式，定义公式如下：

L2 单元格公式定义为“=IF(K2=J2,"结果正确","结果错误")”

选定 L2 单元格，拖动单元格填充柄至 L14 单元格，松开鼠标，每笔分录的期末余额就计算出来并显示在 K 列相应的单元格中，如图 5-45 所示。

银行存款日记账.xls

	A	B	C	D	E	F	G	H	I	J	K	L
1	月	日	凭证号数	摘要	结算号	对方科目	借方	贷方	方向	余额	审计复核余额	复核结果
2				月初余额			0	0	借	400000	400000	结果正确
3	07	01	付-0001	提现金_01	现金支票-:	1001	0	800	借	399200	399200	结果正确
4	07	09	收-0001	销售商品_(	转账支票-:	600101,22	19890	0	借	419090	419090	结果正确
5	07	11	付-0005	支付广告费	转账支票-:	660101	0	20000	借	399090	399090	结果正确
6	07	13	付-0006	采购材料_(	转账支票-:	140304,22	0	2925	借	396165	396165	结果正确
7	07	15	付-0007	支付工程款	转账支票-:	160401	0	15000	借	381165	381165	结果正确
8	07	17	付-0008	购买股票_(	转账支票-:	11010101,	0	13160	借	368005	368005	结果正确
9	07	18	收-0002	收入销货款	转账支票-:	1122	10000	0	借	378005	378005	结果正确
10	07	19	付-0009	购买工程材	转账支票-:	160401	0	18000	借	360005	360005	结果正确
11	07	19	付-0009	购买工程材	转账支票-:	160401	0	25000	借	335005	335005	结果正确
12	07	22	付-0010	支付手续费		660302	0	200	借	334805	334805	结果正确
13	07	24	收-0004	收取销货款	转账支票-:	1122	100000	0	借	434805	434805	结果正确
14	07	29	付-0012	支付借款和	现金支票-:	2231	0	2000	借	432805	432805	结果正确
15	07			当前合计			129890	97085	借	432805		
16												

银行存款日记账

图 5-45　复核结果

比较复核结果，检验被审计单位数据的正确性。如有不符，在确认源数据正确的情况下，则说明其余额计算有误，应进一步查明原因；如某数据输入错误，则修改该数据后，余额会被自动重算，再比较结果的正确性。

3．分析性复核

分析性复核是审计人员对被审计单位重要的比率或趋势进行的分析，包括调查异常变动以及这些重要比率或趋势与预期数额和相关信息的差异。通过分析性复核可以帮助审计人员发现异常变动项目，确定审计重点，以便采取适当的审计方法以提高审计效率。

在 Excel 中利用 Excel 的函数及公式等功能进行分析性复核的步骤为：

（1）根据复核要求设计相应的分析性复核表格，并根据分析要求利用函数、公式建立基本分析模型。

（2）打开相应的分析模型文件，根据被审计单位情况输入有关数据后自动完成分析性复核表格的编制。

分析性复核常用的方法有比率分析法、比较分析法和趋势分析法等。

1）比率分析法

比率分析法是通过对会计报表中某一项目同与其相关的另一项目相比所得的值进行分析，以获取审计证据的方法。

在存货、主营业务收入的审计中，审计人员需要计算“毛利率”，毛利率是反映企业营利能力的主要指标，用以衡量成本控制及销售价格的变化。其计算公式为：

毛利率=（主营业务收入–主营业务成本）/主营业务收入×100%

例：在对 ABC 公司主营业务收入审计时，审计人员取得了单位 2005 年的凭证库数据，试通过 Excel 进行毛利率计算分析。

操作步骤如下：

（1）通过 Excel 获取被审计单位的凭证库数据，如图 5-46 所示。

ABC公司凭证库.xls

	A	B	C	D	E	F	G	H	I	J
1	PZRQ	PZBH	PZLX	PZNAME	ZY	KMMC	KMBH	JFJE	DFJE	PZZS
2	20050124	1\1			提备用金	现金-人民	10101	10000		
3	20050124	1\1			提备用金	银行存款-	10201		10000	
4	20050124	1\1			提备用金	现金-人民	10101	10000		
5	20050124	1\1			提备用金	银行存款-	10201		10000	
6	20050124	1\1			提备用金	现金-人民	10101	5000		
7	20050124	1\1			提备用金	银行存款-	10201		5000	
8	20050124	1\1			提备用金	现金-人民	10101	10000		
9	20050124	1\1			提备用金	银行存款-	10201		10000	
10	20050124	1\1			利港加工费	其他应收款	11902	10000		
11	20050124	1\1			本厂郭顺林	现金-人民	10101		10000	
12	20050124	1\2			本厂张建振	管理费用-	52105	60		
13	20050124	1\2			本厂张建振	管理费用-	52105	30		
14	20050124	1\2			本厂张建振	管理费用-	52107	70.6		
15	20050124	1\2			本厂张建振	现金-人民	10101		160.6	

凭证库

图 5-46　凭证数据库

（2）为便于汇总统计，将 C1 单元格的“PZLX”改为“年”、将 D1 单元格的“PZNAME”改为“月份”、将 J1 单元格的“PZZS”改为“一级科目”、将 H1 单元格的“JFJE”改为“借方金额”、将 I1 单元格的“DFLE”改为“贷方金额”，同时删除无效数据。

（3）定义 C 列数据计算公式，C 列年度值从 A 列凭证日期中获取，定义方式为：选中 C2 单元，录入公式“=LEFT(A2,4) ”，然后用鼠标拖动填充 C 列其他单元格取数公式。

（4）定义 D 列数据计算公式，D 列月份值从 A 列凭证日期中获取，定义方式为：选中 D2 单元，录入公式“=MIDB(A2,5,2) ”，然后用鼠标拖动填充 D 列其他单元格取数公式。

（5）定义 J 列数据计算公式，J 列会计科目一级编码可从 G 列科目编号中获取，分析 G 列科目编码，发现一级科目编码级次为 3 位，因此只需从 G 列科目编码中取出其前三位即可。定义方式为：选中 J2 单元，录入公式“=LEFT(G2,3) ”，然后用鼠标拖动填充 J 列其他单元格取数公式。

（6）按第一排序字段“一级科目”、第二排序字段“年”、第三排序字段“月份”对数据进行排序，然后对“借方金额”和“贷方金额”按“月份”汇总求和，从而获得每月的主营业务收入和主营业务成本数据，插入新工作表，设计分析字段，引入或输入每月主营业务收入和主营业务成本数据，如图 5-47 所示。

在表中，审计人员会发现被审计单位的主营业务收入和主营业务成本在 2005 年各月份变化发生了同时增加或减少的现象，但其产品的销售价格及成本是否正常呢，此时，审计人员可以计算毛利率，进一步进行分析。

（7）在 E2 单元格中输入公式“=（D2–D14）/ D2”，此时 E2 单元格就会显示“25.49%”的字样，说明被审计单位 2005 年 1 月份的毛利率为 25.49%，但这往往还不能说明 2005 年 1 月份被审计单位的产品销售价格和销售成本是否正常。可以用同样的方法计算出被审计单位 2005 年其他月份的毛利率，并对各月毛利率进行比较，即可做出销售正常的判断。发现 11 月和 12 月销售收入基本相同，但毛利率相差较大，可作为重点检查月份；各月份毛利率在 20%左右，但 12 月份则为–0.40%，应作为重点检查月份。

ABC公司凭证库.XLS

	A	B	C	D	E	F	G
1	年度	月份	科目	累计发生额	毛利率		
2	2005	1	主营业务收入	1692076.07	25.49%		
3	2005	2	主营业务收入	892515.39	22.95%		
4	2005	3	主营业务收入	507692.3	18.31%		
5	2005	4	主营业务收入	1075213.67	23.15%		
6	2005	5	主营业务收入	2090170.94	16.18%		
7	2005	6	主营业务收入	2222222.22	18.04%		
8	2005	7	主营业务收入	1736628.18	22.14%		
9	2005	8	主营业务收入	557264.96	22.37%		
10	2005	9	主营业务收入	876068.38	38.29%		
11	2005	10	主营业务收入	1173252.14	29.68%		
12	2005	11	主营业务收入	982128.21	26.87%		
13	2005	12	主营业务收入	958974.35	-0.40%		
14	2005	1	主营业务成本	1260776.55			
15	2005	2	主营业务成本	687708.87			
16	2005	3	主营业务成本	414716.81			
17	2005	4	主营业务成本	826285.37			
18	2005	5	主营业务成本	1752050.78			
19	2005	6	主营业务成本	1821231.42			
20	2005	7	主营业务成本	1352183.41			
21	2005	8	主营业务成本	432626.78			
22	2005	9	主营业务成本	540650.21			
23	2005	10	主营业务成本	824998.04			
24	2005	11	主营业务成本	718228.56			
25	2005	12	主营业务成本	962776.21			

毛利率计算 / 凭证库

图 5-47　销售收入和销售成本数据

（8）为进一步进行分析，可计算全年毛利率，再与其他年度进行比较，进行辅助判断。

2）比较分析法

比较分析法是通过某一会计报表项目与其既定标准的比较，以获取审计证据的一种技术方法。它包括本期实际数与计划数、预算数、审计人员的计算结果之间的比较，本期实际数与同业标准之间的比较等。

例：在对 ABC 公司主营业务收入审计时，审计人员取得了单位 2005 年的凭证库数据，经整理获取被审计单位 2005 年各月的产品销售收入，如图 5-48 中单元格区域 D2:D13 的数值，对于 12 个月的产品销售收入，审计人员如何来确定重点审计月份呢？

ABC公司凭证库.XLS

	A	B	C	D	E	F	G
1	年度	月份	产品销售收入实际值	产品销售收入预测值	差值（实际-预测）	差异率（差值/实际）	审计建议
2	2005	1	1692076.07	1397249.09	294826.98	17.42%	
3	2005	2	892515.39	1366903.90	-474388.51	-53.15%	特别重点测试
4	2005	3	507692.3	1336558.72	-828866.42	-163.26%	特别重点测试
5	2005	4	1075213.67	1306213.53	-230999.86	-21.48%	
6	2005	5	2090170.94	1275868.35	814302.59	38.96%	
7	2005	6	2222222.22	1245523.16	976699.06	43.95%	特别重点测试
8	2005	7	1736628.18	1215177.97	521450.21	30.03%	
9	2005	8	557264.96	1184832.79	-627567.83	-112.62%	特别重点测试
10	2005	9	876068.38	1154487.60	-278419.22	-31.78%	
11	2005	10	1173252.14	1124142.42	49109.72	4.19%	
12	2005	11	982128.21	1093797.23	-111669.02	-11.37%	
13	2005	12	958974.35	1063452.05	-104477.70	-10.89%	
14							

产品销售收入 / 毛利率计算 / 凭证库

图 5-48　产品销售收入比较分析

在 Excel 中，除可用前述比率分析法外，还可以通过比较分析确定重点审计月份。

操作步骤如下：

（1）建立 Excel 工作表，导入或输入被审计单位被审计年度 2005 年各月的产品销售收入实际值，如图 5-48 中的单元格区域 D2: D13 的数据。

（2）建立模型，通过模型获取被审计单位被审计年度各月的产品销售收入预测值。

一般来说，单个会计科目具有一定的变化规律，审计人员可以发现规律，建立模型，计算科目的预测值，若被审单位的数据偏离此预测值太多，即为疑点，应该重点进行审查。本例利用 Excel 回归分析获取产品销售收入预测值，操作过程为：单击【工具】菜单下的【数据分析】，打开【数据分析】对话框，选择【回归】分析工具，然后单击【确定】按钮，打开【回归】对话框，如图 5-49 所示。

选择【Y 值输入区域】为“产品销售收入实际值”数据区域，即 C2:C13；选择【X 值输入区域】为“月份”数据区域，即 B2:B13；【输出选项】选择为【输出区域】，并设置输出区域为“A17”；选中【残差】复选项；单击【确定】按钮生成预测数据，如图 5-50 所示。

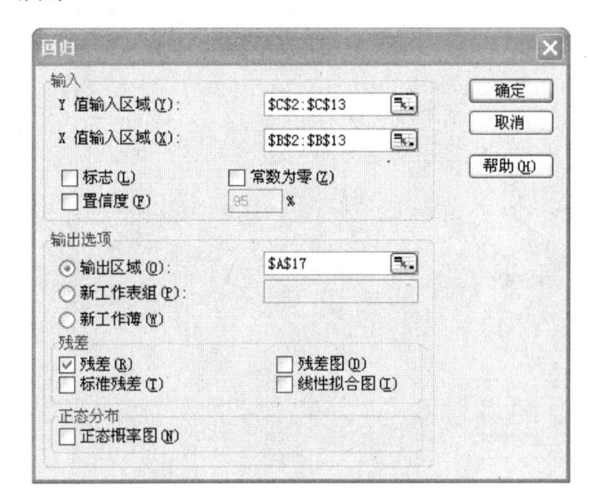

图 5-49 【回归】对话框

ABC公司凭证库.XLS

	A	B	C	D
39				
40	观测值	预测 Y	残差	
41	1	1397249.088	294826.9815	
42	2	1366903.903	-474388.5128	
43	3	1336558.717	-828866.4172	
44	4	1306213.532	-230999.8616	
45	5	1275868.346	814302.5941	
46	6	1245523.16	976699.0597	
47	7	1215177.975	521450.2053	
48	8	1184832.789	-627567.8291	
49	9	1154487.603	-278419.2234	
50	10	1124142.418	49109.7222	
51	11	1093797.232	-111669.0222	
52	12	1063452.047	-104477.6965	
53				

产品销售收入 / 毛利率

图 5-50　预测值与残差

（3）将“预测 Y”结果对应复制到“产品销售收入预测值”相应单元格中，将“残值”结果对应复制到“差值（实际–预测）”相应单元格中，设置 D2: E13 区域单元格格式为“数值”、“小数位数”设为 2。

（4）定义比率公式，由 Excel 系统自动计算产品销售收入的实际值与预测值的差异率，差值数据保存在 F 列。在 F2 单元格输入公式“=E2 / C2”，随后利用复制填充柄将该公式复制到单元格区域 F3: F13，系统自动显示数值。定义 F2: F13 区域单元格格式，将其设置为：数值为百分比，保留 2 位小数位数。

（5）利用函数定义比较分析结果。计算产品销售收入的实际值与预测值的差值和差异率是比较分析的过程，可以利用 Excel 的判断公式实现，在 G2 单元格输入公式“=IF(ABS(F2)>40%,"特别重点测试","")”，此公式表示如果产品销售收入的实际值与预测值的差异率高于 40%或低于–40%，则显示提示信息“特别重点测试”。利用复制填充柄将该公式复制到单元格区域 G3:G13，系统自动显示数值。这样可以一目了然地提示审计人员 2005 年产品销售收入的重点审查月份。

3）趋势分析法

趋势分析法是通过对连续若干时期内某一会计报表项目的变动金额及其百分比的计算，分析该项目的增减变动方向和幅度，以获取有关审计证据的方法。趋势分析是审计过程中经常被使用的方法。

趋势分析法包括定基分析、环比分析等方式。定基分析是以某一期的数据作为基数，其他各期与之对比，以观察各期相对于基数的变化趋势。环比分析是以某一期的数据和上期的数据进行比较，以观察每期的增减变化情况。

例：在对 ABC 公司 2005 年“管理费用”审计时，可以通过趋势分析来收集证据，那如何对“管理费用”进行趋势分析呢?

操作步骤：

（1）在 Excel 中，新建工作表，获取被审计单位 2005 年的管理费用明细表，如图 5-51 所示。

管理费用审计.xls

	A	B	C	D	E	F	G	H	I	J	K	L	M
1	构成项目	1月	2月	3月	4月	5月	6月	7月	8月	9月	10月	11月	12月
2	工资	17434.22	17254.3	13165.78	8752.57	8752.57	6500	6500	6500	6500	6500	6500	6500
3	折旧费	1549.13	1549.13	1549.13	1549.13	1549.13	1549.13	1713.07	1713.07	1847.77	1847.77	1847.77	1847.77
4	业务招待费	8414.8	7125.8	2043.7	3515.7	23520.5	6942.8	38756	3703.2	4905.6	18055.7	7875	12577.3
5	办公费	4606.4	4673.83	3096.8	6551.1	3371.6	5730.88	25983.7	5497.7	1739.7	10733.71	46415.44	6645.38
6	差旅费	6361.9	1748.5	4412.6	5905.8	27506.31	4031.5	10352	6869.5	18146.9	17002.8	10106.4	10376.6
7	运输费	32.02	510	486	0	7205	0	1292.5	2588	6673	1022	10707.34	565.5
8	保险费	1043.4	1043.44	0	0	750	540	0	0	0	0	1303	9095.22
9	其他	7226.5	34511.56	5710.76	40680.74	-17982.49	58832.44	21618.55	7020	12600.28	13899.05	25797.1	59404.69
10	电话费	6962.61	5532.7	5711.39	8103.33	5279.44	4941.96	7744.21	6730.36	6577.24	11604.71	7211.98	7764.26
11													
12													
13							定基分析						
14								差异百分比					
15	构成项目		2月	3月	4月	5月	6月	7月	8月	9月	10月	11月	12月
16	工资		-1.03%	-24.48%	-49.80%	-49.80%	-62.72%	-62.72%	-62.72%	-62.72%	-62.72%	-62.72%	-62.72%
17	折旧费		0.00%	0.00%	0.00%	0.00%	0.00%	10.58%	10.58%	19.28%	19.28%	19.28%	19.28%
18	业务招待费		-15.32%	-75.71%	-58.22%	179.51%	-17.49%	360.57%	-55.99%	-41.70%	114.57%	-6.41%	49.47%
19	办公费		1.46%	-32.77%	42.22%	-26.81%	24.41%	464.08%	19.35%	-62.23%	133.02%	907.63%	44.26%
20	差旅费		-72.52%	-30.64%	-7.17%	332.36%	-36.63%	62.72%	7.98%	185.24%	167.26%	58.86%	63.11%
21	运输费		1492.75%	1417.80%	-100.00%	22401.56%	-100.00%	3936.54%	7982.45%	20740.10%	3091.76%	33339.54%	1666.08%
22	保险费		0.00%	-100.00%	-100.00%	-28.12%	-48.25%	-100.00%	-100.00%	-100.00%	-100.00%	24.88%	771.69%
23	其他		377.57%	-20.97%	462.94%	-348.84%	714.12%	199.16%	-2.86%	74.36%	92.33%	256.98%	722.04%
24	电话费		-20.54%	-17.97%	16.38%	-24.17%	-29.02%	11.23%	-3.34%	-5.53%	66.67%	3.58%	11.51%
25													

管理费用审计 / 凭证库

图 5-51 “管理费用”定基分析

（2）按图 5-51 所示信息定义分析项目。

（3）进行差异率的计算。定义公式，在单元格 C16 中输入公式“=(C2–$B2)/$B2”，选定 C16 单元格，将鼠标指针指向 C16 单元格的右下角，当鼠标指针变为黑十字时，按住鼠标左键向下拖动到 C24 单元格，再选中 C16:C24 单元区域，将鼠标指针指向 C24 单元格的右下角，当鼠标指针变为黑十字时，按住鼠标左键向下拖动到 M24 单元格，进行公式复制。公式复制后，显示出相应的数值。

（4）对所计算出的 2005 年各月份管理费用中各明细费用的差异率进行对比。按照一般规律，如果企业的业务正常，差异率变化波动范围应该是一致的，但是从图中可以看出，“业务招待费”5 月、7 月和 10 月份以及“办公费”7 月、10 月和 11 月份差异波动较大，应该将其作为审计的重点继续进行其他程序的审查。

5.4 Excel 审计抽样应用

现代审计的一个重要特征是，在对被审计单位的内部控制进行评价与研究的基础上进行抽样审计。抽样技术和方法运用于审计工作，是审计理论和实践的重大突破，实现了审计从详细审计到抽样审计的历史飞跃。其中，选取样本的适当性直接关系到审计证据的好坏，进而影响到最终的审计结果。审计人员在选取样本时，应使审计对象总体内所有项目均有被选取的机会，以使样本能够代表总体，从而保证由抽样结果推断出的总体特征具有合理性、可靠性。如果审计人员有意识地选择总体中某些具有特殊特征的项目而对其他项目不予考虑，就无法保证其所选样本的代表性。审计人员可以采用统计抽样法或是非统计抽样法来选取样本，只要运用得当，均可以获得充分、适当的审计证据。样本选取的方法多种多样，其中最常用的选取样本的方法就是随机选择。在审计实务中，随机选择通常运用随机数表或计算机随机数生成程序来进行。

Excel 提供了一组数据分析工具，称为“分析工具库”，在建立复杂统计或工程分析时可节省步骤。只需为每一个分析工具提供必要的数据和参数，该工具就会使用适当的统计或工程宏函数，在输出表格中显示相应的结果。其中有些工具在生成输出表格时还能同时生成图表。

1. 随机数的选取

当审计人员在采用随机抽样的方法选取样本时，可以采用计算机产生随机数的办法来取得随机数，然后根据随机数确定要审查的样本。随机数选取主要利用的是“分析工具库”的“随机数发生器”工具。

产生随机数的步骤如下：

（1）单击【工具】菜单中的【数据分析】，打开的【数据分析】对话框，如图 5-52 所示。

如果在【工具】菜单中没有显示【数据分析】命令，则需要装载【加载宏】命令中的【分析工具库】。

（2）在打开的【数据分析】对话框中选择【随机数发生器】，单击【确定】按钮，打开【随机数发生器】对话框，如图 5-53 所示。

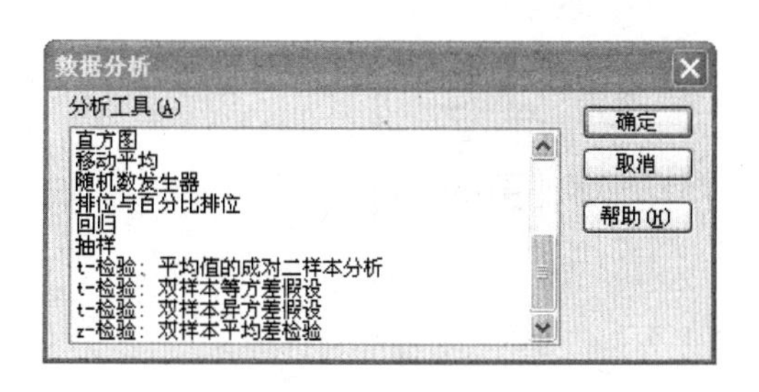

图 5-52 【数据分析】对话框

图 5-53 【随机数发生器】对话框

（3）如果需要产生 20 个从 0 到 5000 的随机数，可输入相应的参数，【变量个数】是每行显示的个数，与【随机数个数】的乘积就是需要的随机数的数量；【分布】选择“均匀”；【参数】中【介于】输入 0 到 5000；确定输出选项。单击【确定】按钮，产生所需数量的随机数，如图 5-54 所示。

（4）选择 A1: B10 区域，然后单击鼠标右键，在弹出的快捷菜单中选择【设置单元格格式】单击，打开【单元格格式】对话框；在【单元格格式】对话框中，选择【数值】，【小数位数】设为 0，单击【确定】按钮，生成符合需要的随机数，如图 5-55 所示。

	A	B
1	4938.810389	3083.590197
2	2415.540025	3156.987213
3	2110.507523	2045.960875
4	3362.834559	4008.60622
5	1884.060183	516.2205878
6	252.6932585	4415.417951
7	3499.404889	3970.763268
8	4568.926054	3688.314463
9	236.671041	1427.961058
10	175.7866146	4972.838527
11		

图 5-54　产生随机数结果

	A	B
1	4939	3084
2	2416	3157
3	2111	2046
4	3363	4009
5	1884	516
6	253	4415
7	3499	3971
8	4569	3688
9	237	1428
10	176	4973
11		

图 5-55　符合需要的随机数

需要注意的是，此时得出的随机数表中的随机数是随机排列的，如果需要的是按序排列的数据，则在产生随机数时，【变量个数】确定为 1，即每行显示一个数字，最后排序即可。

2. 抽样

当总体太大而不能进行全部审计时，可以选用具有代表性的样本，通过样本特征推断总体特征。当审计人员获取了被审单位的电子账簿数据后，审计人员就可以利用 Excel 的“抽样分析”工具对被审查数据进行抽样审查，“抽样分析”工具以数据源区域为总体创建样本。

利用 Excel 进行审计抽样的步骤如下：

（1）打开需审查的数据库。

（2）单击【工具】菜单中的【数据分析】，打开【数据分析】对话框；在【数据分析】对话框中选择【抽样】，然后单击【确定】按钮，打开【抽样】对话框，如图 5-56 所示。

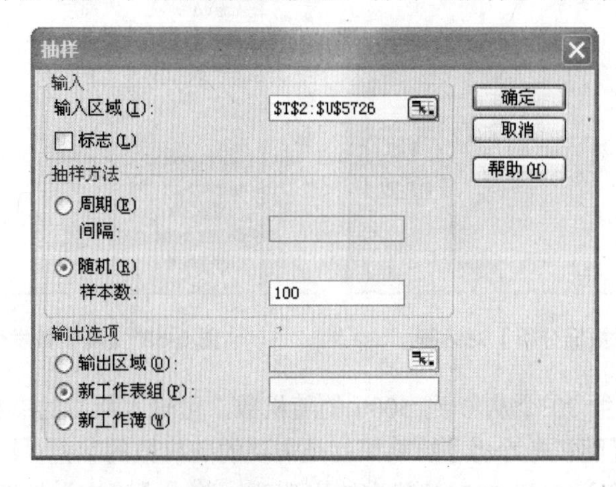

图 5-56 【抽样】对话框

（3）在【抽样】对话框中输入相应的内容。在输入区域输入需要抽样的区域，注意不要选择字段名。抽样方法可以选择“周期”或“随机”：如果选择“周期”，则需要确定间隔；如果选择“随机”，则需要确定样本量，即在此输入需要在输出列中显示的随机数个数。这些随机数都是从输入区域中的随机位置上抽取出来的，而且任何数值都可以被多次抽取（即可能出现某个数据被重复抽取）。输出选项由用户自己决定。在抽样信息设置完毕后，单击【确定】按钮，就会在输出选项中选择的区域中显示抽样结果。

根据抽样结果，审计人员就可以从相应的数据库中抽取样本并进行审查。如果需要扩大样本范围，在再次执行抽样命令时，输入区域可以把第一次的样本剔除后，再抽取要增加的样本数，最后通过对样本的审查来对整体的正确性进行估计。

5.5 Excel 审计制表应用

在审计工作中所获取的审计证据都要以审计工作底稿作为载体，其中不少审计工作底稿如固定资产与累计折旧分类汇总表、生产成本与销售成本倒轧表、应收账款函证结果汇总表、应收账款账龄分析表等都可以用表格的形式编制。利用 Excel 模板功能可以将审计工作中所需要的各种有固定格式的表格制作为模板，这样不但可以使审计人员从繁杂的报表工作中解脱出来，而且可以使报表制作快速、准确、美观，有利于提高审计制表效率。

1. 整理并设计各审计工作底稿

审计人员首先要整理出可以用表格列示的审计工作底稿，并设计好表格的格式和内容。如图 5-57 所示为“管理费用审定表”的格式与内容。

审计工作底稿模板.xls

	A	B	C	D	E	F	G	H
1	XXX会计师事务所							
2	管理费用审定表							
3	被审计单位名称	ABC公司				签名	日期	索引号 U600
4	审计项目	管理费用			编制人			页次
5	会计期间或截止日	2010年度			复核人			
6	项目	未审数	调整数	重分类	审定数	上年数	增长金额	增长比例
7							0.00	#DIV/0!
8							0.00	#DIV/0!
9							0.00	#DIV/0!
10							0.00	#DIV/0!
11							0.00	#DIV/0!
12							0.00	#DIV/0!
13							0.00	#DIV/0!
14							0.00	#DIV/0!
15							0.00	#DIV/0!
16	合计	0.00	0.00	0.00	0.00	0.00	0.00	#DIV/0!
17								
18	审计说明及调账分录：							
19								
20	审计结论：							
21								

税金测算表 / 其他业务利润审定表 / 其他业务利润明细表 / 营业费用审定表 / 营业费用明细表 / 管理费用审定表 / 管

图 5-57 “管理费用审定表”样式

2. 建立审计工作底稿的基本模板

对每个设计好的表格，首先在 Excel 的工作表中填好其中文表名、副标题、表尾、表栏头、表中固定文字和可通过计算得到的项目的计算公式，并把这些中文和计算公式的单元格设置为写保护，以防在使用时被无意地破坏。完成上述工作后，各工作表以易于识别的文件名进行命名，最后将工作簿保存为易于识别的文件，或保存为 Excel 文件模板。

下面以制作“管理费用审定表”为例，说明 Excel 文件模板创建的基本步骤。

（1）在 Excel 的工作表中建立表的结构，并填好表名、表栏头和固定项目等。

（2）在工作表中填列可通过计算得到的项目的计算公式，此例中有关计算公式为：G7 单元格为“=E7–F7”；H7 单元格为“=G7/F7”；B16 单元格为“=SUM（B7: B15）”。

（3）相同关系的计算公式可通过复制或填充得到，此例中 G8:G16 单元公式用 G7 单元公式进行填充；H8:H16 单元公式用 H7 单元公式进行填充；C16: F16 单元用 B16 单元公式进行填充。

（4）表格与计算公式设置好后，把有中文和计算公式的单元格设置为写保护。保护设置方式为：先将整个工作表选定，单击【格式】菜单中的【单元格】命令，打开【单元格格式】对话框；在【单元格格式】对话框中选定【保护】选项卡，将系统默认的【锁定】复选框取消选定，单击【确定】按钮返回；选定要进行保护的单元格（不需要修改的录入了文本和设置了计算公式的单元格），然后单击【格式】菜单中的【单元格】命令，重新打开【单元格格式】对话框；在【单元格格式】对话框中选定【保护】选项卡，将【锁定】复选框选定，单击【确定】按钮返回；单击【工具】菜单中的【保护】|【保护工作表】命令，打开【保护工作表】对话框；在【保护工作表】对话框中设置取消保护时所需密码后，单击【确定】按钮，完成对整个工作表的保护。

（5）把已建好的工作表以便于记忆的名称进行命名。

（6）在所需要的相关审计工作底稿格式都确定以后，单击【文件】菜单下的【另存为】命令，打开【另存为】对话框，如图 5-58 所示。

（7）在【保存类型】下拉列表中选择“模板（*.xlt)”,【保存位置】保持默认，在【文件名】栏输入有助于识别模板用途的文件名，单击【保存】按钮，即完成模板的创建。

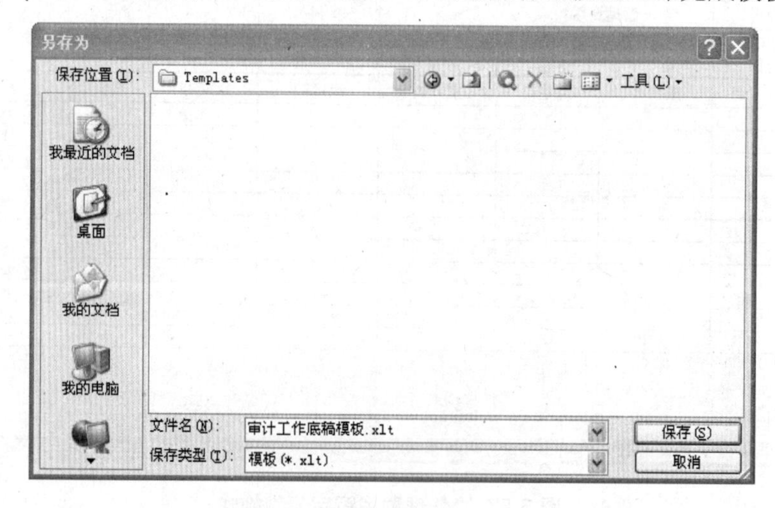

图 5-58 【另存为】对话框

3．审计时调用模板完成相应的审计工作底稿编制

模板制作好以后，就可以使用其进行表格的制作。调用模板创建工作表的过程为：

（1）单击【文件】菜单下的【新建】命令，打开【新建工作簿】对话框。

（2）在【新建工作簿】对话框中的【模板】栏下选择【本机上的模板】，打开【模板】对话框，如图 5-59 所示。

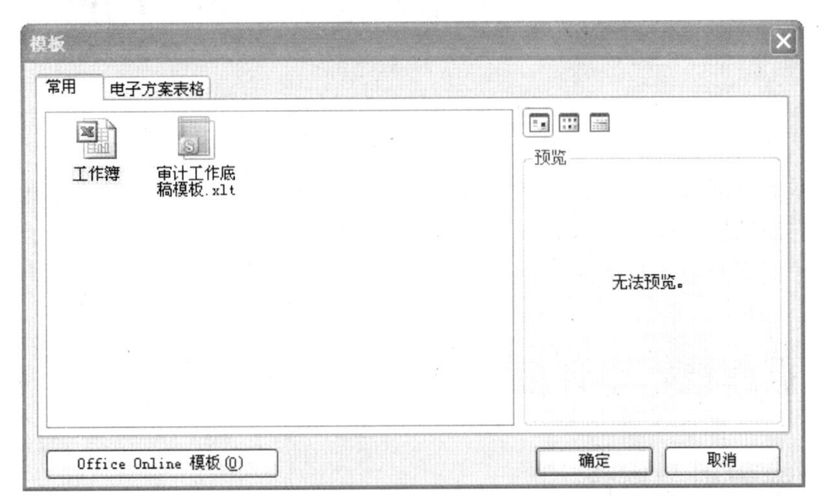

图 5-59 【模板】对话框

（3）在【模板】对话框中“审计工作底稿模板”就是已经创建好的模板。选择所需要的模板后，单击【确定】按钮，即打开模板。

（4）在模板中输入所需数据或从其他位置把项目金额和审计调整数粘贴过来，相关数字会自动计算出来，从而得到需要的审计工作底稿。

（5）要保存新建的工作簿时，单击【文件】菜单下的【另存为】命令，设定文件保存的位置和文件名，在保存类型中选择【Microsoft Excel 工作簿】，单击【保存】按钮，新的工作表就保存好了。

思考练习题

1. 如何利用 Excel 获取审计数据？
2. 如何利用 Excel 查找审计线索？
3. 如何利用复制粘贴功能对财务数据进行审计？
4. 如何利用排序、筛选、分类汇总功能对财务数据进行审计？
5. Excel 的公式审核功能在审计中如何应用？
6. 在 Excel 中如何进行审计抽样？
7. 如何利用 Excel 进行审计复核？

第6章 数据库技术审计应用

信息技术的发展与应用使得原先记录在纸质文档中的信息，演变成了数据库中的电子数据。在这样的环境条件下，审计人员只有了解了数据库知识，才能理解电子数据的特征和规律，也才能够利用各种工具软件对电子数据进行分析检索，进而完成审计工作。

6.1 数据库技术审计应用基础

6.1.1 数据库相关概念

在计算机辅助审计工作中，应用比较多的数据库为关系型数据库，要有效使用关系型数据库开展审计工作，需要充分理解和把握以下几个基本概念。

1. 数据库

数据库是为实现一定的目的按某种规则组织起来的“数据”的“集合”。数据库中的数据具有良好的组织结构。应用比较广泛的数据库是关系型数据库，关系型数据库中的数据按照二维关系表的方式进行存储。

2. 表

表是组织和存储数据的对象，在关系型数据库中，它是由行和列组成的。数据库实际上是表的集合，数据库的数据或信息都存储在表中。

3. 字段

表中的一列数据就是一个字段。一个事物具有多个属性特征，其中每一个属性对应存储在一个字段中。字段具有自己的属性，如字段类型、字段长度等。

4. 记录

表中的一行数据叫做一条记录。每一条记录包含行中的所有信息，是存储事物属性特征的各个字段值的集合。

5. 值

数据库中存放在表的行列交叉处的数据叫做值，它是数据库中最基本的存储单元。一个值用于描述一个事物某一方面的性质。

6.1.2 数据库管理系统

数据库管理系统（DBMS）是为数据库的建立、使用和维护而配备的软件，建立在操作系统的基础之上，是位于操作系统和用户之间的一层数据管理软件，负责对数据库进行管理和控制，并能够保证数据的安全性、可靠性、完整性、一致性和独立性，它是数据库系统的核心组成部分，需要在操作系统支持下工作。用户或应用程序发出的各种操作数据库中数据的命令都通过数据库管理系统来执行。

1．数据库管理系统的功能

数据库管理系统的功能主要表现在以下几方面。

1）数据库的定义功能

数据库管理系统提供数据定义语言来定义数据库的三级结构，包括外模式、概念模式、内模式及其相互之间的映像。可以定义数据库中数据之间的关联关系，也可以定义数据的完整性约束条件、保密限制等约束和保证完整性的触发机制等，在数据库管理系统中包含数据库定义语言的编译程序。

2）数据库的操纵功能

数据库最基本的数据操作有四种：检索（查询）、插入、删除和修改，后三种又称为更新操作。数据操作通常用 SQL 语言完成。

3）数据库的保护功能

数据库管理系统对数据库的保护通过四个方面来实现。

（1）数据库的并发控制。

数据库的优点是数据共享，但多个用户同时对数据库的操作可能会破坏数据库中的数据，或者用户会读到不正确的数据，而并发控制系统能有效防止这种情况发生，并能较好处理好多用户、多任务的使用情况。

（2）数据库的恢复。

在数据库被破坏或数据不正确时，系统有能力把数据恢复到最近某个正确的状态。

（3）数据完整性控制。

保证数据库中数据及语义的正确性和有效性，防止对数据造成错误的操作。

（4）数据的安全性控制。

防止未经授权的用户蓄意存取数据库中的数据，以免数据的泄漏、更改和破坏。

数据库管理系统的保护功能除上述四个方面外，还包括系统缓冲区的管理和数据存储的某些自适应调节机制。

4）数据库的维护功能

数据库的维护功能包括数据库的初始数据载入、转换、转储、数据库的改组及性能监视分析。这一功能由各个应用程序分工协作完成。

5）数据字典

数据字典管理着数据库三级结构的定义，对数据的操作都要通过数据字典完成。有的大型系统中把数据字典单独作为一个系统，成为一个软件工具，使之成为一个比数据库管理系统更高级的用户与数据库之间的接口。

2．常见数据库管理系统

了解常用数据库产品、掌握其文件的存储类型对于审计人员开展计算机辅助审计，进行审计数据采集、转换与分析来说是非常重要的。

1）Access

Access 是 Microsoft Office 中的一个重要组成部分，它能够和 Office 产品的其他部分 Word、Excel 等实现无缝的集成，构成办公自动化系统。目前，Access 已经成为世界上最流行的桌面数据库管理系统，其文件后缀名为.mdb。

Access 在计算机辅助审计中应用较为广泛。从技术角度考虑，Access 有以下优点：

（1）功能较强。支持查询、报表、窗体、Internet。

（2）界面友好、操作人性化。数据库的查询、设计等都有比较友好的图形操作界面，方便用户使用。

（3）数据集成管理。不同于 FoxPro、dBASE 等桌面数据库，Access 将所有的数据文件、程序文件都集成在一个数据库文件中，方便管理。

（4）扩展性好。Access 内置 VBA 语言，支持宏，用户可以方便地进行扩展。

从应用角度考虑，有以下优势：

（1）Access 和 Excel 的应用比较普及。目前，一般审计人员的计算机上都具备这些软件，而且经过多年的普及培训，多数审计人员都较好地掌握了基本的应用操作技能。

（2）实践应用比较成熟，适合审计人员使用。Access 配合 SQL 语言的查询，能够提供较强大的数据分析功能。

（3）方便性和灵活性的有机结合。一方面，Access 具备较好的图形化界面，初级用户很容易入门使用，另一方面，高级用户能够通过 SQL 语言和 VBA 对 Access 功能进行开发与扩展。

2）SQL Server

SQL Server 是一个功能强大关系数据库管理系统，在会计信息系统、企业管理系统开发过程中应用非常广泛，其文件后缀名为.mdf（主文件）和.ldf（日志文件）。从技术角度考虑，SQL Server 具有以下几方面特点。

（1）Internet 集成。SQL Server 数据库引擎提供完整的 XML 支持，具有构成最大的 Web 站点的数据存储组件所需的可伸缩性、可用性和安全功能。

（2）可伸缩性和可用性。同一个数据库引擎可以在不同的平台上使用，从个人电脑到企业服务器均可使用。

（3）企业级数据库功能。SQL Server 关系数据库引擎支持当今苛刻的数据处理环境所需的功能。数据库引擎充分保护数据完整性，同时将管理上千个并发修改数据库的用户的开销减到最小。

（4）易于安装、部署和使用。SQL Server 中包括一系列管理和开发工具，这些工具可在多个站点上安装、部署、管理和使用 SQL Server 的过程。

（5）数据仓库。SQL Server 中包括提取和分析汇总数据以进行联机分析处理 (OLAP) 的工具。SQL Server 中还包括一些工具，可用来直观地设计数据库并通过 Microsoft Query 来分析数据。

3）Oracle

Oracle 数据库管理系统是一个以关系型和面向对象为中心管理数据的数据库管理软件系统，其在管理信息系统、企业数据处理、因特网及电子商务等领域有着非常广泛的应用，其文件后缀名为.dmp（备份文件）。其特点主要表现在以下几方面。

（1）支持多用户、大事务量的事务处理。

（2）数据安全性和完整性的有效控制。

（3）支持分布式数据处理。

（4）跨操作系统、跨硬件平台的数据操作。

4）Visual FoxPro

Visual FoxPro 是一种可视化数据库管理系统平台，是功能强大的 32 位数据库管理系统。它提供了功能完备的工具、极其友好的用户界面、简单的数据存取方式、独一无二的跨平台技术，具有良好的兼容性、真正的可编译性和较强的安全性，是目前比较实用的数据库管理系统之一，其文件后缀名为.dbf。

当然，所有数据库在审计中的应用都有其局限性，因为数据分析是基于关系数据库原理的，而不是基于审计需求设计的。因此，对于很多结构化不是很强的分析需求，需要审计人员先对审计问题进行分析，转化为结构化的查询方法，这就要求审计人员要具有较强的审计业务能力和软件操作技能。

3. 数据类型

以 SQL Server 数据库为例，应用较多的数据类型如表 6-1 所示。

表 6-1　SQL Server 数据类型表

数 据 类 型	符 号 标 识
整数型	bigint，int，smallint，tinyint
精确数值型	decimal，numeric
货币型	money，smallmoney
位型	bit
字符型	char，varchar
文本型	text，ntext
日期时间型	datetime，smalldatetime

1）整数型

整数型数据包括 bigint、int、smallint 和 tinyint，此类数据比较相似，取值均为整数，小数位为零。从标识符的含义就可以看出，它们的差异主要体现在取值范围不同。按上述顺序，取数范围逐渐缩小。

2）精确整数型

精确整数型数据由整数部分和小数部分构成，其所有的数字都是有效位，能够以完整的精度存储十进制数。精确整数型包括 decimal 和 numeric 两类。从功能上说两者完全等价，唯一的区别在于 decimal 不能用于带有 identity 关键字的列。

声明精确整数型数据的格式是 numeric(p[,s])（或 decimal(p[,s])，其中 p 为精度，s 为小数位数，s 的默认值为 0。例如指定某列为精确整数型，精度为 6，小数位数为 3，即 decimal(6,3)。

3）货币型

SQL Server 提供了两个专门用于处理货币的数据类型：money 和 smallmoney，它们用十进制数表示货币值。money 数据的数值范围为-2^{63}～$2^{63}-1$，小数位数为 4，长度为 8 字节。smallmoney 数范围为-2^{31}～$2^{31}-1$，小数位数为 4，长度为 4 字节。当向表中插入 money

或 smallmoney 类型的值时，必须在数据前面加上货币表示符号（$），并且数据中间不能有逗号（,）；若货币值为负数，需要在符号$的后面加上负号（–）。例如：$15000.32，$680，$–20000.9088 都是正确的货币数据表示形式。

4）位型

SQL Server 中的位型数据相当于其他语言中的逻辑型数据，它只存储 0 和 1，长度为 1 字节。当为 bit 类型数据赋值为 0 时，其取值为 0，而赋值非 0 时，其取值为 1。若表中某列为 bit 类型数据，则该列不允许为空值，并且不允许对其建立索引。

5）字符型

字符型数据用于存储字符串，字符串中可包括字母、数字和其他特殊符号（如#、@、&等）。在输入字符串时，需将串中的符号用单引号或双引号括起来，如‘abc’、“Abc<cde”。

SQL Server 字符型包括两类：固定长度（char）或可变长度（varchar）字符数据类型。

（1）char[(n)]：定长字符数据类型，其中，n 定义字符型数据的长度，n 在 1 到 8000 之间，默认为 1。当表中的列定义为 char(n)类型时，若实际要存储的串长度不足 n 时，则在串的尾部添加空格以达到长度 n，所以 char(n)的长度为 n。例如某列的数据类型为 char(20)，而输入的字符串为“ahjml922”，则存储的是字符 ahjml922 和 12 个空格。若输入的字符个数超出了 n，则超出的部分被截断。

（2）varchar[(n)]：变长字符数据类型，其中 n 的规定与定长字符型 char 中 n 完全相同，但这里 n 表示的是字符串可达到的最大长度。varchar(n)的长度为输入的字符串的实际字符个数，而不一定是 n。例如，表中某列的数据类型为 varchar(100)，而输入的字符串为“ahjml922”，则存储的就是字符 ahjml922，其长度为 8 字节。

当列中的字符数据值长度接近一致时，例如姓名，此时可使用 char；而当列中的数据值长度显著不同时，使用 varchar 较为恰当，可以节省存储空间。

6）文本型

当需要存储大量的字符数据，如较长的备注、日志信息等等，字符型数据的最长 8000 字符的限制可能使它们不能满足这种应用需求，此时可使用文本型数据。

文本型包括 text 和 ntext 两类，分别对应 ASCII 字符和 Unicode 字符。text 类型可以表示最大长度为 $2^{31}-1$ 字符，其数据的存储长度为实际字符数个字节。ntext 可表示最大长度为 $2^{30}-1$ 个 Unicode 字符，其数据的存储长度是实际字符个数的两倍（以字节为单位）。

7）日期时间型

日期时间型数据用于存储日期和时间信息，包括 datetime 和 smalldatetime 两类。

（1）datetime：datetime 类型可表示的日期范围从 1753 年 1 月 1 日到 9999 年 12 月 31 日的日期和时间数据，精确度为 3%秒。datetime 类型数据长度为 8 字节，日期和时间分别使用 4 字节存储。前 4 字节用于存储 datetime 类型数据中距 1900 年 1 月 1 日的天数，为正数表示日期在 1900 年 1 月 1 日之后，为负数则表示日期在 1900 年 1 月 1 日之前。后 4 字节用于存储 datetime 类型数据中距 12：00（24 小时制）的毫秒数。

（2）smalldatetime：smalldatetime 类型数据可表示从 1900 年 1 月 1 日到 2079 年 6 月 6 日的日期和时间，数据精确到分钟。smalldatetime 类型数据的存储长度为 4 字节，前 2 字节用来存储 smalldatetime 类型数据中日期部分距 1900 年 1 月 1 日之后的天数；后 2 字节用来存储 smalldatetime 类型数据中时间部分距中午 12 点的分钟数。

用户输入 smalldatetime 类型数据的格式与 datetime 类型数据完全相同，只是它们的内部存储不相同。

4. 操作符

操作符是指定怎样组合、比较或改变表达式的值的字符。操作符操作的元素称为操作数。

1）操作符的类型

以 SQL Server 数据库为例，常用操作符主要有以下几种。

（1）算术操作符。

主要有“加（+）”、“减（–）”、“乘（*）”、“除（/）”、“模（%）”

（2）比较操作符。

主要有“等于（=）”、“小于（<）”、“不等于（!=或<>）”、“大于等于（>=）”、“小于等于（<=）”、“不大于（!>）”、“不小于（!<）”

（3）逻辑操作符。

主要有 And、Between、Exists、In、Like、Not、Or

2）操作符的优先级顺序

① 括号

② +（正）、–（负）、~（按位 not）

③ *（乘）、/（除）、%（模）

④ +（加）、+（串联）、–（减）

⑤ 比较运算符：　=、<、!=或<>、>=、<=、!>、!<

⑥ 一元运算符：^（位异或）、&（位与）、|（位或）

⑦ Not

⑧ And

⑨ Between、In、Exists、Like、Or

⑩ =（赋值）

5. 常用函数

函数表示每个输入值对应唯一输出值的一种对应关系。在 SQL Server 数据库中，常用的函数有以下几种。

1）转换函数

转换函数用于数据类型的转换，主要有以下两个。

（1）Convert（数据类型，表达式）。

（2）Cast（表达式 as 数据类型）。

【例 6-1】 将凭证库中的“期间”、“凭证类型代码”、“凭证序号”、“分录序号”四个字段的值合并生成一种新字段值。

方法一：使用 Convert 函数

```
Select Convert(varchar(2),期间)+'-'+Convert(varchar(2),凭证类型代码)+'-'+
Convert(varchar(4),凭证序号)+'-'+Convert(varchar(2),分录序号) As 凭证分录号
From 凭证库
```

方法二：使用 Cast 函数

```
Select Cast(期间 As varchar(2))+'-'+Cast(凭证类型代码 As varchar(2))+'-'+
Cast(凭证序号 As varchar(4))+'-'+Cast(分录序号 As varchar(2)) As 凭证分录号
From 凭证库
```

2）聚合函数

聚合函数主要发挥统计的作用，常用的包括以下 5 个。

（1）Avg（表达式），求平均值。

（2）Count（表达式），统计数目。

（3）Max（表达式），求最大值。

（4）Min（表达式），求最小值。

（5）Sum（表达式），求和。

3）字符串函数

字符串函数主要对字符串类型的数据进行大小写转换和截取等各种操作，常用字符串函数有以下几种。

（1）Len（字符串表达式），返回给定字符串表达式的字符个数，其中不包含尾随空格。

（2）Substring（字符串表达式，子串的开始位置，子串长度），返回部分字符串。

（3）Lower（字符串表达式），把字符串全部转换为小写。

（4）Upper（字符串表达式），把字符串全部转换为大写。

（5）Str（float 数据类型的表达式，表达式总长度，小数点后的位数），把数值型数据转换为字符型数据，数字的小数部分四舍五入。

（6）Ltrim（字符串表达式），把字符串头部的空格去掉。

（7）Rtrim（字符串表达式），把字符串尾部的空格去掉。

（8）Left（字符串表达式，整数），返回从字符串左边开始指定个数的字符。

（9）Right（字符串表达式，整数），返回从字符串右边开始指定个数的字符。

4）日期类函数

SQL Server 提供的日期类函数可以很方便地实现日期的截取和计算，主要有以下几种。

（1）Day（日期表达式），函数返回日期表达式中的日值。

（2）Month（日期表达式），函数返回日期表达式中的月份值。

（3）Year（日期表达式），函数返回日期表达式中的年份值。

（4）Getdate，函数以 datetime 的缺省格式返回系统当前的日期和时间。

（5）Dateadd（日期指定部分，日期间隔，指定日期），函数返回指定日期加上日期间隔产生的新日期。

（6）Datediff（日期指定部分，开始日期，结束日期），函数返回（结束日期一开始日期）指定日期部分。比如，日期指定部分为 day，则函数最终返回的是（结束日期一开始日期）的天数。

（7）Datename（日期指定部分，指定日期），函数以字符串的形式返回日期的指定部分。

（8）Datepart（日期指定部分，日期），函数以整数值的形式返回日期的指定部分。

5）算术函数

算术函数主要是数学计算上的运用，主要有以下几种。

（1）Exp（数值型表达式），返回表达式的指数值。

（2）Log（数值型表达式），返回表达式的自然对数值。

（3）Logl0（数值型表达式），返回表达式的以 10 为底的对数值。

（4）Sqrt（数值型表达式），返回表达式的平方根。

（5）Ceiling（数值型表达式），返回大于或等于所给数字表达式的最小整数。

（6）Floor（数值型表达式），返回小于或等于所给数字表达式的最大整数。

（7）Round（数值型表达式，长度），返回数字表达式并四舍五入为指定的长度或精度，长度为负数是表示小数点的右边。

（8）ABS（数值型表达式），返回表达式的绝对值。

6.2 数据库操作审计应用

数据库基本操作主要包括数据定义、数据维护、数据查询、定义视图等几个方面。数据库系统在审计中的应用主要体现在按审计人员的要求，创建审计文件、对被审数据文件进行排序检索、核对数据文件数据的一致性、汇总相关数据、检查记录是否重复、计算财务指标等方面。本节以模拟的 SQL Server 财务数据为例阐述数据库基本操作，特别是 SQL 查询语句在审计中的应用。

6.2.1 数据定义审计应用

数据定义主要包括表的建立、修改、删除等操作。通过数据定义相关操作，可以对采集到的审计数据结构进行整理，使之满足审计的需求。

1. 创建表

创建表有两种方式，一是使用 Create table 语句创建一个新表，二是利用 SQL 查询语句在已有表的基础上创建一个新表。利用 SQL 创建表在 SQL 查询语句中介绍，此处只介绍利用 Create table 语句创建新表的方法。利用 Create table 创建表的语法格式有两种。

1）语法格式一

```
Create  table 新表名
(列名 数据类型[(大小)][约束]
列名 数据类型[(大小)][约束]
…)
```

2）语法格式二

```
Create  table 新表名
(列名 数据类型[(大小)],
列名 数据类型[(大小)],
```

```
...
[约束])
```

3）注意事项

（1）不能使用 SQL 中的保留字（如 select、updata、order）作为新表名或列名。

（2）新表名或列名中唯一能用的标点符号为下划线。

（3）列名的第一个字符不能是数字。

（4）约束主要有以下几种：

Not null：指明本列数据值非空。

Unique：指明本列数据值不重复。

Primary key：指明本列数据值为主键，不能重复且非空。对于每个表只能创建一个 Primary key 约束。

Default：指明本列数据缺省值。

Check：取值范围条件。

【例 6-2】 创建一张凭证库，其中包括的列：期间，凭证序号，日期，摘要，科目代码，对方科目，借方金额，贷方金额，所附凭证张数，备注。其中主键是“期间”和“凭证序号”。

```
Create table 凭证库
(期间 tinyint not null,
凭证序号 int not null,
日期 smalldatetime not null,
摘要 nvarchar(60) not null,
科目代码 nvarchar(15) not null,
对方科目 nvarchar(50) not null,
借方金额 money not null,
贷方金额 money not null,
所附凭证张数 smallint not null,
备注 nvarchar(100),
Primary key(期间,凭证序号))
```

2. 删除表

当确信不再需要某个表时，可将其删除，删除表时会将与表有关的所有对象一起删除。删除表可以使用 Drop table 语句实现，Drop table 语句的语法格式为：

```
Drop table 表名
```

使用 Drop table 语句可以一次删除多个表，各表名之间用逗号分隔。

3. 修改表结构

SQL Server 数据库中表结构修改使用 Alter 命令，列标题名称更改除外。

1）添加列

添加列的语法格式为：

```
Alter table 表名
```

```
Add 列名 类型
```

2）删除列

删除列的语法格式为：

```
Alter table 表名
Drop column 列名
```

3）改变列属性

改变列属性实际上是在改变列的数据类型，其语法格式为：

```
Alter table 表名
Alter column 列名 新数据类型
```

4）改变列标题名称

改变列标题名称的语法格式为：

```
Sp_rename 'tablename.[oldfieldname]','newfieldname','column'
```

6.2.2 数据维护审计应用

对数据库进行各种更新操作，包括添加数据、修改数据和删除数据，需要使用数据修改语句（Insert、Update、Delete）来完成。

1. 插入数据

Insert 语句用于在表中添加新数据，插入数据包括两种方式，一是一次插入一行（单条记录插入），另一种是一次添加多行（多条记录插入）。

1）插入单条记录

插入单条记录语法格式为：

```
Insert into 表名(列名表) values(列值表)
```

2）插入多条记录

多条记录的插入实际上是将某个查询语句的结果插入到表中，其语法格式为：

```
Insert into 表名 Select 语句
```

2. 删除数据

使用删除语句可以将某些不再需要的记录删除，其语法格式为：

```
Delete from 表名 [Where 条件]
```

3. 修改数据

需要对表中已有数据进行修改时可使用 Update 语句，其语法格式为：

```
Update 表名
Set 列名=值
[Where 条件]
```

6.2.3 数据查询审计应用

数据查询是数据库使用中最广泛的功能之一，其核心是 SQL 语句。SQL 查询是数据库中使用最多的操作，其功能是从数据库中检索满足条件的数据，也是计算机辅助审计中应用非常广泛的审计手段。

1. SQL 查询语句基本语法

```
Select  选择列表
[Into  新表名]
From  源表 1
[Join  源表 2]
[On  联接条件]
[Where  搜索条件]
[Group  by  分组表达式]
[Having  筛选条件]
[Order  by  排序表达式[ASC | DESC]]
```

Select 查询语句中有许多可选项（以上带中括号的语句），各行语句的基本作用如下。

1）Select 选择列表

描述运行结果要显示的列。它是一个逗号分隔的表达式列表。如果选择列表使用“*”表达式将返回源表中的所有列。

2）[Into 新表名]

指定使用结果集来创建新表。注意不能将 SQL 中的保留字如 Select、Update、Order 等作为表名。在表名中唯一能用的标点符号是下划线（_）。

3）From 源表 1

源表 1 包含从中检索到结果集数据的表的部分列表。这些来源可能包括数据库中的表、视图等。另外，From 子句还用在 Delete 和 Update 语句中以定义要修改的表。

4）[Join 源表 2]

Join 是表联接的保留字，源表 2 包含从中检索到结果集数据的表的部分列表。这些来源可能包括数据库中的表、视图等。SQL Server 中支持两张或两张以上的表联接。

5）[On 联接条件]

指定两张表联接的条件。

6）[Where 搜索条件]

Where 子句是一个筛选，它定义了源表中的行要满足 Select 语句的要求所必须达到的条件。只有符合条件的记录才向结果集提供数据。不符合条件的记录中的数据不会被使用。搜索条件既可以是表达式，也可以是子查询。

Where 子句还用在 Delete 和 Update 语句中以定义目标表中要修改的记录。

7）[Group by 分组表达式]

Group by 子句根据分组表达式的值将结果集分成组。

8）[Having 筛选条件]

Having 子句是应用于结果集的附加筛选。逻辑上讲，Having 子句从中间结果集对记录进行筛选，这些中间结果集是用 Select 语句中的 From、Where 或 Group by 子句创建的。Having 子句通常与 Group by 子句一起使用，尽管 Having 子句前面不必有 Group by 子句。搜索条件可以是简单的表达式，也可以是带查询语句的表达式。

9）[Order by 排序表达式[ASC | DESC]]

Order by 子句定义结果集中的记录排列的顺序。排序表达式指定组成排序列表的结果集的列。ASC 和 DESC 关键字用于指定记录是按升序还是按降序排序。默认情况下是升序。

2. SQL 查询审计应用

1）投影查询

投影查询就是允许用户显示所需要的列。

```
Select 列名表 From  源表
```

2）条件查询（Where 条件查询语句）

Where 子句是使用 Select 查询语句时最重要的子句，在 Where 子句中指出了检索的条件，系统进行检索时将按照这些指定的条件对记录进行检索，找出符合条件的记录。

在 SQL 中提供了各种运算符和关键字来实现搜索条件，其中运算符分比较运算符与逻辑运算符，关键字有 In、Between…And、Is Null、Is Not Null 等，在条件中还可以包含 Select 子查询。

【例 6-3】 在凭证库中检索金额在 10 万元以上的凭证。

```
Select  *
From  凭证库
Where 借方金额>100000  Or  贷方金额>100000
```

执行上述 SQL 语句，得到结果如图 6-1 所示。

表“凭证库”中的数据，位置是“财务SQL数据”中、“(local)”上

```
SELECT *
FROM 凭证库
WHERE (借方金额 > 100000) OR
      (贷方金额 > 100000)
```

序号	期间	凭证类型	凭证类型代码	凭证序号	分录序号	日期	摘要	科目代码	对方科目	借方金额	贷方金额
6047	12	转	3	11	30	2003-12-31	期间损益结转	541	321,502,50:	228089.02	0
6053	2	付	2	39	1	2003-2-28	支付修理费	52106	<NULL>	300000	<NULL>
6054	2	付	2	39	2	2003-2-28	支付修理费	10204	<NULL>	<NULL>	300000
6055	10	付	2	40	1	2003-10-31	支付修理费	52106	<NULL>	120000	<NULL>
6056	10	付	2	40	2	2003-10-31	支付修理费	10204	<NULL>	<NULL>	120000
6057	9	收	1	80	1	2003-9-30	收到国华公司房租费	10204	<NULL>	400000	<NULL>
6058	9	收	1	80	2	2003-9-30	收到国华公司房租费	204	<NULL>	<NULL>	400000
6059	8	转	3	12	1	2003-8-31	基建用第一分公司水泥	12305	<NULL>	500000	<NULL>

图 6-1　金额在 10 万元以上的凭证

【例 6-4】 在凭证库检索日期为“2003”年的凭证。

```
Select  *
From 凭证库
Where (Year(日期) = '2003')
```

执行上述 SQL 语句，得到结果如图 6-2 所示。

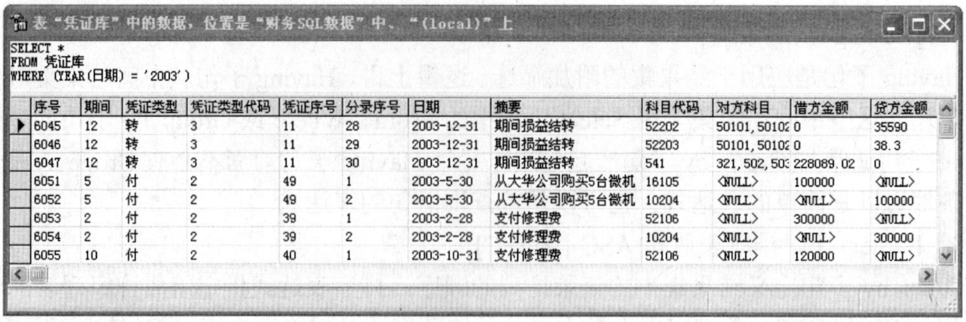

表“凭证库”中的数据，位置是“财务SQL数据”中、“(local)”上

```
SELECT *
FROM 凭证库
WHERE (YEAR(日期) = '2003')
```

序号	期间	凭证类型	凭证类型代码	凭证序号	分录序号	日期	摘要	科目代码	对方科目	借方金额	贷方金额
6045	12	转	3	11	28	2003-12-31	期间损益结转	52202	50101,50102	0	35590
6046	12	转	3	11	29	2003-12-31	期间损益结转	52203	50101,50102	0	38.3
6047	12	转	3	11	30	2003-12-31	期间损益结转	541	321,502,503	228089.02	0
6051	5	付	2	49	1	2003-5-30	从大华公司购买5台微机	16105	<NULL>	100000	<NULL>
6052	5	付	2	49	2	2003-5-30	从大华公司购买5台微机	10204	<NULL>	<NULL>	100000
6053	2	付	2	39	1	2003-2-28	支付修理费	52106	<NULL>	300000	<NULL>
6054	2	付	2	39	2	2003-2-28	支付修理费	10204	<NULL>	<NULL>	300000
6055	10	付	2	40	1	2003-10-31	支付修理费	52106	<NULL>	120000	<NULL>

图 6-2 日期为“2003”年的凭证

3）分组查询（Group by 查询语句）

使用分组查询时，一定要注意分组的标准和分组条件的应用，分组标准必须要有实际意义，分组之前的条件是 Where 关键字，分组之后的条件是 Having 关键字。在分组查询中可以带有嵌套和运算字段。

【例 6-5】 在凭证库中汇总各科目的借方金额和贷方金额。

```
Select 科目代码,Sum(借方金额) As 各科目借方金额汇总,Sum(贷方金额) As 各科目贷方金额汇总
From 凭证库
Group by 科目代码
```

执行上述 SQL 语句，得到结果如图 6-3 所示。

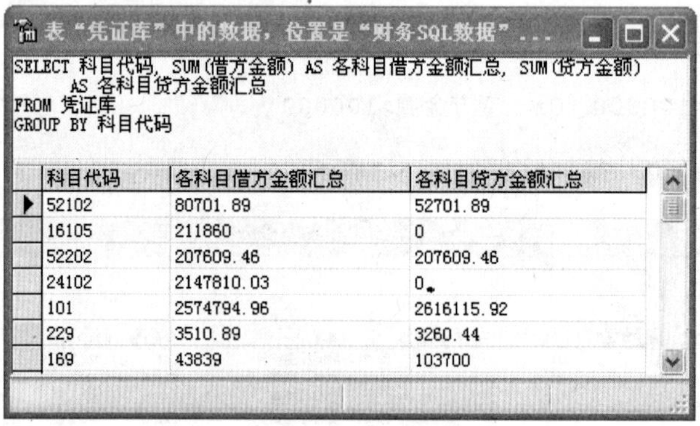

表“凭证库”中的数据，位置是“财务SQL数据”...

```
SELECT 科目代码, SUM(借方金额) AS 各科目借方金额汇总, SUM(贷方金额)
      AS 各科目贷方金额汇总
FROM 凭证库
GROUP BY 科目代码
```

科目代码	各科目借方金额汇总	各科目贷方金额汇总
52102	80701.89	52701.89
16105	211860	0
52202	207609.46	207609.46
24102	2147810.03	0
101	2574794.96	2616115.92
229	3510.89	3260.44
169	43839	103700

图 6-3 科目借、贷方汇总金额

4）筛选查询（Having 查询语句）

Having 筛选条件使用在分组查询中，且作为分组后的筛选条件。分组之前的筛选条件为 Where 条件。其他使用方法与 Where 条件相同。

【例 6-6】 在凭证库中检索汇总各科目借方金额汇总数大于 1000000 的科目代码。

```
Select 科目代码,Sum(借方金额) As 各科目借方金额汇总
From 凭证库
Group by 科目代码
Having Sum(借方金额)>1000000
```

执行上述 SQL 语句，得到结果如图 6-4 所示。

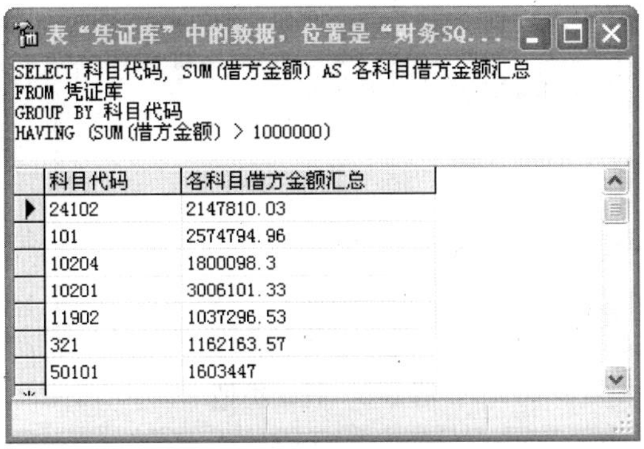

表“凭证库”中的数据，位置是“财务SQ...

```
SELECT 科目代码, SUM(借方金额) AS 各科目借方金额汇总
FROM 凭证库
GROUP BY 科目代码
HAVING (SUM(借方金额) > 1000000)
```

科目代码	各科目借方金额汇总
24102	2147810.03
101	2574794.96
10204	1800098.3
10201	3006101.33
11902	1037296.53
321	1162163.57
50101	1603447

图 6-4　借方金额汇总数大于 1000000 的科目代码

5）排序查询（Order by 查询语句）

从数据库表中查询数据，显示的结果是按照被添加到表时的先后顺序显示，而在实际应用时，往往要求显示的数据按照指的字段进行排序显示，此时可使用 Order by 关键字。使用 Order by 可以实现单级排序，也可以实现多级排序；既可以实现升序排序（ASC），也可以实现降序排序（DESC）。

【例 6-7】 将凭证库按日期的降序排列。

```
Select *
From 凭证库
Order by 日期 DESC
```

执行上述 SQL 语句，得到结果如图 6-5 所示。

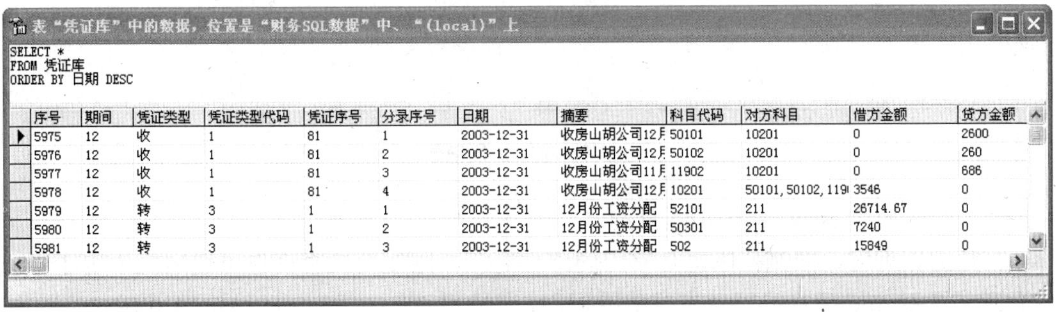

表“凭证库”中的数据，位置是“财务SQL数据”中、“(local)”上

```
SELECT *
FROM 凭证库
ORDER BY 日期 DESC
```

序号	期间	凭证类型	凭证类型代码	凭证序号	分录序号	日期	摘要	科目代码	对方科目	借方金额	贷方金额
5975	12	收	1	81	1	2003-12-31	收房山胡公司12月	50101	10201	0	2600
5976	12	收	1	81	2	2003-12-31	收房山胡公司12月	50102	10201	0	260
5977	12	收	1	81	3	2003-12-31	收房山胡公司11月	11902	10201	0	686
5978	12	收	1	81	4	2003-12-31	收房山胡公司12月	10201	50101, 50102, 119	3546	0
5979	12	转	3	1	1	2003-12-31	12月份工资分配	52101	211	26714.67	0
5980	12	转	3	1	2	2003-12-31	12月份工资分配	50301	211	7240	0
5981	12	转	3	1	3	2003-12-31	12月份工资分配	502	211	15849	0

图 6-5　按日期降序排列

6）无重复字段数据查询（Distinct 查询语句）

在 SQL 投影查询中，可能会有许多重的记录，使用关键字 Distinct 可以从结果集中除去重复的数据。

【例 6-8】 检索凭证库中的凭证类型。

```
Select Distinct 凭证类型
From 凭证库
```

执行上述 SQL 语句，得到结果如图 6-6 所示。

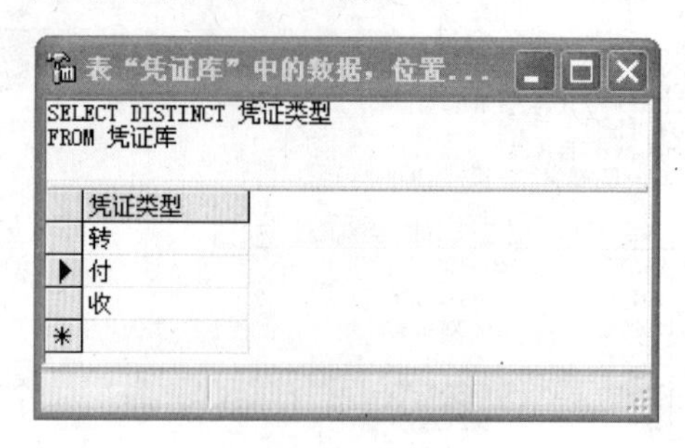

图 6-6 凭证类型

7）范围查询（Top 查询与 Between…And 查询语句）

（1）在查询时，有时只需要检索满足条件的前几条记录，这时可以使用 Top 关键字。直接使用 Top 数字，则显示指定条数的记录，使用 Top 数字 Percent 显示所有满足条件记录的前百分之几条记录。

【例 6-9】 检索凭证库中的前 10 条记录。

```
Select Top 10 *
From 凭证库
```

执行上述 SQL 语句，得到结果如图 6-7 所示。

表“凭证库”中的数据，位置是“财务SQL数据”中、“(local)”上

```
SELECT TOP 10 *
FROM 凭证库
```

序号	期间	凭证类型	凭证类型代码	凭证序号	分录序号	日期	摘要	科目代码	对方科目	借方金额	贷方金额
6045	12	转	3	11	28	2003-12-31	期间损益结转	52202	50101,50102,501	0	35590
6046	12	转	3	11	29	2003-12-31	期间损益结转	52203	50101,50102,501	0	38.3
6047	12	转	3	11	30	2003-12-31	期间损益结转	541	321,502,50301,5	228089.02	0
6051	5	付	2	49	1	2003-5-30	从大华公司购买5	16105	<NULL>	100000	<NULL>

图 6-7 前 10 条记录

（2）限制范围 Between…And 查询。

在数据查询时，限制范围也是常用的条件之一，限制范围查询也可使用大于等于号、小于等于号和 And 运算符三者完成范围限制，但使用 Between…And 结构使用 SQL 语句更清晰。

【例 6-10】 检索凭证库中借方金额大于 9999 且小于 99999 的记录。

```
Select *
From 凭证库
Where 借方金额 Between 9999 And 99999
```

执行上述 SQL 语句，得到结果如图 6-8 所示。

8）模糊查询（Like 查询语句）

在有时候，不清楚所要检索的信息，只知道其中部分信息，此时可使用 Like 检索条件，

使用 Like 查询时，注意通配符“%”的使用。

表“凭证库”中的数据，位置是“财务SQL数据”中、“(local)”上

```
SELECT *
FROM 凭证库
WHERE (借方金额 BETWEEN 9999 AND 99999)
```

序号	期间	凭证类型	凭证类型代码	凭证序号	分录序号	日期	摘要	科目代码	对方科目	借方金额	贷方金额
6065	3	付	2	62	1	2003-3-31	付上年春节职工	52102	<NULL>	28000	<NULL>
6067	11	付	2	52	1	2003-11-30	付职工超额奖金	503	<NULL>	13000	<NULL>
6071	10	付	2	41	1	2003-10-31	支付职工旅游及	503	<NULL>	40000	<NULL>
6075	3	收	1	75	1	2003-3-25	收房租费	101	<NULL>	15000	<NULL>

图 6-8　借方金额大于 9999 且小于 99999 的记录

【例 6-11】 检索凭证库摘要中含“餐费”的记录。

```
Select *
From 凭证库
Where (摘要 Like '%餐费%')
```

执行上述 SQL 语句，得到结果如图 6-9 所示。

表“凭证库”中的数据，位置是“财务SQL数据”中、“(local)”上

```
SELECT *
FROM 凭证库
WHERE (摘要 LIKE '%餐费%')
```

序号	期间	凭证类型	凭证类型代码	凭证序号	分录序号	日期	摘要	科目代码	对方科目	借方金额	贷方金额
6065	3	付	2	62	1	2003-3-31	付上年春节职工	52102	<NULL>	28000	<NULL>
6066	3	付	2	62	2	2003-3-31	付上年春节职工	101	<NULL>	<NULL>	28000
5934	12	付	2	67	1	2003-12-31	熊生明报销餐费	52113	101	54	0
5935	12	付	2	67	2	2003-12-31	熊生明报销餐费	101	52113	0	54

图 6-9　摘要中含“餐费”的记录

【例 6-12】 检索凭证库摘要包含“餐费”而且贷方金额大于 1000 的记录。

```
Select *
From 凭证库
Where 摘要 Like '%餐费%' And 贷方金额>1000
```

执行上述 SQL 语句，得到结果如图 6-10 所示。

表“凭证库”中的数据，位置是“财务SQL数据”中、“(local)”上

```
SELECT *
FROM 凭证库
WHERE (摘要 LIKE '%餐费%') AND (贷方金额 > 1000)
```

序号	期间	凭证类型	凭证类型代码	凭证序号	分录序号	日期	摘要	科目代码	对方科目	借方金额	贷方金额
6066	3	付	2	62	2	2003-3-31	付上年春节职工	101	<NULL>	<NULL>	28000
4458	9	付	2	23	4	2003-9-19	刘吉录报餐费、	101	52113, 52120, 521	0	1653.8
3973	8	付	2	23	3	2003-8-11	刘为民报销深圳	101	52104, 52113	0	4172
3953	8	付	2	14	3	2003-8-8	刘为民报汽油费、	101	52113, 52120	0	1119

图 6-10　摘要包含“餐费”而且贷方金额大于 1000 的记录

【例 6-13】 检索凭证库摘要包含“餐费”或“汽油费”的记录。

```
Select *
From 凭证库
Where (摘要 Like '%餐费%') Or (摘要 Like '%汽油费%')
```

执行上述 SQL 语句，得到结果如图 6-11 所示。

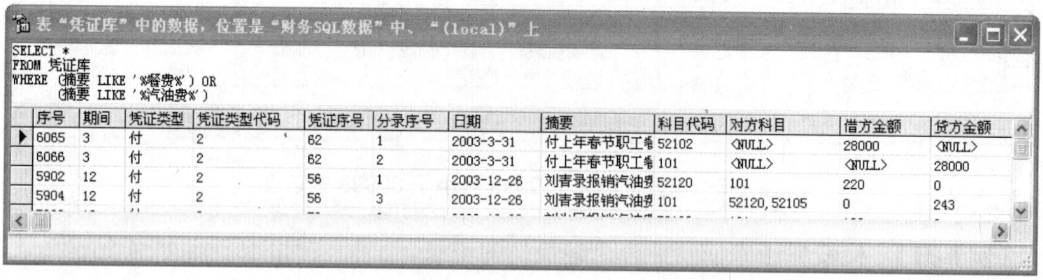

表“凭证库”中的数据，位置是“财务SQL数据”中、“(local)”上

```
SELECT *
FROM 凭证库
WHERE (摘要 LIKE '%餐费%') OR
      (摘要 LIKE '%汽油费%')
```

序号	期间	凭证类型	凭证类型代码	凭证序号	分录序号	日期	摘要	科目代码	对方科目	借方金额	贷方金额
6065	3	付	2	62	1	2003-3-31	付上年春节职工叁	52102	<NULL>	28000	<NULL>
6066	3	付	2	62	2	2003-3-31	付上年春节职工叁	101	<NULL>	<NULL>	28000
5902	12	付	2	56	1	2003-12-26	刘青录报销汽油费	52120	101	220	0
5904	12	付	2	56	3	2003-12-26	刘青录报销汽油费	101	52120, 52105	0	243

图 6-11　摘要包含“餐费”或“汽油费”的记录

9）谓词查询（In 谓词查询与 Exists 谓词查询语句）

（1）In 谓词查询。

在查找特定条件的数据时，如果条件较多，就要用到多个 Or 运算符，以查找满足其中任一条的记录，使用多个 Or 运算符将使 Where 语句过于冗长，此时使用 In 谓词将简化 Where 语句。In 谓词也应用于 Select 子查询中，用于判断一个给定值是否在子查询的结果集中。

【例 6-14】 检索凭证库中期间为 1、2、3 的记录。

```
使用 Or 建立查询
Select *
From 凭证库
Where (期间 = '1') Or (期间 = '2') Or (期间 = '3')
使用 In 建立查询
Select *
From 凭证库
Where 期间 In(1,2,3)
```

执行上述 SQL 语句，得到结果如图 6-12 所示。

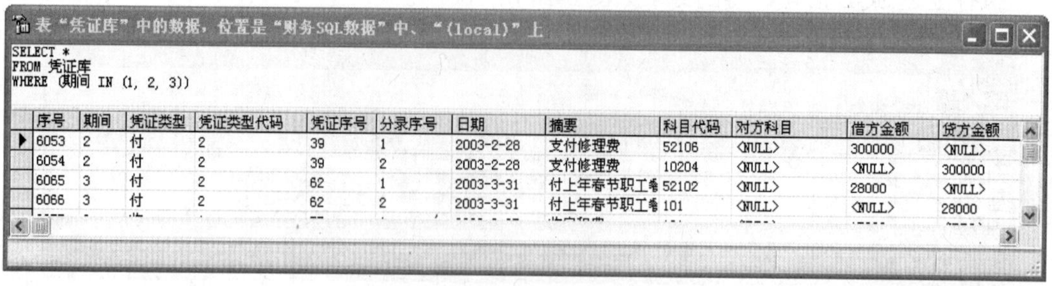

表“凭证库”中的数据，位置是“财务SQL数据”中、“(local)”上

```
SELECT *
FROM 凭证库
WHERE (期间 IN (1, 2, 3))
```

序号	期间	凭证类型	凭证类型代码	凭证序号	分录序号	日期	摘要	科目代码	对方科目	借方金额	贷方金额
6053	2	付	2	39	1	2003-2-28	支付修理费	52106	<NULL>	300000	<NULL>
6054	2	付	2	39	2	2003-2-28	支付修理费	10204	<NULL>	<NULL>	300000
6065	3	付	2	62	1	2003-3-31	付上年春节职工叁	52102	<NULL>	28000	<NULL>
6066	3	付	2	62	2	2003-3-31	付上年春节职工叁	101	<NULL>	<NULL>	28000

图 6-12　期间为 1、2、3 的记录

【例 6-15】 检索凭证库中期间除 1、2、3 的记录。

```
Select *
From 凭证库
Where 期间 Not In(1,2,3)
```

执行上述 SQL 语句，得到结果如图 6-13 所示。

表 "凭证库" 中的数据，位置是 "财务SQL数据" 中、"(local)" 上

```
SELECT *
FROM 凭证库
WHERE (期间 NOT IN (1, 2, 3))
```

序号	期间	凭证类型	凭证类型代码	凭证序号	分录序号	日期	摘要	科目代码	对方科目	借方金额	贷方金额
6045	12	转	3	11	28	2003-12-31	期间损益结转	52202	50101,50102,501	0	35590
6046	12	转	3	11	29	2003-12-31	期间损益结转	52203	50101,50102,501	0	38.3
6047	12	转	3	11	30	2003-12-31	期间损益结转	541	321,502,50301,5	228089.02	0
6051	5	付	2	49	1	2003-5-30	从大华公司购买5	16105	<NULL>	100000	<NULL>

图 6-13 期间除 1、2、3 的记录

（2）Exists 谓词查询。

Exists 谓词主要用在 Select 子查询中，与 In 谓词的区别在于 Exists 用于测试子查询的结果是否为空表，判断 Select 语句是否返回查询结果。若子查询的结果集不为空，则 Exists 返回 True，否则返回 False。Exists 还可以与 Not 结合使用。

【例 6-16】 检索凭证库中没有用到的科目代码（即科目代码表中有的科目而凭证库中没有）。

```
Select 科目代码,科目名称
From 科目代码表
Where Not Exists
(Select 科目代码 From 凭证库
Where 科目代码表.科目代码=凭证库.科目代码)
```

执行上述 SQL 语句，得到结果如图 6-14 所示。

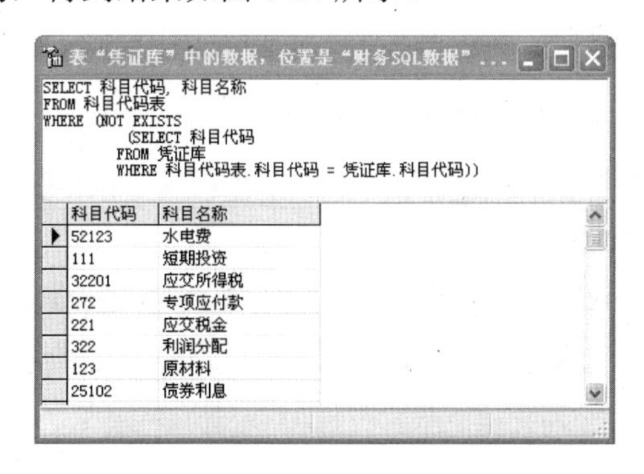

表 "凭证库" 中的数据，位置是 "财务SQL数据" ...

```
SELECT 科目代码, 科目名称
FROM 科目代码表
WHERE (NOT EXISTS
        (SELECT 科目代码
       FROM 凭证库
       WHERE 科目代码表.科目代码 = 凭证库.科目代码))
```

科目代码	科目名称
52123	水电费
111	短期投资
32201	应交所得税
272	专项应付款
221	应交税金
322	利润分配
123	原材料
25102	债券利息

图 6-14 凭证库中未用科目代码

其他实现方式：

```
使用 Not In
Select 科目代码,科目名称
From 科目代码表
```

```
Where 科目代码 Not In
(Select 科目代码 From 凭证库)
```

10）空值查询（Null 查询语句）

空值查询用于筛选字段值为空的记录。

【例 6-17】 显示凭证库中期间非空的记录。

```
Select *
From 凭证库
Where 期间 Is Not Null
```

执行上述 SQL 语句，得到结果如图 6-15 所示。

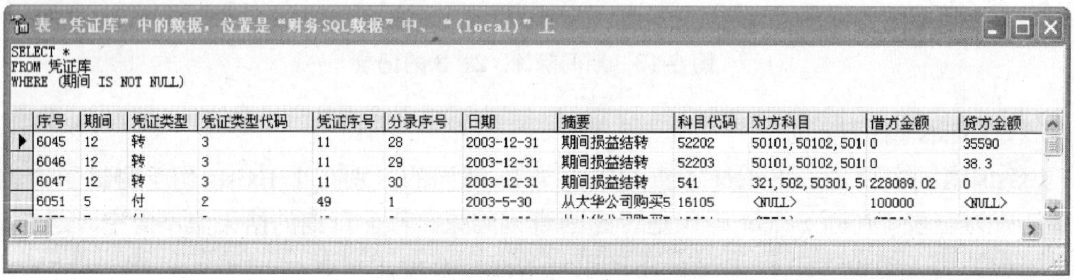

表“凭证库”中的数据，位置是“财务SQL数据”中、“(local)”上

```
SELECT *
FROM 凭证库
WHERE (期间 IS NOT NULL)
```

序号	期间	凭证类型	凭证类型代码	凭证序号	分录序号	日期	摘要	科目代码	对方科目	借方金额	贷方金额
6045	12	转	3	11	28	2003-12-31	期间损益结转	52202	50101, 50102, 501	0	35590
6046	12	转	3	11	29	2003-12-31	期间损益结转	52203	50101, 50102, 501	0	38.3
6047	12	转	3	11	30	2003-12-31	期间损益结转	541	321, 502, 50301, 5	228089.02	0
6051	5	付	2	49	1	2003-5-30	从大华公司购买5	16105	<NULL>	100000	<NULL>

图 6-15 期间为空的记录

11）联接查询

联接就是将多个表中的数据结合到一起的查询。

（1）内联接（Inner Join）：仅显示两个联接表中的匹配行的联接。

【例 6-18】 显示科目代码表和凭证库中科目代码匹配的记录。

```
Select a.*,b.*
From 科目代码表 a
Inner Join 凭证库 b
On a.科目代码=b.科目代码
```

执行上述 SQL 语句，得到结果如图 6-16 所示。

表“凭证库”中的数据，位置是“财务SQL数据”中、“(local)”上

```
SELECT a.*, b.*
FROM 科目代码表 a INNER JOIN
     凭证库 b ON a.科目代码 = b.科目代码
```

科目类	科目代码	科目名称	科目级别	是否末级科	序号	期间	凭证类型	凭证
损益	52202	利息支出	2	1	6045	12	转	3
损益	52203	金融机构手纟	2	1	6046	12	转	3
损益	541	营业外收入	1	1	6047	12	转	3
资产	16105	电子设备	2	1	6051	5	付	2
资产	10204	商业银行	2	1	6052	5	付	2
损益	52106	修理费	2	1	6053	2	付	2
资产	10204	商业银行	2	1	6054	2	付	2
损益	52106	修理费	2	1	6055	10	付	2
资产	10204	商业银行	2	1	6056	10	付	2

图 6-16 内联接查询结果

（2）左联接（Left Join）：显示包括出现在 Join 子句最左边的表中的所有行，不包括右表中不匹配的行。

【例 6-19】 显示科目代码表中的所有记录以及科目代码表和凭证库科目代码相匹配的记录。

```
Select a.*,b.*
From 科目代码表 a
Left Join 凭证库 b
On a.科目代码=b.科目代码
```

执行上述 SQL 语句，得到结果如图 6-17 所示。

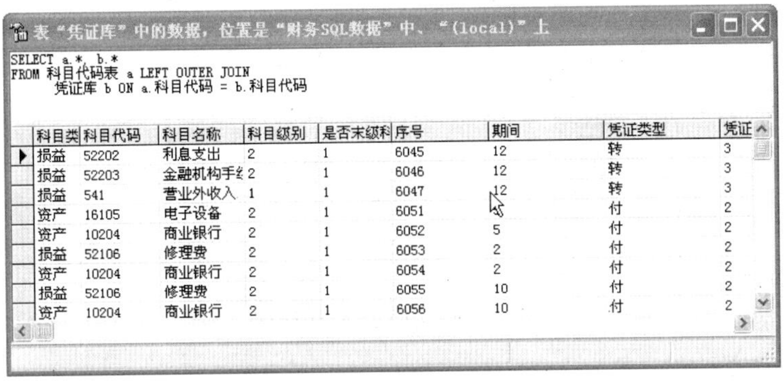

表“凭证库”中的数据，位置是“财务SQL数据”中、“(local)”上

```
SELECT a.*, b.*
FROM 科目代码表 a LEFT OUTER JOIN
     凭证库 b ON a.科目代码 = b.科目代码
```

科目类	科目代码	科目名称	科目级别	是否末级科	序号	期间	凭证类型	凭证
损益	52202	利息支出	2	1	6045	12	转	3
损益	52203	金融机构手纟	2	1	6046	12	转	3
损益	541	营业外收入	1	1	6047	12	转	3
资产	16105	电子设备	2	1	6051		付	2
资产	10204	商业银行	2	1	6052	5	付	2
损益	52106	修理费	2	1	6053	2	付	2
资产	10204	商业银行	2	1	6054	2	付	2
损益	52106	修理费	2	1	6055	10	付	2
资产	10204	商业银行	2	1	6056	10	付	2

图 6-17 左联接查询结果

（3）右联接（Right Join）。

【例 6-20】 显示凭证库中的所有记录以及凭证库和科目代码表中科目代码相匹配的记录。

```
Select a.*,b.*
From 科目代码表 a
Right Join 凭证库 b
On a.科目代码=b.科目代码
```

执行上述 SQL 语句，得到结果如图 6-18 所示。

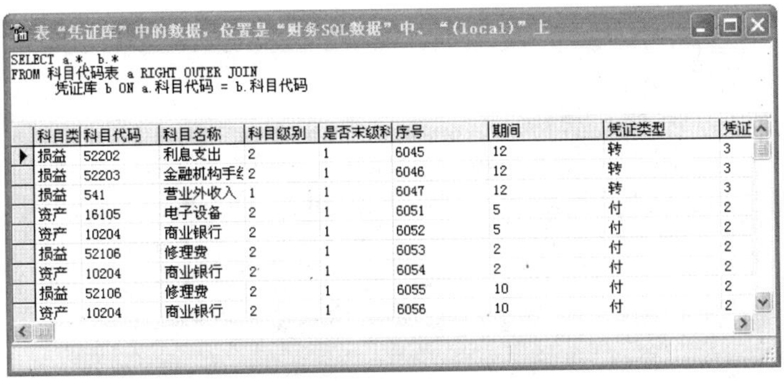

表“凭证库”中的数据，位置是“财务SQL数据”中、“(local)”上

```
SELECT a.*, b.*
FROM 科目代码表 a RIGHT OUTER JOIN
     凭证库 b ON a.科目代码 = b.科目代码
```

科目类	科目代码	科目名称	科目级别	是否末级科	序号	期间	凭证类型	凭证
损益	52202	利息支出	2	1	6045	12	转	3
损益	52203	金融机构手纟	2	1	6046	12	转	3
损益	541	营业外收入	1	1	6047	12	转	3
资产	16105	电子设备	2	1	6051	5	付	2
资产	10204	商业银行	2	1	6052	5	付	2
损益	52106	修理费	2	1	6053	2	付	2
资产	10204	商业银行	2	1	6054	2	付	2
损益	52106	修理费	2	1	6055	10	付	2
资产	10204	商业银行	2	1	6056	10	付	2

图 6-18 右联接查询结果

（4）全联接（Full Outer Join）。

【例 6-21】 显示科目代码表和凭证库中的所有记录。

```
Select a.*,b.*
From 科目代码表 a
Full Outer  Join 凭证库 b
On a.科目代码=b.科目代码
```

执行上述 SQL 语句，得到结果如图 6-19 所示。

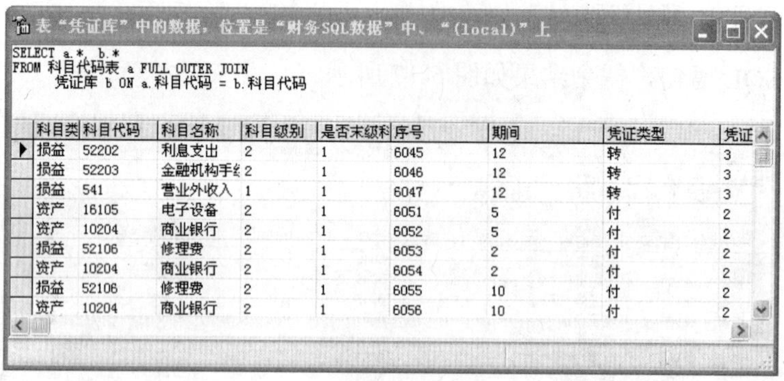

表"凭证库"中的数据，位置是"财务SQL数据"中、"(local)"上

```
SELECT a.*, b.*
FROM 科目代码表 a FULL OUTER JOIN
    凭证库 b ON a.科目代码 = b.科目代码
```

科目类	科目代码	科目名称	科目级别	是否末级科	序号	期间	凭证类型	凭证
损益	52202	利息支出	2	1	6045	12	转	3
损益	52203	金融机构手纟	2	1	6046	12	转	3
损益	541	营业外收入	1	1	6047	12	转	3
资产	16105	电子设备	2	1	6051	5	付	2
资产	10204	商业银行	2	1	6052	5	付	2
损益	52106	修理费	2	1	6053	2	付	2
资产	10204	商业银行	2	1	6054	2	付	2
损益	52106	修理费	2	1	6055	10	付	2
资产	10204	商业银行	2	1	6056	10	付	2

图 6-19　全联接查询结果

（5）自联接查询。

【例 6-22】 筛选总账中含最末级科目的记录。

```
Select *
From 总账 a
Where a.科目代码 In
(Select b.科目代码 From 总账 b
Inner Join 总账 c
On b.科目代码=Left(c.科目代码,len(b.科目代码))
Group by b.科目代码
Having len(b.科目代码)=Max(len(c.科目代码)))
```

执行上述 SQL 语句，得到结果如图 6-20 所示。

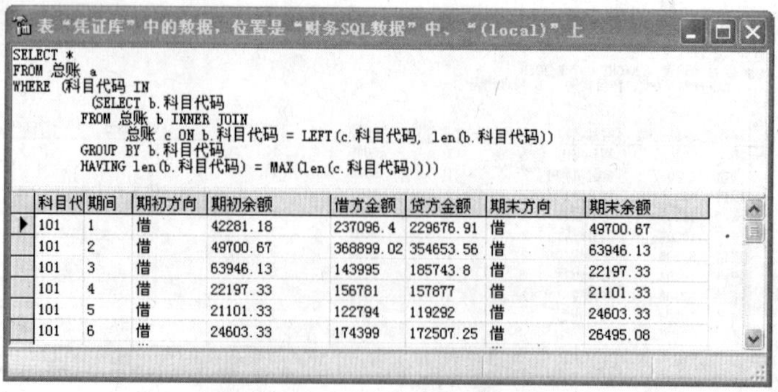

表"凭证库"中的数据，位置是"财务SQL数据"中、"(local)"上

```
SELECT *
FROM 总账 a
WHERE (科目代码 IN
        (SELECT b.科目代码
       FROM 总账 b INNER JOIN
            总账 c ON b.科目代码 = LEFT(c.科目代码, len(b.科目代码))
       GROUP BY b.科目代码
       HAVING len(b.科目代码) = MAX(len(c.科目代码))))
```

科目代	期间	期初方向	期初余额	借方金额	贷方金额	期末方向	期末余额
101	1	借	42281.18	237096.4	229676.91	借	49700.67
101	2	借	49700.67	368899.02	354653.56	借	63946.13
101	3	借	63946.13	143995	185743.8	借	22197.33
101	4	借	22197.33	156781	157877	借	21101.33
101	5	借	21101.33	122794	119292	借	24603.33
101	6	借	24603.33	174399	172507.25	借	26495.08
		…				…	

图 6-20　自联接查询结果

12）嵌套查询（Select 子查询语句）

嵌套查询就是在一个 Select 查询语句中嵌套了另一个 Select 查询语句，即一个 Select

查询结果作为另一个查询的一部分。嵌套查询可以是一张表，也可以是多表。

子查询通常与 In、Exists 谓词及比较运算符结合使用。

子查询结果值不唯一时，使用 In、Exists，值唯一时，可使用比较运算符。

（1）In 子查询。

【例 6-23】 检索凭证库中没有用到的科目代码（即科目代码表中有的科目而凭证库中没有）。

```
Select 科目代码,科目名称
From 科目代码表
Where 科目代码 Not In
(Select 科目代码 From 凭证库)
```

执行上述 SQL 语句，得到结果如图 6-21 所示。

（2）Exists 子查询。

【例 6-24】 检索凭证库中没有用到的科目代码（即科目代码表中有的科目而凭证库中没有）。

```
Select 科目代码,科目名称
From 科目代码表
Where Not Exists
(Select 科目代码 From 凭证库
Where 科目代码表.科目代码=凭证库.科目代码)
```

执行上述 SQL 语句，得到结果如图 6-22 所示。

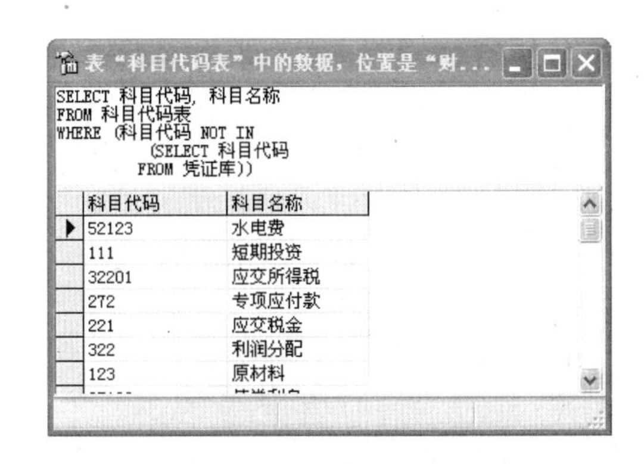

图 6-21　凭证库未用科目代码

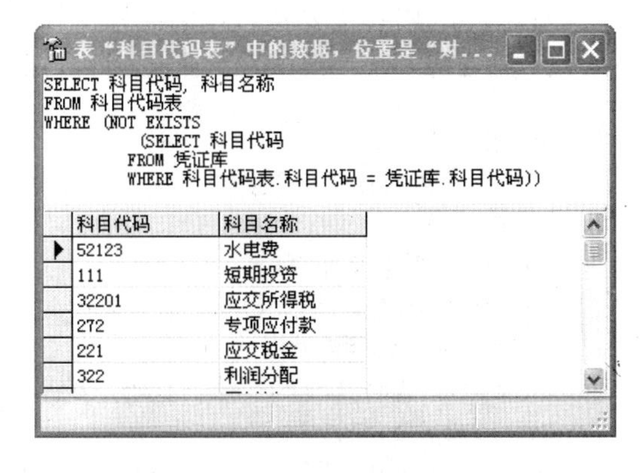

图 6-22　凭证库未用科目代码

（3）比较运算符使用。

如果 Select 子查询结果值唯一，则可使用比较运算符建立 Where 条件。

13）统计查询（统计函数应用）

在审计过程中，审计人员经常需要对记录进行汇总、求平均数、求最值、计数等操作，此时便需要使用聚合函数进行统计分析。

【例 6-25】 在凭证库中汇总每月的借贷方发生额。

```
Select 期间,Sum(借方金额) As 借方金额汇总,Sum(贷方金额) As 贷方金额汇总
```

```
From 凭证库
Group by 期间
Order by 期间
```

执行上述 SQL 语句，得到结果如图 6-23 所示。

【例 6-26】 计算凭证库中的记录数。

```
Select COUNT(*) As 记录条数
From 凭证库
Where (分录序号 = '1')
```

执行上述 SQL 语句，得到结果如图 6-24 所示。

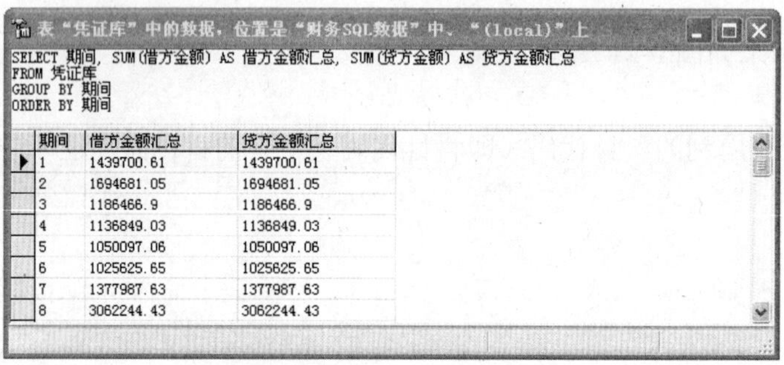

表“凭证库”中的数据，位置是“财务SQL数据”中、“(local)”上

```
SELECT 期间, SUM(借方金额) AS 借方金额汇总, SUM(贷方金额) AS 贷方金额汇总
FROM 凭证库
GROUP BY 期间
ORDER BY 期间
```

期间	借方金额汇总	贷方金额汇总
1	1439700.61	1439700.61
2	1694681.05	1694681.05
3	1186466.9	1186466.9
4	1136849.03	1136849.03
5	1050097.06	1050097.06
6	1025625.65	1025625.65
7	1377987.63	1377987.63
8	3062244.43	3062244.43

图 6-23 各月借贷方发生额

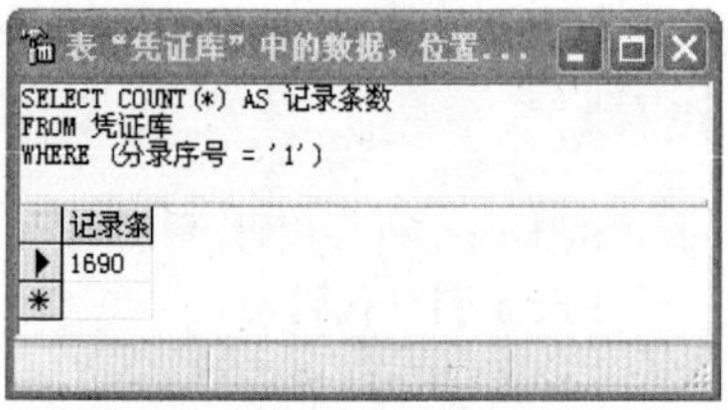

表“凭证库”中的数据，位置...

```
SELECT COUNT(*) AS 记录条数
FROM 凭证库
WHERE (分录序号 = '1')
```

记录条
1690

图 6-24 记录总数

14）查询去向（Into 去向查询语句）

利用 Into 语句可以将查询的结果保存生成一张新表。

【例 6-27】 筛选总账中含最末级科目的记录生成一张新表“末级科目”。

```
Select *
Into 末级科目
From 总账 a
Where a.科目代码 in
(Select b.科目代码 From 总账 b
Inner Join 总账 c
On b.科目代码=Left(c.科目代码,len(b.科目代码))
Group by b.科目代码
Having len(b.科目代码)=Max(len(c.科目代码)))
```

6.2.4 Case 语句审计应用

Case 语句计算条件列表并返回多个可能的结果之一，其基本语法格式如下。

```
Case 表达式
    When 条件表达式 then 结果表达式
    …
    Else
```

```
        结果表达式
    End
```

或者

```
Case
  When 条件表达式 then 结果表达式
   …
   Else
      结果表达式
End
```

【例 6-28】 把凭证库中的借方金额、贷方金额生成到同一列中，以“发生额”字段表示，借为正、贷为负。

```
    Select 序号,凭证类型,凭证类型代码,凭证序号,分录序号,日期,摘要,b.科目代码,b.科目名称,
对方科目,所附凭证张数,发生额=Case When 借方金额<>0 then 借方金额
    Else -贷方金额
    End
    From 凭证库 a Join 科目代码表 b On a.科目代码=b.科目代码
```

执行上述 SQL 语句，得到结果如图 6-25 所示。

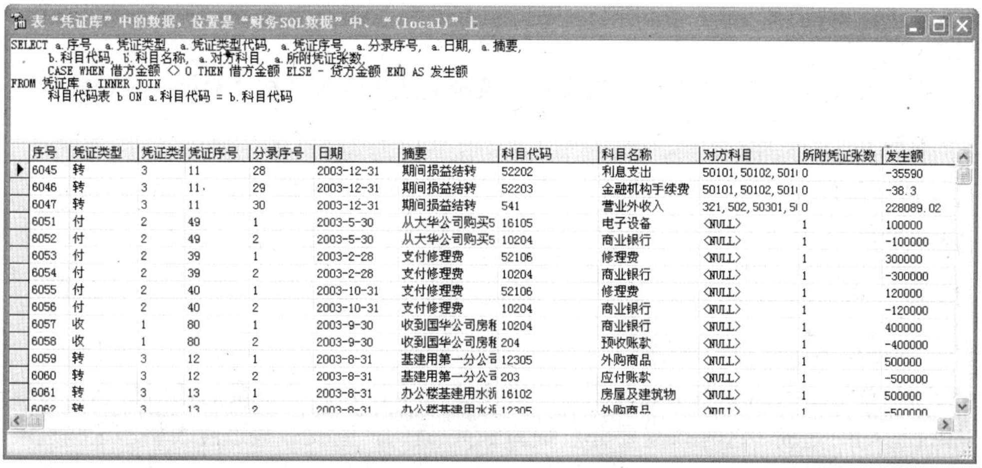

表“凭证库”中的数据，位置是“财务SQL数据”中、“(local)”上

```
SELECT a.序号, a.凭证类型, a.凭证类型代码, a.凭证序号, a.分录序号, a.日期, a.摘要,
      b.科目代码, b.科目名称, a.对方科目, a.所附凭证张数,
      CASE WHEN 借方金额 <> 0 THEN 借方金额 ELSE - 贷方金额 END AS 发生额
FROM 凭证库 a INNER JOIN
      科目代码表 b ON a.科目代码 = b.科目代码
```

序号	凭证类型	凭证类型	凭证序号	分录序号	日期	摘要	科目代码	科目名称	对方科目	所附凭证张数	发生额
6045	转	3	11	28	2003-12-31	期间损益结转	52202	利息支出	50101,50102,501	0	-35590
6046	转	3	11	29	2003-12-31	期间损益结转	52203	金融机构手续费	50101,50102,501	0	-38.3
6047	转	3	11	30	2003-12-31	期间损益结转	541	营业外收入	321,502,50301,5	0	228089.02
6051	付	2	49	1	2003-5-30	从大华公司购买5	16105	电子设备	<NULL>	1	100000
6052	付	2	49	2	2003-5-30	从大华公司购买5	10204	商业银行	<NULL>	1	-100000
6053	付	2	39	1	2003-2-28	支付修理费	52106	修理费	<NULL>	1	300000
6054	付	2	39	2	2003-2-28	支付修理费	10204	商业银行	<NULL>	1	-300000
6055	付	2	40	1	2003-10-31	支付修理费	52106	修理费	<NULL>	1	120000
6056	付	2	40	2	2003-10-31	支付修理费	10204	商业银行	<NULL>	1	-120000
6057	收	1	80	1	2003-9-30	收到国华公司房租	10204	商业银行	<NULL>	1	400000
6058	收	1	80	2	2003-9-30	收到国华公司房租	204	预收账款	<NULL>	1	-400000
6059	转	3	12	1	2003-8-31	基建用第一分公司	12305	外购商品	<NULL>	1	500000
6060	转	3	12	2	2003-8-31	基建用第一分公司	203	应付账款	<NULL>	1	-500000
6061	转	3	13	1	2003-8-31	办公楼基建用水泥	16102	房屋及建筑物	<NULL>	1	500000
6062	转	3	13	2	2003-8-31	办公楼基建用水泥	12305	外购商品	<NULL>	1	-500000

图 6-25　结构转换结果

6.2.5　数据视图审计应用

数据视图具有的独特优势使它在计算机审计中的应用非常广泛。

1．视图的概念及优点

当审计人员需要多次进行同一个查询，而存储空间又很有限的情况下，视图就是最好的选择。视图看起来与普通的表没有什么区别，但并不是实际的表，而是在实际表的基础上，通过 Select 查询语句形成的虚拟表，它几乎不占用数据库空间。视图也可以看作是 Select 查询语句的副本，每次查看视图的时候，数据库系统都会调用作为视图基础的 Select 查询

语句。

视图具有以下几方面的优点。

（1）方便查看。不管表的结构如何，不管视图背后的 Select 查询语句有多复杂，查看视图的人只需要输入“Select * From 视图名”就可以轻松查看视图中包含的数据。

（2）利于数据的管理，尤其是对数据访问权的管理。如果只想为某些用户提供部分的数据信息，就可以将这部分信息生成视图供用户查看，同时用户也不能修改实际的数据表。

（3）有一定的独立性。如果对视图的基本表有改动，随后从视图中选择数据，那些改动将会被反映出来而无须更改生成视图的语句。

（4）节省存储空间。视图只是 Select 查询语句的副本，占用的存储空间大大小于生成的新表，特别是在数据量较大的情况下。

2．视图操作

1）创建视图

视图的创建非常简单，不仅仅可以从单张基本表中创建，也可以通过多表的联接或者子查询等方式创建。

基本语法：

```
Create view 视图名
[(列表名)]
As
Select 查询语句
```

注意：在 Select 查询语句的列名表中如果带表达式（如：列名*100）的情况下，视图的列名不能省。

2）删除视图

基本语法：

```
Drop view 视图名
```

3．数据视图审计应用举例

Select 查询语句的功能虽然强大，但并不是说审计人员要检索的任何信息都可以在一条 Select 语句中完成。这时候需要分步编写 SQL 语句，生成一些过渡表格。这些过渡表格大多只用一次，之后就没有重复利用的价值了，如果都存储在数据库里，一来浪费存储空间，二来影响审计人员的操作。利用视图就可以解决这一问题。

【例 6-29】 利用凭证库生成“累计借贷方发生额”视图。

```
Create view 累计借贷方发生额
As
Select Sum(借方金额) As 累计借方发生额,Sum(贷方金额) As 累计贷方发生额
From 凭证库
```

或者

```
Create view 累计借贷方发生额(累计借方发生额,累计贷方发生额)
As
```

```
Select Sum(借方金额),Sum(贷方金额)
From 凭证库
```

【例 6-30】 分析比较年末和年初的各总账科目的异常变动。

在此例中，需要分别计算出年初和年末的余额，然后再进行比较。

（1）计算总账科目的年初余额。

```
Create view 总账科目年初余额表
As
Select a.科目代码,科目名称,期初方向,期初余额 As 年初余额
From 总账 a
Join 科目代码表 b
On a.科目代码=b.科目代码
Where 期间=1
And len(a.科目代码)=3
```

（2）计算总账科目的年末余额。

```
Create view 总账科目年末余额表
As
Select a.科目代码,科目名称,期末方向,期末余额 As 年末余额
From 总账 a
Join 科目代码表 b
On a.科目代码=b.科目代码
Where 期间=12
And len(a.科目代码)=3
```

（3）年初年末余额比较。

```
Select a.科目代码,b.科目名称,
余额增长率=case
When 年初余额<>0 And 期初方向=期末方向 then (年末余额-年初余额)/年初余额
When 年初余额<>0 And 期初方向!=期末方向 then(年末余额+年初余额)/年初余额
Else Null
End
From 总账科目年初余额表 a
Join 总账科目年末余额表 b
On a.科目代码=b.科目代码
```

6.2.6　数据库技术审计应用综合举例

审计人员在掌握了数据库知识，特别是 SQL 查询语句的基础上，就可以根据自己的思路和需求利用数据库开展审计工作。本节以 SQL Server 数据为例，以一个模拟财务数据为基础简要阐述一下数据库技术审计应用的基本思路。

1. 案例说明

本案例为企业财务审计模拟案例，所采集的数据库类型为 SQL Server 数据库，采集后

的数据库名称为“财务 SQL 数据”，采集的数据表包括凭证库、总账库、科目代码库等。使用时通过 SQL Server 数据库的附加功能将其添加到 SQL Server 数据库中，然后开展审计工作。

2. 财务数据的完整性校验

审计数据的完整性校验至关重要，是进行数据查询分析的前提，如果数据完整性得不到保证，之后所做的一切都是徒劳的。数据完整性校验的方法很多，主要看数据本身所具有的特性以及相互之间的关联关系。在业务数据的完整性校验中，由于业务数据的多样性，每个行业数据的特殊性，数据校验的方式较多。通常，审计人员可以对原始数据的某些字段求和、求记录条数等，将结果与相关统计报表核对以验证数据完整性。

对于一般的财务数据而言，主要包含的数据有凭证库、总账和科目代码表等，可根据“借贷平衡”这一会计学原理对财务数据的完整性进行验证。

1）“凭证库”的完整性校验

凭证库完整性可通过检验借、贷方的发生额是否相等以及检查凭证是否有断号来加以校验。

（1）借、贷方的发生额是否相等。

借、贷方的发生额是否相等可通过以下 SQL 查询语句实现。

```
Select Sum(借方金额) 借方发生额,Sum(贷方金额) 贷方发生额 From 凭证库
```

执行上述查询，结果显示借、贷方发生额的差额非常大，而造成如此大的差额的可能性有几种：一是有冗余或者数据不完整。此时审计人员应关注数据的时间范围、地域范围是否符合审计的需要。二是计算的方法不正确。

这在对业务数据的审计中较常发生，因为不同行业的数据库设计差别很大，而字段字面理解与实际意义不一定相同，各个标识位的取值也相当复杂。这种情况下，审计人员应该向被审计单位的相关人员或数据库设计者寻求帮助，弄清楚计算公式或方法。

在此例中，审计人员通过对“凭证库”的浏览，发现“期间”有些取值不在 1～12 月之间。此时可以查询“凭证库”中究竟有哪些会计期间。

会计期间查询的 SQL 语句如下：

```
Select Distinct 期间 From 凭证库
```

执行上述查询，确有不在 1～12 月的期间，这些期间有 0、20、21。根据运行结果，审计人员可以尝试剔除“期间”值为 0、20、21 的数据后再进行验证。

排除非 1~12 月期间的借、贷方的发生额是否相等的 SQL 语句如下：

```
Select Sum(借方金额) 借方发生额,Sum(贷方金额) 贷方发生额
From 凭证库
Where 期间 Not In(0,20,21)
```

或

```
Select Sum(借方金额) 借方发生额,Sum(贷方金额) 贷方发生额
From 凭证库
Where 期间 Between  1  And  12
```

通过上述验证，借、贷发生额相等，下一步应删除冗余的数据。

删除冗余数据的SQL语句如下：

```
Delete From 凭证库
Where 期间 In(0,20,21)
```

（2）校验每月的凭证是否有断号。

由于每个期间的凭证序号都是从1开始逐一递增，所以审计人员可能通过查询每个期间最大凭证序号，与每个期间的凭证数量核对，即可判断凭证是否存在断号现象。

SQL查询语句如下：

```
Select 期间,凭证类型,Max(凭证序号) 最大凭证序号,Count(Distinct 凭证序号) 凭证数量
From 凭证库
Group by 期间,凭证类型
Order by 期间
```

执行上述SQL语句，得到结果如图6-26所示。

2）总账完整性校验

通过汇总总账中最末级科目的借贷发生额，看是否相等。SQL查询语句如下：

```
Select Sum(借方金额) 借方发生额,Sum(贷方金额) 贷方发生额
From 总账 a
Where a.科目代码 in
(Select b.科目代码 From 总账 b
Inner Join 总账 c
On b.科目代码=Left(c.科目代码,len(b.科目代码))
Group by b.科目代码
Having len(b.科目代码)=Max(len(c.科目代码)))
```

执行上述SQL语句，得到结果如图6-27所示。

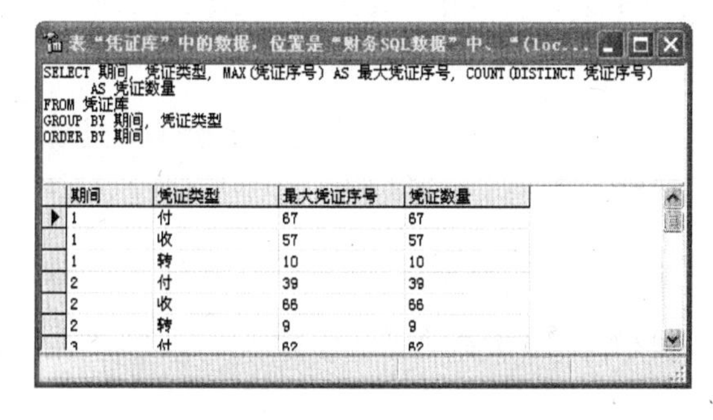

图6-26 凭证断号检验结果

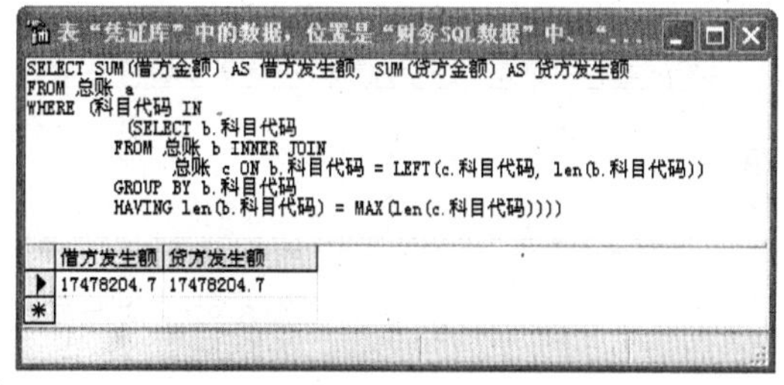

图6-27 总账完整性校验结果

3）科目代码表完整性校验

“科目代码表”的完整性校验需要在“凭证库”完整性校验完毕后，通过查询“科目代码表”中是否包含“凭证库”中所有的科目来初步校验其完整性。

```
Select 凭证库.科目代码 From 凭证库
```

```
Where 凭证库.科目代码 Not In
(Select 科目代码表.科目代码 From 科目代码表)
```

执行上述 SQL 语句，得到结果如图 6-28 所示。

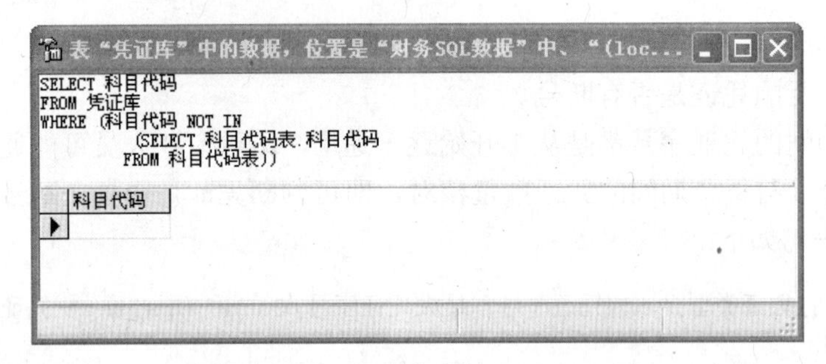

图 6-28 科目代码表完整性校验结果

3. 确定审计重点

确定审计重点，可通过审计敏感性事件进行筛选、分析，从而确定审计的重点对象。以企业应付账款大额增加与减少业务的敏感性事件的筛选查询为例说明筛选方法。

根据审计经验方法库，应付账款、应收账款发生金额增加或减少 10000 元的业务，即可将其列为敏感事件，应作重点审查。

筛选查询 SQL 语句如下：

```
Select *
From 凭证库
Where (借方金额 > 10000) And (科目代码 Like '203')  Or  (贷方金额 > 10000) And
(科目代码 Like '203')
```

执行上述 SQL 语句，得到检查结果如图 6-29 所示。

表“总账”中的数据，位置是“财务SQL数据”中、“(local)”上

```
SELECT *
FROM 凭证库
WHERE (借方金额 > 10000) AND (科目代码 LIKE '203') OR
      (贷方金额 > 10000) AND (科目代码 LIKE '203')
```

序号	期间	凭证类型	凭证类	凭证序号	分录序号	日期	摘要	科目代码	对方科目	借方金额	贷方金额	所附凭证
6060	8	转	3	12	2	2003-8-31	基建用第一分公司水泥	203	<NULL>	<NULL>	500000	1
6064	12	收	1	82	2	2003-12-31	收吉安公司借款利息	203	<NULL>	<NULL>	200000	1

图 6-29 应付账款大额增加、减少业务

在应付账款业务审计过程中，可将筛选出的经济业务作为重点业务进行审查。

4. 固定资产折旧计提检查

对固定资产折旧计提是否合理，可通过比较检查固定资产与累计折旧各月变动情况，计算本期计提的折旧额占固定资产原值的比率，分析折旧计提额的合理性和准确性。

1）创建累计折旧月累计发生额视图

```
Create view 累计折旧发生额 As Select 期间，贷方金额-借方金额  As 累计折旧发生额
```

```
From 总账
Where 科目代码 Like '165'
```

2）固定资产增减变化与累计折旧发生额比较

```
Select a.期间, a.期初余额 As 固定资产期初, a.借方金额 As 固定资产增加, a.贷方金额 As 固定资产减少, a.期末余额 As 固定资产期末, b.累计折旧发生额, b.累计折旧发生额/ a.期末余额*100 As 折旧占固定资产比率
From 总账 a Inner Join 累计折旧发生额 b On a.期间 = b.期间
Where (a.科目代码 = '161')
Order by a.期间
```

执行上述 SQL 语句，得到检查结果如图 6-30 所示。

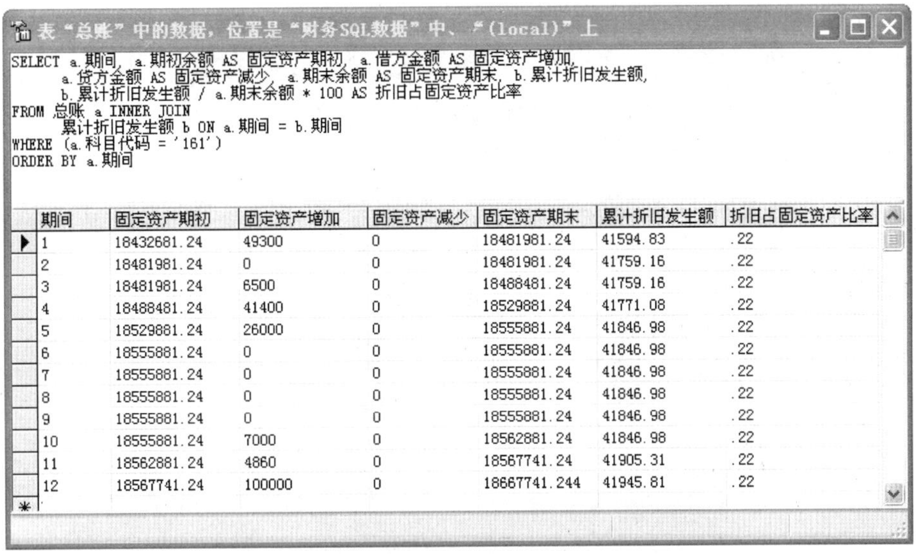

表“总账”中的数据，位置是“财务SQL数据”中、“(local)”上

```
SELECT a.期间, a.期初余额 AS 固定资产期初, a.借方金额 AS 固定资产增加,
      a.贷方金额 AS 固定资产减少, a.期末余额 AS 固定资产期末, b.累计折旧发生额,
      b.累计折旧发生额 / a.期末余额 * 100 AS 折旧占固定资产比率
FROM 总账 a INNER JOIN
      累计折旧发生额 b ON a.期间 = b.期间
WHERE (a.科目代码 = '161')
ORDER BY a.期间
```

期间	固定资产期初	固定资产增加	固定资产减少	固定资产期末	累计折旧发生额	折旧占固定资产比率
1	18432681.24	49300	0	18481981.24	41594.83	.22
2	18481981.24	0	0	18481981.24	41759.16	.22
3	18481981.24	6500	0	18488481.24	41759.16	.22
4	18488481.24	41400	0	18529881.24	41771.08	.22
5	18529881.24	26000	0	18555881.24	41846.98	.22
6	18555881.24	0	0	18555881.24	41846.98	.22
7	18555881.24	0	0	18555881.24	41846.98	.22
8	18555881.24	0	0	18555881.24	41846.98	.22
9	18555881.24	0	0	18555881.24	41846.98	.22
10	18555881.24	7000	0	18562881.24	41846.98	.22
11	18562881.24	4860	0	18567741.24	41905.31	.22
12	18567741.24	100000	0	18667741.244	41945.81	.22

图 6-30　固定资产增减变化与累计折旧发生额比较

5. 计算分析企业各月产品销售毛利率

1）分析模型

销售毛利率=（销售收入–销售成本）/销售收入*100%

产品销售毛利率的计算主要取自企业当月产品销售收入及产品销售成本的有关数据，关键是要计算出各月形成的销售收入和销售成本。

2）创建销售收入表

```
Select 科目代码,期间,借方金额,贷方金额
Into 销售收入表
From 总账
Where 科目代码 Like '501'
Order by 期间
```

3）创建销售成本表

```
Select 科目代码,期间,借方金额,贷方金额
```

```
Into 销售成本表
From 总账
Where 科目代码 Like '502'
Order by 期间
```

4）计算机各月产品销售毛利率

```
Select 销售收入表.期间, 销售收入表.贷方金额 As 销售收入, 销售成本表.借方金额 As 销售成本, (销售收入表.贷方金额 - 销售成本表.借方金额) / 销售收入表.贷方金额 * 100 As 产品销售毛利率
From 销售收入表 Inner Join 销售成本表 On 销售收入表.期间 = 销售成本表.期间
Order by 销售收入表.期间
```

执行上述 SQL 语句，得到结果如图 6-31 所示。

表 "总账" 中的数据，位置是 "财务SQL数据" 中、"(local)" 上

```
SELECT 销售收入表.期间, 销售收入表.贷方金额 AS 销售收入,
      销售成本表.借方金额 AS 销售成本, (销售收入表.贷方金额 - 销售成本表.借方金额)
      / 销售收入表.贷方金额 * 100 AS 产品销售毛利率
FROM 销售收入表 INNER JOIN
      销售成本表 ON 销售收入表.期间 = 销售成本表.期间
ORDER BY 销售收入表.期间
```

期间	销售收入	销售成本	产品销售毛利率
1	158769	32456.41	79.55
2	102359	24284.44	76.27
3	243503.9	64901.22	73.34
4	186887	32775.71	82.46
5	198275	33100.02	83.3
6	181982	51844.2	71.51
7	185508	41710.71	77.51
8	200722	33612.2	83.25
9	198502	44143.99	77.76
10	195718	26286.16	86.56
11	178563	37212.6	79.15
12	176688	38345.1	78.29

图 6-31 产品销售毛利率

从图中可以看出，企业各月产品销售毛利率基本平衡，最高为 86.56%，最低为 71.51%，未出现较大波动。

6. 坏账准备计提合理性审查

审计人员应通过计算坏账准备余额占应收账款余额的比例，并和前期相关比例比较，检查分析其差异，以确定计提坏账的合理性。

1）创建坏账准备视图

```
Create view 坏账准备 As Select 期间, 期初余额,贷方金额,借方金额,期末余额
From 总账
Where 科目代码 Like '114'
```

2）计算比较各月坏账准备的计提比率

```
Select 总账.期间, 总账.期初余额 As 应收期初, (总账.借方金额-总账.贷方金额) As 应收变化, 总账.期末余额 As 应收期末, 坏账准备.期初余额 As 坏账准备期初, (坏账准备.贷方金额-坏账准备.借方金额) As 坏账准备变化, 坏账准备.期末余额 As 坏账准备期末, 坏账准备.期末余额/总账.期末余额* 100 As 坏账准备计提比率
```

```
From 总账 Inner Join  坏账准备 On 总账.期间 = 坏账准备.期间
Where (总账.科目代码 = '113')
Order by 总账.期间
```

执行上述查询，结果如图 6-32 所示。

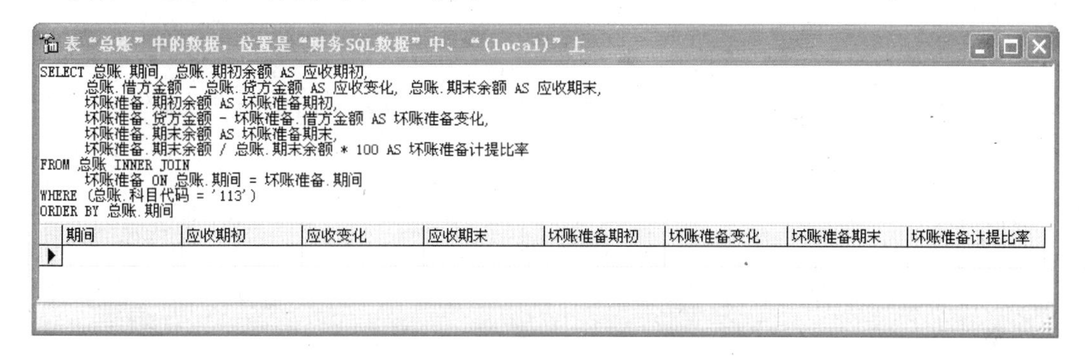

图 6-32　各月坏账准备的计提比率

图中未显示任何信息，经进一步对应收账款和坏账准备科目进行查询，发现企业并未提取坏账准备金。

7. 大额现金收支业务审查

审计人员应抽查大额现金收支的原始凭证，检查其内容是否完整，有无授权批准等，并与相关账户进账情况进行核对。根据按照现金管理条例规定，单位间的现金结算业务不能超过 1000 元，超过的，要用转账方式结算。

用现金结算业务筛选的 SQL 查询语句如下（排除与银行存款 102、其他应收款 119、应收账款（个人款）11302 科目相关业务）：

```
Select *
From 凭证库
Where (科目代码 Like  '101%')  And  (借方金额>1000)  And  (对方科目 Not Like
'102%')  And  (对方科目 Not Like  '%11302%')  And  (对方科目 Not Like '%119%')
Or (科目代码 Like '101%') And  (贷方金额>1000)  And  (对方科目 Not Like  '102%')
And  (对方科目 Not Like  '%11302%')  And  (对方科目 Not Like  '%119%')
```

执行上述 SQL 语句，得到结果如图 6-33 所示。

表"凭证库"中的数据，位置是"财务SQL数据"中、"(local)"上

```
SELECT *
FROM 凭证库
WHERE (科目代码 LIKE '101%') AND (借方金额 > 1000) AND (对方科目 NOT LIKE '102%')
      AND (对方科目 NOT LIKE '%11302%') AND (对方科目 NOT LIKE '%119%') OR
      (科目代码 LIKE '101%') AND (贷方金额 > 1000) AND (对方科目 NOT LIKE '102%') AND
      (对方科目 NOT LIKE '%11302%') AND (对方科目 NOT LIKE '%119%')
```

序号	期间	凭证类型	凭证类型代	凭证序号	分录序号	日期	摘要	科目代码	对方科目	借方金额	贷方金额
5888	12	收	1	72	2	2003-12-31	收难得汽修厂欠交房租费	101	50101	10000	0
5906	12	付	2	57	2	2003-12-28	胡春光报销宏州市旅差费	101	50304	0	1499
5912	12	付	2	59	2	2003-12-30	支付李亿美2003年集资款利息	101	52202	0	20940
5914	12	付	2	60	2	2003-12-30	归还李亿美集资款本金	101	20102	0	50000
5926	12	付	2	65	2	2003-12-31	支付元旦过节费	101	211	0	4100
5968	12	付	2	72	4	2003-12-31	12月医疗费电话费报销	101	52105, 52120, 214	0	4218
5972	12	付	2	73	4	2003-12-31	12月医疗费电话费报销	101	50303, 502, 214	0	3525

图 6-33　现金结算业务筛选结果

审计人员应充分利用 SQL 查询语句对数据进行筛选，查找审计线索，然后结合审计人员的经验找出审计重点，开展延伸审计，获取审计证据。

思考练习题

1. 如何利用 SQL 查询语句验证凭证库的完整性？写出相关 SQL 查询语句。
2. SQL 查询语句的结构如何？

第7章 审计软件应用实务

近年来，使用审计软件开展审计工作已成为发展趋势。审计软件运用现代化的审计技术与方法开展审计工作，改变现有的审计作业手段，使审计作业自动化、通用化、标准化、规范化，最终实现与国际接轨。

7.1 审计软件概述

软件是为管理和使用计算机而编写的各种程序的总称。审计软件是指用于审查电算化会计信息系统或利用计算机辅助审计而编写的各种计算机程序。审计软件可以使审计人员避免手工抽样的低效率和审计证据不足的问题，也可以解决手工抽样不规范和样本不足的问题，可以大大降低审计风险，减轻劳动强度，提高工作效率。

7.1.1 审计软件分类

审计软件按其应用目的和范围不同，主要分为现场作业软件、法规软件、专用审计软件、审计管理软件等四种类型。其中，审计作业软件是审计工作的主流，是审计工作的主要工具，审计作业软件的发展代表着计算机审计软件的发展水平。

1. 现场作业软件

现场作业软件是指审计人员在审计一线进行审计作业时应用的软件，如审易软件、金剑审计软件、现场审计实施系统、审计之星等。现场作业软件主要功能体现在以下几方面。

（1）能处理会计电子数据。

（2）能运用审计工具对会计电子数据进行审计分析，包括审计的查账、查询、图表分析等。

（3）能在工作底稿制作平台制作生成审计工作底稿。

2. 法规软件

法规软件主要是为审计人员提供一种咨询服务，在浩瀚如海的各种财经法规中找出审计人员需要的法规条目及内容。其主要功能体现在以下几方面。

（1）常规查询，有审计法规条目的查询、发文单位的时间段查询等。

（2）要有一定的数据量，成熟的软件应有上千万字的法规内容，检索速度要快。

（3）应具有按内容查询的功能，这也是法规软件能否适用的主要标准，如果没有按内容检索的功能，这个法规的适用面将受到很大的限制，例如审计人员要查关于“小金库”的相关规定，法规软件应能快速地将涉及到“小金库”规定的法规查找出来，将内容以篇的形式提供给审计人员。

3．专用审计软件

专用审计软件是指完成特殊的审计目的而专门设计的审计软件，如公路费审计程序、工会经费审计程序、材料成本差异审计程序、基建审计软件等。这类软件功能单一，但其针对性强，能较好地利用计算机完成特定的审计任务。

4．审计管理软件

审计管理软件包含审计统计、审计计划、审计管理等方面的内容。其主要功能主要体现在以下几方面。

（1）全程调控，规范行为。审计管理软件以审计质量控制体系为依据，将质量控制点部署于整个审计项目实施过程中，由系统自动控制或提示的方式予以实现；根据审计实施方案规定的审计事项，进行分解和分配审计任务，明确审计项目进度计划，掌握实际进度并适时评估。

（2）轨迹清晰，责任明确。审计管理软件提供审计日记功能，与审计工作底稿、审计证据相结合，全员、全过程记录审计实施轨迹，清晰反映审计步骤和方法，责任明确。

（3）统一归档，信息共享。审计管理软件对审计项目全部资料进行管理，建立审计项目数据关联，统一打包归档，便于审计成果的利用，实现审计资料共享。

（4）提供平台，方法调用。审计管理软件将内部控制测试、审计抽样、风险评估、计算机辅助审计等先进的审计技术方法编成程序，根据审计事项调用不同的审计技术和方法，灵活多样地实现审计目标。

实际上审计管理软件可以认为是审计作业软件的延伸，审计作业软件完全可以把这些管理功能承担起来，容纳到审计作业软件中，所以说审计软件的代表应是审计作业软件。

7.1.2 审计软件工作原理

1．审计软件工作原理

审计软件遵照审计准则和审计规范，将已有审计技术方法，加以规范化，规范成不同的审计模块和模板，并且将其程序化，运用时审计人员根据现场分析，当场决定审计方案。审计软件一般包括项目管理、审计计划、数据转换、符合性测试、实质性测试、合并会计报表、审计工作底稿制作和管理、审计报告生成等功能。这些功能大体上分为三个部分，一是会计数据的处理，二是审计方法的运用，三是工作底稿的制作平台，这三部分有机联系在一起，形成一个有机整体，其基础是会计数据处理。

1）获取会计电子数据

获取会计电子数据是开展计算机辅助审计的关键，也是审计软件首先要解决的功能之一。审计软件必须具备能够从会计信息系统中提取会计电子数据并按一定审计要求进行转换的处理能力。

2）数据转换和处理

数据转换和处理就是将所获取的会计电子数据处理成格式标准的数据，并将所形成的总账数据和被审计单位的总账数据进行核对，为进一步的审计工作奠定数据基础。

3）符合性测试

按照计划安排，依照审计程序，对审计对象进行符合性测试，主要通过填表或询问方式完成调查表，通过程序进行统计，分析出符合性测试结果。

4）实质性测试

在做好符合性测试的基础上进行实质性测试。审计程序会自动形成各科目固定格式的审定表，审计人员要做的是进一步套用模板，形成诸如现金盘点、固定资产折旧、应付福利费等计算表。至于特定形式的工作底稿，或原始凭证核查，需运用审计软件的查询、抽样功能等来完成。在这个阶段，审计软件应该尽可能多地提供适用、灵活和贴近实际的审计工具，如查询、查账、图形分析、审计方法库、合并会计报表、汇总审计成果等。

5）编制审计工作报告

调用审计软件系统中的审计报告模板，根据人机对话信息输入审计报告中的有关内容，审计报告中的主要内容可从汇总工作底稿文件转入审计报告相应栏目中，最后根据需要将审计报告向外输出。

审计软件工作原理如图 7-1 所示。

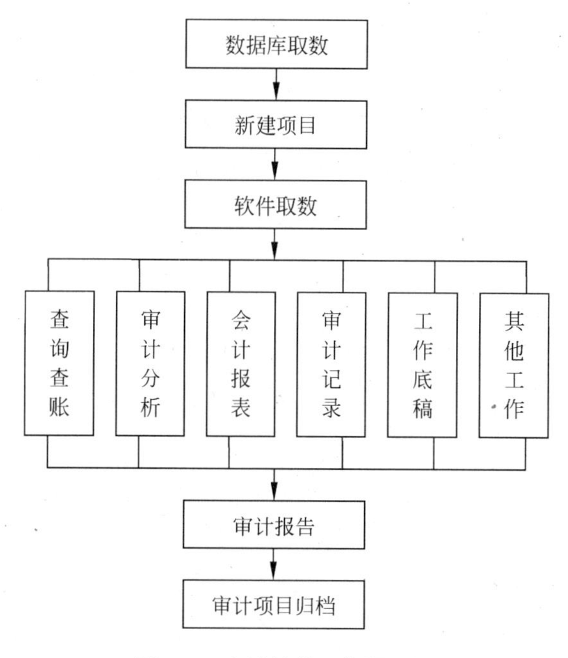

图 7-1　审计软件工作原理图

2. 审计软件工作流程

审计软件的作业流程严格按一般审计工作流程进行设计，首先，从被审计单位取得被审计相关年度的财务账套数据，存放到装有审计软件的电脑中；其次，通过审计软件的数据接口，把被审计数据导入审计软件中，软件系统将会按照其预设的统一格式重新生成相应的审计账套（包括总账、分类账、明细账、电子凭证和会计报表）；再次，运用审计软件预置的审计工具去开展审计工作，在审计工作过程中，所生成的工作底稿保存并汇总到软件预设的工作底稿中；最后，形成审计报告草稿，审计人员可根据草稿编辑修改以完成正式审计报告，并进行审计项目归档，完成整个审计项目工作。

审计软件审计工作流程一般可分为审计准备、审计实施和审计终结等阶段，具体审计工作流程如图 7-2 所示。

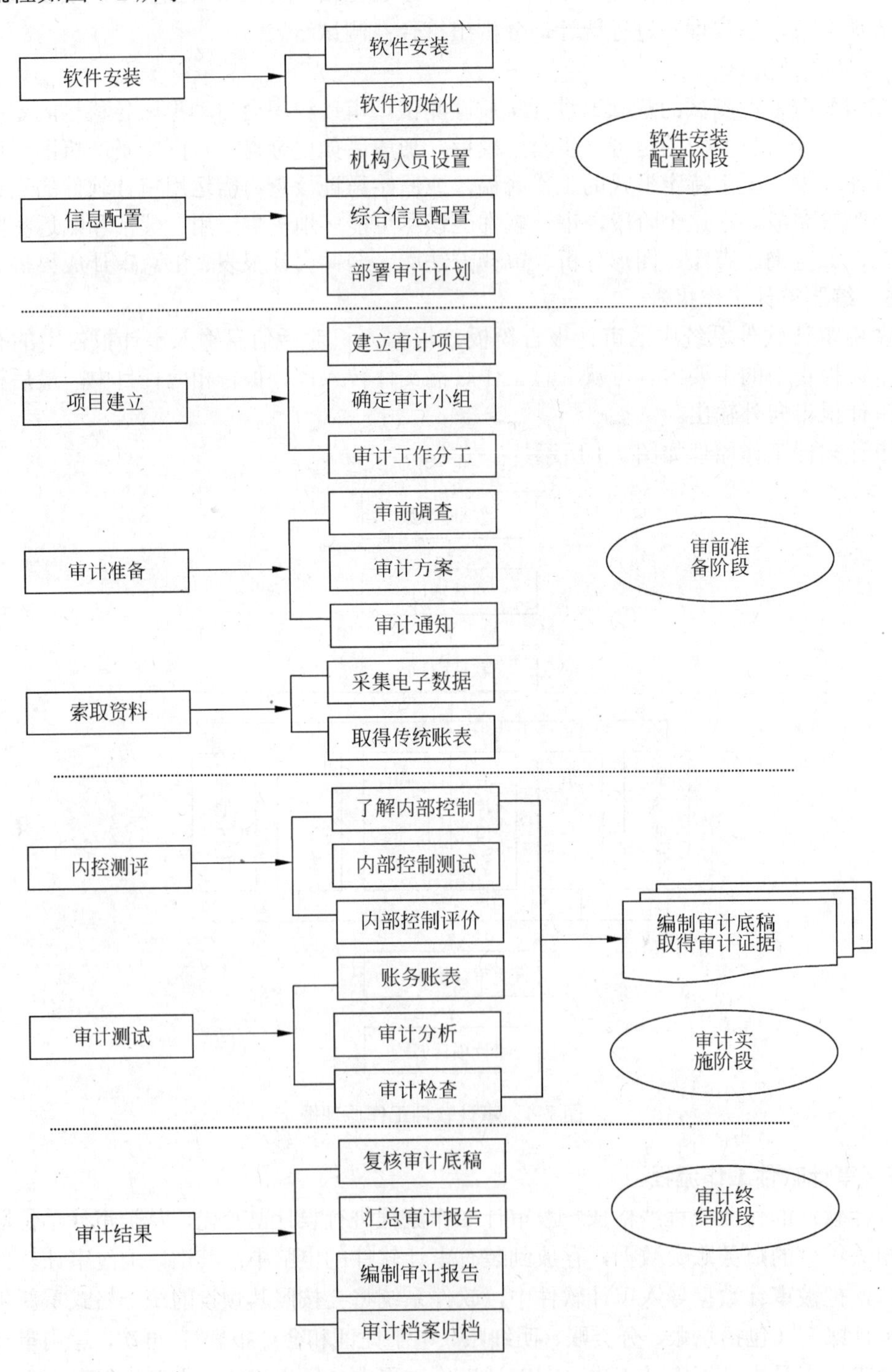

图 7-2　审计软件作业流程图

本章以用友审易软件为例，阐述审计软件的具体应用过程。

7.2 系统初始配置

7.2.1 软件初始化

软件初始化主要工作是数据库初始化、加装数据驱动程序等。

1. 软件安装

审易软件安装过程非常简单，根据向导提示逐步完成，主要包括确认环境、安装数据库、安装软件等。

安装步骤如下：

（1）找到安装程序“ufsyA460setup.exe”双击，启动“用友审计作业系统-审易 A460”安装过程，如图 7-3 所示。

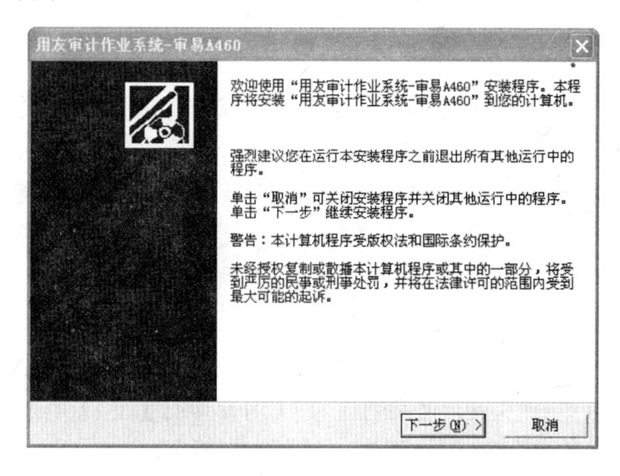

图 7-3　审易安装欢迎对话框

（2）单击【下一步】按钮，打开【请选择目标目录】对话框，如图 7-4 所示。

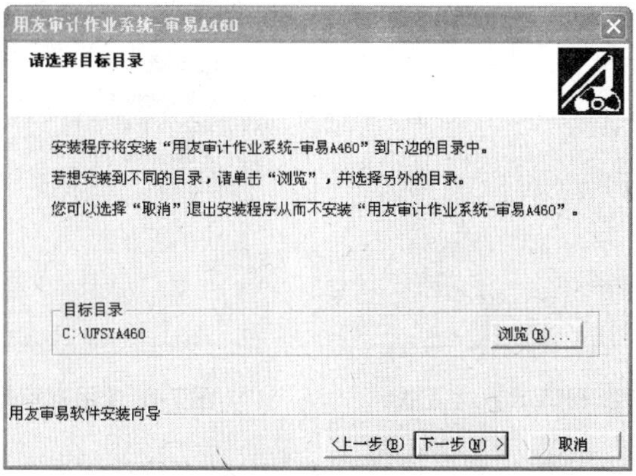

用友审计作业系统-审易A460
请选择目标目录
安装程序将安装“用友审计作业系统-审易A460”到下边的目录中。
若想安装到不同的目录，请单击“浏览”，并选择另外的目录。
您可以选择“取消”退出安装程序从而不安装“用友审计作业系统-审易A460”。
目标目录
C:\UFSYA460
浏览(R)...
用友审易软件安装向导
<上一步(B)　下一步(N) >　取消

图 7-4　【请选择目标目录】对话框

（3）选择安装目录后，单击【下一步】按钮，打开【开始安装】对话框，如图 7-5 所示。

（4）单击【下一步】按钮，开始安装软件系统，复制过程结束后，弹出【安装提示】对话框，如图 7-6 所示。

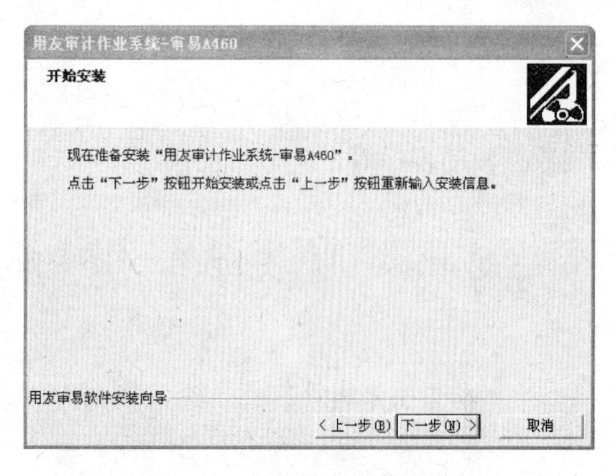

图 7-5 【开始安装】对话框

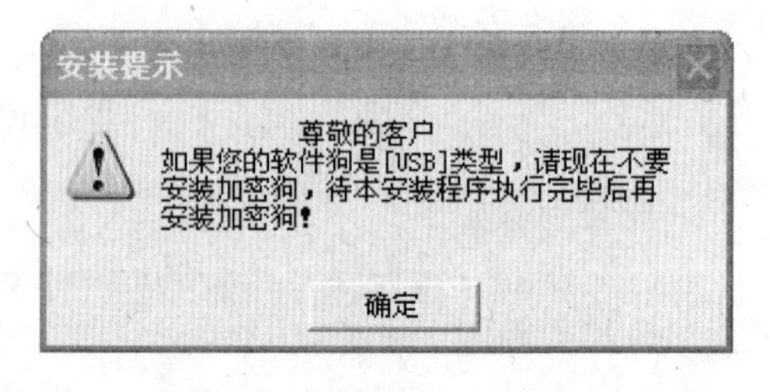

图 7-6 【安装提示】对话框

（5）单击【确定】按钮，系统加载信息，完成软件安装，打开是否【安装 MSDE】对话框，如图 7-7 所示。

（6）如果计算机系统未安装 SQL Server 数据库，则应选择"安装 MSDE"复选框；如已安装 SQL Server 数据库，则直接单击【完成】按钮，完成软件安装。

2．数据库初始化

安装完审易软件及数据库后，在启动审计作业系统之前，应先对环境进行初始化。数据库初化的基本过程如下：

（1）单击【开始】菜单，执行【程序】|【用友审计】|【用友审易数据库维护】命令，打开【用友审易环境初始化】对话框，如图 7-8 所示。

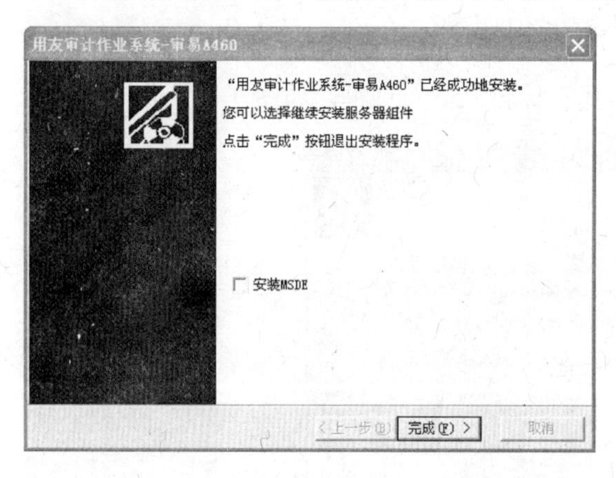

图 7-7 是否【安装 MSDE】对话框

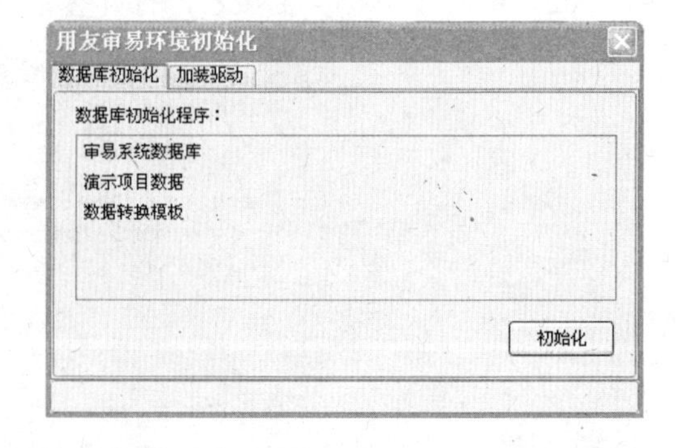

图 7-8 【用友审易环境初始化】对话框

（2）单击【初始化】按钮，系统自动完成"审易系统数据库"、"演示项目数据"、"数据转换模板"的初始化工作。初始化完成后，弹出【系统初始化数据库成功】信息提示框，如图 7-9 所示。

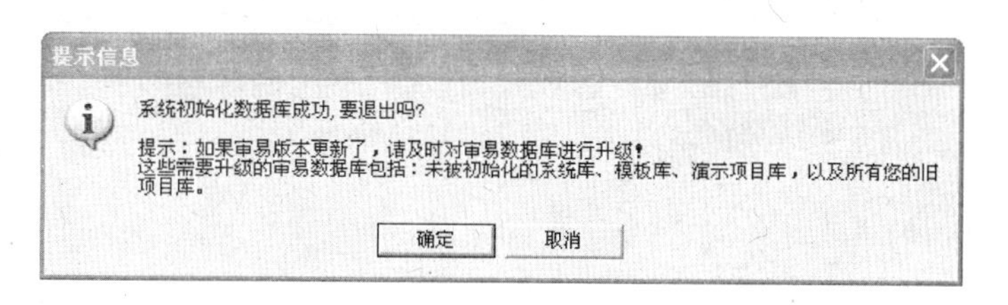

图 7-9 【系统初始化数据库成功】信息提示框

（3）单击【确定】按钮，完成数据库初始化。

为保障系统安全，审易软件不允许普通用户对数据库进行二次初始化，若要进行二次初始化，则须以系统管理员身份进行。

7.2.2　组织机构管理

登录审易软件需要有合法的身份，即用户名和密码，而用户是隶属于部门的。审易软件通过部门和用户的管理，实现对组织机构的管理。安装并初始化之后，系统管理员首先应创建部门和用户，以方便相关审计人员操作审易软件。

审易软件预置了两个用户名：admin（口令为空）和“1”（口令也是“1”），分别作为默认的系统管理员和普通用户。

【例 7-1】 以系统预置用户名“1”的身份登录本机安装的审易软件。

操作步骤如下：

（1）单击【开始】菜单，依次指向【程序】|【用友审计】|【用友审计作业系统-审易 A460】单击，打开审易软件登录界面，如图 7-10 所示。

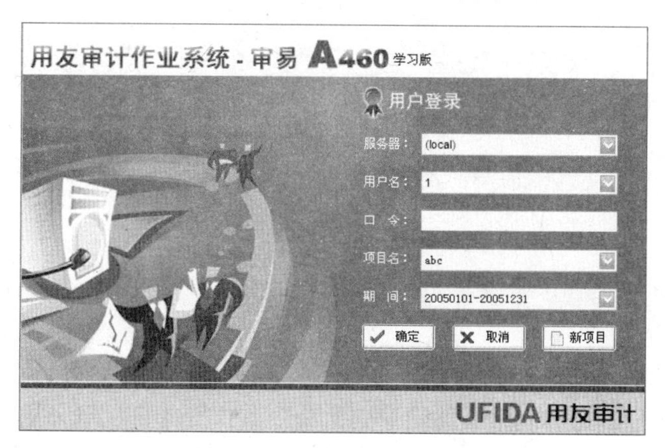

图 7-10　审易软件登录界面

（2）保持“服务器”名称不变，分别输入或通过下拉列表框选择用户名“1”、口令“1”、项目名“abc”、期间“20050101-20051231”。单击【确定】按钮，即打开审易软件的【审计作业】窗口，如图 7-11 所示。

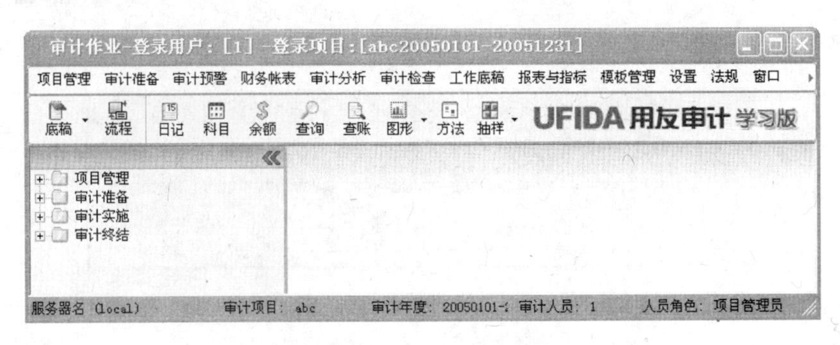

图 7-11 【审计作业】窗口

1．部门设置

只有定义了部门信息后，才可以为新创建的用户选择该用户所属的部门；当创建审计项目时，可以直接选择该项目所属的部门。

【例 7-2】 鲁博会计师事务所审计部安装审易软件后，系统管理员为其设置组织机构，相关信息如表 7-1 所示。

表 7-1 鲁博会计师事务所审计部组织机构

部门名称	备注	部门名称	备注
部领导	负责审计部全面工作	审计一室	负责对事务所下级单位审计
综合办	负责审计部日常事务	审计二室	负责对外单位审计

操作步骤如下：

（1）单击【开始】菜单，依次指向【程序】|【用友审计】|【用友审计作业系统-审易 A460】单击，打开审易软件登录界面。

（2）选择用户名 admin，单击【确定】按钮。系统验证身份后，打开系统管理员工作界面，如图 7-12 所示。

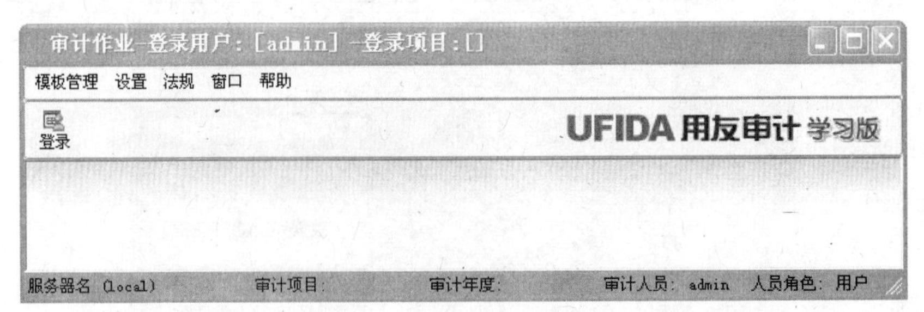

图 7-12 admin 工作界面

（3）执行【设置】菜单下的【部门设置】命令，打开【部门设置】对话框，如图 7-13 所示。

（4）在【部门设置】对话框中，单击【新建】按钮，部门名称输入“部领导”，备注输入“负责审计部全面工作”，单击【保存】按钮。

（5）重复步骤（4），创建其他部门。

（6）单击【部门设置】对话框右上角的【×】按钮，关闭【部门设置】对话框。

图 7-13 【部门设置】对话框

2. 用户管理

用户管理是授权保护机制的需要，为提高计算机审计工作的效率，必须实施审计分工，在审计软件系统中建立用户是实施审计分工的前提。用户的建立必须由系统管理员进行处理。

【例 7-3】 为鲁博会计师事务所审计部创建登录用户，相关信息如表 7-2 所示。

表 7-2　鲁博会计师事务所审计部部分人员一览表

用户名	全名	所属部门	职务	角　　色	主　管　部　门
Songjia	宋佳	部领导	部长	用户	所有部门
zhaoke	赵珂	综合办	主任	系统管理员	综合办、审计一室、审计二室
gaojing	高静	审计一室	主任	用户	审计一室
lixiao	李晓	审计二室	主任	用户	审计二室

操作步骤如下：

（1）以系统管理员 admin 登录审易软件，在系统管理员的工作界面中，执行【设置】菜单下的【用户管理】命令，打开【用户管理】对话框，如图 7-14 所示。

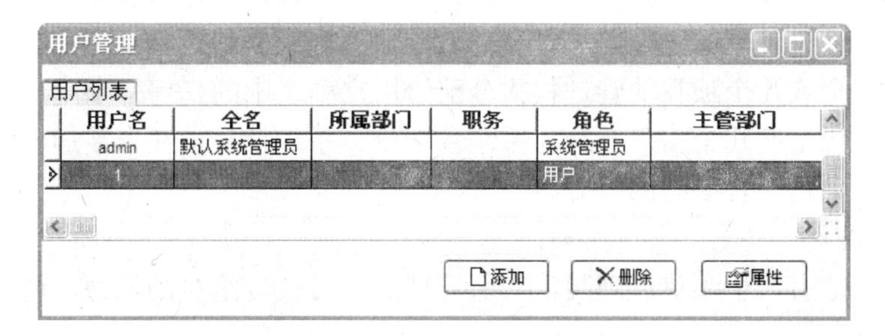

图 7-14 【用户管理】对话框

（2）在【用户管理】对话框中，单击【添加】按钮，打开【用户属性】对话框，如图 7-15 所示。

图 7-15　用户设置

（3）在【用户属性】对话框的【属性】选项卡中，分别输入或通过下拉列表框选择用户名“songjia”、全名“宋佳”、职务“部长”、所属部门“部领导”、角色“用户”、登录口令“songjia”、口令复核“songjia”。

（4）在【用户属性】对话框中，单击【主管部门授权】选项卡，从“可选部门”列表中选择“所有部门”，单击【授权】按钮将其添加到“主管部门”列表中。单击【确定】按钮返回到【用户管理】对话框。

（5）重复步骤（2）～（4），为其他人员创建登录用户。

（6）单击【用户管理】对话框右上角的【×】按钮，关闭【用户管理】窗口。

3．项目授权

用友审易软件通过角色和授权机制共同保护着审计项目和工作底稿的安全。在用友审易软件中角色分为三类：系统管理员、项目管理员、普通用户。

1）系统管理员

系统管理员可以设置多个，在同一时刻只允许一个系统管理员登录系统，其中系统默认系统管理员“admin”不能被删除、不能被改名、不能被降级为普通用户。系统管理员可以强制把任意一个或几个项目的管理权力分配给用户列表中的任何一个用户；也可以把用户列表中的任意一个或几个用户升级为系统管理员。系统管理员在未被加入为审计项目组成员时，对任何项目没有参与的权力。

2）项目管理员

每个项目只能有一个项目管理员，对所管理的项目具有绝对的权力，可以查阅、删改工作底稿，增删项目组成员，给项目组成员以及项目所属部门负责人设定权限等。项目管理员的产生是普通用户新建项目就自动成为项目管理员，也可以由系统管理员指定人员列表中的任何人成为项目管理员。当需要解除项目管理员对某项目的控制权限，或项目管理员忘记密码时，系统管理员可以执行【设置】菜单下的【用户管理】命令，打开【用户管理】对话框；在【用户管理】对话框中选择用户后，单击【属性】按钮，打开【用户属性】

对话框，如图 7-16 所示，选择【项目授权】选项卡，将某人授权为指定项目的“项目管理员”身份。授权成功后，此项目的后面会出现一个黑色的“对钩”（√）。

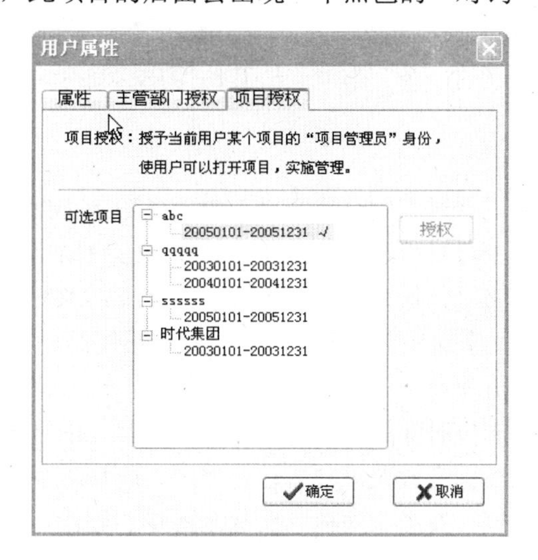

图 7-16　【项目授权】选项卡

3）普通用户

普通用户可以查看项目名称的列表，但不能进入项目。普通用户在人员列表中，可以被项目管理员加入审计项目组授予相应的权限；也可以被系统管理员授予某些项目的项目管理权限；也可以通过新建项目，成为该项目的项目管理员。

【例 7-4】 授予李晓（lixiao）“abc-20050101-20051231”项目管理员权限。

操作步骤：

（1）以用户名“admin”登录审易软件，在系统管理员的工作界面中，执行【设置】菜单下的【用户管理】命令，打开【用户管理】对话框。

（2）在【用户管理】对话框中，选择用户“李晓（lixiao）”后，单击【属性】按钮，打开【用户属性】对话框。

（3）在【用户属性】对话框中，单击【项目授权】选项卡，在【可选项目】列表中，选择项目“abc-20050101-20051231”，然后单击【授权】按钮，系统弹出“授权成功”信息对话框。

（4）单击【确定】按钮返回【项目授权】对话框，单击【确定】按钮完成项目“abc-20050101-20051231”管理员设置。

7.2.3　系统设置

系统设置包括操作日志查看、结束任务进程、底稿日记分类设置以及综合参数的设置等内容。

1．修改登录口令

登录口令是保护审计软件应用安全的重要手段之一。审计人员在实施审计作业时，应以自己的用户名登录审计软件，以便分清责任。

系统管理员创建用户时，一般设置与用户名相同的登录口令。审计人员第一次登录审计软件后，首先应修改自己的登录口令。执行【设置】菜单下的【修改口令】命令，打开【修改口令】对话框，输入旧口令和新口令之后，单击【确认】即完成口令的修改。

审计人员只能修改自己的口令，不能修改其他用户的口令。忘记登录口令时，可以请系统管理员重新设置。

2. 查看操作日志

操作日志是审计软件运行过程的全部记录。每一条记录详细记载了某个审计人员在某个时间（精确到秒）对某个项目所进行的操作。操作日志有助于审计人员在必要的时候查看自己或项目组其他人员的工作记录，随时了解工作进度，及时调整自己的工作。

执行【设置】菜单下的【操作日志】命令，打开【操作日志】对话框。通过下拉列表，可以选择查看某个审计人员或某个审计项目的操作日志。

默认情况下，操作日志按时间顺序显示。单击标题行上的字段名称，可以重新按该字段排序。操作日志支持的鼠标右键菜单项目包括排序、区域求和、分类汇总、相关数据、输出打印、显示方式、复制、发送至底稿、发送至图形、删除、全清等。利用鼠标右键菜单就可以复制、删除操作日志，或将操作日志引用到工作底稿。

3. 关闭文档窗口

审计作业离不开工作底稿，经常会打开大量的 Excel 或 Word 文档。执行【设置】菜单下的【清除 Excel 进程】或【清除 Word 进程】命令，可以关闭所有的 Excel 或 Word 文档窗口。关闭前，系统弹出如图 7-17 所示的对话框要求确认。

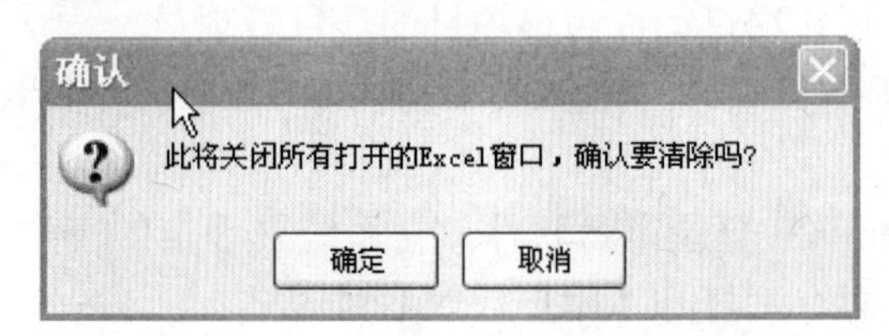

图 7-17 清除 Excel 或 Word 进程

需要注意的是，这种操作虽然省事，但会关闭在审计软件之外打开的 Excel 或 Word 文档窗口，而且是没有保存、强制关闭。因此，在编辑 Excel 或 Word 文档时，应养成及时保存文档的习惯。

4. 设置日记底色

在“审计日记”中添加审计事项、审计实施步骤、审计查阅资料，或在“审计工作底稿”中添加审计问题、审计成果、法律依据、审计结论、附件等内容以及空白行时，默认的底色是白色（颜色代码：16777215），为了显著区分不同的内容，可以为之分别设置底色。

【例 7-5】 为审计工作底稿中不同的内容分别设置不同的底色，并查看效果。

操作步骤如下：

（1）执行【设置】菜单下的【底稿日记分类设置】命令，打开【底稿、日记内容分类设置】对话框，如图 7-18 所示。

（2）在【底稿、日记内容分类设置】对话框中，通过下拉列表框选择“审计工作底稿”，然后选择“审计问题”所在行，在“底色”栏目下的单元格内单击，打开【颜色】对话框，在【颜色】对话框中选中红色方块后单击【确定】按钮，即把“审计问题”的底色设置为红色（颜色代码：255）。

图 7-18　【底稿、日记内容分类设置】对话框

（3）重复步骤（2），分别设置“审计成果”为绿色（颜色代码：32768）、“法律依据”为浅黄色（颜色代码：8454143）、“审计结论”为青色（颜色代码：16776960）、“附件”为紫色（颜色代码：16711808）等。

（4）最后，单击【底稿、日记内容分类设置】对话框右上角的【×】按钮关闭对话框。

5．综合参数设置

用友审易软件安装并初始化之后，系统管理员应进行系统级的设置或配置，尤其是综合参数的设置。系统管理员和普通用户都可以使用“综合设置”功能，为本系统的运行进行个性化定制，如图 7-19 所示。

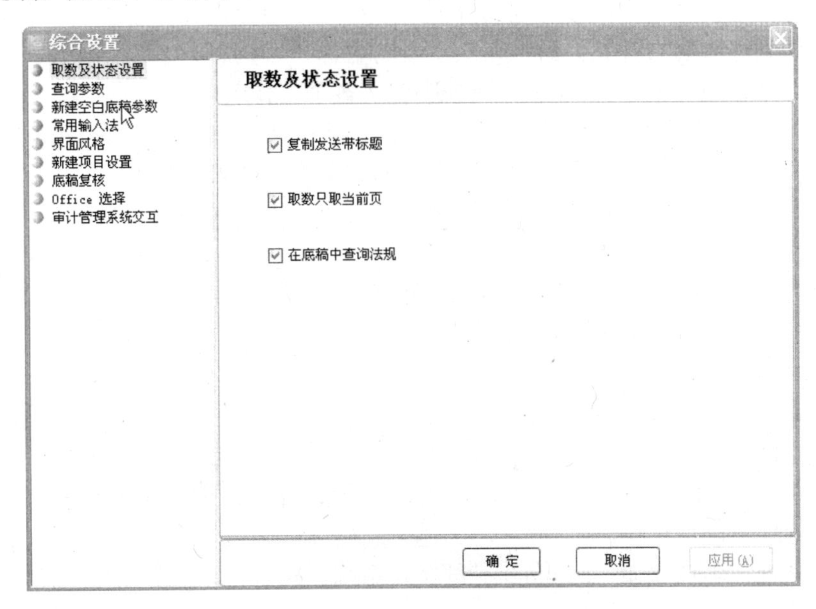

图 7-19　审易软件综合设置

可以根据需要，在复选框上打钩或取消打钩，然后单击【应用】按钮，使设置生效而不关闭设置窗口，或单击【确定】按钮使设置生效并关闭设置窗口。

通过“综合设置”功能所能控制的项目及其参数如表 7-3 所示。多数情况下，可以保持系统的默认设置不变。

表 7-3 审易软件综合设置参数一览表

序号	项　目	控制参数及其默认值
1	取数及状态设置	复制发送带标题；取数只取当前页；在底稿中查询法规
2	查询参数	查询部分数据：前 50000 条；查询所有数据；每次显示
3	新建空白底稿参数	新建空白 Excel 底稿时带表头；新建空白 Word 底稿时带表头
4	常用输入法	设置输入法（在需要输入汉字的位置自动切换到所选输入法）
5	界面风格	保留导航功能（子窗口部分充满工作区）；隐藏导航功能（子窗口全部充满工作区）
6	新建项目设置	新建项目时，允许导入格式化的项目信息；新建项目时，允许填入项目编号；项目编号允许输入的最大或固定长度；新建项目时，同时自动建立数据转换项目
7	底稿复核	启用复核；允许最高复核级别：五级复核；允许撤销复核；撤销复核限制：只允许复核人自己撤销/只允许项目管理员撤销/只允许底稿所有人撤销/允许项目组成员撤销
8	Office 选择	选择 Microsoft Office 系列（Word、Excel）；选择 WPS Office 系列（文字、表格）
9	审计管理系统交互	启用与用友审计管理系统的交互功能

其中，“取数及状态设置”项目有三个控制参数，含义如下：

（1）复制发送带标题。在查询、查账、余额表工具中，利用鼠标右键菜单“发送至底稿”功能，可以直接将选定内容发送到打开的工作底稿中。当选择了“复制发送带标题”参数时，发送到底稿的内容就会附带相应字段的名称，否则就只复制数据。

（2）取数只取当前页。Excel 工作簿一般含有多个工作表（Sheet），当为定义好公式的工作底稿（Excel 表）执行取数操作时，若选择了“取数只取当前页”参数，则只为当前打开的那一个工作表取数，否则会为该工作底稿的所有工作表取数。

（3）在底稿中查询法规。选择了该控制参数时，可以在底稿中利用鼠标右键菜单针对选中的词语查询相关的法规，否则不允许查询。

下面以“新建项目设置”和“底稿复核设置”参数设置为例说明参数设置的过程与方法。

1）新建项目设置

在审易软件默认设置的条件下，当新建审计项目时，允许同时自动建立数据转换项目，但不允许导入格式化的项目信息，不允许填入项目编号。系统管理员可以改变这些设置。

【例 7-6】 改变系统参数设置，使得新建审计项目时允许填入项目编号。

操作步骤如下：

（1）以系统管理员（如：admin）身份登录系统，执行【设置】菜单下的【综合设置】命令，打开【综合设置】对话框。

（2）单击【新建项目设置】项，打开【新建项目设置】对话框，如图 7-20 所示。

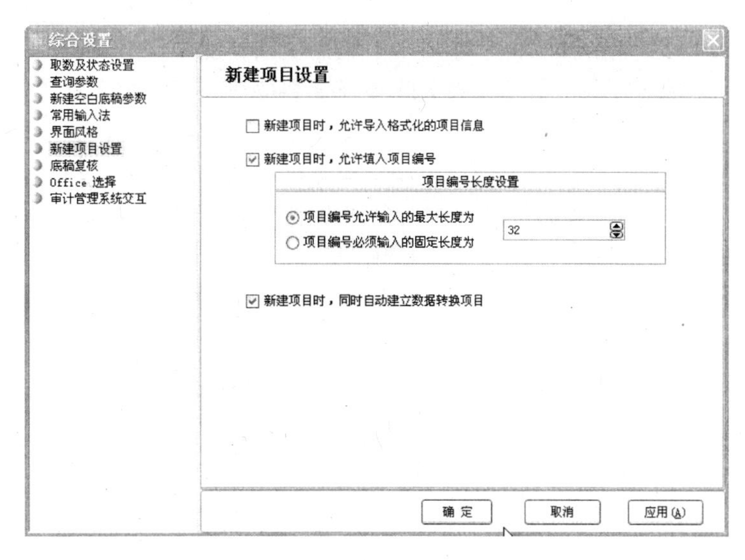

图 7-20 【新建项目设置】对话框

(3) 在【新建项目设置】对话框中，选择“新建项目时，允许填入项目编号”复选框，然后再选择“项目编号允许输入的最大长度为”单选钮，通过数字选择框设置长度为“32”。

(4) 单击【应用】或【确定】按钮，对参数设置进行保存。

通过上述设置后，在【项目登记】对话框中就多了“项目编号”文本框，可以为新建的审计项目输入编号。

2) 底稿复核设置

审易软件的底稿复核功能在默认情况下是被关闭的，要使用底稿复核功能必须将其启用，该功能的启用必须由系统管理员来处理。启用操作步骤如下：

(1) 以系统管理员（如：admin）身份登录系统。

(2) 执行【设置】菜单下的【综合设置】命令，打开【综合设置】对话框。

(3) 单击【底稿复核】项，打开【底稿复核】对话框，如图 7-21 所示。

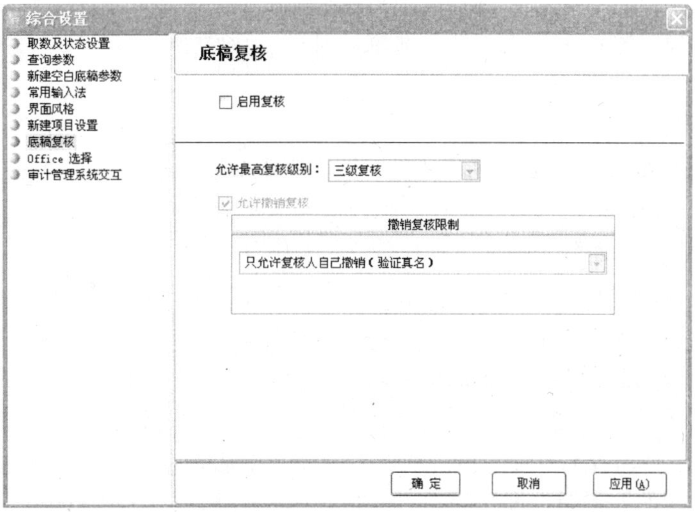

图 7-21 【底稿复核】对话框

（4）选择【启用复核】复选框，即启用了底稿复核功能。

（5）设置启用级别后，单击【应用】或【确定】按钮，对参数设置进行保存。

底稿复核级别预置了五级复核，可根据实际工作需要进行设置，一般情况设置为二级复核。对于底稿复核系统提供了是否“允许撤销复核”功能，通过该功能可以选择撤销复核的控制机制。撤销复核的控制机制分为只允许复核人自己撤销、只允许项目管理员撤销、只允许底稿所有人撤销、允许项目组成员撤销四种。

启用复核功能后，在对项目进行人员分配时可以指定复核人。复核人可以查看项目名称的列表，进入项目并对所有工作底稿作相应的修改复核。复核人比普通用户权限要大一些，但没有权限删除已有的工作底稿。另外，复核人同样也可以被项目管理员授权，包括对底稿的“完全控制”等。

7.2.4 审计法规

审易软件提供常用法规库以供审计人员审计时参考使用，并允许审计人员结合审计工作需要将需要的法规进行自主更新，添加相关法规，形成自己的“用户法规库”。

1．查看法规

用友审易软件提供了常用法规库、精编法规库、用户法规库三种类型对法规进行分类管理。其中，常用法规库和精编法规库是软件预置的，不可更改；而用户法规库则是由用户自行创建的，它和常用法规编译在同一个文档内。

（1）执行【法规】菜单下的【常用法规】|【常用法规库】命令，打开【用户法规库】对话框。

在“审易软件常用法规”目录下，可以查看到包括审计法、会计法以及各种审计准则和规定等在内的常用法律法规及相关法律条文。

（2）执行【法规】菜单下的【常用法规】|【精编法规库】命令，打开【精编法规库】对话框。

在精编法规库中，按照会计法规、金融法规、审计法规、税收法规、综合法规等五大类，收录了与财经、审计等有关的法规制度。其中，审计方面的法规则依据国家审计、内部审计、社会审计分别进行列示。

2．更新法规

由于财经法规处在不断完善的过程中，软件提供法规更新功能，允许审计人员创建并维护自己专用的法规库。

【例 7-7】 创建自己的法规库，加入新颁布的审计法。

操作步骤如下：

（1）为每个法规单独创建一个 Word 文件，并将其放在一个统一的目录下。

（2）执行【法规】菜单下的【法规更新】命令，打开【添加用户法规库】对话框，如图 7-22 所示。

（3）选择包含法规文件的目录名，单击【添加】按钮，将其添加到“已选目录”列表中，然后单击【处理】按钮，即可以自动完成法规的编译、更新工作。

（4）编译后的用户法规按照目录名称及其分级结构，列表在“用户法规库”之下。

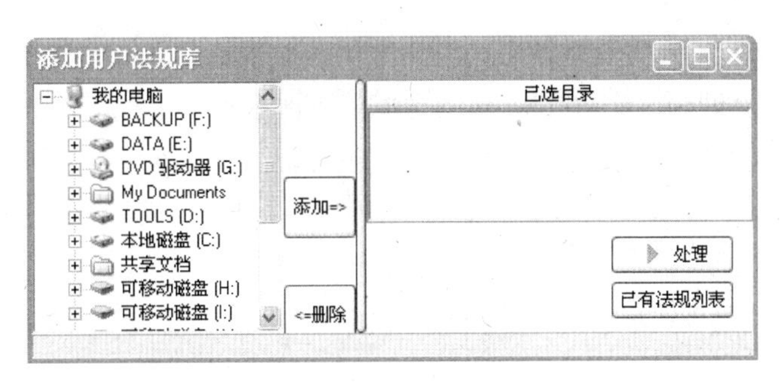

图 7-22 【添加用户法规库】对话框

（5）执行【法规】菜单下的【常用法规】|【常用法规库】命令，打开【用户法规库】对话框，展开“用户法规库”目录，可以查看到该目录下新创建的法规。

7.2.5　模板管理

模板管理主要实现对在审计实施过程中应用的各类工作底稿、审计报告、财务报表等格式的设置与维护工作。

1．底稿模板制作

审易软件针对不同行业审计的特点，预置了国家审计、财务收支审计、经济责任审计等 26 种审计工作底稿模板，供审计人员进行审计时使用。工作底稿模板是开放的，利用软件提供的模板管理工具，审计人员可以根据本单位和个人审计工作特点，定制专用的工作底稿模板。对工作底稿模板可以进行新建、导入、导出、重命名等处理。以系统管理员身份登录系统后，执行【模板管理】菜单下的【底稿模板制作】命令，打开【底稿模板维护】对话框，如图 7-23 所示。

底稿模板维护

模板名称	有效性
通用(新)	✓
通用	✓
国家审计	✓
行政事业	✓
世行项目	✓
邮电器材	✓
财政预算	✓
河北工会	✓
铁路专用	✓
清华模板	✓
财务收支审计	✓
经济责任审计	✓
材料采购审计	✓
股份有限公司审计	✓
固定资产审计	✓

打开　新建　删除　重命名　导入　导出　上移　下移　退出

状态栏　模板名：通用(新)，底稿数：26

图 7-23 【底稿模板维护】对话框

利用【底稿模板维护】对话框中的【打开】、【新建】、【导入】、【导出】、【删除】、【重命名】等按钮，可以维护现有的模板或创建新的模板。

2. 常用底稿模板管理

除基本的底稿模板外，软件还预置了名称为“带表头的 Excel 空白底稿”、“带表头的 Word 空白底稿”和“审计工作底稿”等常用底稿模板。以系统管理员身份登录系统后，执行【模板管理】菜单下的【常用底稿模板管理】命令，打开【常用底稿模板管理】对话框，如图 7-24 所示。

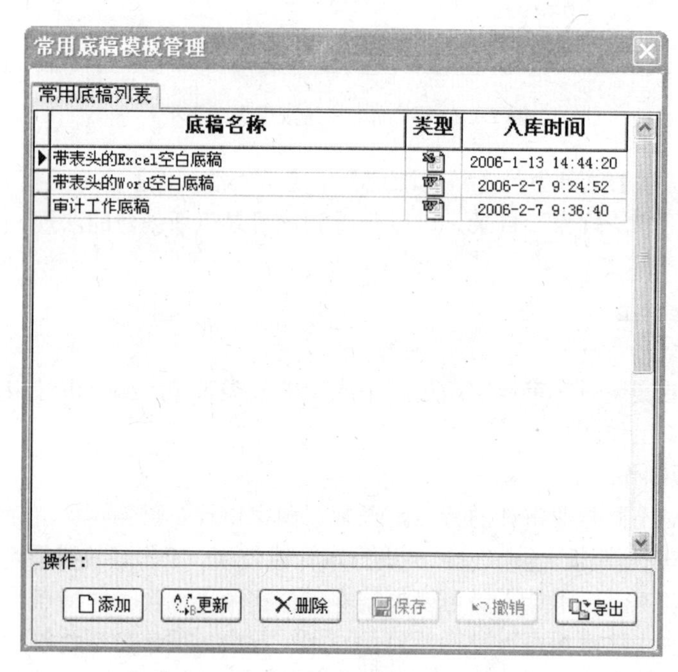

图 7-24 【常用底稿模板管理】对话框

单击【添加】按钮可以添加新的常用底稿模板；单击【更新】按钮可以实现关联文件同步更新。

3. 财务报表模板制作

审易软件针对行业情况预置了 56 种会计报表模板，创建审计项目时，选择会计制度实际上就是选择会计报表模板，审计人员执行报表初始化时，可以根据审计项目具体情况重新选择合适的报表模板。报表模板均为独立的 Excel 文件，模板具体内容的修改需要通过外部 Excel 软件进行修改，修改后重新添加为模板文件即可。以系统管理员身份登录系统后，执行【模板管理】菜单下的【财务报表模板制作】命令，打开【报表模板管理】对话框，如图 7-25 所示。

单击【添加】按钮可以添加新的报表模板；单击【更新】按钮可以实现关联文件同步更新；单击【导出】按钮将报表模板导出为 Excel 文件。

4. 统计项目模板制作

系统预设了常用的标准统计模板供审计人员审计时使用，审计人员可以根据审计需要更新、添加新的统计项目模板。以系统管理员身份登录系统后，执行【模板管理】菜单下的【统计项目模板制作】命令，打开【统计项目模板维护】对话框，如图 7-26 所示。

报表模板管理

序号	模板名称	有效性
0	工业(按科目名称)	✓
1	事业(按科目名称)	✓
2	行政(按科目名称)	✓
3	企业(按科目名称)	✓
4	工业企业	✓
5	行政单位	✓
6	事业单位	✓
7	企业会计	✓
8	商业企业	✓
9	施工企业	✓
10	房地产开发企业	✓
11	旅游饮食服务业	✓
12	对外经济贸易企业	✓
13	交通运输企业	✓
14	铁路运输企业	✓

添加　更新　删除　导出　上移　下移　保存　撤销　关闭

图 7-25 【报表模板管理】对话框

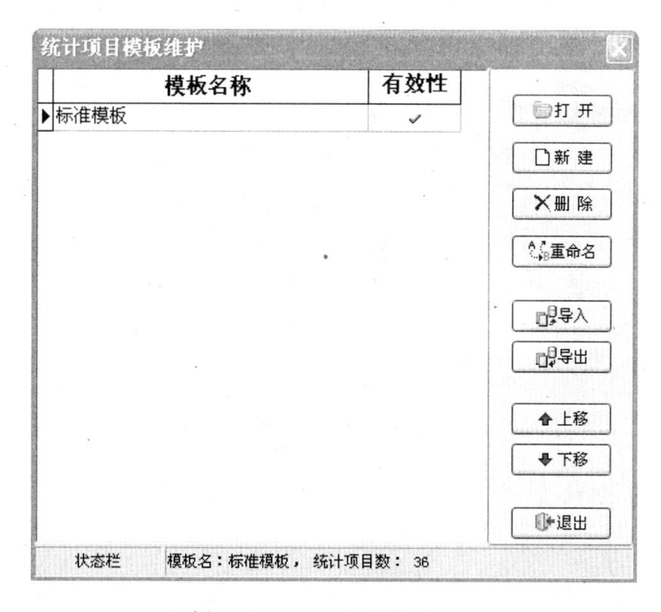

图 7-26 【统计项目模板维护】对话框

利用【统计项目模板维护】对话框中的【打开】、【新建】、【导入】、【导出】、【删除】、【重命名】等按钮，可以维护现有的模板或创建新的模板。

5. 报表汇总模板管理

审易软件根据不同行业的审计特点，预置了报表汇总模板供审计使用。系统预置的报表汇总模板分统计报表和会计报表两类，模板文件均为 Excel 文件，具体内容只能在系统之外运用 Excel 进行修改。一般是先导出为独立的 Excel 文件，用 Excel 修改后，再通过新建模板方式将其导入到系统中。以系统管理员身份登录系统后，执行【模板管理】菜单下的【报表汇总模板管理】命令，打开【报表汇总模板管理】对话框，如图 7-27 所示。

利用【报表汇总模板管理】对话框中的新建、插入、清空、导出等按钮，可以维护现有的模板或创建新的模板。

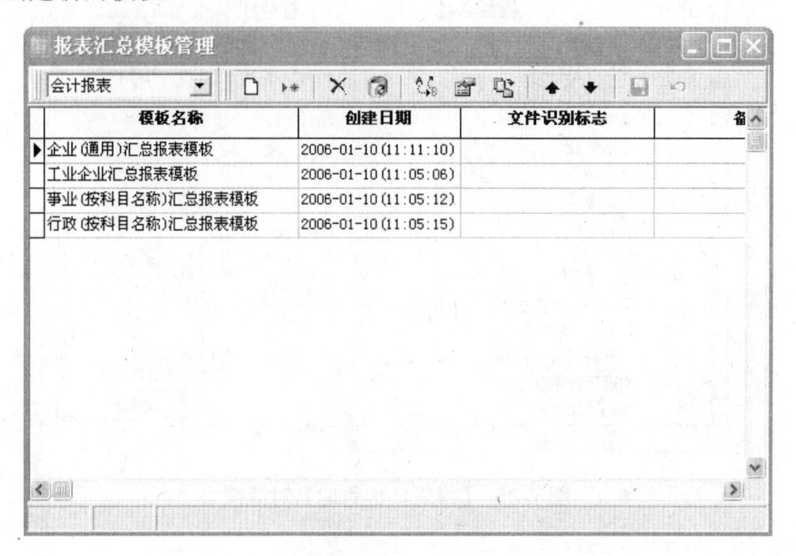

图 7-27 【报表汇总模板管理】对话框

6. 审计报告素材模板管理

通过审计报告素材模板管理，可以实现对审计报告素材模板进行管理，包括增加、删除、导出等操作。以系统管理员身份登录系统后，执行【模板管理】菜单下的【审计报告素材模板管理】命令，打开【审计报告模板管理】对话框，如图 7-28 所示。

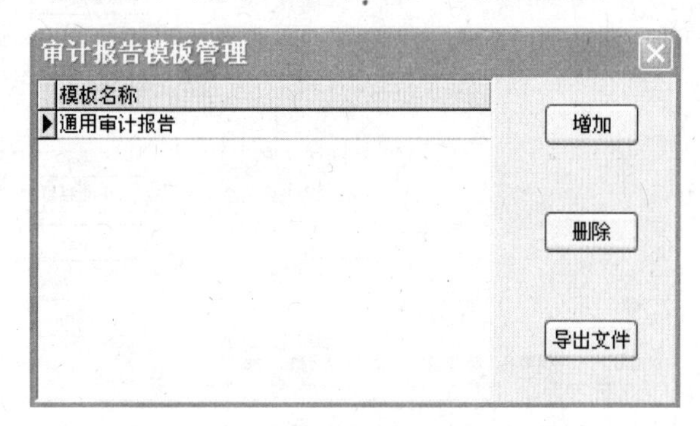

图 7-28 【审计报告模板管理】对话框

7.3 审计准备与项目管理

安装配置好审易软件之后，就可以利用审计软件开展审计工作。在进行具体的审计工作时，首先应完成审计的准备工作，审计准备工作一般包括明确审计对象和任务、配备审计人员、成立审计组、考察被审计单位、制定审计方案、下达审计通知书、进驻被审计单位等。审计准备阶段在整个审计过程中占有非常重要的地位，准备工作越充分，审计实施就越有把握、越顺利。

审计软件在审计准备阶段的应用，主要体现为审计项目管理、审计模板准备、审计数据的采集、转换和预警测试，为进行实质性测试做好数据准备。除此之外，还包括被审计单位信息管理、内控调查、业务数据导入、财务数据上传等。

7.3.1　项目管理

应用审计软件开展审计作业是以审计项目为基础的，登录审计软件时必须选择审计项目。对审计项目进行管理，主要是指创建或修改审计项目，或将同一单位、不同时限的审计项目进行数据合并，打开审计项目，任命审计组成员并为之设定权限，以及对工作底稿进行分工，以实现协同审计，提高审计组的整体工作效率。

1．新建项目

审计项目是独立的数据处理单元。除了系统管理员不能创建审计项目之外，角色为“用户”的任何审计人员都可以创建审计项目。一般情况下，审计项目的大部分管理工作由审计组长负责。描述一个审计项目的属性如表 7-4 所示。

表 7-4　审计项目属性一览表

属　　性	说　　明
项目名称	选择或输入，一般是单位简称加审计类别，如：时代集团财务收支审计
审计时限	一般是一个完整的会计期间，如：2005.1.1-2006.12.31；可多年度批量创建
会计制度	选择会计制度实际上就是选择报表模板
工作底稿模板	可选择的工作底稿模板
所属部门	可选择的部门由系统管理员创建
审计类别	输入新的类别，或选择：财务收支审计、资产经营责任审计、任期经济责任审计、经济效益审计、建设项目审计、专项审计及调查
被审计单位名称	只能选择，单击【管理】可随时创建新的“被审计单位”信息

其中，“项目名称”和“审计时限”的组合用于区分不同的审计项目。审计项目按“项目名称”分组，同一个“项目名称”下可以有若干个“审计时限”，代表不同的项目。

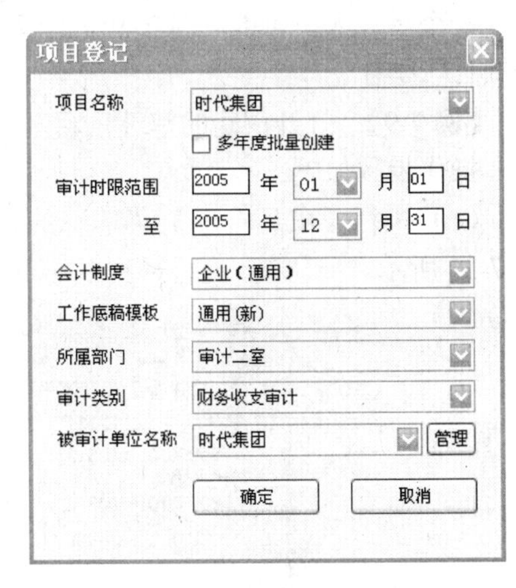

图 7-29 【项目登记】对话框

【例7-8】 鲁博会计师事务所审计部对时代集团 2005 年的财务收支进行审计，创建审计项目。

操作步骤如下：

（1）执行【项目管理】菜单下的【新建项目】命令，打开【项目登记】对话框，如图 7-29 所示。

（2）在【项目登记】窗口中，输入项目名称“时代集团”；设置审计时限为“2005.01.01”-“2005.12.31”（不选择“多年度批量创建”复选框）；选择会计制度“企业（通用）”，工作底稿模板“通用（新）”，所属部门“审计二室”，审计类别“财务收支审计”。

（3）单击【管理】按钮，打开【被审计单位信息管理】对话框，如图 7-30 所示。

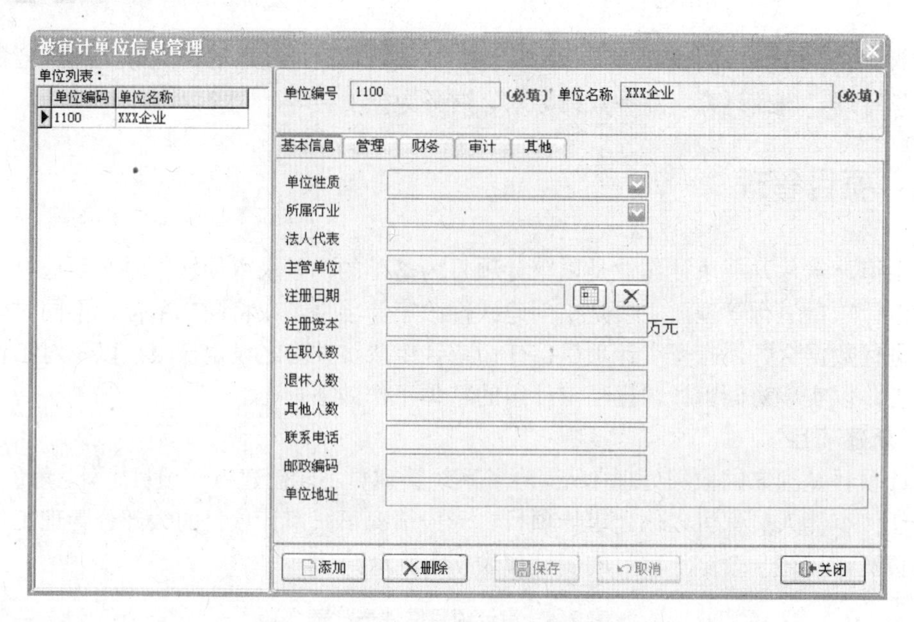

图 7-30 【被审计单位信息管理】对话框

（4）单击【添加】按钮，录入被审计单位的基本信息。录入完毕，单击【保存】按钮进行保存，然后单击【关闭】按钮返回【项目登记】对话框。

（5）在【项目登记】对话框中，单击【确定】按钮，即开始创建项目。项目创建成功后即自动打开，在软件主窗口的标题行，可以看到显示的项目名称为“时代集团20050101-20051231”。创建人员自动成为新项目的管理员。

2．打开项目

审计人员要完成审计作业，必须首先打开相应的审计项目。在审易软件中，有多种途径打开审计项目。登录审易软件时，需要选择、打开一个现有的审计项目；新建一个项目之后，自动关闭当前项目，打开新创建的项目。

一个审计人员可能同时参加多个审计项目。要在项目之间切换工作，需要专门执行“打开项目”操作。

【例 7-9】 打开创建的审计项目“时代集团 20050101-20051231”。

操作步骤如下：

（1）执行【项目管理】菜单下的【打开项目】命令，打开【项目列表】对话框，如图 7-31 所示。

图 7-31 【项目列表】对话框

（2）在【项目列表】对话框中，选择“时代集团”下的审计时限“20050101-20051231”后，单击【打开项目】按钮，即可将选定的审计项目打开。

项目打开后，在【审计作业】主窗口的标题行，可以看到项目全称（如“时代集团20050101-20051231”）；在状态栏可以看到审计项目名称（如“时代集团”），审计年度（如“20050101-20051231”），以及当前审计人员（如“lixiao”）的角色（如“项目管理员”）。

3. 管理项目

通过项目管理功能，可以新建项目，对审计组成员进行任命，对审计组成员的权限进行设定，可以进行工作底稿的人员分工等，从而提高审计工作组整体的工作效率。

执行【项目管理】菜单下的【项目管理】命令，打开【项目管理】对话框，如图 7-32 所示。

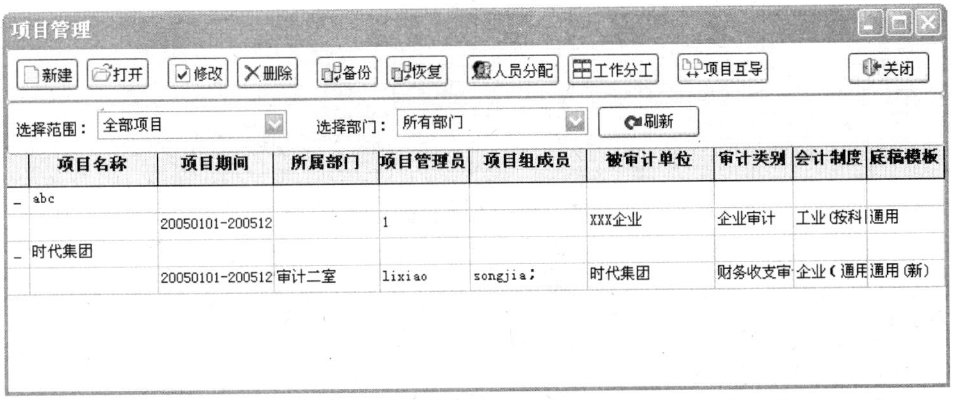

图 7-32 【项目管理】对话框

【项目管理】对话框是管理所有审计项目的综合窗口，可以实现新建审计项目，打开、修改、删除已有的审计项目，为审计项目分配审计人员、设定工作权限、对工作底稿进行分工，备份或恢复审计项目数据，导入或导出项目数据包。

所有的审计项目均按项目名称与项目期间（审计时限）列表显示。通过下拉列表框，可以按范围（主管项目、参与项目、全部项目）选择项目，或按部门选择项目。单击【刷新】按钮，可以看到其他人员在服务器上最新创建的审计项目。

审计项目的新建、打开等前已讲述，此处主要阐述一下审计项目的人员分配、工作分工、备份与恢复等项目管理功能。

1）人员分配

人员分配由项目管理员完成，用于指定该项目组的成员及其操作权限等。

【例 7-10】 审计人员李晓（lixiao）为审计项目“时代集团 20050101-20051231”审计组分配人员。

操作步骤如下：

（1）以李晓（lixiao）身份登录系统，执行【项目管理】菜单下的【项目管理】命令，打开【项目管理】对话框，选中“时代集团”下的审计时限“20050101-20051231”后，单击【人员分配】按钮，打开【项目人员分配】对话框，如图 7-33 所示。

（2）在【项目人员分配】对话框中，选中宋佳“songjia”，单击【添加】按钮，将“songjia”

由【系统用户】列表添加到【项目组人员】列表；在宋佳（songjia）的“人员角色”单元格中单击，从显示的下拉列表框中选择“项目管理员”，则李晓（lixiao）的身份自动变成普通“用户”。

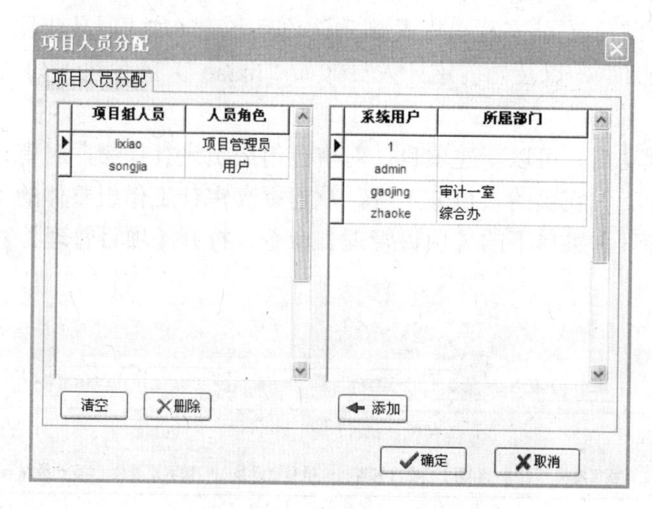

图 7-33 【项目人员分配】对话框

（3）同样方法添加其他项目组成员。添加完毕后，单击【确定】按钮，关闭【项目人员分配】对话框。

2）工作分工

工作分工由项目管理员完成，项目组其他成员无权进行工作分工。以项目管理员身份登录系统，在【项目管理】对话框中单击【工作分工】按钮，弹出下拉菜单【按底稿】、【按事项】，可实现“按底稿”或“按事项”进行工作分工。

软件采用授权机制来保护工作底稿的安全，项目管理员可以为项目组成员分配不同的底稿，并授以相应的操作权限。可分配的工作底稿取决于创建审计项目时或对工作底稿进行初始化时所选择的底稿模板。“时代集团”项目选择的模板是“通用（新）”，在【工作底稿人员分工】对话框（如图 7-34 所示）中列出了该模板可分配的工作底稿。

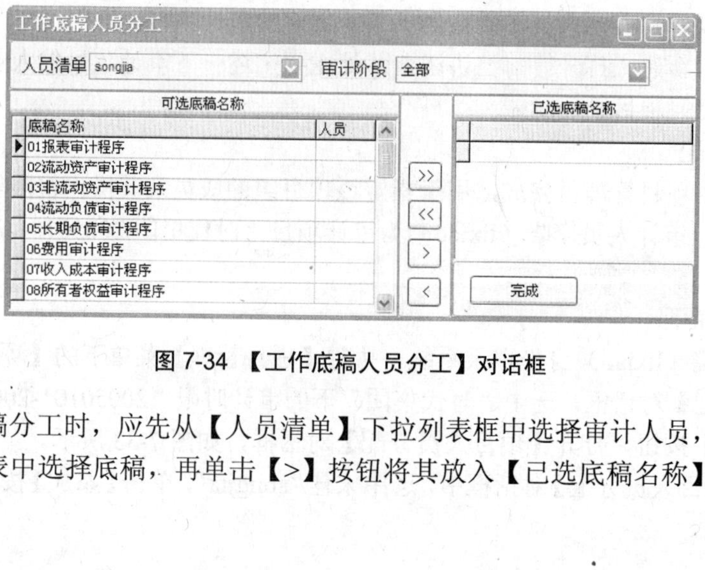

图 7-34 【工作底稿人员分工】对话框

按工作底稿分工时，应先从【人员清单】下拉列表框中选择审计人员，然后从【可选底稿名称】列表中选择底稿，再单击【>】按钮将其放入【已选底稿名称】列表。按住键盘上的 Shift 键可以选择连续的多个底稿，按住键盘上的 Ctrl 键可以间断挑选多个底稿。

下面举例说明如何利用系统模板按审计事项进行工作分工，以事项为单位实现分工负责。分工时应先设置审计事项及其事项内容，然后指定各事项的责任人。

【例 7-11】 利用系统模板，为时代集团财务收支审计组进行工作分工，并保存为模板。

操作步骤如下：

（1）以项目管理员宋佳（songjia）身份登录系统，执行【项目管理】菜单下的【项目管理】命令，打开【项目管理】对话框；选择“时代集团”项目后，单击【工作分工】|【按事项】命令，打开【审计事项及分工】对话框，如图 7-35 所示。

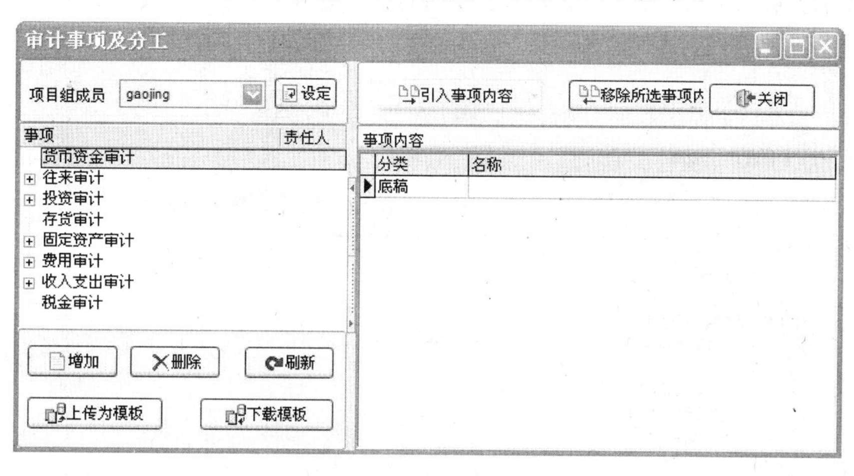

图 7-35　按审计事项分工

（2）单击【下载模板】按钮，打开【事项模板】对话框，如图 7-36 所示。

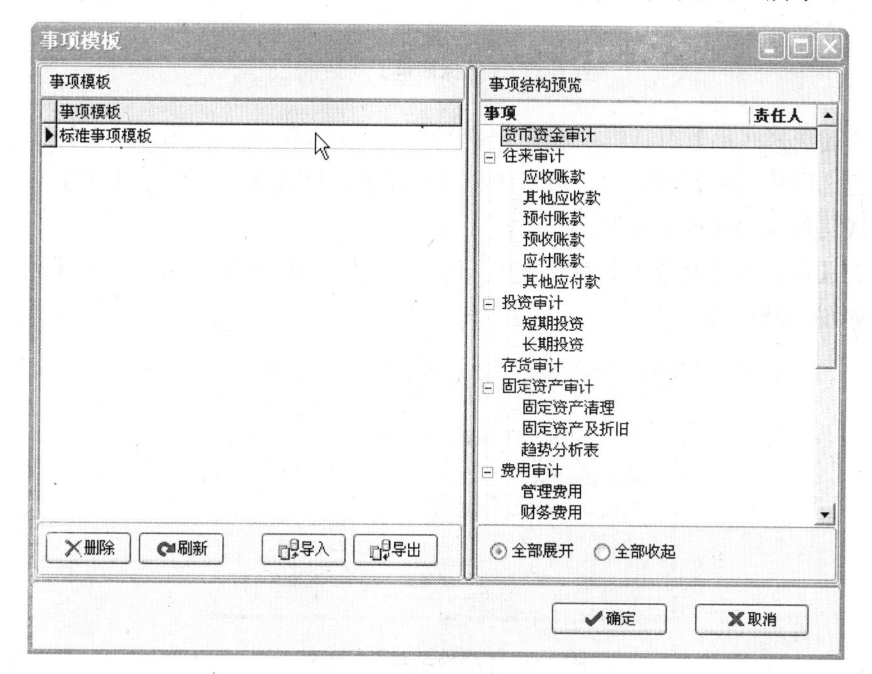

图 7-36　下载审计事项模板

（3）在【事项模板】对话框中，选择预置的“标准事项模板”，单击【确定】按钮系统为审计项目添加审计事项，并返回【审计事项及分工】对话框。进行分工之前，可以先删除不必要的审计事项。

（4）在【审计事项及分工】对话框中按事项进行分工：在【事项】列表中选择审计事项“产品销售收入”，然后从【项目组成员】下拉列表框中选择审计人员李晓“lixiao”，再单击【设定】按钮，即完成一个事项的分工。按同样方式完成其他事项的分工。

（5）在【审计事项及分工】对话框中为“事项”设置“事项内容”（底稿）：先选择事项（如产品销售收入），然后执行【引入事项内容】|【引入底稿】命令，打开【选择底稿】对话框，如图 7-37 所示。

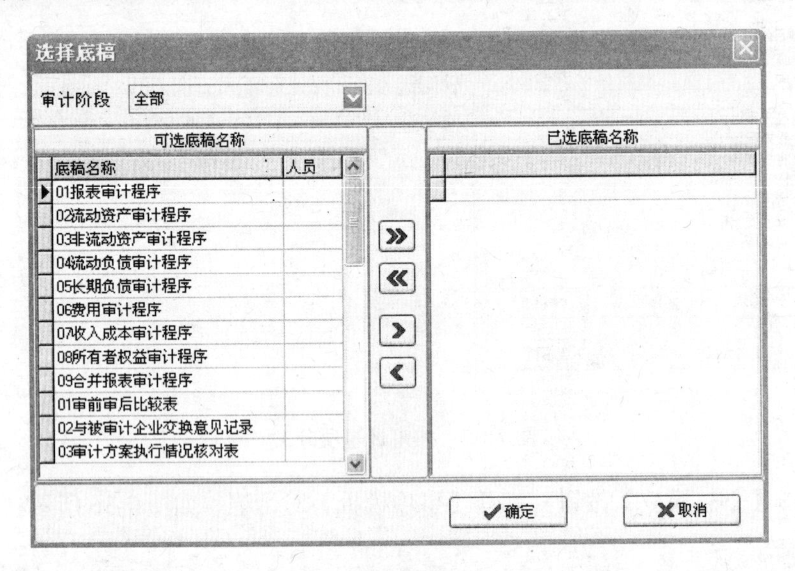

图 7-37 【选择底稿】对话框

（6）在【选择底稿】对话框中选择底稿“07 收入成本审计程序”，单击【〉】按钮将其添加到【已选底稿名称】列表中，最后单击【确定】返回【审计事项及分工】对话框。同样方式完成其他事项的内容设置。

（7）在【审计事项及分工】对话框中，单击【上传为模板】按钮，打开【模板名称】对话框，如图 7-38 所示。

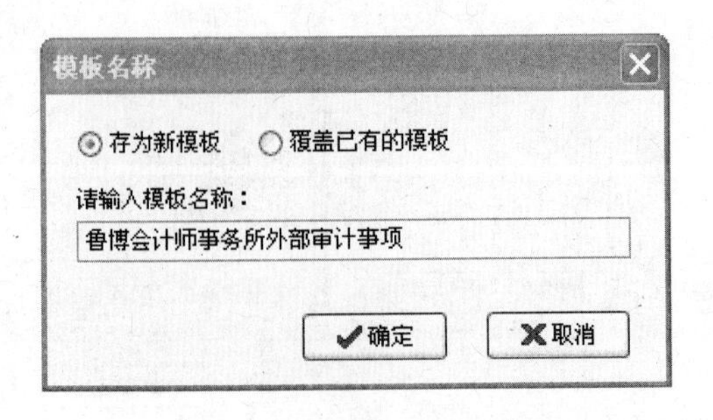

图 7-38 【模板名称】对话框

（8）在【模板名称】对话框中选择“存为新模板”单选项，输入模板名称“鲁博会计师事务所外部审计事项”，然后单击【确定】按钮上传模板并返回【审计事项及分工】对话框。

（9）按事项完成分工后，在【审计事项及分工】对话框中单击【关闭】按钮返回【项目管理】对话框。

3）备份与恢复

在【项目管理】对话框中，单击【备份】或【恢复】按钮，可以备份或恢复审计项目库。备份是指对所选择的项目进行整体打包保存，包括财务数据和工作底稿等所有项目内容。备份出的文件是扩展名为“.syd”的格式化文件，如“abc200501200512.syd”，该备份文件是经过加密和压缩的，只有在审易软件中恢复时才可使用。备份处理过程如下：

（1）在【项目管理】对话框中，单击【备份】按钮，打开【项目库备份】对话框，如图 7-39 所示。

图 7-39　【项目库备份】对话框

（2）在【项目库备份】对话框中，单击【浏览】按钮设置项目库保存路径，选定后会出现项目库信息，单击【备份】按钮，即会自动执行对该项目的数据备份。

如果运行审易软件的服务器中没有安装 SQL Server，系统会提示“本地没有安装 SQL Server，该功能不能使用”，此时不能执行备份或恢复。

对备份好的项目进行恢复时，系统会自动识别备份文件并获取项目信息，自动检测项目是否已经存在。如果同名同时限项目已经存在，可以重新命名后恢复为另一个项目。如果是较早版本的软件所做的备份文件，将在保持项目数据完整的情况下自动升级项目库为最新版本，以适应最新版本的审易软件。

4）导出与导入

与备份和恢复不同，项目的导出、导入用于审计项目的保存与合并，不仅可以在审计人员之间共享信息，还可以在审计作业系统与审计管理系统之间实现信息交换。

（1）项目导出。

在【项目管理】对话框中，执行【项目互导】|【导出】命令，打开【将本项目内容传出至数据包】对话框，如图 7-40 所示。

在【将本项目内容传出至数据包】对话框的上方选择需要导出的底稿，在下方选择需要导出的数据表，选中“输出带文件”复选框；然后单击【执行】按钮，打开【项目输出路径】对话框，选择结果路径后单击【确定】按钮，系统将在所选路径下，创建下级目录（如“审易数据包导出 175534”），并在该目录下生成导出的数据包（审易数据包.mdb）及各审计阶段的底稿文件（.doc，.xls）。

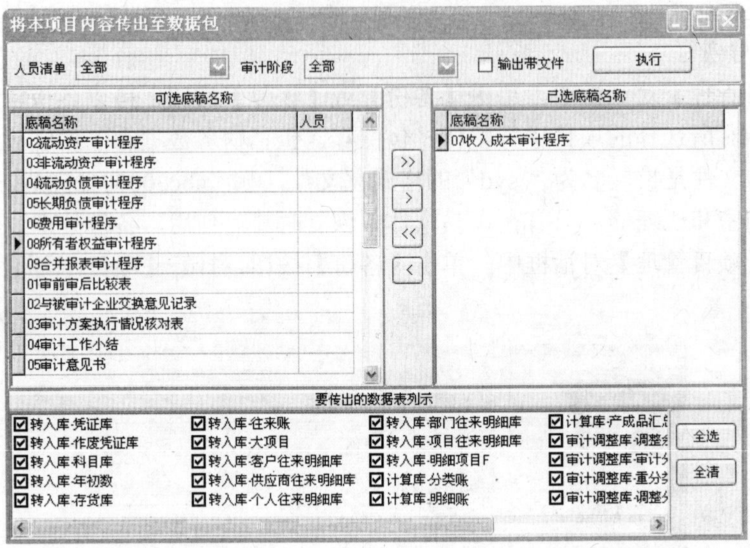

图 7-40 【将本项目内容传出至数据包】对话框

如果没有选中“输出带文件”复选框，则只会导出 Access 数据库形式的“审易数据包.mdb”文件。

（2）项目导入。

在【项目管理】对话框中，执行【项目互导】|【导入】命令，打开【将数据包传入本项目】对话框，如图 7-41 所示。

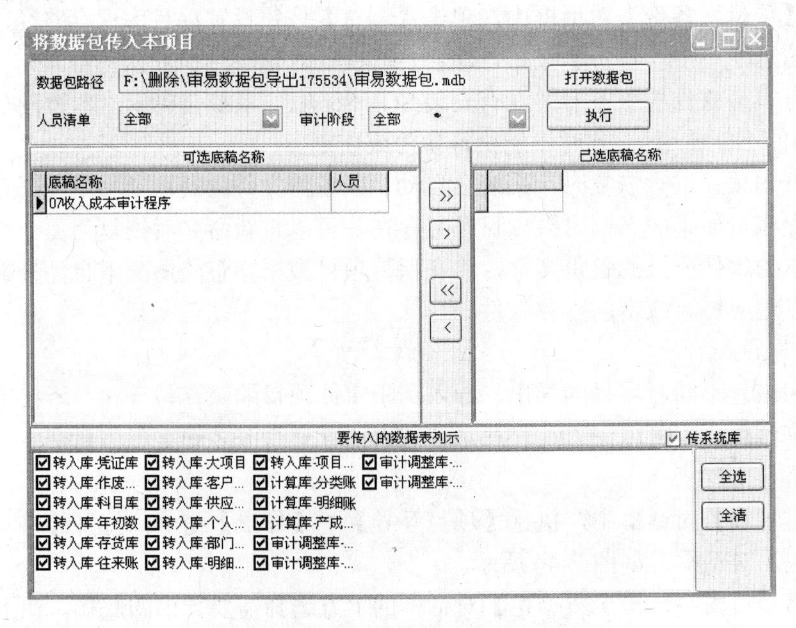

图 7-41 【将数据包传入本项目】对话框

在【将数据包传入本项目】对话框中，首先单击【打开数据包】按钮，在打开的【打开】对话框中，找到以前曾经导出的数据包（如“审易数据包.mdb”），然后单击【打开】按钮，即将该数据包中所有的数据表显示在“要传入的数据表列示”栏目下。如果数据包（审易数据包.mdb）所在的目录下，有底稿文件（.doc，.xls），则所有的底稿文件会显示在“可选底稿名称”栏目下。选择要导入项目的底稿和各种数据表后，单击【执行】按钮即将底稿和数据表导入到当前的项目中。

导入功能是把原来导出的数据导入到当前的项目中，原来同名的底稿或数据表将会被覆盖。

7.3.2 审计准备

完成审计项目建立后，审计人员需要进行审计前的准备工作，包括编辑被审计单位信息以及最重要的数据采集、数据转换和财务信息上传等。

1．被审计单位信息管理

搜集整理被审计单位的信息是开展审前调查的基础工作之一，审易软件为记载被审计单位的相关信息提供了专门的工具。

创建被审计单位的操作步骤如下：

（1）执行【审计准备】菜单下的【被审计单位信息】命令，打开【被审计单位信息管理】对话框，参见图 7-30 所示。

（2）在【被审计单位信息管理】对话框中，单击【添加】按钮创建一个新单位，输入单位编号、单位名称。

（3）在【基本信息】、【管理】、【财务】、【审计】、【其他】选项卡中，输入该被审计单位的其他相关信息。

（4）单击【保存】按钮对信息进行保存，单击【关闭】按钮结束设置操作。

2．数据采集

用友审易软件提供了对 SQL Server、Sybase、Oracle 等数据库管理系统的数据采集工具以及 ODBC 数据导出工具，只要系统安装有相应的数据库驱动程序就可以将数据导出到 Access 数据库，使用简单、方便。具体数据采集方法与过程参见第 3 章相关章节。

3．数据转换

建立好审计项目并完成数据采集工作之后，审计人员应将电子财务数据转换为软件标准的数据格式，以便于实施审计作业。数据转换处理主要包括数据连接、会计流处理等环节，其业务流程如图 7-42 所示。

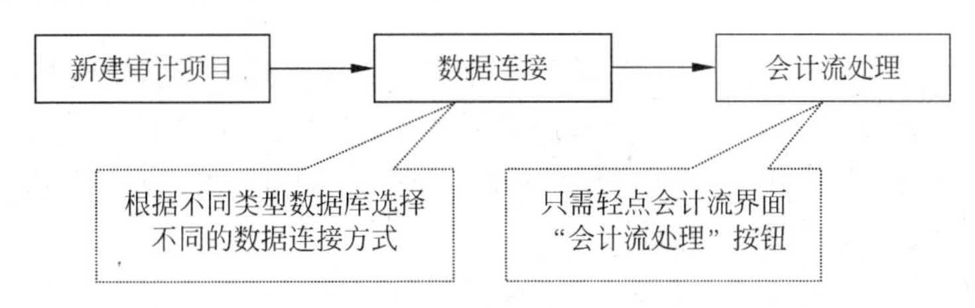

图 7-42 数据转换业务流程

1）数据连接

数据连接即设定连接被审计单位的电子数据。启动审计软件新建一个具体的审计项目后，完成数据采集，在进行会计流处理前，需要建立数据连接。建立数据连接的基本处理过程如下：

（1）执行【审计准备】菜单下的【数据转换】命令，打开【用友审易会计流处理】对话框，如图7-43所示。

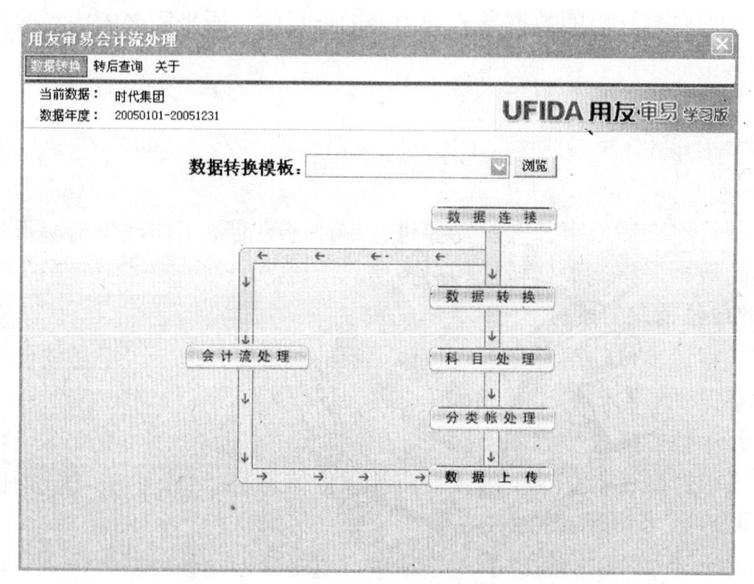

图7-43 【用友审易会计流处理】对话框

（2）在【用友审易会计流处理】对话框中，执行【数据转换】菜单下的【数据连接】命令，或直接单击【用友审易会计流处理】对话框界面中的【数据连接】按钮，打开【数据接口】对话框，如图7-44所示。

图7-44 【数据接口】对话框

（3）在【数据接口】对话框中，根据采集的数据情况选择【当前模板】和【接口类型】类型，然后单击【路径测试】按钮选择被审计数据存放的实际位置。

（4）上述设置完成后，单击【测试】按钮对数据进行测试，若提示“数据源设置正常”，则单击【关闭】按钮完成数据源的设置。

【接口类型】的选择是根据被审计财务数据的数据库类型决定的。审计软件获取被审计单位账套数据一般通过中间数据库进行，如果是桌面型数据库，如Access、FoxPro等，一般可以直接拷贝获取，如果是 SQL Server 或者 Oracle 等大型数据库则通过桌面型数据库作为中间数据库进行转换或导出。

2）会计流处理

数据源设置完成后，就可以通过“会计流处理”进行数据转换，通过转换后的数据才能进一步进行审计工作。

会计流处理是指根据所选用的会计流模板和数据接口，把已经从被审计单位采集到的各种各样的电子财务数据转换成为审计软件所需要的统一格式，以便利用审计作业工具进行审查、测试和分析。

会计流处理是软件中数据转换的关键步骤，审计项目建立并获取审计数据后，如果未经过转换，审计人员是无法看到具体的数据。会计流处理的作用就是通过设计好的会计流模板，对数据进行自动整理、整合、筛选，并对其进行规范化处理，最后将所有原始数据进行分类和汇总，形成分类明细账、总账，重新生成被审计单位的一套审计账套。

一般来说，会计流处理分为三个阶段：数据转换、科目处理和分类账处理。对于已经有现成接口的，在【用友审易会计流处理】对话框，单击【会计流处理】按钮，系统会自动按上述三个阶段进行数据处理。

在【用友审易会计流处理】对话框中，会计流处理是由【数据转换】、【科目处理】、【分类账处理】三个子模块构成。其功能是将被审计单位的五花八门格式的数据转换成为审计软件所需要的固定格式的会计电子数据。根据会计流模板的设定情况，会计流处理可以分为两种方式：一种是“自动流程式”，即左边的【会计流处理】按钮；另一种是“分步进程式”即右边的【数据转换】、【科目处理】和【分类账处理】按钮。

自动流程方式适用于选用的“会计流模板”已经设置调整无误的情况。当进入会计流处理界面后，单击【会计流处理】按钮，软件就会自动将选定的被审计数据转换过来，进行科目处理和分类账处理，最后形成科目余额表等。

当数据“接口”没有现成的，或者需要进行调整的时候，就按分步进程式进行会计数据流处理。按照数据转换、科目处理、分类账处理步骤进行操作，重新设定或编辑对应定义、结构定义、数据整理、科目长度、分隔符情况、各月发生额汇总、年初数计算、明细账和分类往来明细账等，每一环节都可以单步执行，或者多步执行。

【例 7-12】 假设审计人员已创建审计项目“时代集团：20050101-20051231”，并从被审计单位采集到 Access 数据库格式的财务数据文件“时代集团（用友 850）案例数据.mdb”，该数据来源于用友 U850 财务软件，为该项目进行数据转换。（采用自动流程式进行处理）

操作步骤如下：

（1）执行【审计准备】菜单下的【数据转换】命令，打开【用友审易会计流处理】对话框。

（2）在【用友审易会计流处理】对话框中，单击【数据转换模板】下拉参照按钮，在弹出的下拉列表中选择“用友 850”的会计流模板。

（3）在【用友审易会计流处理】对话框中，单击【数据连接】按钮，打开【数据接口】对话框。找到已采集的数据文件“C:\UFSYA460\用友审计案例分析\时代集团(用友 850)案例数据.mdb”，选择接口类型“ACCESS2000（*.MDB）”。单击【测试】按钮，通过数据测试后，单击【关闭】按钮返回【用友审易会计流处理】对话框。

（4）在【用友审易会计流处理】对话框中，单击【会计流处理】按钮，系统即自动依次执行数据转换、科目库处理、分类账处理，直至完成数据上传。

（5）在【用友审易会计流处理】对话框中，单击【转后查询】菜单下的【余额表】命令，显示数据转换后的【科目余额表】对话框，如图 7-45 所示。

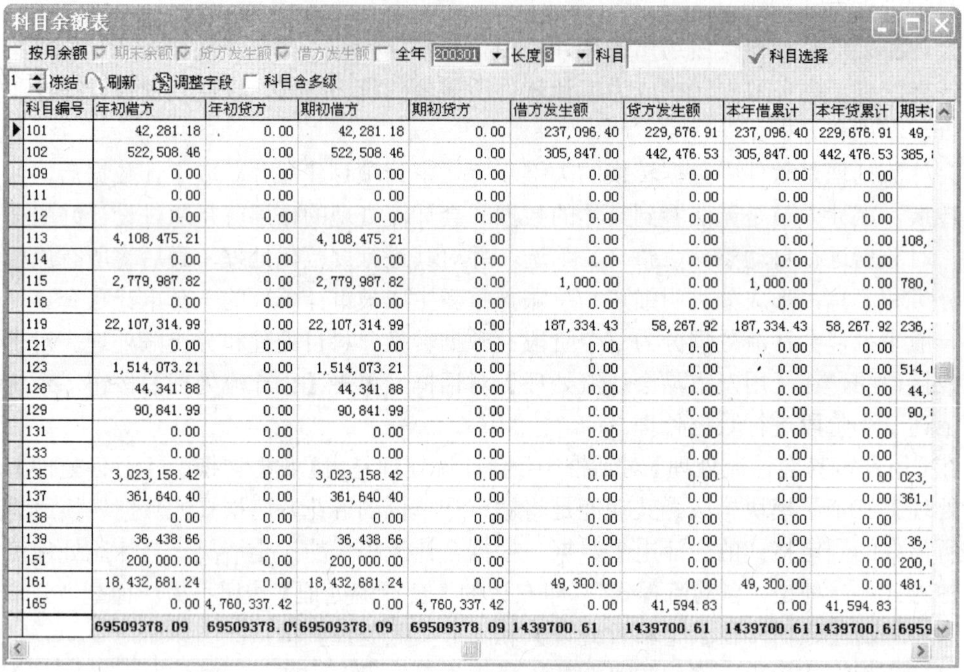

科目余额表

按月余额 期末余额 贷方发生额 借方发生额 全年 200301 长度 3 科目 科目选择

1 冻结 刷新 调整字段 科目含多级

科目编号	年初借方	年初贷方	期初借方	期初贷方	借方发生额	贷方发生额	本年借累计	本年贷累计	期末
101	42,281.18	0.00	42,281.18	0.00	237,096.40	229,676.91	237,096.40	229,676.91	49,
102	522,508.46	0.00	522,508.46	0.00	305,847.00	442,476.53	305,847.00	442,476.53	385,
109	0.00	0.00	0.00	0.00	0.00	0.00	0.00	0.00	
111	0.00	0.00	0.00	0.00	0.00	0.00	0.00	0.00	
112	0.00	0.00	0.00	0.00	0.00	0.00	0.00	0.00	
113	4,108,475.21	0.00	4,108,475.21	0.00	0.00	0.00	0.00	0.00	108,
114	0.00	0.00	0.00	0.00	0.00	0.00	0.00	0.00	
115	2,779,987.82	0.00	2,779,987.82	0.00	1,000.00	0.00	1,000.00	0.00	780,
118	0.00	0.00	0.00	0.00	0.00	0.00	0.00	0.00	
119	22,107,314.99	0.00	22,107,314.99	0.00	187,334.43	58,267.92	187,334.43	58,267.92	236,
121	0.00	0.00	0.00	0.00	0.00	0.00	0.00	0.00	
123	1,514,073.21	0.00	1,514,073.21	0.00	0.00	0.00	0.00	0.00	514,
128	44,341.88	0.00	44,341.88	0.00	0.00	0.00	0.00	0.00	44,
129	90,841.99	0.00	90,841.99	0.00	0.00	0.00	0.00	0.00	90,
131	0.00	0.00	0.00	0.00	0.00	0.00	0.00	0.00	
133	0.00	0.00	0.00	0.00	0.00	0.00	0.00	0.00	
135	3,023,158.42	0.00	3,023,158.42	0.00	0.00	0.00	0.00	0.00	023,
137	361,640.40	0.00	361,640.40	0.00	0.00	0.00	0.00	0.00	361,
138	0.00	0.00	0.00	0.00	0.00	0.00	0.00	0.00	
139	36,438.66	0.00	36,438.66	0.00	0.00	0.00	0.00	0.00	36,
151	200,000.00	0.00	200,000.00	0.00	0.00	0.00	0.00	0.00	200,
161	18,432,681.24	0.00	18,432,681.24	0.00	49,300.00	0.00	49,300.00	0.00	481,
165	0.00	4,760,337.42	0.00	4,760,337.42	0.00	41,594.83	0.00	41,594.83	
	69509378.09	69509378.0	69509378.09	69509378.09	1439700.61	1439700.61	1439700.61	1439700.6	6959

图 7-45 【科目余额表】对话框

窗口最底行的借贷方数据相等，可以初步判断数据转换正常。

4．财务数据上传

执行完会计流处理之后，审易软件会自动将转换所生成的数据包上传到服务器上。一般情况下，不需要单独执行财务数据上传功能。审计人员在单机环境下完成现场审计作业，回到单位后需要把财务数据上传到服务器。当分步进行会计流处理时，应该在最后完成数据上传工作。

执行【审计准备】菜单下的【财务数据上传】命令，打开【数据上传服务器】对话框。在【数据上传服务器】对话框中选择一个审计项目的数据包，然后单击【确定】按钮即会自动完成数据上传工作。

数据包是 Access 数据库文件（.mdb），创建项目时会自动生成在系统默认的数据目录下（如“C:\ufsYA460\data”）。

5．业务数据导入

业务数据导入功能用以将相关业务数据直接引入审易软件进行查询。执行【审计准备】菜单下的【业务数据导入】命令，打开【导入数据】对话框，找到相关数据源后，执行导入功能将数据导入系统。

导入业务数据时，可以选择的数据连接方式包括 Access 或 Excel 数据库、SQL Server

数据库、ODBC 数据源（Oracle、Sybase、DB2 等）以及 xBase 数据库（FoxBase、dBASE、VFP 等）。查询导入的业务数据不需通过会计流功能。

6. 被审计单位内控调查

审易软件的内控调查功能，可以帮助审计人员对被审计单位的经济运行情况进行测试，评估其内部控制是否健全，控制点运行是否正常，是否有大的漏洞存在，以便给审计人员下一步开展实质性审计提供重要的依据。

创建项目后，第一次执行【内控调查】功能时，系统自动弹出【下载模板】对话框，用于下载系统预置的内控调查模板，分“标准内控调查”和“循环式调查表”两种。

调查表分报表、货币资金、应收预付、存货、固定资产、投资、无形资产、流动负债、实收资本和资本公积、留存收益、销售、成本与费用等几大类表项，分别设计了调查项目。

调查评估时，在调查项目右边的“结果”栏目内，用鼠标单击可以为每项调查内容选择评估结果：优、良、中、差。根据调查结果，可以为每个项目打分，系统自动统计出总分。

调查评估结束后，可对当前内控调查结果保存，也可将内控调查结果记录在工作底稿中，或生成评估报告。

内控调查表是开放的，审计人员可以自行增删表项和调查项目，并可将修改过的调查表另存为新模板，供其他项目使用。

循环式内控调查表按照控制环境、会计系统、销售与收款循环、采购与付款循环、生产与存货循环、工薪业务循环、固定资产循环、筹资与投资循环以及计算机系统等经济业务循环设置树状测试点，并可生成总括及详细的评估报告。

7.4 审计实施

审计实施是对被审计单位内部控制的建立及遵守情况进行控制测试，以及对系统处理功能及处理结果的正确性进行实质性测试，主要包括审计预警、审计查询、审计检查、审计分析等。

7.4.1 审计预警

审计预警功能可以帮助审计人员在进行实质性测试前，轻松实现凭证预警、科目预警、金额预警、资产负债权益损益的总体预警、分录预警、平衡预警、摘要预警、电算化内控预警、多笔业务预警等功能，使审计人员对财务信息有总体的把握，以便确定审计重点，提高审计效率。

1. 凭证预警

凭证预警功能可以帮助审计人员快速统计凭证总数和发生笔数，查看凭证分录的类别，审查“一借一贷”、“一借多贷”、“多贷一借”、“多借多贷”以及其他无法识别的凭证各有多少，方便审计人员分析凭证质量，寻找审计线索。

【例 7-13】 审查 abc 公司 2005 年凭证，查看有无“单腿”凭证。

操作步骤如下：

（1）执行【审计预警】菜单下的【凭证预警】命令，打开【凭证预警】对话框，如图 7-46 所示。

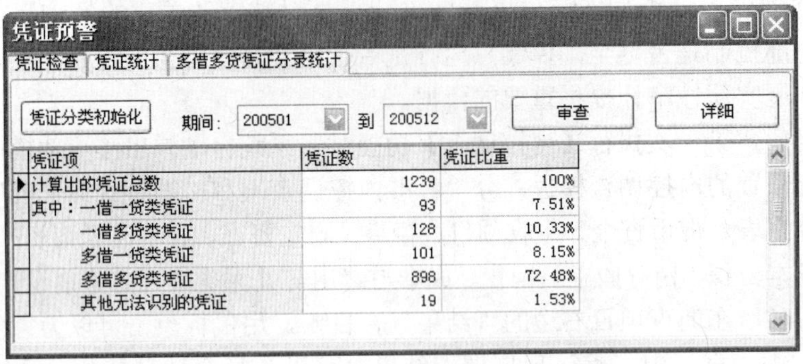

凭证预警

凭证检查 | 凭证统计 | 多借多贷凭证分录统计

凭证分类初始化　期间：200501　到 200512　审查　详细

凭证项	凭证数	凭证比重
计算出的凭证总数	1239	100%
其中：一借一贷类凭证	93	7.51%
一借多贷类凭证	128	10.33%
多借一贷类凭证	101	8.15%
多借多贷类凭证	898	72.48%
其他无法识别的凭证	19	1.53%

图 7-46 【凭证预警】对话框

（2）选择【凭证检查】选项卡，单击【凭证分类初始化】按钮对凭证进行分类；设置会计期间“200501”到“200512”，然后单击【审查】按钮，即显示凭证检查结果。

从图 7-46 可以看到，2005 年 abc 公司共有 1239 张凭证。其中大多数是多借多贷类凭证，占 72.48%；其他无法识别的凭证有 19 张，占 1.53%。

（3）在【凭证预警】|【凭证检查】选项卡中，单击【详细】按钮，打开【凭证统计】选项卡，如图 7-47 所示。

凭证预警

凭证检查 | 凭证统计 | 多借多贷凭证分录统计

凭证筛选：全部　凭证数：1239　发生笔数：6254　期间：200501-200512

凭证日期	凭证编号	凭证类型	科目编号	科目名称	摘要	借方发生额	贷方发生额
20050124	1\1		10101	现金-人民币	提备用金	10,000.00	
20050124	1\1		10201	银行存款-工行 (人民币	提备用金		10,000.00
20050124	1\1		10101	现金-人民币	提备用金	10,000.00	
20050124	1\1		10201	银行存款-工行 (人民币	提备用金		10,000.00
20050124	1\1		10101	现金-人民币	提备用金	5,000.00	
20050124	1\1		10201	银行存款-工行 (人民币	提备用金		5,000.00
20050124	1\1		10101	现金-人民币	提备用金	10,000.00	
20050124	1\1		10201	银行存款-工行 (人民币	提备用金		10,000.00
20050124	1\1		11902	其它应收款-个人应收	利港加工费	10,000.00	
20050124	1\1		10101	现金-人民币	本厂郭顺林利港加工费		10,000.00
20050124	1\2		52105	管理费用-业务招待费	本厂张建报费用	60.00	
20050124	1\2		52105	管理费用-业务招待费	本厂张建报费用	30.00	
20050124	1\2		52107	管理费用-差旅费	本厂张建报费用	70.60	
20050124	1\2		10101	现金-人民币	本厂张建报费用		160.60
20050124	1\2		52105	管理费用-业务招待费	本厂张大候报费用	1,200.00	
20050124	1\2		10101	现金-人民币	本厂张大候报费用		1,200.00
20050124	1\2		52105	管理费用-业务招待费	本厂赵大会报费用	327.00	

图 7-47 【凭证统计】选项卡

从图中可以看到共有记录 6254 笔。

（4）在【凭证预警】|【凭证统计】选项卡中，单击【凭证筛选】下拉列表框，选择“其他”，显示系统无法识别的凭证，如图 7-48 所示。

可以看到这 19 张凭证，共有记录 56 笔，均是“单腿”凭证，要么只有借方发生额，要么只有贷方发生额，基本都是由于账户调整而产生的。

凭证预警

凭证检查　凭证统计　多借多贷凭证分录统计

凭证筛选：其他　凭证数：19　发生笔数：56　期间：200501-200512

凭证日期	凭证编号	凭证类型	科目编号	科目名称	摘要	借方发生额	贷方发生额
20050125	1\68		12301	原材料-配件库	调整本月材料分配串户		-46, 270. 95
20050125	1\68		12302	原材料-钢材库	调整本月材料分配串户		635, 470. 76
20050125	1\68		12301	原材料-配件库	调整本月材料分配串户		635, 470. 76
20050125	1\68		12302	原材料-钢材库	调整本月材料分配串户		46, 270. 95
20050225	2\50		20801	预收账款-预收账款	调正04, 9/2#		-35, 000. 00
20050225	2\50		20801	预收账款-预收账款	调正04, 9/2#		35, 000. 00
20050331	3\58		10202	银行存款-工行 (美元户	外币存款利息	731. 17	
20050331	3\58		5220101	财务费用-财务费用-利	利息	-731. 17	
20050428	4\1		20301	应付账款-应付账款	调整04. 4/12#凭证	26, 600. 00	
20050428	4\1		40512	制造费用-外加工费	调整04. 4/12#凭证	-26, 600. 00	
20050428	4\2		11301	应收账款-应收账款	调整04. 10/2#	2, 000. 00	
20050428	4\2		40512	制造费用-外加工费	调整04. 10/2#	-2, 000. 00	
20050428	4\2		11301	应收账款-应收账款	调整04. 7/7#	12, 000. 00	
20050428	4\2		40512	制造费用-外加工费	调整04. 7/7#	-12, 000. 00	
20050428	4\3		11301	应收账款-应收账款	调整04. 5/30#	7, 986. 60	
20050428	4\3		40512	制造费用-外加工费	调整04. 5/30#	-7, 986. 60	
20050428	4\3		11301	应收账款-应收账款	调整04. 3/9#	3, 000. 00	

图 7-48　其他无法识别的凭证

2．科目预警

科目预警工具用于帮助审计人员与标准科目进行对比，检查被审计单位是否正确地设置了会计科目，手工对应未对应的会计科目，关注和审查异常会计科目。

【例 7-14】 为 abc 公司审计项目手工对应会计科目。

操作步骤如下：

（1）执行【审计预警】菜单下的【科目预警】命令，打开【科目预警】对话框，如图 7-49 所示。

科目预警

全部　已对应　未对应　科目级次 3　自动对应

本项目科目名称	本项目科目编号	自动对应科目	手工对应科目	行业
现金	101	现金		
银行存款	102	银行存款		
应收票据	112	应收票据		
应收账款	113	应收账款		
坏账准备	114	坏账准备		
预付货款	115	预付货款		
其他应收款	119	其他应收款		

标准科目：企业　标准科目维护

基准科目名称	视同科目名称	科目编号	对应结果
现金		1001	现金
银行存款		1002	银行存款
其他货币资金		1009	
外埠存款		100901	
银行本票		100902	

图 7-49　【科目预警】对话框

（2）通过下拉列表框选择标准科目为“企业”，然后单击【自动对应】按钮，系统自动将被审计单位的会计科目与标准企业会计制度对应。

（3）单击“已对应”单选钮，显示已对应的会计科目。

（4）单击“未对应”单选钮，显示未对应的会计科目。

（5）手工将不一致的会计科目进行对应。要将本项目的“191—待处理财产损益”与“1911—待处理财产损益”对应，首先在窗口左侧单击本项目科目名称“待处理财产损益”，然后在窗口右侧双击基准科目名称“待处理财产损益”。同样方式对应其他科目。

3．综合预警

综合预警工具按年度及科目类别，用曲线图的形式显示总账科目的各月月末余额。通过月末余额曲线，可以观察相关科目的余额在一年内的总体走势，帮助审计人员直观地发现异常情况，定位审计疑点。

【例 7-15】 使用综合预警工具，分析 abc 公司其他应收款 2005 年各月余额变化趋势。

操作步骤如下：

(1) 执行【审计预警】菜单下的【综合预警】命令，打开【综合预警】对话框，通过下拉列表框分别选择年度“2005”，科目类别“资产类”，一级科目“其他应收款”。单击【刷新】按钮，显示其他应收款 2005 年各月余额变化曲线，如图 7-50 所示。

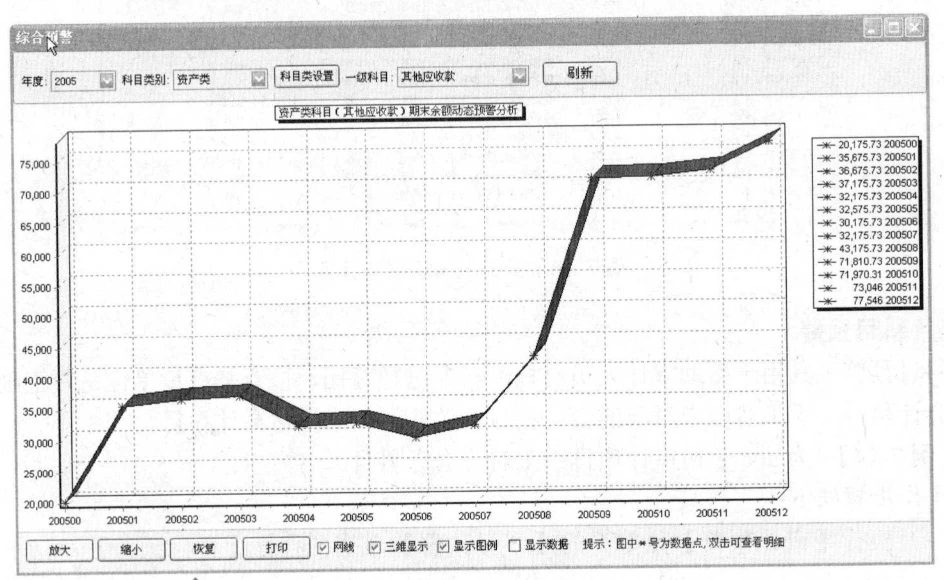

图 7-50 其他应收款期末余额变化曲线

可以看出，2005 年 abc 公司的其他应收款各月余额整体上呈上升趋势。年初最低，只有 2 万多元；1 月份和 8、9 两个月有较大幅度的增加，到年末高达 7.7 万多元，9 月份增幅最大。

(2) 在【综合预警】窗口的曲线图上，双击 9 月份的数据点 (*)，打开【选择月份】对话框。

(3) 通过下拉列表框选择开始月份“200508”，结束月份“200509”；单击【确定】按钮，打开【期末余额分析结果】对话框。

(4) 在【一级科目期末余额分析】选项卡的右侧列表中，找到“119-其他应收款”并双击之，系统切换到【二级科目期末余额分析】选项卡，并显示其他应收款各下级科目 8、9 两个月的期末余额、差额和增幅，如图 7-51 所示。

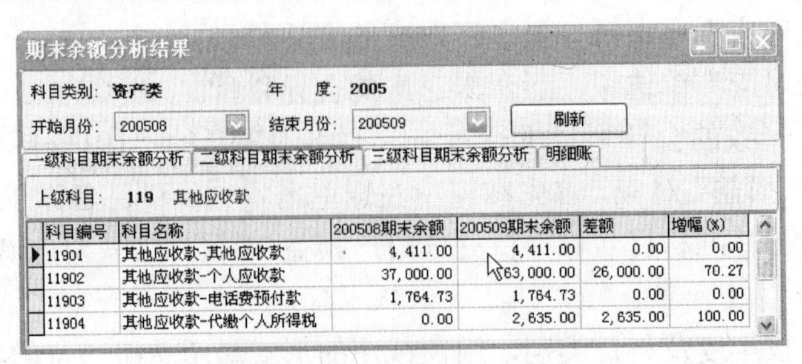

科目编号	科目名称	200508期末余额	200509期末余额	差额	增幅(%)
11901	其他应收款-其他应收款	4,411.00	4,411.00	0.00	0.00
11902	其他应收款-个人应收款	37,000.00	63,000.00	26,000.00	70.27
11903	其他应收款-电话费预付款	1,764.73	1,764.73	0.00	0.00
11904	其他应收款-代缴个人所得税	0.00	2,635.00	2,635.00	100.00

图 7-51 二级科目期末余额分析

通过比较可以看出，从 8 月到 9 月个人应收款增加 2.6 万元，所占比重最大。

（5）在【二级科目期末余额分析】选项卡中，双击“个人应收款”明细科目，系统切换到【明细账】选项卡，如图 7-52 所示。

期末余额分析结果

科目类别：资产类　　年　度：2005

开始月份：200508　　结束月份：200509　　刷新

一级科目期末余额分析 | 二级科目期末余额分析 | 三级科目期末余额分析 | 明细账

科目：11902　其他应收款-个人应收款

科目编号	科目名称	月份	凭证类型	编号	摘要	借方发生额	贷方发生额	借贷
11902	其他应收款-个人应收款	200508			本期合计	11,000.00	0.00	
11902	其他应收款-个人应收款	20050829		8\21	本厂张晖借款	5,000.00		
11902	其他应收款-个人应收款	20050829		8\21	本厂赵惠新借款	6,000.00		
11902	其他应收款-个人应收款	200509			本期合计	26,000.00	0.00	
11902	其他应收款-个人应收款	20050930		9\1	本厂张晖借款	25,000.00		
11902	其他应收款-个人应收款	20050930		9\15	本厂赵文峰借款	1,000.00		

图 7-52　其他应收款明细账

可以看出，本厂张晖借了 2.5 万元。双击该行记录，可以打开相应的凭证。这笔借款的用途是什么？什么时候归还的？可以作为审计疑点进一步查证。

【例 7-16】 由于累计折旧科目与其他资产类科目一样，月末余额的计算都是借方余额减去贷方余额，均为负数，故显示的曲线不能反映真实情况，如图 7-53 所示。通过增加科目类的方法，正确显示累计折旧月末余额变化曲线。

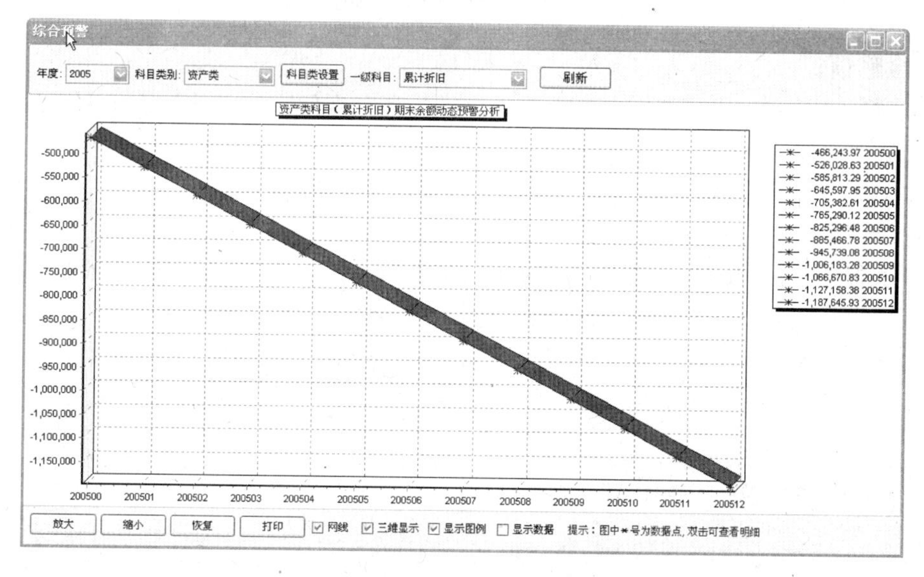

图 7-53　反向显示的累计折旧余额曲线

操作步骤如下：

（1）执行【审计预警】菜单下的【综合预警】命令，打开【综合预警】对话框。

（2）单击【科目类设置】按钮，打开【项目科目类设置】对话框。

（3）单击【添加】按钮，弹出【科目类编辑】对话框。

（4）输入科目类名称“累计折旧”，科目类开始代码“165”；选择余额计算方式“贷方减借方”；单击【确定】按钮，返回【项目科目类设置】对话框。

（5）单击【确定】按钮，返回【综合预警】对话框；单击【刷新】按钮，更新“科目类别”和“一级科目”下拉列表框；选择科目类别“累计折旧”和一级科目“全部”，则显示正确的累计折旧月末余额变化曲线，如图 7-54 所示。

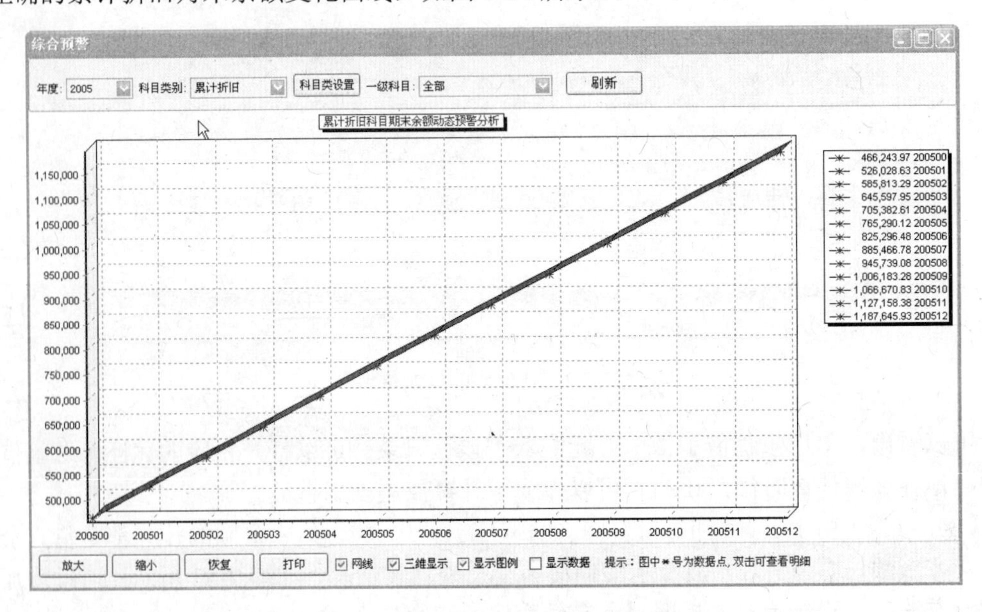

图 7-54　正确的累计折旧月末余额变化曲线

4．金额预警

金额预警工具主要用于查看某一期间大金额凭证，方便审计人员从凭证库中抽选比较敏感的凭证，查找审计疑点。

【例 7-17】 使用金额预警工具，分析 abc 公司 2005 年度大金额凭证。

操作步骤如下：

（1）执行【审计预警】菜单下的【金额预警】命令，打开【金额预警】对话框。

（2）用下拉列表框选择期间“200501”到“200512”，输入金额大于等于“100000”，然后单击【审查】按钮，系统自动搜索符合条件的记录如图 7-55 所示。

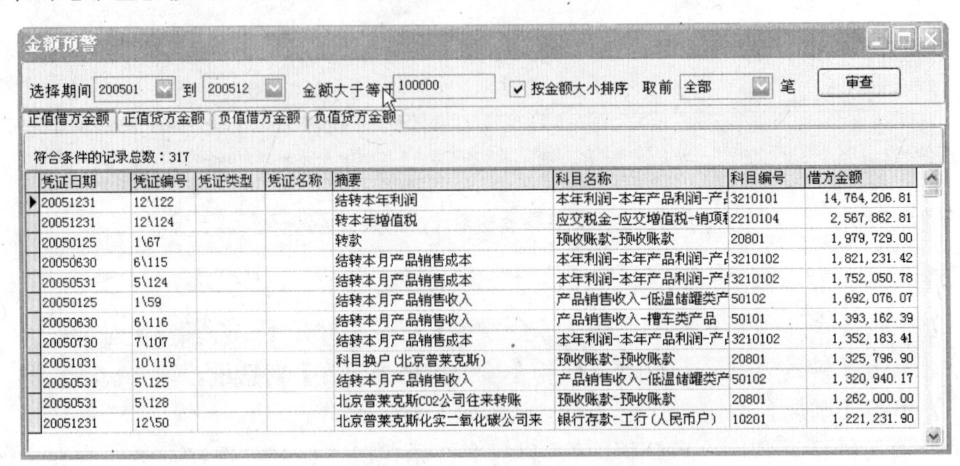

凭证日期	凭证编号	凭证类型	凭证名称	摘要	科目名称	科目编号	借方金额
20051231	12\122			结转本年利润	本年利润-本年产品利润-产	3210101	14,764,206.81
20051231	12\124			转本年增值税	应交税金-应交增值税-销项税	2210104	2,567,862.81
20050125	1\67			转款	预收账款-预收账款	20801	1,979,729.00
20050630	6\115			结转本月产品销售成本	本年利润-本年产品利润-产	3210102	1,821,231.42
20050531	5\124			结转本月产品销售成本	本年利润-本年产品利润-产	3210102	1,752,050.78
20050125	1\59			结转本月产品销售收入	产品销售收入-低温储罐类产	50102	1,692,076.07
20050630	6\116			结转本月产品销售收入	产品销售收入-槽车类产品	50101	1,393,162.39
20050730	7\107			结转本月产品销售成本	本年利润-本年产品利润-产	3210102	1,352,183.41
20051031	10\119			科目换户(北京普莱克斯)	预收账款-预收账款	20801	1,325,796.90
20050531	5\125			结转本月产品销售收入	产品销售收入-低温储罐类产	50102	1,320,940.17
20050531	5\128			北京普莱克斯C02公司往来转账	预收账款-预收账款	20801	1,262,000.00
20051231	12\50			北京普莱克斯化实二氧化碳公司来	银行存款-工行(人民币户)	10201	1,221,231.90

图 7-55　大金额凭证检查

2005 年正值借方、正值贷方、负值借方、负值贷方金额大于 10 万元的记录分别有 317 笔、319 笔、12 笔、8 笔。

5．平衡预警

平衡预警工具用于快速审查财务数据的余额表和上下级科目之间、凭证内分录之间的借贷平衡关系。

【例 7-18】 检查 abc 公司 2005 年 1 月份和 12 月份的余额表是否平衡。

操作步骤如下：

（1）执行【审计预警】菜单下的【平衡预警】命令，打开【平衡预警】对话框。

（2）用下拉列表框选择期间“200501”，单击【审查】按钮，系统自动检查平衡关系，显示平衡检查结果。同理检查 12 月份的平衡。

（3）检查发现 1 月份和 12 月份的余额表是平衡的，没有发现上下级科目之间、凭证内分录之间的借贷不平衡的记录。

6．摘要预警

摘要预警功能根据摘要内容和选择的期间与科目，对凭证库进行组合条件查询，帮助审计人员选择摘要有疑点的凭证进行分析，有针对性地发现和分析财务数据。

【例 7-19】 审查 abc 公司 2005 年账务数据中与招待费有关的凭证。

操作步骤如下：

（1）执行【审计预警】菜单下的【摘要预警】命令，打开【摘要预警】对话框。

（2）用下拉列表框选择期间“200501”至“200512”，选中“全部科目”复选框。

（3）在“疑点字词库”列表框中找到并双击词语“招待费”，使之选择到“预警字词”列表中，然后单击【当前审查】按钮，即查得摘要中含“招待费”的所有凭证，如图 7-56 所示。

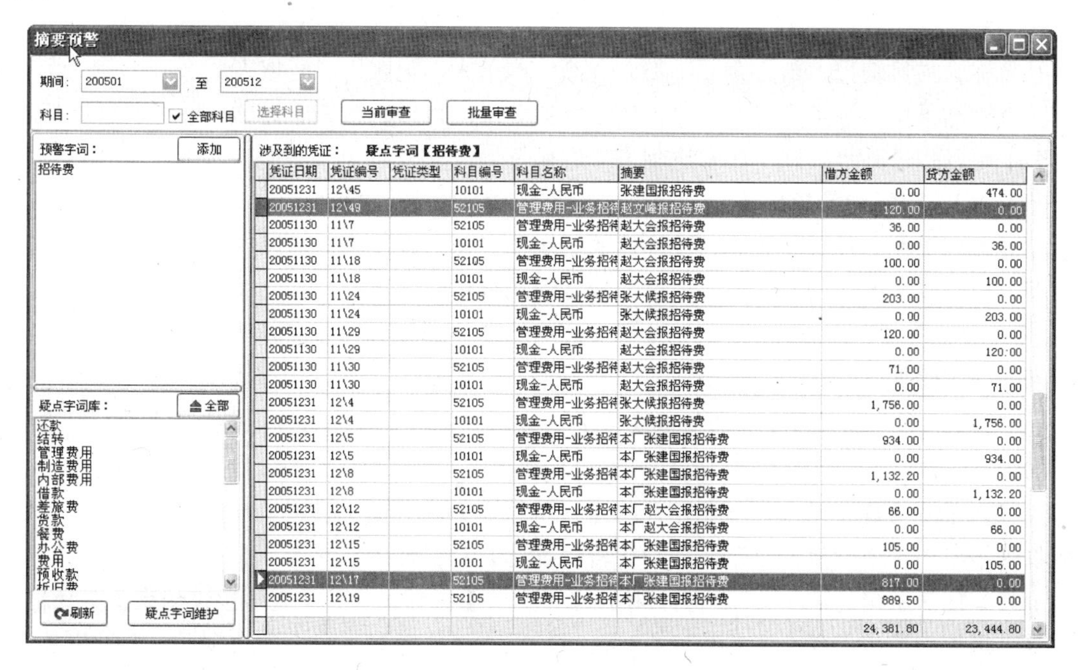

凭证日期	凭证编号	凭证类型	科目编号	科目名称	摘要	借方金额	贷方金额
20051231	12\45		10101	现金-人民币	张建国报招待费	0.00	474.00
20051231	12\49		52105	管理费用-业务招待	赵文峰报招待费	120.00	0.00
20051130	11\7		52105	管理费用-业务招待	赵大会报招待费	36.00	0.00
20051130	11\7		10101	现金-人民币	赵大会报招待费	0.00	36.00
20051130	11\18		52105	管理费用-业务招待	赵大会报招待费	100.00	0.00
20051130	11\18		10101	现金-人民币	赵大会报招待费	0.00	100.00
20051130	11\24		52105	管理费用-业务招待	张大候报招待费	203.00	0.00
20051130	11\24		10101	现金-人民币	张大候报招待费	0.00	203.00
20051130	11\29		52105	管理费用-业务招待	赵大会报招待费	120.00	0.00
20051130	11\29		10101	现金-人民币	赵大会报招待费	0.00	120:00
20051130	11\30		52105	管理费用-业务招待	赵大会报招待费	71.00	0.00
20051130	11\30		10101	现金-人民币	赵大会报招待费	0.00	71.00
20051231	12\4		52105	管理费用-业务招待	张大候报招待费	1,756.00	0.00
20051231	12\4		10101	现金-人民币	张大候报招待费	0.00	1,756.00
20051231	12\5		52105	管理费用-业务招待	本厂张建国报招待费	934.00	0.00
20051231	12\5		10101	现金-人民币	本厂张建国报招待费	0.00	934.00
20051231	12\8		52105	管理费用-业务招待	本厂张建国报招待费	1,132.20	0.00
20051231	12\8		10101	现金-人民币	本厂张建国报招待费	0.00	1,132.20
20051231	12\12		52105	管理费用-业务招待	本厂赵大会报招待费	66.00	0.00
20051231	12\12		10101	现金-人民币	本厂赵大会报招待费	0.00	66.00
20051231	12\15		52105	管理费用-业务招待	本厂张建国报招待费	105.00	0.00
20051231	12\15		10101	现金-人民币	本厂张建国报招待费	0.00	105.00
20051231	12\17		52105	管理费用-业务招待	本厂张建国报招待费	817.00	0.00
20051231	12\19		52105	管理费用-业务招待	本厂张建国报招待费	889.50	0.00
						24,381.80	23,444.80

图 7-56　审查与招待费有关的凭证

在“涉及到的凭证”列表框底部显示，借、贷方金额合计分别为24381.80、23444.80，借方大于贷方。审查发现“12\17”和“12\49”号凭证只出现了借方金额。打开凭证分析知道，这两张凭证均是“多借一贷”，在贷方分录的摘要中记载的信息不充分。

【例7-20】 使用摘要预警工具，批量审查abc公司2005年的凭证。

操作步骤如下：

（1）执行【审计预警】菜单下的【摘要预警】命令，打开【摘要预警】窗口。

（2）用下拉列表框选择期间“200501”至“200512”，选中“全部科目”复选框。

（3）先在“疑点字词库”列表框中单击【全部】按钮，再单击【批量审查】按钮，即可以查询出所有疑点字词分别对应的凭证。审查发现词语“期初”没有涉及任何凭证，也就是说abc公司2005年的凭证库中，所有凭证的摘要中都不含“期初”二字。

（4）在“预警字词”列表框中，单击预警字词“预收款”，可以直接看到摘要含“预收款”的所有凭证。

审查发现“4\10”号凭证记载了一笔用现金入账的预收账款业务，而且高达6万元，可以作为审计疑点进一步查证。

7. 电算化内控预警

电算化内控预警工具主要是审查凭证中是否出现制单人、记账人、复核人为同一人的情况，帮助审计人员迅速检查财务核算内控执行情况。单击【审计预警】菜单下的【电算化内控预警】命令，打开【电算化内控预警】对话框，根据预置内控条件进行内控预警。

软件预置了四种内控预警依据：制单和记账、复核为同一人；制单和记账为同一人；制单和复核为同一人；记账和复核为同一人。

选择审查依据后，单击【刷新】按钮，系统自动审查出相应情况所涉及的凭证数、共计发生笔数，并显示相关凭证的内容：凭证日期、凭证编号、凭证类型、凭证名称、摘要、科目名称、科目编号、借方金额、贷方金额、制单人、记账人、复核人。

查询结果可以按字段标题排序；双击疑点分录，可以直接查看具体凭证；通过鼠标右键菜单可以作进一步处理，如发送到工作底稿等。

8. 同天同类业务预警

同天同类业务预警是审易软件提供的一个向导型查账工具，可以审查同一类业务在同一天内反复发生的情况，以便有针对性地发现和分析财务数据。

【例7-21】 检查abc公司一天发生3次以上其他应收款的情况。

操作步骤如下：

（1）执行【审计预警】菜单下的【多笔业务预警】|【同天同类业务】命令，打开【同天同类业务预警】对话框。

（2）单击【选择】按钮，在打开的【科目查询】对话框中设置基准科目为“119-其他应收款”单击【下一步】按钮，打开【科目筛选】对话框。

（3）默认系统选定的关联科目，单击【下一步】按钮，打开【显示预警结果】对话框。设置“每天次数大于等于”参数为“3”，然后单击【执行】按钮，自动显示一天发生3次以上其他应收款的情况，如图7-57所示。

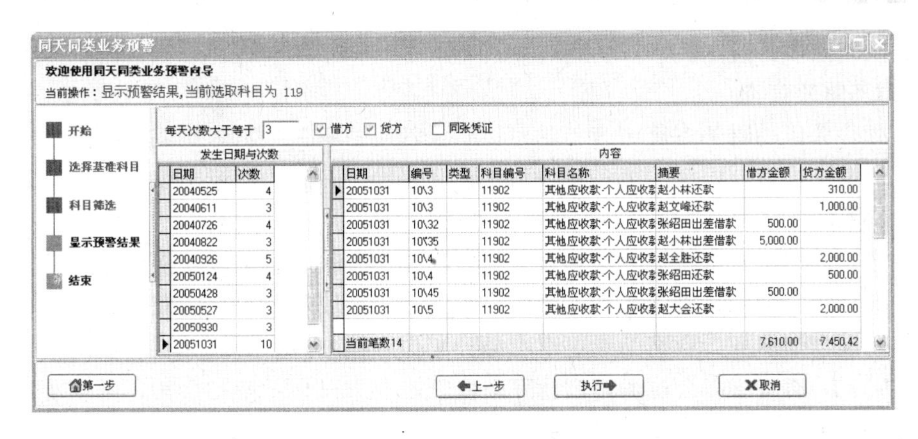

图 7-57 【同天同类业务预警】对话框

可以看到，2005 年共有 7 天发生了其他应收款业务出现 3 次以上的情况。10 月 31 日甚至出现了 10 次。在“发生日期与次数”列表框中，单击日期“20051231”，可以抽查当天记载其他应收款业务的 3 张凭证。

9. 同支票号预警

同支票号预警工具主要是审查凭证中是否出现支票号相同的情况，帮助审计人员迅速检查财务核算内控执行情况。

【例 7-22】 检查 abc 公司凭证库中同一支票号出现 2 次以上的情况。

操作步骤如下：

（1）执行【审计预警】菜单下的【多笔业务预警】|【同支票号】命令，打开【同支票号检查】对话框。

（2）输入同支票号出现次数大于等于“2”，单击【检查】按钮，系统自动检查出相应情况所涉及的支票号及其发生次数，单击要审查的支票号显示相关的凭证，如图 7-58 所示。

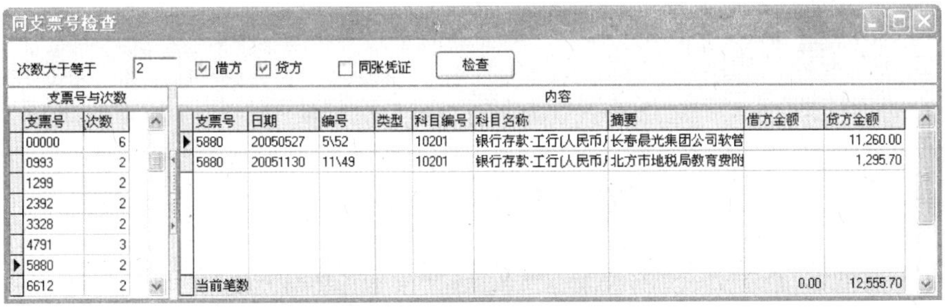

图 7-58 【同支票号检查】对话框

7.4.2 审计查询

审计查询是审计人员从数据库查询到自己所需要的资料，可通过单条件或多条件组合实现。用友审易软件中提供了丰富的审计查询工具，包括财务账表查询、科目查询、综合查询、PPS 抽样查询等，并将审计查询经验内设为审计方法库，为审计人员开展审计查询提供经验帮助。充分利用软件提供的审计查询工具和审计方法库，可以辅助审计人员查找审计线索，确定审计疑点。

1．财务账表查询

审易软件提供的财务账表审查工具可以对余额表、日记账、多栏账、收入支出表、辅助账等进行审计检查。以余额表、科目日记账和辅助账查询为例说明账表查询的方法。

1）余额表

余额表工具用于查询统计各级科目的借贷方期初余额、本期发生额、累计发生额、期末余额等。企业实现计算机记账后，余额表事实上已经取代了总账的职能，因此查询余额表实际上就是查询总账。查询结果可以存储到工作底稿中。

【例 7-23】 查看 abc 公司各月银行存款余额，要求只显示期初余额、本期发生额、期末余额，并按期末余额从低到高排序。

操作步骤如下：

（1）执行【财务账表】菜单下的【余额表】命令，或单击工具栏上的【余额】按钮，打开【科目余额表】对话框，如图 7-59 所示。

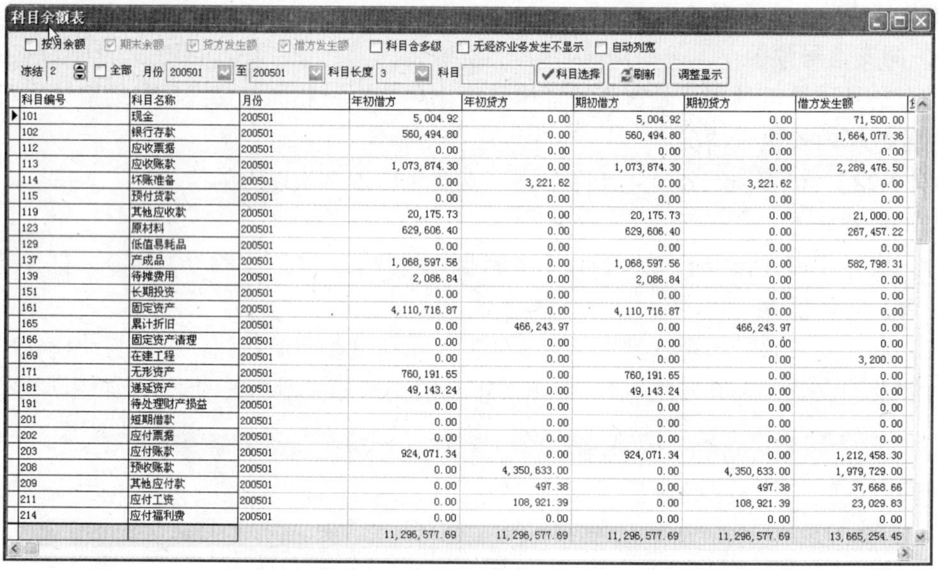

科目余额表

按月余额　期末余额　贷方发生额　借方发生额　科目含多级　无经济业务发生不显示　自动列宽

冻结 2　全部　月份 200501 至 200501　科目长度 3　科目　科目选择　刷新　调整显示

科目编号	科目名称	月份	年初借方	年初贷方	期初借方	期初贷方	借方发生额
101	现金	200501	5,004.92	0.00	5,004.92	0.00	71,500.00
102	银行存款	200501	560,494.80	0.00	560,494.80	0.00	1,664,077.36
112	应收票据	200501	0.00	0.00	0.00	0.00	0.00
113	应收账款	200501	1,073,874.30	0.00	1,073,874.30	0.00	2,289,476.50
114	坏账准备	200501	0.00	3,221.62	0.00	3,221.62	0.00
115	预付货款	200501	0.00	0.00	0.00	0.00	0.00
119	其他应收款	200501	20,175.73	0.00	20,175.73	0.00	21,000.00
123	原材料	200501	629,606.40	0.00	629,606.40	0.00	267,457.22
129	低值易耗品	200501	0.00	0.00	0.00	0.00	0.00
137	产成品	200501	1,068,597.56	0.00	1,068,597.56	0.00	582,798.31
139	待摊费用	200501	2,086.84	0.00	2,086.84	0.00	0.00
151	长期投资	200501	0.00	0.00	0.00	0.00	0.00
161	固定资产	200501	4,110,716.87	0.00	4,110,716.87	0.00	0.00
165	累计折旧	200501	0.00	466,243.97	0.00	466,243.97	0.00
166	固定资产清理	200501	0.00	0.00	0.00	0.00	0.00
169	在建工程	200501	0.00	0.00	0.00	0.00	3,200.00
171	无形资产	200501	760,191.65	0.00	760,191.65	0.00	0.00
181	递延资产	200501	49,143.24	0.00	49,143.24	0.00	0.00
191	待处理财产损益	200501	0.00	0.00	0.00	0.00	0.00
201	短期借款	200501	0.00	0.00	0.00	0.00	0.00
202	应付票据	200501	0.00	0.00	0.00	0.00	0.00
203	应付账款	200501	924,071.34	0.00	924,071.34	0.00	1,212,458.30
208	预收账款	200501	0.00	4,350,633.00	0.00	4,350,633.00	1,979,729.00
209	其他应付款	200501	0.00	497.38	0.00	497.38	37,668.66
211	应付工资	200501	0.00	108,921.39	0.00	108,921.39	23,029.83
214	应付福利费	200501	0.00	0.00	0.00	0.00	0.00
			11,296,577.69	11,296,577.69	11,296,577.69	11,296,577.69	13,665,254.45

图 7-59 【科目余额表】对话框

（2）在“科目”文本框中输入科目编号“102”，以指定银行存款科目；选中“全部”复选框，以显示全年所有月份。

（3）单击【调整显示】按钮，打开【调整显示】对话框，如图 7-60 所示。

在【调整显示】对话框中，在以下字段名称前打上对钩：月份、期初借方、借方发生额、贷方发生额、期末借方。去掉其他字段（科目编号、科目名称、年初借方、年初贷方、期初贷方、本年借累计、本年贷累计、期末贷方）前的对钩。单击【确定】按钮，返回【科目余额表】对话框。

（4）单击列表标题行的字段名称“期末借方”或在列中单击右键，在弹出的快捷菜单中执行【排序】|【升序】命令，数据按“期末借方”排序，显示银行存款按“期末余额”的结果，如图 7-61 所示。此时如果单击【刷新】按钮，则会按照月份的顺序正常显示。

是否显示	字段名称	显示宽度
☑	科目编号	120
☑	科目名称	120
☑	月份	120
☑	年初借方	120
☑	年初贷方	120
☑	期初借方	120
☑	期初贷方	120
☑	借方发生额	120
☑	贷方发生额	120
☑	本年借累计	120
☑	本年贷累计	120
☑	期末借方	120
☑	期末贷方	120

图 7-60 【调整显示】对话框

月份	期初借方	借方发生额	贷方发生额	期末借方
200503	409,958.39	382,753.52	767,988.69	24,723.22
200506	415,886.80	1,786,243.60	1,933,353.12	268,777.28
200501	560,494.80	1,664,077.36	1,831,090.52	393,481.64
200502	393,481.64	1,696,349.59	1,679,872.84	409,958.39
200505	715,449.23	1,338,312.81	1,637,875.24	415,886.80
200509	781,858.52	471,209.83	811,670.03	441,398.32
200504	24,723.22	1,878,248.86	1,187,522.85	715,449.23
200507	268,777.28	2,484,263.94	2,008,397.99	744,643.23
200508	744,643.23	1,329,752.39	1,292,537.10	781,858.52
200511	1,346,098.51	582,417.98	1,010,435.80	918,080.69
200512	918,080.69	2,000,162.85	1,830,615.73	1,087,627.81
200510	441,398.32	1,959,592.66	1,054,892.47	1,346,098.51

图 7-61 科目余额表查询结果

（5）从图 7-61 中可以看出，abc 公司 2005 年 3 月份的银行存款余额最少，只有 2 万余元（可以作为审计疑点）；10 月份的银行存款余额最多，高达 134 万多元。

（6）在作为审计疑点的记录上单击右键，在弹出的快捷菜单中执行【发送至底稿】命令，并根据情况对发送至底稿的信息进行保存。

2）科目日记账

利用软件的科目日记账功能，借助“科目树”可以方便地查看每一个会计科目及其下级科目的明细日记账，并且可以计算某期间积数，方便审计人员计算存贷款利息。

【例 7-24】 计算 abc 公司工行美元账户从 2005 年 1 月 25 日至 31 日的银行存款最后积数。

操作步骤如下：

（1）执行【财务账表】菜单下的【科目日记账】命令，打开【科目日记账】对话框。

（2）单击【增加日记账科目】按钮，打开【设定科目】对话框，输入银行存款的科目代码“102”。当不记得科目代码时，可以单击【科目选取】按钮，在打开的【科目查询】对话框中选择科目。

（3）单击【确定】按钮，返回【科目日记账】对话框。此时，系统自动调入银行存款及其下级科目的日记账，并在“科目名称”栏目下树状列示银行存款及其下级科目的科目代码和名称，“树根”显示为“全部 102”。

（4）展开“全部 102”科目树，单击“10202-银行存款-工行（美元户）”科目，系统自动将工行美元账户的记录显示在“日记账”栏目下，将工行美元账户全年每一天的积数显示在“每日积数”栏目下。可以看到 12 月 31 目的最后积数为“15499866.19”。

（5）在“每日积数”栏目中，输入或选择起始日“20050125”，终止日“20050131”。单击【执行日期查询】按钮，系统即自动计算出从 2005 年 1 月 25 日至 31 日的工行美元账户存款的最后积数为“2212964.11”，如图 7-62 所示。

图 7-62 【科目日记账】对话框

【例 7-25】 利用科目日记账功能，查询 abc 公司每个月的固定资产投入金额。

操作步骤如下：

（1）执行【财务账表】菜单下的【科目日记账】命令，打开【科目日记账】对话框。

（2）单击【增加日记账科目】按钮，在弹出的【设定科目】对话框中输入固定资产的科目代码“161”，单击【确定】按钮返回到【科目日记账】对话框，在“科目名称”栏目下显示“全部 161”科目树。

（3）单击“全部 161”科目，把固定资产总账科目分别显示在“日记账”和“每日积数”栏目下。

（4）单击【设置过滤】按钮，打开【查询条件设置】对话框，设置查询条件为：“摘要”含“本月合计”，单击【确定】按钮返回到【科目日记账】对话框，在“日记账”栏目下只显示各月合计数据。

（5）选中“借方”复选框，不选“贷方”复选框，以便只显示借方发生额。收缩“每日积数”栏目，调整各列显示宽度，最终的显示结果如图 7-63 所示。

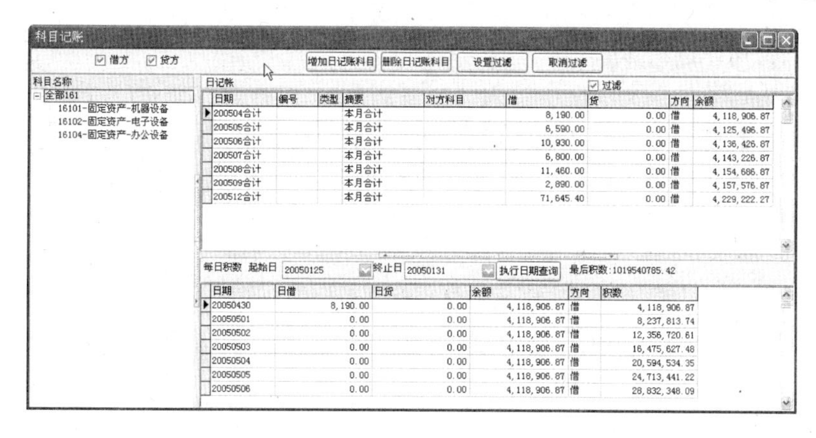

图 7-63　科目日记账查询结果

可以看到 abc 公司从 4 月份开始有固定资产投入，每个月大约在 1 万元左右。

3）辅助账核算

利用辅助账核算工具可以按客户、供应商、个人、部门、项目等核算类型，快速查找并检查辅助账信息，对有疑点的记录可以给相关单位或个人开具询证函。

【例 7-26】 利用辅助账核算工具，查询 abc 公司年末欠款余额最大的客户及其原因。

操作步骤如下：

（1）执行【财务账表】菜单下的【辅助账审计】|【项目】命令，打开【辅助账核算】对话框。

（2）在核算项目“名称”栏目下，单击“客户”，所有客户的往来数据分别显示在窗口右侧的“余额表”和“明细”栏目下。

（3）通过下拉列表框选择月份“200512”，查看年终的数据。

（4）在“余额表”栏目下，单击列表头部的字段名称“期末借方”，对记录进行降序排序。用鼠标拖动滚动条，查看余额表信息，可以看到北京普莱克斯实用气体有限公司的期末借方余额最大，高达 100 多万元，如图 7-64 所示。

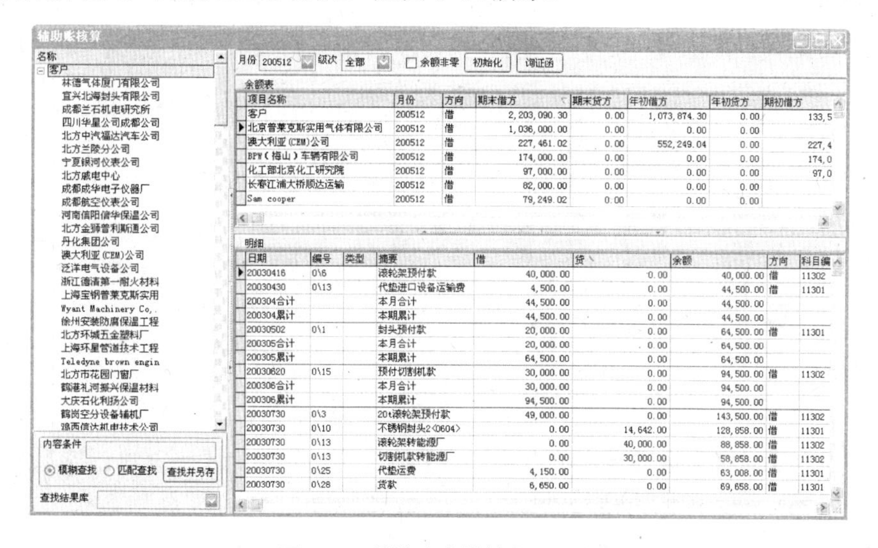

图 7-64　【辅助账核算】对话框

下面对该公司作进一步查询。

（5）在“内容条件”文本框中输入（或复制）“北京普莱克斯实用气体有限公司”。单击【查找并另存】按钮，打开【辅助核算查询结果】对话框。在查到的客户中，单击“北京普莱克斯实用气体有限公司”，其往来数据分别显示在余额表和明细栏目下，如图 7-65 所示。

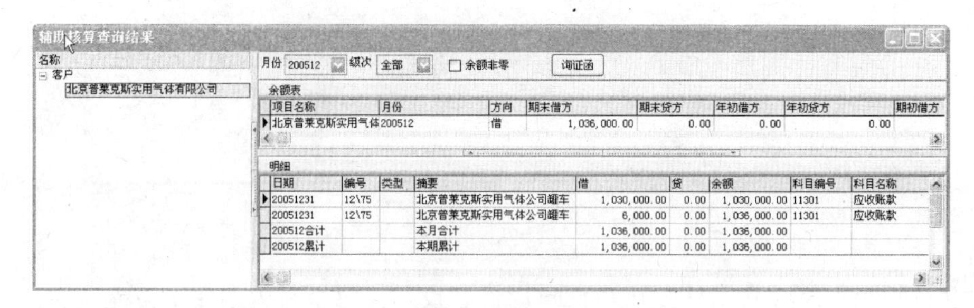

图 7-65 【辅助核算查询结果】对话框

（6）从明细账中可以看出，abc 公司在当年的最后一天与普莱克斯公司做了一笔买卖，其欠款就是这笔买卖形成的。如果怀疑虚增收入，可以单击【询证函】按钮，发函求证。

（7）在明细栏目下，双击凭证编号为“12\75”的任一行记录，打开【记账凭证】对话框。

（8）在【记账凭证】对话框中，单击鼠标右键，执行【发送疑点库】或【发送至底稿】命令，对审计疑点进行存储。

2. 科目查询

科目查询使审计人员在审计过程中，可以随时浏览科目的编号、名称、类别、余额方向，以及每个科目的年初借方余额、年初贷方余额、本年借方累计、本年贷方累计、期末借方余额、期末贷方余额等总账信息。

【例 7-27】 使用科目查询工具，导出并查看 abc 公司的总账数据。

操作步骤如下：

（1）单击工具栏上的【科目】按钮，打开【科目查询】对话框，如图 7-66 所示。

科目查询

标准 | 高级

科目名称	类别	方向	年初借方	年初贷方	本年借累	本年贷累	期末借方	期末贷方
101-现金	资产	借	5,004.92	0.00	648,660.31	653,236.84	428.39	0.00
102-银行存款	资产	借	560,494.80	0.00	17,573,385.39	17,046,252.38	1,087,627.81	0.00
112-应收票据	资产	借	0.00	0.00	670,000.00	600,000.00	70,000.00	0.00
113-应收账款	资产	借	1,073,874.30	0.00	23,780,395.53	22,651,179.53	2,203,090.30	0.00
114-坏账准备	资产	借	0.00	3,221.62	0.00	2,460.83	0.00	5,682.45
115-预付货款	资产	借	0.00	0.00	600,000.00	600,000.00	0.00	0.00
119-其他应收款	资产	借	20,175.73	0.00	93,645.00	36,274.73	77,546.00	0.00
123-原材料	资产	借	629,606.40	0.00	8,754,446.89	8,737,797.01	646,256.28	0.00
314			22,659,108.36	28,505,530.97	61,803,076.31	61,875,068.31	23,655,412.32	29,573,826.93

全部展开 全部收缩 导出 ☑树状 ☐不显示无业务发生科目 确定 取消

图 7-66 【科目查询】对话框

（2）切换到【高级】选项卡，单击【导出】按钮，在打开的【导出科目库】对话框中，在“打头科目编号”文本框中输入“1，2，3，4，5”，在“科目级次”文本框中输入“1，2，3”，选中“导出数据”复选框，单击【确定】按钮，打开【另存为】对话框。

（3）在【另存为】对话框中选择保存路径，输入文件名“科目查询.xls”，单击【保存】按钮，即成功导出总账数据。

（4）用 Excel 程序打开导出的文件（如“科目查询.xls”），可以详细查看总账数据。

3．查账工具

在信息化环境下，查阅电子账要比翻看手工账方便得多。通过鼠标的点击就可以实现从总账到分类账、到明细账、再到记账凭证的“三级跳”，进行穿透式查账。

单击工具栏上的【查账】按钮，打开【查账】对话框，如图 7-67 所示。

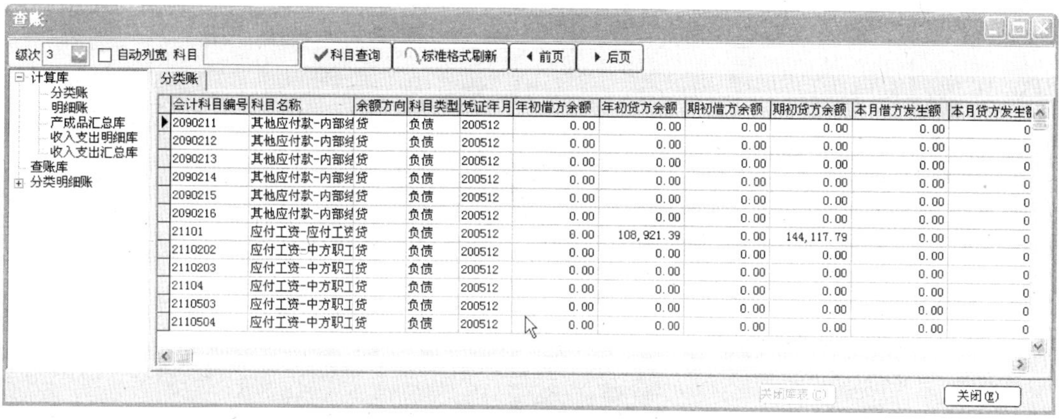

会计科目编号	科目名称	余额方向	科目类型	凭证年月	年初借方余额	年初贷方余额	期初借方余额	期初贷方余额	本月借方发生额	本月贷方发生额
2090211	其他应付款-内部绀	贷	负债	200512	0.00	0.00	0.00	0.00	0.00	0
2090212	其他应付款-内部绀	贷	负债	200512	0.00	0.00	0.00	0.00	0.00	0
2090213	其他应付款-内部绀	贷	负债	200512	0.00	0.00	0.00	0.00	0.00	0
2090214	其他应付款-内部绀	贷	负债	200512	0.00	0.00	0.00	0.00	0.00	0
2090215	其他应付款-内部绀	贷	负债	200512	0.00	0.00	0.00	0.00	0.00	0
2090216	其他应付款-内部绀	贷	负债	200512	0.00	0.00	0.00	0.00	0.00	0
21101	应付工资-应付工资	贷	负债	200512	0.00	108,921.39	0.00	144,117.79	0.00	0
2110202	应付工资-中方职工	贷	负债	200512	0.00	0.00	0.00	0.00	0.00	0
2110203	应付工资-中方职工	贷	负债	200512	0.00	0.00	0.00	0.00	0.00	0
21104	应付工资-中方职工	贷	负债	200512	0.00	0.00	0.00	0.00	0.00	0
2110503	应付工资-中方职工	贷	负债	200512	0.00	0.00	0.00	0.00	0.00	0
2110504	应付工资-中方职工	贷	负债	200512	0.00	0.00	0.00	0.00	0.00	0

图 7-67　【查账】对话框

在【查账】对话框中，除上下两行操作按钮之外，中间分成左右两个工作区。左侧是“数据库列表区”，用于选择要查看的电子账簿，其内容显示在右侧的“账簿查看区”，用不同的选项卡，列表显示不同账簿的内容。

当选项卡很多时，可以利用【前页】、【后页】、【关闭库表】按钮翻看或关闭选项卡。其中【分类账】选项卡在打开【查账】对话框时自动创建，不能关闭。

“级次”下拉列表框用于决定会计科目的显示级别。假设会计科目编码方式为“3-5-7”，如果只想查看总账科目应该选择“级次”为 3；如果只想查看总账科目和二级科目，不显示三级科目，则需要选择“级次”为 5。打开【查账】对话框时，系统默认显示所有级别的科目。

单击【按科目查询】按钮可打开【科目查询】对话框，可以从中选择会计科目；单击【标准格式刷新】按钮，可对分类账及明细账进行标准格式刷新，生成标准账簿。

查账结果可以按字段标题排序，双击疑点分录，可以打开【记账凭证】对话框，通过鼠标右键菜单可以作进一步处理，如发送到工作底稿等。

除可从分类账开始查账之外，还可以从凭证库、中间库等财务数据库开始翻账。在使用余额表、图形分析等工具时，双击数据记录或数据点可以直接调用查账工具。

【例 7-28】 使用查账工具，在 abc 公司的电子账簿中，找到其他应收款当月发生额比较大的凭证记录和记账凭证。

操作步骤如下：

（1）单击工具栏上的【查账】按钮，打开【查账】对话框。

（2）单击【关闭库表】按钮，关闭所有已打开的选项卡，在【分类账】选项卡中，找到“119-其他应收款”科目，如图 7-68 所示。

查账—分类账

级次 3 ☑ 自动列宽 科目 119 ✔科目查询 标准格式刷新 ◀ 前页 ▶ 后页

计算库：分类账、明细账、产成品汇总库、收入支出明细库、收入支出汇总库；查账库；分类明细账

分类账

会计科目编号	科目名称	余额方向	科目类型	凭证年月	年初借方余额	年初贷方余额	期初借方余额
101	现金	借	资产	200510	5,004.92	0.00	4,539.48
102	银行存款	借	资产	200510	560,494.80	0.00	441,398.32
112	应收票据	借	资产	200510	0.00	0.00	600,000.00
113	应收账款	借	资产	200510	1,073,874.30	0.00	3,318,646.19
115	预付货款	贷	资产	200510	0.00	0.00	0.00
119	其他应收款	借	资产	200510	20,175.73	0.00	71,810.73
123	原材料	借	资产	200510	629,606.40	0.00	723,513.93
137	产成品	借	资产	200510	1,068,597.56	0.00	0.00
165	累计折旧	贷	资产	200510	0.00	466,243.97	0.00
171	无形资产	借	资产	200510	760,191.65	0.00	635,796.62
181	递延资产	借	资产	200510	49,143.24	0.00	38,857.41
203	应付账款	贷	负债	200510	924,071.34	0.00	0.00
208	预收账款	贷	负债	200510	0.00	4,350,633.00	0.00
211	应付工资	贷	负债	200510	0.00	108,921.39	0.00

关闭库表(C) 关闭(E)

图 7-68 【分类账】

（3）双击“119-其他应收款”科目所在行，打开【分类账\119-其他应收款】选项卡，如图 7-69 所示。

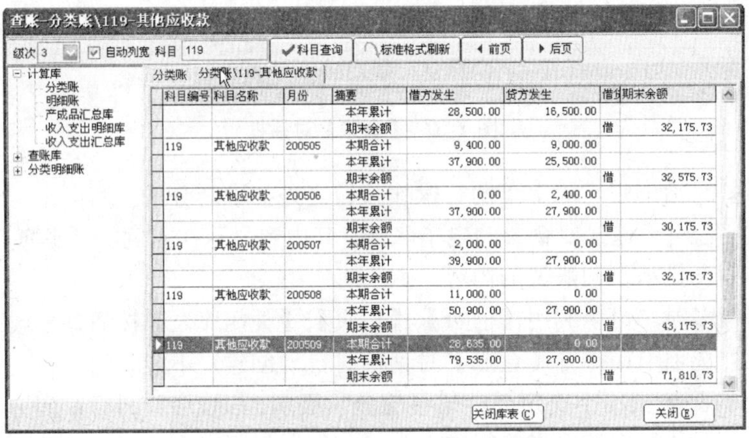

查账—分类账\119-其他应收款

级次 3 ☑ 自动列宽 科目 119 ✔科目查询 标准格式刷新 ◀ 前页 ▶ 后页

计算库：分类账、明细账、产成品汇总库、收入支出明细库、收入支出汇总库；查账库；分类明细账

分类账 | 分类账\119-其他应收款

科目编号	科目名称	月份	摘要	借方发生	贷方发生	借贷	期末余额
			本年累计	28,500.00	16,500.00		
			期末余额			借	32,175.73
119	其他应收款	200505	本期合计	9,400.00	9,000.00		
			本年累计	37,900.00	25,500.00		
			期末余额			借	32,575.73
119	其他应收款	200506	本期合计	0.00	2,400.00		
			本年累计	37,900.00	27,900.00		
			期末余额			借	30,175.73
119	其他应收款	200507	本期合计	2,000.00	0.00		
			本年累计	39,900.00	27,900.00		
			期末余额			借	32,175.73
119	其他应收款	200508	本期合计	11,000.00	0.00		
			本年累计	50,900.00	27,900.00		
			期末余额			借	43,175.73
119	其他应收款	200509	本期合计	28,635.00	0.00		
			本年累计	79,535.00	27,900.00		
			期末余额			借	71,810.73

关闭库表(C) 关闭(E)

图 7-69 【分类账\119-其他应收款】

（4）通过查看，找到借方发生额本期合计最大的金额是 28635.00 元，月份是 2005 年 9 月。在该行双击，打开【明细账\119-其他应收款】选项卡，如图 7-70 所示。

查账-明细账\119-其他应收款

级次 3 ☑ 自动列宽 科目 119 ✔科目查询 标准格式刷新 ◀ 前页 ▶ 后页

计算库：分类账、明细账、产成品汇总库、收入支出明细库、收入支出汇总库；查账库；分类明细账

分类账 | 分类账\119-其他应收款 | 明细账\119-其他应收款

科目编号	科目名称	月份	凭证类型	编号	摘要	借方发生	贷方发生
11902	其他应收款-个人应	20050829		8\21	本厂张晖借款	5,000.00	
119	其他应收款	200508			本期合计	11,000.00	
					本年累计	50,900.00	27,
					期末余额		
11902	其他应收款-个人应	20050930		9\1	本厂张晖借款	25,000.00	
11902	其他应收款-个人应	20050930		9\15	本厂赵文峰借款	1,000.00	
11904	其他应收款-代缴个	20050930		9\77	计提本月个人所得	2,635.00	
119	其他应收款	200509			本期合计	28,635.00	
					本年累计	79,535.00	27,
					期末余额		
11902	其他应收款-个人应	20051031		10\3	赵小林还款		

关闭库表(C) 关闭(E)

图 7-70 【明细账\119-其他应收款】

（5）通过查看发现，2005 年 9 月发生一笔个人应收款，“本厂张晖借款”高达 25000.00 元，凭证编号为“9\1”。在该行双击，打开【记账凭证】对话框，如图 7-71 所示。

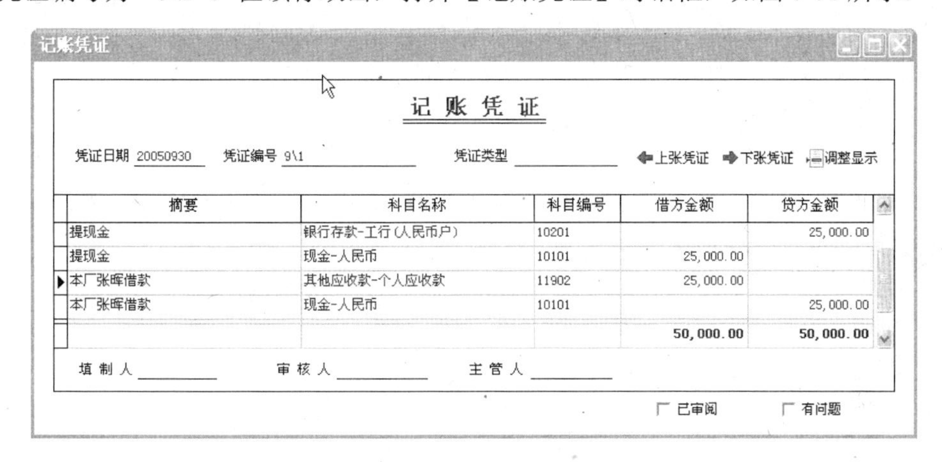

图 7-71 【记账凭证】对话框

（6）在【记账凭证】对话框中，双击对方科目（现金-人民币），可以直接进入对方科目明细账并定位到相应的记录，进行追踪审查。

4．综合查询

综合查询是审易软件的一个重要审计工具，通过设置组合条件，可以对不同审计项目、不同数据库（凭证库、科目库、年初数、分类账、明细账等）反复进行深度查询，直至抽查凭证，以实现查找审计线索，确定审计疑点。

1）综合查询界面

单击工具栏上的【查询】按钮，打开【查询】对话框，典型的操作界面如图 7-72 所示。

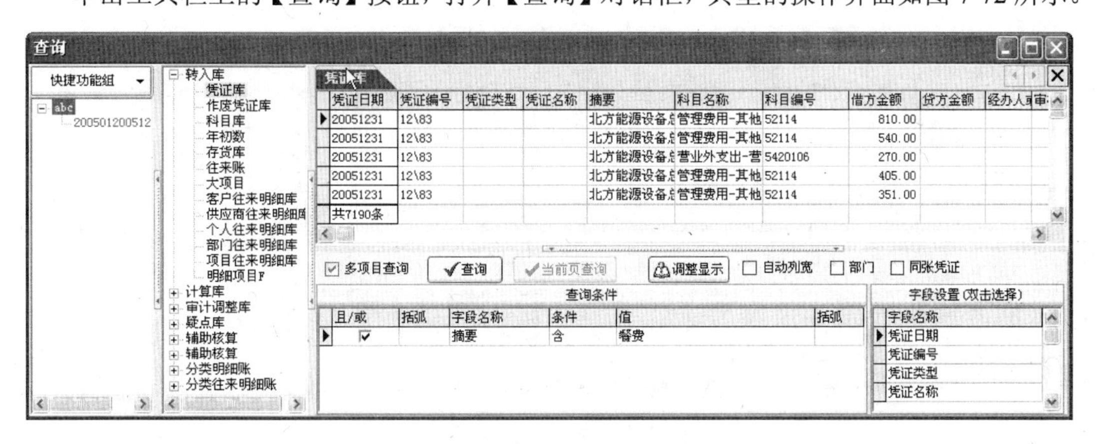

图 7-72　综合查询

综合查询窗口分左、中、右三个工作区，利用区和区之间的控制条可以收缩或展现工作区。

左侧工作区为“项目列表区”，当要对多个审计项目进行查询时可以快速地选择其中一个项目，系统默认针对当前打开的项目进行查询操作。该区顶端的【快捷功能组】按钮有【科目库】、【余额表】、【查账】三个下拉菜单项，分别用于打开【科目表】、【余额表】、

【查账】对话框以便协助查询工作。

中间工作区为“数据库列表区”，用于选择被查询的数据库。利用鼠标右键菜单可以根据所选择的项目刷新数据库列表或删除不准备查询的数据库。

右侧工作区为“查询区”，是实施审计查询的主体，包含四个子区：查询结果区、查询控制区、查询条件区、字段列表区。

“查询结果区”位于【查询】对话框的右上部，用不同的选项卡显示多次查询的列表。当选项卡较多时，可利用鼠标右键菜单翻看或关闭选项卡。其中，最左侧的选项卡显示被查询数据库的原始内容，不能关闭。

“查询控制区”位于【查询】对话框的右中部，用于执行查询或控制查询结果的显示方式，是由有关按钮和复选框构成。

“查询条件区”位于【查询】对话框“查询区”的左下角，用于构造查询条件。

“字段列表区”位于【查询】对话框“查询区”的右下角，显示当前数据库的有关字段，双击字段名称可以显示到“查询条件区”，以便构造查询条件。

【例 7-29】 使用查询工具查看 abc 公司 2005 年度的收入支出汇总数据。

操作步骤如下：

（1）单击工具栏上的【查询】按钮，打开【查询】对话框。

（2）在数据库列表区中，展开“计算库”，找到并单击“收入支出汇总库”，在【收入支出汇总库】选项卡中列表显示所有的收入支出汇总数据。

（3）除【收入支出汇总库】选项卡之外，利用鼠标右键菜单关闭其他选项卡，利用控制条收缩其他区域，只保留查询结果区。

（4）在【收入支出汇总库】选项卡中，单击标题“科目编号”，使收入支出汇总数据按从小到大的顺序排列，如图 7-73 所示。

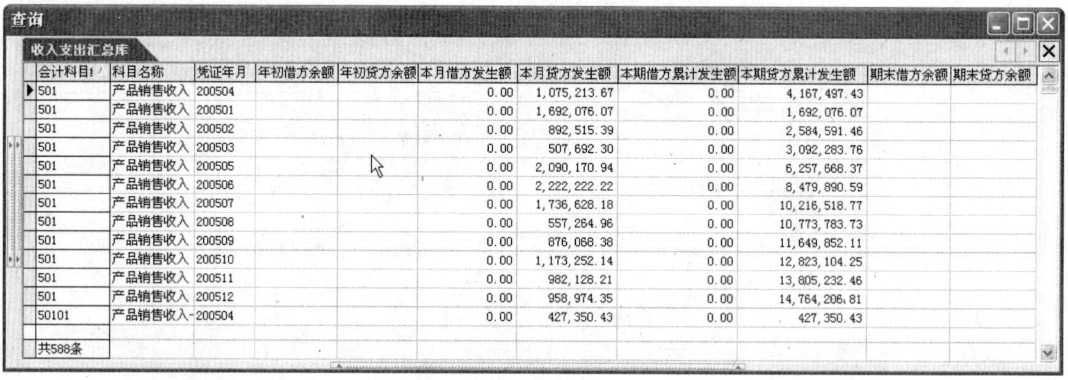

查询

收入支出汇总库

会计科目编	科目名称	凭证年月	年初借方余额	年初贷方余额	本月借方发生额	本月贷方发生额	本期借方累计发生额	本期贷方累计发生额	期末借方余额	期末贷方余额
501	产品销售收入	200504			0.00	1,075,213.67	0.00	4,167,497.43		
501	产品销售收入	200501			0.00	1,692,076.07	0.00	1,692,076.07		
501	产品销售收入	200502			0.00	892,515.39	0.00	2,584,591.46		
501	产品销售收入	200503			0.00	507,692.30	0.00	3,092,283.76		
501	产品销售收入	200505			0.00	2,090,170.94	0.00	6,257,668.37		
501	产品销售收入	200506			0.00	2,222,222.22	0.00	8,479,890.59		
501	产品销售收入	200507			0.00	1,736,628.18	0.00	10,216,518.77		
501	产品销售收入	200508			0.00	557,264.96	0.00	10,773,783.73		
501	产品销售收入	200509			0.00	876,068.38	0.00	11,649,852.11		
501	产品销售收入	200510			0.00	1,173,252.14	0.00	12,823,104.25		
501	产品销售收入	200511			0.00	982,128.21	0.00	13,805,232.46		
501	产品销售收入	200512			0.00	958,974.35	0.00	14,764,206.81		
50101	产品销售收入-	200504			0.00	427,350.43	0.00	427,350.43		
共588条										

图 7-73 收入支出汇总库

（5）从结果中可方便地查看 501-产品销售收入、502-产品销售成本、504-销售税金及附加、505-销售费用、510-其他业务收入、511-其他业务支出、521-管理费用、522-财务费用、541-营业外收入、54-营业外支出等总账科目及其下级科目、各月的借贷方发生额和借贷方累计发生额。

2）构造查询条件

在【查询】对话框“查询区”的左下角是“查询条件区”用于构造查询条件，如图 7-74

所示。

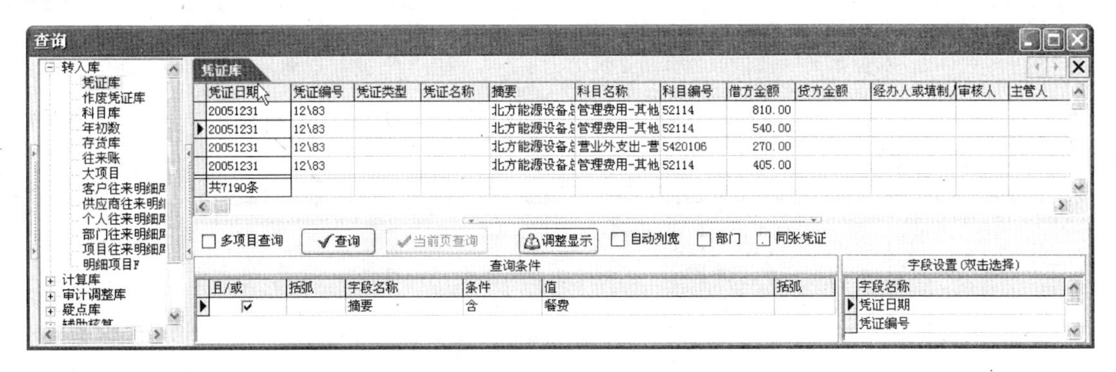

图 7-74　构造查询条件

查询条件采用列表的方式进行构造。每个单项条件占一行，由字段名称、条件（运算符）、值构成。

字段名称从“字段列表区”选择，在字段名称栏目下的方格内单击，展开的下拉菜单中包括当前数据库全部的字段名称，也可以直接选择字段名称。

“值”的内容一般直接输入，也可以利用鼠标右键菜单【科目浏览】，在打开的【科目查询】窗口中选择科目编号作为“值”，或利用鼠标右键菜单【调入疑点字词】，在打开的【调入疑点字词】窗口中选择疑点字词作为“值”。

在“条件”栏目下的方格内单击，展开的下拉菜单中包括审易软件既定的运算符：=、>、>=、<、<=、<>、长度、区间、月份、级次、像、不像、含、不含、空、不空等供选择使用。各种运算符的含义如表 7-5 所示。

表 7-5　审易软件查询条件运算符

条　　件	含　　义
=	表示指定字段的内容与值完全相等，例如，要查询产品销售收入总账科目，则相应的查询条件为“科目编号=501”
>、>=、<、<=、<>	分别是大于、大于或等于、小于、小于或等于、不等于，一般用于数值型字段的查询，如借方金额、贷方金额等
长度	用于限定某一字段内容的字符或汉字数，例如，要查询摘要只有两个字的凭证，查询条件为“摘要　长度　2”；而条件“科目编号　长度　7”，则意味着只查询科目编号是 7 位的记录
区间	用于限定某一字段内容的范围，一般用于数值型字段，下限和上限之间用减号（～）连接，例如，要查询 2005 年 2 季度的凭证，相应的条件为“凭证日期区间 200504～200507”，其含义是：200504<=凭证日期<200507
月份	查询指定月份的记录，例如，要查询 12 月的凭证，相应的条件为：“凭证日期　月份 12”
级次	查询指定科目级次的记录，例如，要查询三级明细科目的凭证，相应的条件为：“科目编号　级次　3”
像	查询某字段内容以指定的值开头的记录，例如，要查询损益类科目的凭证，相应的条件为：“科目编号　像　5”
不像	查询某字段内容不以指定的值开头的记录，例如，要查询凭证编号的前两个字符不是“0\”的凭证，相应的条件为：“凭证编号　不像　0\”

续表

条　件	含　义
含	查询某字段内容含有指定值的记录，一般用于对摘要查询，例如，要查询与工资有关的凭证，相应的条件为："摘要 含 工资"
不含	查询某字段内容不含有指定值的记录，例如，要查询与结转无关的凭证，相应的条件为："摘要 不含 结转"
空	查询某一字段内容为空的记录，此时不必指定"值"，例如，要查询凭证中没有记录摘要的凭证，相应的条件为："摘要 空"
不空	查询某一字段内容不空的记录，此时不必指定"值"，例如，要查询记载有支票号码的凭证，相应的条件为："支票号 不空"

构造复合查询条件时，需要指定各单项条件之间的逻辑运算关系。审易软件为综合查询工具设计了两种逻辑运算符："逻辑与"和"逻辑或"。在查询条件列表的"且/或"栏目下，当在方格内单击为复选框打上对钩（√）时，意味着本行的单项条件和上一行的单项条件是"逻辑与"的关系；取消对钩（√）时，则是"逻辑或"的关系。

单项条件之间按照从前到后的顺序决定优先级，如果要改变优先级则需要加括号。括号以"("开始，以")"结束；括号内的条件，其优先级最高。在查询条件列表的"括弧"栏目下，在方格内单击可以加上或取消括号。

【例 7-30】 使用查询工具查看 abc 公司与手机有关的凭证。

操作步骤如下：

（1）单击工具栏上的【查询】按钮，打开【查询】对话框。

（2）选择要查询的数据库。在数据库列表区中，展开"转入库"，找到并单击"凭证库"，在【凭证库】选项卡中列表显示所有的凭证。

（3）构造查询条件。在查询条件列表中单击鼠标右键，在弹出的鼠标右键菜单中选择【全清条件】单击；在字段列表中找到并单击"摘要"，使之出现在条件列表中的"字段名称"栏目里；在"条件"栏目下单击，从下拉列表中选择运算符"含"；在"值"栏目下直接输入"手机"，这样就构造了一项查询条件："摘要 含 手机"。

（4）执行查询。单击【查询】按钮，所有满足条件的记录显示在【凭证库（1 次查询）】选项卡中，如图 7-75 所示。

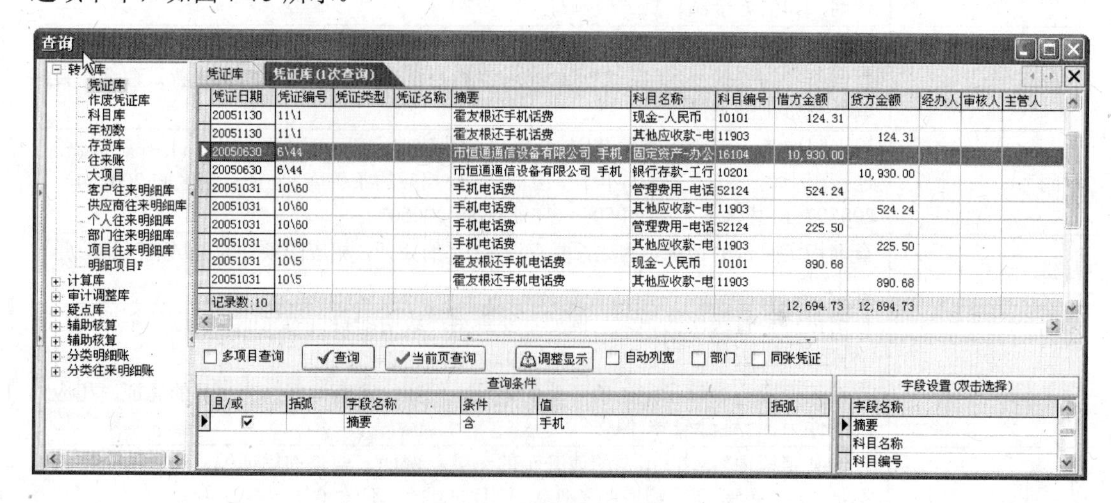

图 7-75　与手机有关的凭证

（5）从查询结果可以看出，与手机有关的记账凭证共有 4 张，计 10 条记录。除与手机话费有关的凭证外，有 1 张凭证载明所购手机入了固定资产，金额高达 1 万余元，可以作为审计疑点进一步查证。

3）审计方法

所谓审计方法实际上是各种综合查询条件，是审计经验的凝结。审易软件预置的审计方法库中有 21 种审计方法供审计时使用。各审计方法对应的查询条件如表 7-6 所示。

表 7-6　审易软件预置的审计方法库

序号	审 计 方 法	查 询 条 件
1	大于 1 万元的现金收入	科目名称 像 现金；借方金额>10000
2	银行存款大于 1 万元的支出	科目名称 像 银行存款；贷方金额>10000
3	银行存款大于 10 万元的支出	科目名称 像 银行存款；贷方金额>100000
4	大额材料支出抽查	科目名称 含 原材料；贷方金额>=10000
5	大额成本费用检查	（科目名称 含 成本；或科目名称 含 费用）；科目名称 不含 利润；借方金额>10000
6	大额其他应收款	（科目名称 像 其他应收款；或科目名称 像 其他应收款）；借方金额>=10000
7	大额收入发生检查	科目名称 含 收入；科目名称 不含 利润；贷方金额>10000
8	大额现金	科目名称 像 现金；贷方金额>=10000；摘要 不含 工资；摘要 不含 交银行
9	大额预付	（科目名称 像 预付账款；或科目名称 像 预付账款）；贷方金额>=100000
10	大宗材料收支	科目名称 含 材料；（借方金额>=30000；或贷方金额>=30000）
11	应付账款大额减少	（科目名称 像 应付账款；或科目名称 像 应付账款）；借方金额>10000
12	应付账款大额增加	（科目名称 像 应付账款；或科目名称 像 应付账款）；贷方金额>10000
13	应收账款大额减少	（科目名称 像 应收账款；或科目名称 像 应收账款）；贷方金额>10000
14	应收账款大额增加	（科目名称 像 应收账款；或科目名称 像 应收账款）；借方金额>10000
15	固定资产入账查询	借方金额>=2000；摘要 含 购
16	折旧费检查	科目名称 像 累计折旧；贷方金额<>0
17	借方金额 PPS 抽样	借方金额 PPS 风险=2.5%，误差=1%
18	贷方金额 PPS 抽样	贷方金额 PPS 风险=2.5%，误差=1%
19	经营支出 PPS	科目名称 像 经营支出；摘要 不含 工资；借方金额 PPS 风险=2.5%，误差=1%
20	PPS 事业支出	科目名称 像 事业支出；摘要 不含 工资；借方金额 PPS 风险=5%，误差=5%
21	专款 PPS	科目名称 像 专项支出；借方金额 PPS 风险=5%，误差=5%

审易软件预置的审计方法库中，部分审计方法的敏感时间、敏感科目、敏感数字、敏感事项如表 7-7 所示。

表 7-7 部分预置审计方法的敏感事件

审 计 方 法	敏感时间	敏感科目	敏感数字	敏 感 事 项
大于 1 万元的现金收入	全年	现金	10000	大于 1 万元的现金收入
银行存款大于 1 万元的支出	全年	银行存款	10000	银行存款大于 1 万元的支出
银行存款大于 10 万元的支出	全年	银行存款	100000	银行存款大于 10 万元的支出
应付账款大额减少	全年	应付账款	10000	借方金额大于 10000
应付账款大额增加	全年	应付账款	10000	贷方金额大于 10000
应收账款大额减少	全年	应收账款	10000	贷方金额大于 10000
应收账款大额增加	全年	应收账款	10000	借方金额大于 10000
借方金额 PPS 抽样	全年	所有科目		抽样总比 75%
贷方金额 PPS 抽样	全年	所有科目		抽样总比 69%

利用查询条件列表区的鼠标右键菜单【调入审计方法】，可以从审计方法库中调用已有的审计方法，并执行查询。

审计方法库是开放的，利用查询条件列表的鼠标右键菜单【存入审计方法库】，可以把有重复使用价值的查询条件保存到审计方法库中，以备快速调用。在【存入审计方法库】对话框中，需要定义审计方法的名称，还可以输入该方法对应的敏感时间、敏感科目、敏感数字、敏感事项，从不同的角度体现审计人员的审计经验。

【例 7-31】 使用查询工具调用审计方法库，检查大额成本与费用。

操作步骤如下：

（1）单击工具栏上的【查询】按钮，打开【查询】对话框。

（2）在查询条件列表中单击鼠标右键，在弹出的快捷键菜单中单击【调入审计方法】，打开【调入审计方法】对话框，如图 7-76 所示。

（3）在【调入审计方法】对话框中选择“大额成本费用检查”，然后单击【确定】按钮即调入相应的查询条件。

图 7-76 【调入审计方法】对话框

（4）单击【查询】按钮，科目名称中含有“成本”或“费用”，但不含“利润”并且借方金额大于 10000 的所有记录；显示在【凭证库（1 次查询）】选项卡中，查询结果共有 204 条记录。

（5）在查询条件列表中单击鼠标右键，在弹出的快捷菜单中单击【全清条件】；重新从审计方法库中调用查询条件构造查询条件，使得“摘要”字段不含“结转”、“计提”或“本月”；单击【当前页查询】按钮，则基于第 1 次查询结果所执行的第 2 次查询结果，显示在【凭证库（2 次查询）】选项卡中，只有 58 条记录。单击标题“借方金额”，按从大到小的顺序排列查询结果，如图 7-77 所示。

（6）在查询结果中双击，查看有关凭证，可以看到比较大的一笔生产成本来源于原材料（配件库），达 52 万多元。比较大的一笔费用是外加工费，达 31 万多元。

4）执行批量查询

审计方法库除了在综合查询中调用之外，还可对其进行维护和利用。单击工具栏上的

【方法】按钮，打开【从审计方法库调入审计方法】对话框，如图 7-78 所示。

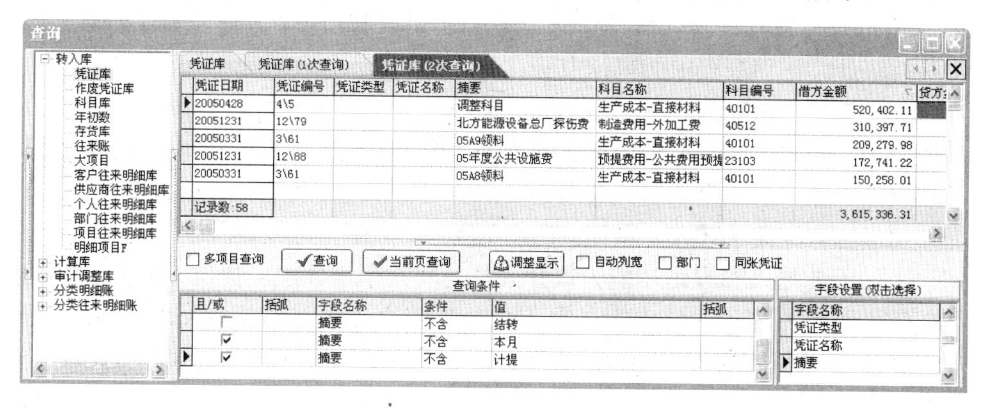

图 7-77　查询结果

从审计方法库调入审计方法

全选　全清　导入　导出　执行　同张凭证　单条执行　批量执行　详细信息

需执行审计方法

名称	敏感时间	敏感科目	敏感数字	敏感事项	入库时间
大额材料支出抽查					导入 20051215-16:58

库存审计方法(双击选中)

名称	敏感时间	敏感科目	敏感数字	敏感事项	入库时间
PPS事业支出					导入 20051215-16:58
大额材料支出抽查					导入 20051215-16:58
大额成本费用检查			10000		导入 20051215-16:58
大额其他应收款					导入 20051215-16:58
大额收入发生检查			10000		导入 20051215-16:58
大额现金					导入 20051215-16:58
大额预付					导入 20051215-16:58
大于10000的现金收入	全年	现金	10000	大于10000的现收	导入 20051215-16:58
大宗材料收支					导入 20051215-16:58
贷方金额PPS抽样	全年	所有科目		抽样总比69%	导入 20051215-16:58

图 7-78　【从审计方法库调入审计方法】对话框

【从审计方法库调入审计方法】对话框分上中下三个工作区，上部是功能按钮区、中部是“需执行审计方法”区、下部“库存审计方法”区。

“需执行审计方法”和“库存审计方法”两个列表的内容包括审计方法的名称、敏感时间、敏感科目、敏感数字、敏感事项以及该方法存入到方法库的时间。除名称之外，其他内容是否显示由“详细信息”复选框控制。

在“库存审计方法”列表中双击，即选中相应的审计方法，并放入“需执行审计方法”列表中。单击【执行】按钮，则按“需执行审计方法”列表中的当前审计方法进行查询。如果没有选择“单条执行”单选钮，而是选择了“批量执行”单选钮，则“需执行审计方法”列表中的所有审计方法均被执行一遍。每一种方法的查询结果显示在各自的窗口里，窗口的标题中会显示方法的名称、查询时间以及敏感事件。对于没有查询出数据的审计方法，系统会询问“是否显示空白窗口”提示信息。

执行查询之前如果选中了“同张凭证”复选框，则查询结果中不同的凭证之间将用蓝线分隔。

【全选】按钮把“库存审计方法”全部选入到“需执行审计方法”列表中。【全清】按钮删除“需执行审计方法”列表中的所有方法；也可以利用鼠标右键菜单【删除】，逐条删除“需执行审计方法”列表中的审计方法。

在“库存审计方法”列表中单击鼠标右键，利用鼠标右键菜单【重命名】可以为审计方法改一个更适合的名称。单击鼠标右键菜单【编辑方法】则打开【审计方法设置】对话框，可以删除审计方法或重新定义查询条件。要增加新的审计方法，必须到【查询】对话框中，使用鼠标右键菜单【存入审计方法库】。

审计方法库的导入和导出功能为审计人员之间共享审计经验提供了方便。【导出】按钮把“库存审计方法”列表中的审计方法存储为独立的 Access 数据库文件（.mdb），【导入】按钮则把 Access 数据库文件中的审计方法读取到“库存审计方法”列表中。

【例 7-32】 使用审计方法库进行批量查询，审计 abc 公司大额应付账款增减情况。

操作步骤如下：

（1）单击工具栏上的【方法】按钮，打开【从审计方法库调入审计方法】对话框。

（2）单击【全清】按钮，删除“需执行审计方法”列表中的所有方法。

（3）在“库存审计方法”列表中找到并分别双击审计方法“应付账款大额减少”、“应付账款大额增加”，使之添加到“需执行审计方法”列表中。

（4）选择“批量执行”单选钮，以便同时执行两种审计方法。

（5）单击【执行】按钮，显示批量查询结果如图 7-79 所示。

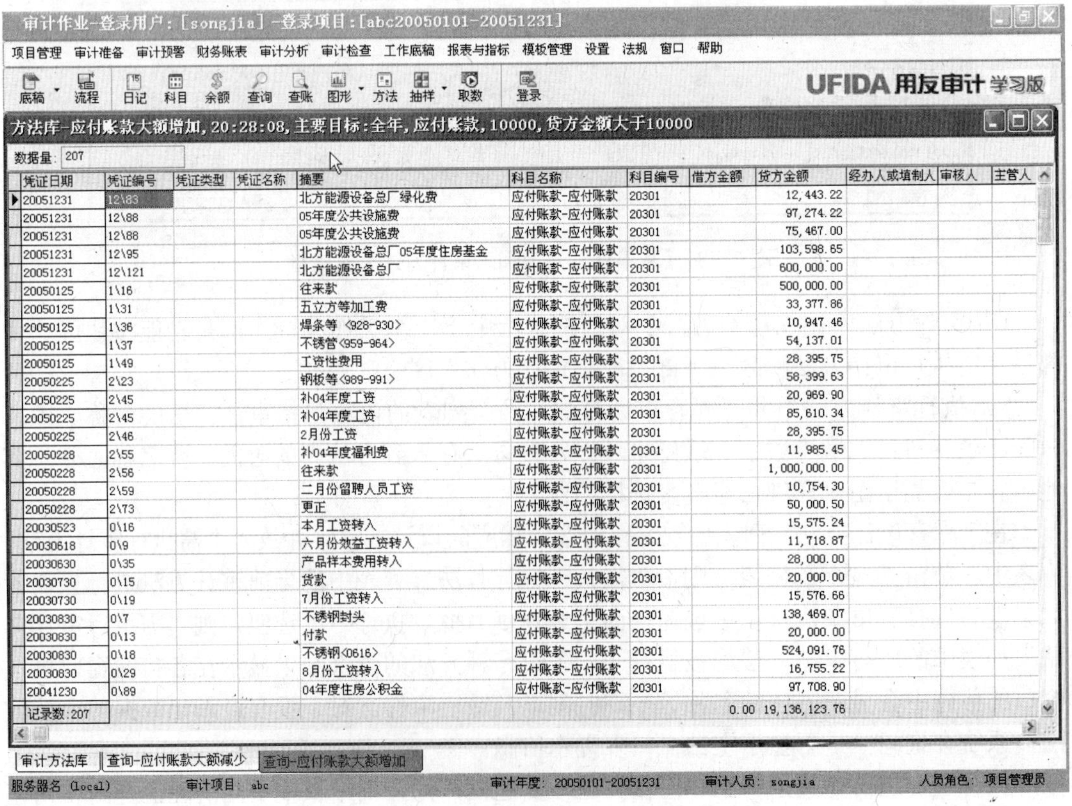

审计作业–登录用户：[songjia] –登录项目：[abc20050101-20051231]

项目管理 审计准备 审计预警 财务账表 审计分析 审计检查 工作底稿 报表与指标 模板管理 设置 法规 窗口 帮助

底稿 流程 日记 科目 余额 查询 查账 图形 方法 抽样 取数 登录 UFIDA 用友审计 学习版

方法库–应付账款大额增加，20:28:08，主要目标：全年，应付账款，10000，贷方金额大于10000

数据量：207

凭证日期	凭证编号	凭证类型	凭证名称	摘要	科目名称	科目编号	借方金额	贷方金额	经办人或填制人	审核人	主管人
20051231	12\83			北方能源设备总厂绿化费	应付账款-应付账款	20301		12,443.22			
20051231	12\88			05年度公共设施费	应付账款-应付账款	20301		97,274.22			
20051231	12\88			05年度公共设施费	应付账款-应付账款	20301		75,467.00			
20051231	12\95			北方能源设备总厂05年度住房基金	应付账款-应付账款	20301		103,598.65			
20051231	12\121			北方能源设备总厂	应付账款-应付账款	20301		600,000.00			
20050125	1\16			往来款	应付账款-应付账款	20301		500,000.00			
20050125	1\31			五立方等加工费	应付账款-应付账款	20301		33,377.86			
20050125	1\36			焊条等 <928-930>	应付账款-应付账款	20301		10,947.46			
20050125	1\37			不锈管<959-964>	应付账款-应付账款	20301		54,137.01			
20050125	1\49			工资性费用	应付账款-应付账款	20301		28,395.75			
20050225	2\23			钢板等<989-991>	应付账款-应付账款	20301		58,399.63			
20050225	2\45			补04年度工资	应付账款-应付账款	20301		20,969.90			
20050225	2\45			补04年度工资	应付账款-应付账款	20301		85,610.34			
20050225	2\46			2月份工资	应付账款-应付账款	20301		28,395.75			
20050228	2\55			补04年度福利费	应付账款-应付账款	20301		11,985.45			
20050228	2\56			往来款	应付账款-应付账款	20301		1,000,000.00			
20050228	2\59			二月份留聘人员工资	应付账款-应付账款	20301		10,754.30			
20050228	2\73			更正	应付账款-应付账款	20301		50,000.50			
20030523	0\16			本月工资转入	应付账款-应付账款	20301		15,575.24			
20030618	0\9			六月份效益工资转入	应付账款-应付账款	20301		11,718.87			
20030630	0\35			产品样本费用转入	应付账款-应付账款	20301		28,000.00			
20030730	0\15			货款	应付账款-应付账款	20301		20,000.00			
20030730	0\19			7月份工资转入	应付账款-应付账款	20301		15,576.66			
20030830	0\7			不锈钢封头	应付账款-应付账款	20301		138,469.07			
20030830	0\13			付款	应付账款-应付账款	20301		20,000.00			
20030830	0\18			不锈钢<0616>	应付账款-应付账款	20301		524,091.76			
20030830	0\29			8月份工资转入	应付账款-应付账款	20301		16,755.22			
20041230	0\89			04年度住房公积金	应付账款-应付账款	20301		97,708.90			
记录数:207							0.00	19,136,123.76			

审计方法库 | 查询–应付账款大额减少 | 查询–应付账款大额增加

服务器名 (local) 审计项目：abc 审计年度：20050101-20051231 审计人员：songjia 人员角色：项目管理员

图 7-79 批量查询结果

（6）从【方法库-应付账款大额减少】和【方法库-应付账款大额增加】两种查询结果中可以看到，应付账款在 1 万元以上的大额减少和增加的记录数分别有 61 条和 207 条。通过对比分析可以快速发现审计疑点，抽查记账凭证进行查证。

5）查询结果统计分析

除使用【查询】对话框中部署的功能按钮进行查询外，还可以利用鼠标右键菜单对查询结果进行深入处理。

【例 7-33】 使用查询工具，统计分析 abc 公司 2005 年凭证库情况。

操作步骤如下：

（1）单击工具栏上的【查询】按钮，打开【查询】对话框。

（2）按年度查询凭证库。选择“转入库-凭证库”后，构造查询条件：“凭证日期 像 2005”，单击【查询】显示查询结果如图 7-80 所示。

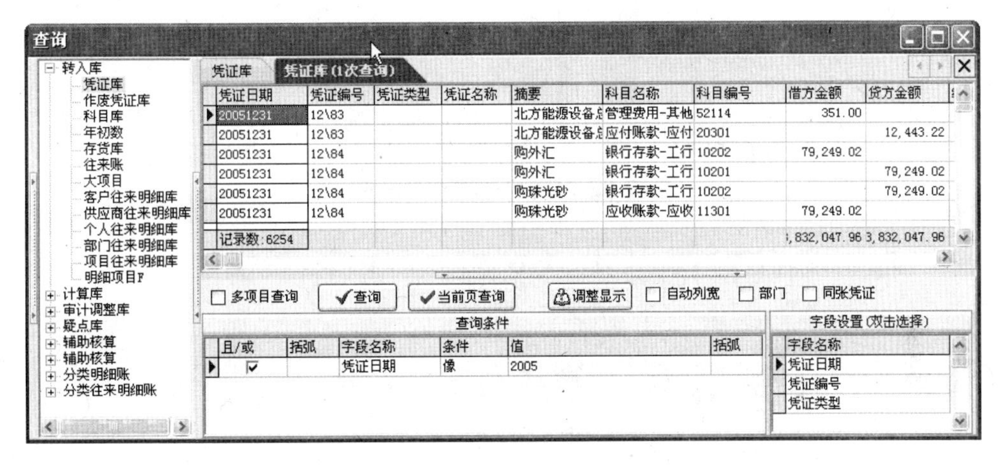

图 7-80　查询结果

（3）调整显示方式。在【凭证库（1 次查询）】选项卡中，单击鼠标右键菜单【显示方式】|【调整显示】，打开【调整显示】对话框。选择并按顺序显示以下字段：凭证日期、凭证编号、科目编号、科目名称、借方金额、贷方金额、摘要。

（4）按借贷方金额进行统计。在【凭证库（1 次查询）】选项卡中，单击鼠标右键菜单【相关数据】|【统计数据】，打开【统计数据】对话框，如图 7-81 所示。

可以看到借方、贷方发生额的最大值、最小值、平均值、合计值。

图 7-81　【统计数据】对话框

（5）进行分类汇总的常规设置。在【凭证库（1 次查询）】选项卡中，单击鼠标右键菜单【分类汇总】，打开【分类汇总设置】对话框，如图 7-82 所示。在【常规设置】选项卡中，只选择“凭证日期”作为分类字段。

（6）进行分类汇总的高级设置。在【分类汇总设置】|【高级设置】选项卡中，如

图 7-83 所示选择按“凭证日期”分组，对借方金额和贷方金额进行汇总，删除其他无关的字段。

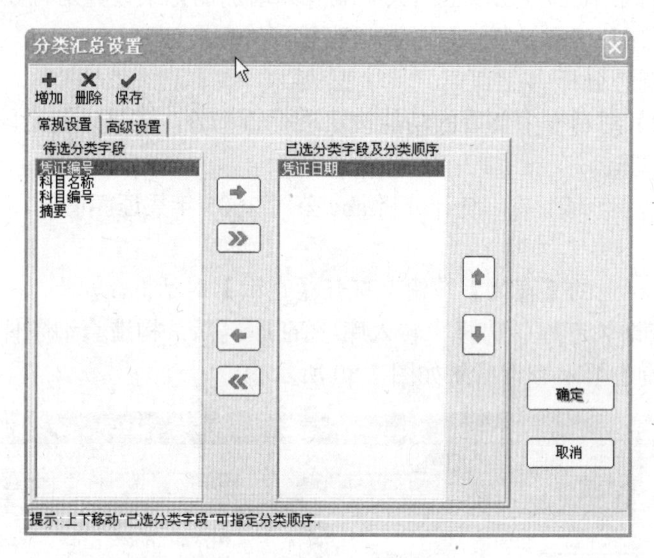

图 7-82　分类汇总的常规设置

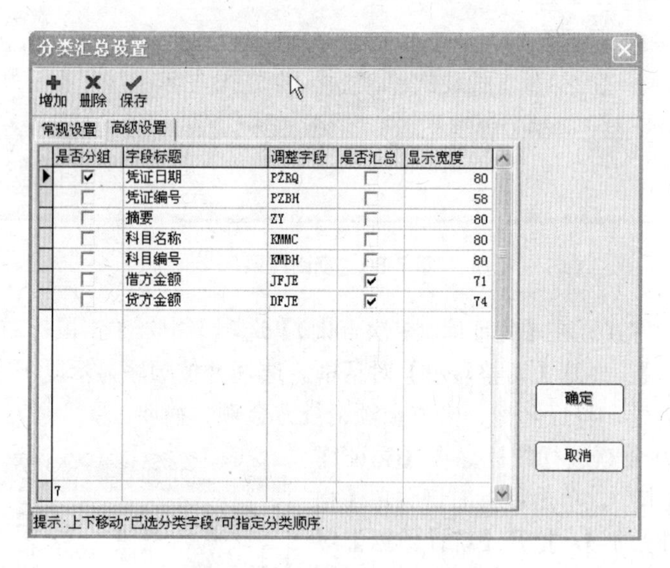

图 7-83　分类汇总的高级设置

（7）按凭证日期进行分类汇总。在【分类汇总设置】对话框中，单击【确定】按钮，显示分类汇总结果，如图 7-84 所示。

（8）按凭证编号进行分类汇总。在【分类汇总】对话框中单击【设置】按钮，再次打开【分类汇总设置】对话框，设置按凭证编号分组，对借方金额和贷方金额汇总。单击【确定】按钮，显示按凭证编号分类汇总的结果。

与【查询】对话框的鼠标右键菜单不同的是，【分类汇总】对话框的鼠标右键菜单中没有【分类汇总】菜单项，但多了一个【查账】菜单项，用于直接打开【查账-明细账】对话框。

分类汇总 （更多功能在右键菜单）

设置 关闭

分类汇总

凭证日期	频度	借方金额	借方金额(百分比)	贷方金额	贷方金额(百分比)
20050930	480	7,273,416.57	4.44%	7,273,416.57	4.44%
20050331	296	4,594,096.43	2.80%	4,594,096.43	2.80%
20050829	254	2,439,364.40	1.49%	2,439,364.40	1.49%
20050630	653	20,424,169.93	12.47%	20,424,169.93	12.47%
20050124	110	70,098.39	0.04%	70,098.39	0.04%
20050730	526	16,890,022.03	10.31%	16,890,022.03	10.31%
20051031	546	12,634,616.19	7.71%	12,634,616.19	7.71%
20050228	104	4,848,657.18	2.96%	4,848,657.18	2.96%
20050527	512	5,936,281.43	3.62%	5,936,281.43	3.62%
20050225	286	3,494,944.14	2.13%	3,494,944.14	2.13%
20050325	134	444,985.51	0.27%	444,985.51	0.27%
20050531	89	10,906,237.23	6.66%	10,906,237.23	6.66%
20050428	468	5,708,095.84	3.48%	5,708,095.84	3.48%
20051130	466	11,048,045.96	6.74%	11,048,045.96	6.74%
20050125	311	13,595,156.06	8.30%	13,595,156.06	8.30%
20051231	615	31,363,180.00	19.14%	31,363,180.00	19.14%
20050830	154	1,999,093.25	1.22%	1,999,093.25	1.22%
20050831	71	2,183,317.38	1.33%	2,183,317.38	1.33%
20050530	58	600,316.97	0.37%	600,316.97	0.37%
20050430	121	7,377,953.07	4.50%	7,377,953.07	4.50%
20		163,832,047.96	100.00%	163,832,047.96	100.00%

冻结 0

图 7-84 分类汇总结果

（9）对汇总结果进行再统计。在【分类汇总】对话框中，单击鼠标右键菜单【相关数据】|【统计数据】，显示汇总结果的统计数据，如图 7-85 所示。图中除显示最大值、最小值、平均值、合计值之外，还有显示所占整体的百分比。

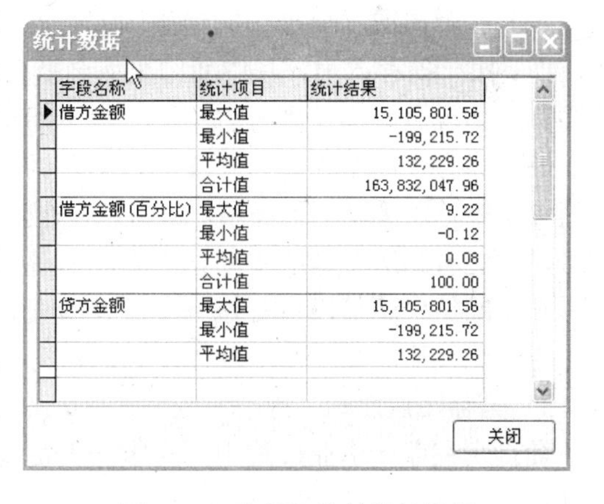

统计数据

字段名称	统计项目	统计结果
借方金额	最大值	15,105,801.56
	最小值	-199,215.72
	平均值	132,229.26
	合计值	163,832,047.96
借方金额(百分比)	最大值	9.22
	最小值	-0.12
	平均值	0.08
	合计值	100.00
贷方金额	最大值	15,105,801.56
	最小值	-199,215.72
	平均值	132,229.26

关闭

图 7-85 分类汇总的统计数据

（10）根据结果进行综合分析。

从查询结果及其统计数据，结合按凭证日期、凭证编号的分类汇总数据可以看出，2005 年 abc 公司的凭证库中共有 6254 条记录，分布在 1239 张凭证中，集中在 20 个记账日期。

借、贷方发生额平衡，合计值均为 163832047.96；每条记录借、贷方发生额的最大值分别是 14764206.81、11594233.01，最小值为负数分别是–750000.00、–675220.14，平均值都是 26196.36；每个记账日期发生额的最大值、最小值、平均值及百分比，分别是 31363180.00（19.14%）、70098.39（0.04%）、8191602.40（5%）；每张凭证发生额的最大值、最小值、平均值及百分比，分别是 15105801.56（9.22%）、–199215.72（–0.12%）、132229.26（0.08%）。

经查，借方发生额最大的记录发生在 2005 年 12 月 31 日编号为“12\122”的凭证，这张凭证也是发生额最大的凭证。但这张凭证记载的是关于结转本年利润的会计分录，要想寻找更有价值的审计线索，在查询时应该排除结转类的凭证。

abc 公司基本上每月记一次账，不能有效地反映每天业务发生情况，这给查找审计线索带来困难。

5. 查询结果存储

在查询结果显示窗口，单击鼠标右键，弹出快捷下拉菜单，如图7-86所示。

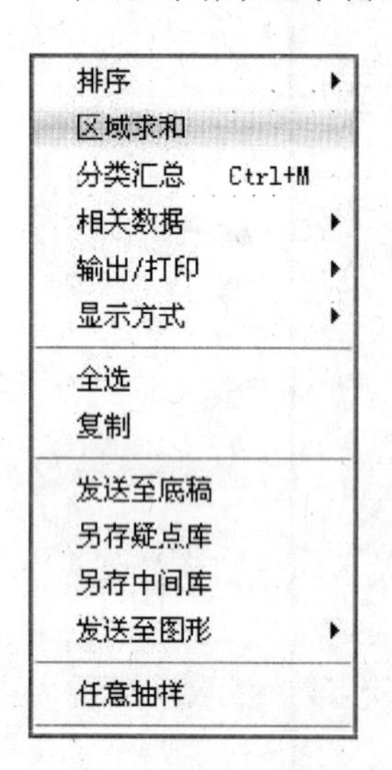

图7-86 查询窗口快捷菜单

1）复制

【例7-34】 将查询结果复制到工作底稿。

操作步骤如下：

（1）将需要复制的查询结果选中（根据需要全选或选中几行），选中区域为蓝色。

（2）将鼠标移到选中的区域，保持选中状态不变的情况下单击鼠标右键，在弹出的快捷菜单中单击【复制】选项。

（3）将查询结果窗口关闭，打开一张Excel工作底稿，在工作底稿中选择起始单元格，单击Excel底稿中的【粘贴】按钮，即完成复制处理。

2）另存中间库

将查询结果以中间数据库的形式存储，方便作进一步的查询检索。

操作步骤如下：

（1）直接在查询结果区单击鼠标右键（不需做选中操作），在弹出的快捷菜单中单击【另存中间库】选项。

（2）在弹出的【增加中间结果库】对话框中，单击【确定】按钮，查询结果就存入了中间库。第一次存入时，其中间结果库名默认"第1次中间结果库"，可根据查询的实际情况名称，如现金查询，则可将"第1次中间结果库"改名为"现金支付查询"。

（3）另存中间结果库，在【查询】对话框的数据库名显示区单击鼠标右键，在弹出的快捷菜单中单击【刷新】选项，刷新后，在数据库名显示区能看到【中间库】，单击前面的加号，就能看到所存储的中间结果库，如现金支付查询。

对中间结果库可以进行进一步查询检索。中间库广泛应用于审计实践中，在具体的审计工作中往往形成几十张中间库，随时可形成工作底稿。

3）另存疑点库

疑点库在审计作业过程中，对审计人员发现的疑点问题进行汇集记录，为工作底稿的编制和审计日记的归档做准备。可以将任何数据库结果指定成疑点库，突出审计重点，操作灵活，为审计人员保存底稿提供方便。另存疑点库功能能够发送选定内容至疑点库，系统自动增加一张工作底稿。

操作步骤如下：

（1）在查询结果区域单击右键，选择【另存疑点库】选项，在弹出的对话框中输入疑点库名称，单击【确定】按钮，可以将疑点库名称改为比较直观的有意义的名称，如"现金支付疑点"。

（2）在【查询】对话框左侧区单击右键，选择【全部刷新】选项。

（3）单击【疑点库】前面的"+"、单击对应的"疑点库"名称，可以查看相关内容。

4）任意抽样

任意抽样包括等距抽样和不等距抽样，是随机抽样。任意抽样作为查询条件之一，它能够对数据库所有记录按一定条件任意抽取。刷新后，在数据库名显示区能看到任意抽样的结果。

操作步骤如下：

（1）单击【查询】按钮，在数据显示区域单击右键，选择【任意抽样】选项，出现【审计任意抽样设置】对话框，如图 7-87 所示。

（2）填写样本数量、间距、起点，单击【执行】按钮则可完成抽样。

（3）在数据库内容显示区域单击右键，全部刷新。

（4）单击【审计抽样】前面的“+”，单击任意抽样，能够看到结果，如图 7-88 所示。

审计任意抽样设置
样本大小
100
等距设置
间隔　10
起点　200501
执行

图 7-87 【审计任意抽样设置】对话框

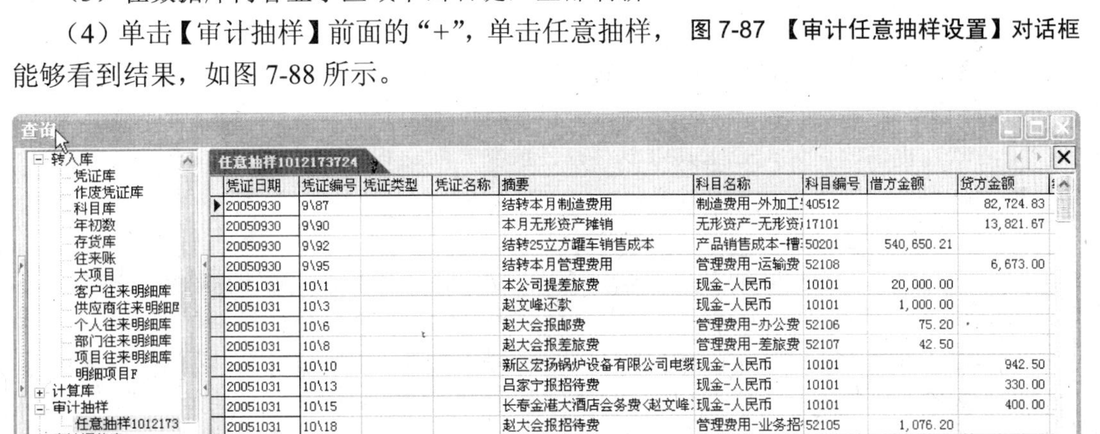

图 7-88　任意抽样结果

5）发送至底稿

选择需要发送的内容，通过右键菜单选择【发送至底稿】选项，弹出如图 7-89 所示对话框。

以发送到 Excel 文件作为新底稿为例，单击【发送至 Excel 文件作为新底稿】按钮，出现如图 7-90 所示的确认对话框。可以将【底稿名称】改为直观有意义的名称，本例改为“任意抽样”。

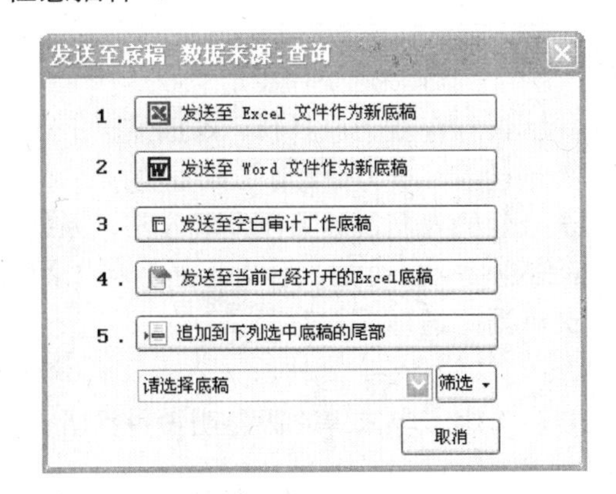

图 7-89　发送至底稿

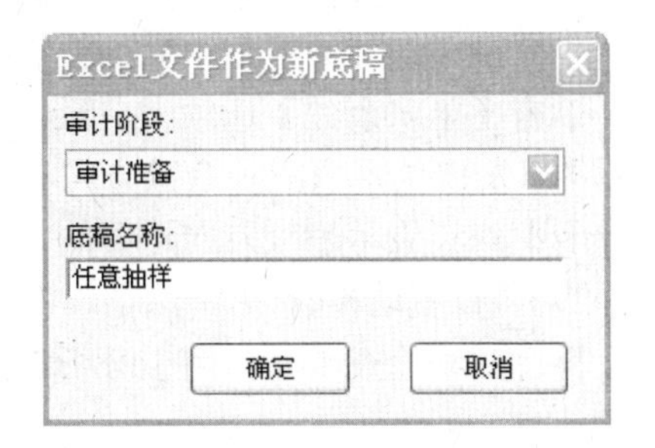

图 7-90　发送至底稿确认对话框

选择对应的审计阶段，修改好底稿名称，确定后即可发送（保存）至相应的底稿阶段。

完成后，即可在底稿编制平台（如果底稿编制平台之前已经打开，需要刷新）的相应阶段中找到该底稿。

6）发送至图形

可以将选定的查询结果以图形的形式表示出来，使结果更直观，更容易得出审计结论。具体可以生成饼图、线图、柱图等。

7.4.3 审计检查

软件提供了丰富的审计检查工具，包括科目检查、凭证检查与计算等，利用审计检查工具可以辅助审计人员查找审计线索，确定审计疑点。

1. 科目检查

审易软件提供的审计检查工具可以对科目余额方向、科目变动、分录、开户行倒账、科目额度、科目对冲等进行审计检查。

1）科目余额方向检查

通过科目的年初余额和期末余额确定科目的实际余额方向，把年末余额中余额方向不一致的科目显示出来。

执行【审计检查】菜单下的【科目余额方向检查】命令，打开【科目余额方向检查】对话框，如图 7-91 所示。

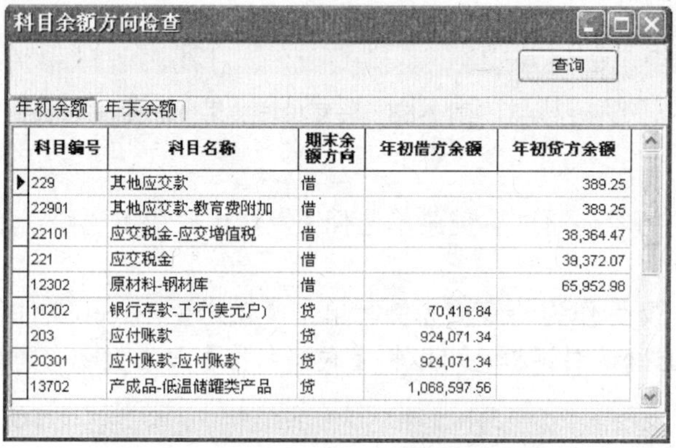

科目余额方向检查

查询

年初余额 | 年末余额

科目编号	科目名称	期末余额方向	年初借方余额	年初贷方余额
229	其他应交款	借		389.25
22901	其他应交款-教育费附加	借		389.25
22101	应交税金-应交增值税	借		38,364.47
221	应交税金	借		39,372.07
12302	原材料-钢材库	借		65,952.98
10202	银行存款-工行(美元户)	贷	70,416.84	
203	应付账款	贷	924,071.34	
20301	应付账款-应付账款	贷	924,071.34	
13702	产成品-低温储罐类产品	贷	1,068,597.56	

图 7-91 【科目余额方向检查】对话框

从【年初余额】选项卡可以看到相关科目（如：银行存款、原材料、产成品、应付账款、应交税金、其他应交款）的期末余额方向及其年初借、贷方余额。

单击【年末余额】选项卡，系统自动检查年末余额的方向，如果没发现异常，系统会显示“未发现年末余额和余额方向不符的记录”的信息提示。否则，系统会在【年末余额】选项卡中列表显示余额方向不符的记录，审计人员可据此进行深入检查。

2）科目变动检查

科目变动检查工具，用于分析选定科目在年初、年中、年末等阶段各明细科目所占百分比。

【例 7-35】 分析 abc 公司银行存款科目的变动情况。

操作步骤如下：

（1）执行【审计检查】菜单下的【科目变动检查】命令，打开【科目变动情况分析】对话框。

（2）单击【基准科目】按钮，打开【科目查询】对话框。选择银行存款科目，然后单击【确定】按钮，显示银行存款及其明细科目的余额结构，如图 7-92 所示。

科目变动情况分析

基准科目：银行存款　查询

科目编号	科目名称	年初借方	年初贷方	借方结构比	贷方结构比	本年借累计	结构比	本年贷累计	结构比	期末借方	期末贷方	借方结构比	贷方结构比	期末较期初差额	差额比
102	银行存款	560, 494. 80		100. 00		17, 573, 385. 39	100. 00	17, 046, 252. 38	100. 00	1, 087, 627. 81		100. 00		527, 133. 01	94. 05
10201	银行存款-工行（人民币户）	470, 532. 43		83. 95		15, 480, 904. 82	88. 09	14, 871, 065. 68	87. 24	1, 080, 371. 57		99. 33		609, 839. 14	129. 61
10202	银行存款-工行（美元户）	70, 416. 84		12. 56		899, 880. 45	5. 12	963, 240. 92	5. 65	7, 056. 37		0. 65		-63, 360. 47	-89. 98
10203	银行存款-建行（人民币户）	19, 545. 53		3. 49		86. 59	0. 00	19, 616. 29	0. 12	15. 83		0. 00		-19, 529. 70	-99. 92
10204	银行存款-中行纳税户					1, 192, 513. 53	6. 79	1, 192, 329. 49	6. 99	184. 04		0. 02		184. 04	

图 7-92　银行存款科目变动情况

可以看到 abc 公司的银行存款主要分布在工行的人民币账户中。该账户所占比例从年初余额的 83.95%，到本年累计的 88.09%，到年末余额的 99.33%，呈增加趋势。

3）分录检查

分录检查向导通过预设的不正常分录，在凭证库中自动搜索并列表显示存在不正常分录的凭证，便于审计人员发现审计线索。

【例 7-36】 利用分录检查向导，检查 abc 公司是否存在直接用现金购买固定资产的情况。

操作步骤如下：

（1）执行【审计检查】菜单下的【分录检查】命令，打开【分录检查】对话框。

（2）选择“选取已有分录库”单选钮，然后单击【下一步】按钮，打开【分录组及条件】对话框。

（3）单击【全部清除】按钮，删除所有的“已选分录组”。然后在“分录库中可选分录组”列表中，双击第 1 组，使之放入“已选分录组”。确认该分录组借贷条件为：“固定资产（借）-现金（贷）”，如图 7-93 所示。

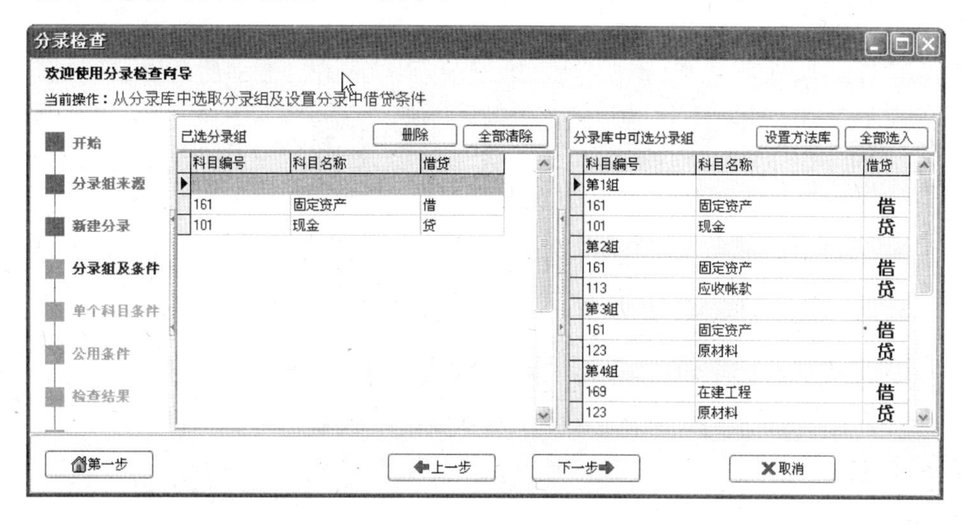

图 7-93　选择分录组

（4）单击【下一步】按钮，打开【检查结果】对话框，单击【执行】按钮，显示检查结果，如图 7-94 所示。

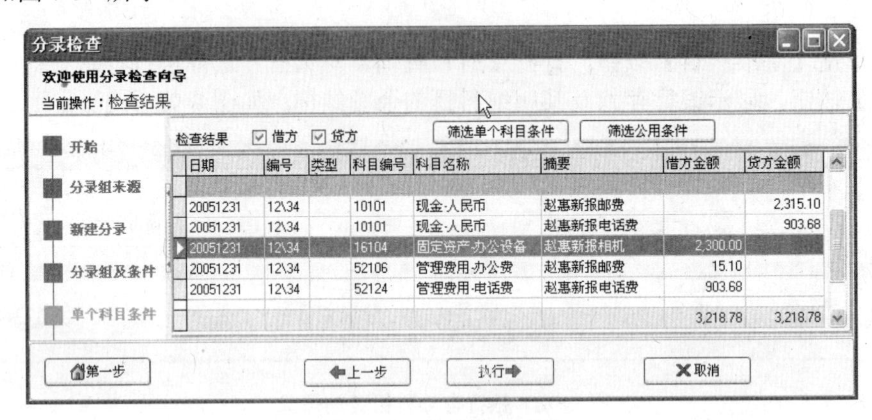

日期	编号	类型	科目编号	科目名称	摘要	借方金额	贷方金额
20051231	12\34		10101	现金-人民币	赵惠新报邮费		2,315.10
20051231	12\34		10101	现金-人民币	赵惠新报电话费		903.68
20051231	12\34		16104	固定资产-办公设备	赵惠新报相机	2,300.00	
20051231	12\34		52106	管理费用-办公费	赵惠新报邮费	15.10	
20051231	12\34		52124	管理费用-电话费	赵惠新报电话费	903.68	
						3,218.78	3,218.78

图 7-94　分录检查结果

从检查结果可以看出，abc 公司确实存在直接用现金支付固定资产的情况（用 2300 元现金购买相机）。

4）开户行倒账检查

开户行倒账检查工具，用于检查被审计单位所开银行账户之间相互倒账的情况。

【例 7-37】 分析 abc 公司 2005 年工商银行人民币账户与其他账户之间的倒账情况。

操作步骤如下：

（1）执行【审计检查】菜单下的【开户行倒账】命令，打开【开户行倒账检查】对话框。

（2）单击“银行存款明细科目”下拉列表框，选择“银行存款-工行（人民币户）”明细科目，设置起止日期“20050101”－“20051231”。然后单击【查询】按钮，显示查询结果如图 7-95 所示。

开户行倒账检查

银行存款明细科目：银行存款-工行（人民币户）　起止日期：20050101 － 20051231　查询

凭证日期	凭证号	凭证类型	摘要	银行存款-工行（人民币户）		银行存款-工行（美元户）	银行存款-中行纳税户
				借方	贷方	借方	借方
20050125	1\25		国税外税分局增值税		38,364.47		38,364.47
20050225	2\43		一月份增值税汇缴		242,856.59		242,856.59
20050331	3\47		北方市国税局增值税		118,781.42		118,781.42
20050428	4\83		市工行一营购汇		36,733.12	36,733.12	
20050630	6\48		本厂交税		221,041.38		221,041.38
20050730	7\50		市国税局交增值税		256,745.28		256,745.28
20050730	7\69		购汇		77,106.29	77,106.29	
20050830	8\56		中行税收处缴增值税		106,904.32		106,904.32
20050830	8\69		购汇（8727.20USD）		72,368.57	72,368.57	
20050930	9\48		市税务局增值税		20,700.32		20,700.32
20051031	10\73		中行税收处增值税		8,446.05		8,446.05
20051031	10\79		中行纳税户		4,500.00		4,500.00
20051031	10\91		购汇3710美元		30,757.01	30,757.01	
20051130	11\50		北方国税局交增值税		129,570.09		129,570.09
20051130	11\65		购汇7638美元		63,321.31	63,321.31	
20051231	12\60		北方西玛低温容器公司增值税		44,404.64		44,404.64
20051231	12\84		购外汇		79,249.02	79,249.02	
20051231	12\85		购汇		41,451.00	41,451.00	
				¥0.00	¥1,593,300.8	¥400,986.32	¥1,192,314.56

图 7-95 【开户行倒账检查】对话框

从结果可以看出，abc 公司在所开设的工商银行人民币账户、工商银行美元账户、建设银行人民币账户、中国银行纳税账户等四个账户之间存在倒账业务，主要是从工行人民币账户倒入工行美元账户用于购汇，或倒入中行纳税账户用于纳税。全年倒账 159 万多元，其中 119 万多元用于交纳增值税，40 万余元用于购买美元。

5）科目额度检查

科目额度检查工具通过曲线图直观反映出现金等科目各月余额走势，以设置的额度为基准能自动审查出余额超限情况并进行统计分析。审计人员可以看出年余额最大值、年余额均值、超额度天数及所占比例等。

【例 7-38】 假设 abc 公司的现金额度核准为 1 万元，检查其现金额度执行情况。

操作步骤如下：

（1）执行【审计检查】菜单下的【现金额度检查】命令，打开【科目额度检查】对话框。

（2）在【图形】选项卡中，单击【初始化】按钮，自动删除“科目”下拉列表框中的其他所有科目，仅保留现金科目，并用每天的现金科目（借方）余额绘制三维网线走势图（红色）。设置现金额度“10000”（元）。单击【刷新】按钮，系统自动在图形中生成一条代表现金额度的蓝色水平直线，如图 7-96 所示。

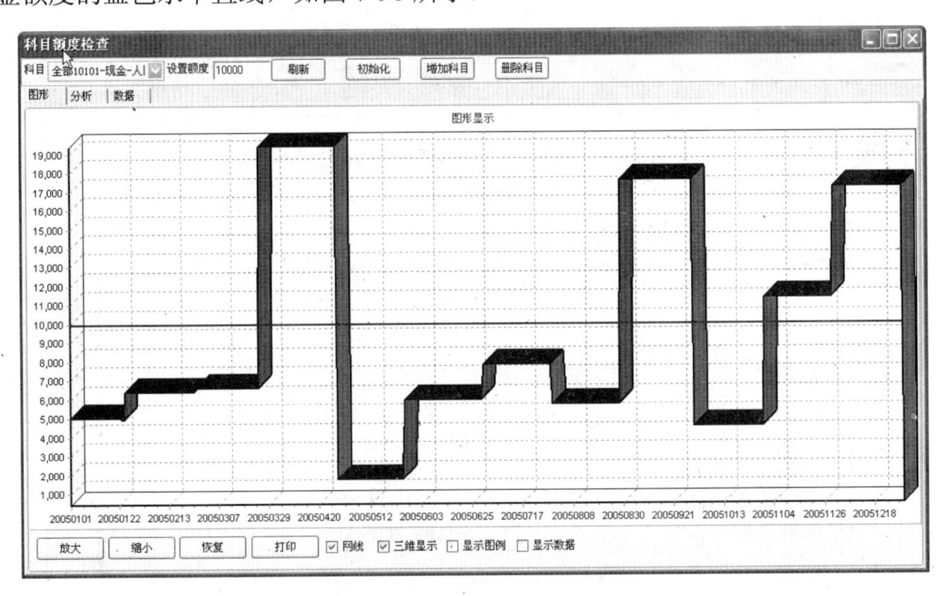

图 7-96　现金余额曲线图

（3）观察曲线图，可以看到超过水平线上面的图形部分即为现金余额超支部分。其中，3 月底到 4 月末的现金余额最高。单击曲线上的最高点，系统自动切换到【数据】选项卡，并直接找到对应的现金日记账，如图 7-97 所示。

（4）从现金日记账中可以看到，2005 年 3 月 25 日 abc 公司有一笔 2 万元的预收款用现金入账。单击这条记录，打开对应的记账凭证进行深度检查。

（5）在【科目额度检查】对话框中，单击【分析】选项卡，可以看到系统为现金余额所做的统计数据，如图 7-98 所示。

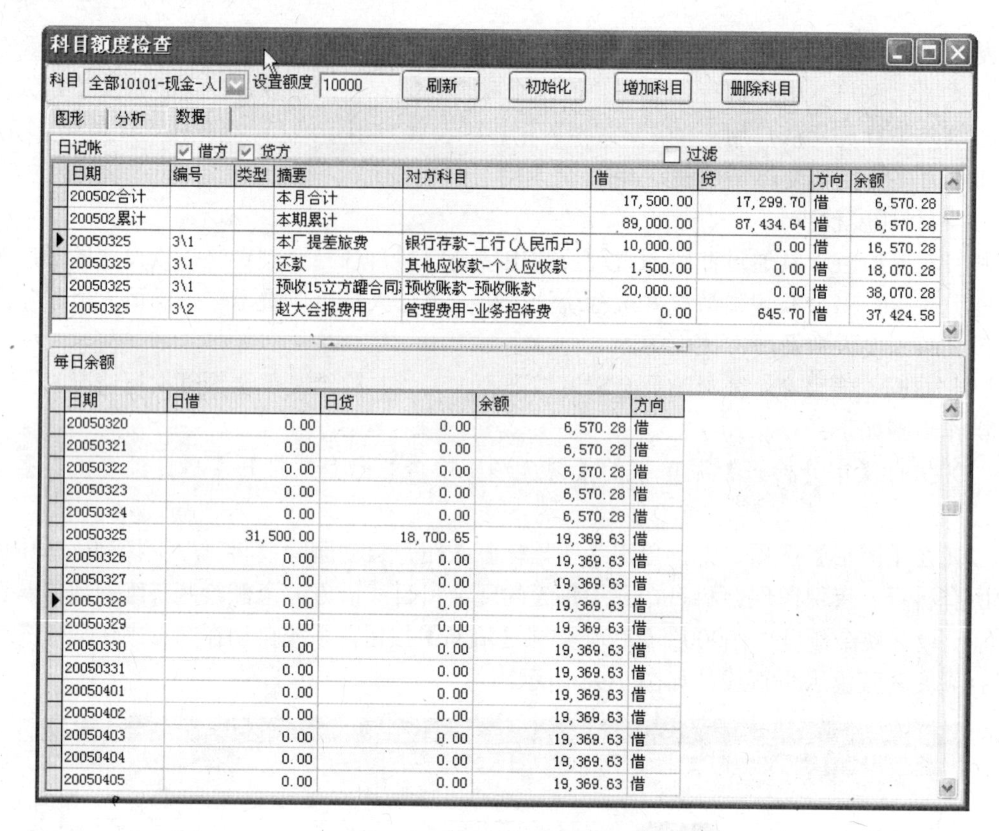

日期	编号	类型	摘要	对方科目	借	贷	方向	余额
200502合计			本月合计		17,500.00	17,299.70	借	6,570.28
200502累计			本期累计		89,000.00	87,434.64	借	6,570.28
20050325	3\1		本厂提差旅费	银行存款-工行(人民币户)	10,000.00	0.00	借	16,570.28
20050325	3\1		还款	其他应收款-个人应收款	1,500.00	0.00	借	18,070.28
20050325	3\1		预收15立方罐合同	预收账款-预收账款	20,000.00	0.00	借	38,070.28
20050325	3\2		赵大会报费用	管理费用-业务招待费	0.00	645.70	借	37,424.58

日期	日借	日贷	余额	方向
20050320	0.00	0.00	6,570.28	借
20050321	0.00	0.00	6,570.28	借
20050322	0.00	0.00	6,570.28	借
20050323	0.00	0.00	6,570.28	借
20050324	0.00	0.00	6,570.28	借
20050325	31,500.00	18,700.65	19,369.63	借
20050326	0.00	0.00	19,369.63	借
20050327	0.00	0.00	19,369.63	借
20050328	0.00	0.00	19,369.63	借
20050329	0.00	0.00	19,369.63	借
20050330	0.00	0.00	19,369.63	借
20050331	0.00	0.00	19,369.63	借
20050401	0.00	0.00	19,369.63	借
20050402	0.00	0.00	19,369.63	借
20050403	0.00	0.00	19,369.63	借
20050404	0.00	0.00	19,369.63	借
20050405	0.00	0.00	19,369.63	借

图 7-97　余额最高的现金日记账记录

科目额度检查

科目 全部10101-现金-人Ⅰ 设置额度 10000 刷新 初始化

图形 分析 数据

内容	金额或比例	日期
最大余额值	19,369.63	20050325
年余额均值	9,298.13	2005
超现金额度天数	127.00	2005
超额度天数比例%	34.79	2005
超额度金额比例%	61.69	2005

图 7-98　科目额度检查分析结果

综合分析可以看出，abc 公司 2005 年平均现金余额是 9298.13 元，比核准现金额度 10000 元略低。但最大现金余额高达 19369.63 元，超期天数有 127 天，占全年的 35%，可以初步断定 abc 公司存在坐收坐支现象。

6）科目对冲检查

利用科目对冲检查工具，可以按照同边一个对冲、同边多个对冲、双边一个对冲、双边多个对冲等情形检查有关科目的对冲情况。

执行【审计检查】菜单下的【对冲科目检查】命令，打开【科目对冲检查】对话框，单击【检查】按钮，显示对冲检查结果，如图 7-99 所示。

科目对冲检查

◉全部　○借方　○贷方　类型 全部　☑同张凭证　检查

日期	编号	类型	科目编号	科目名称	摘要	借方金额	贷方金额
20031222	0\39		20301	应付账款-应付账款	本月材料转入		2,322.83
20031222	0\39		20301	应付账款-应付账款	本月材料转入		1,052.05
20031222	0\39		20301	应付账款-应付账款	本月材料转入		14,693.69
20031222	0\39		20301	应付账款-应付账款	本月材料转入		-10,953.85
20031222	0\52		20301	应付账款-应付账款	结转材料		-19,712.30
20040418	0\19		20301	应付账款-应付账款	03年3-12月租金		-241,500.00
20040418	0\19		20301	应付账款-应付账款	03年3-12月租金		241,500.00
凭证笔数105						16,070,050.50	19,616,719.22

图 7-99 【科目对冲检查】对话框

从图中可以看出，对冲涉及的记账凭证有 105 笔。查询的结果可以按字段标题排序。通过鼠标右键菜单，可以对查询结果作进一步处理，如发送到工作底稿等。

执行检查之前，通过单选钮可以选择按借方、按贷方或同时按借贷双方对科目进行对冲检查。如果选中了“同张凭证”复选框，则凭证之间会加一行彩色条以示区分。

2．凭证检查

凭证检查包括凭证查询、金额查询、任意字词查询及贷款利息计算、坏账准备检查、产成品汇总等审计检查工具。

1）凭证查询

凭证查询是专门针对凭证库的查询工具，它按照日期、凭证号、类型、摘要等凭证要素实现组合条件查询，以发现审计线索或核实疑点问题。

【例 7-39】 检查 abc 公司 2005 年凭证库中与“手机”有关的凭证。

操作步骤如下：

（1）执行【审计检查】菜单下的【凭证查询】命令，打开【凭证查询】对话框。

（2）在文本框中分别输入日期“2005”，摘要“手机”，然后单击【查找】按钮，可以查得 2005 年与手机有关的凭证共有 10 张，如图 7-100 所示。其中“6\44”号凭证是购买手机的，其他是交纳手机话费的。

凭证查询

日期：2005　凭证号：　类型：　摘要：手机　查找

凭证日期	凭证编号	凭证类型	凭证摘要	借方金额	贷方金额
20051130	11\1		霍友根还手机话费	124.31	
20051130	11\1		霍友根还手机话费		124.31
20050630	6\44		市恒通通信设备有限公司 手机	10,930.00	
20050630	6\44		市恒通通信设备有限公司 手机		10,930.00
20051031	10\60		手机电话费	524.24	
20051031	10\60		手机电话费		524.24
20051031	10\60		手机电话费	225.50	
20051031	10\60		手机电话费		225.50
20051031	10\5		霍友根还手机电话费	890.68	
20051031	10\5		霍友根还手机电话费		890.68
合计	10			12,694.73	12,694.73

图 7-100 【凭证查询】对话框

2）金额查询

金额查询工具通过对金额范围的设定，根据重要性水平，对全部科目或指定科目发生业务进行审查分析。金额查询的结果是相关凭证的列表，可以按字段标题排序。通过鼠标右键菜单，可以对查询结果作进一步处理，如发送到工作底稿等。

【例 7-40】 查询 abc 公司 2005 年发生的金额在 50 万元以上的应收账款。

操作步骤如下：

（1）执行【审计检查】菜单下的【金额查询】命令，打开【金额查询】对话框。

（2）取消选择“全部科目”复选框，以便能选择指定的科目。单击【选择科目】按钮，在打开的【科目查询】对话框中双击选中“113-应收账款”科目。

（3）在【金额查询】对话框中，输入金额大于等于“500000”（元），不选择“小于等于”复选框。利用下拉列表框选择查询期间“200501”至“200512”，选择借贷方向“借方金额”。单击【查询】按钮，显示查询结果如图 7-101 所示。

金额查询

期间：200501 至 200512 借贷方向：借方金额

科目：113 全部科目 选择科目 金额：大于等于 500000 小于等于 0 查询

共有 18 笔

凭证日期	凭证编号	凭证类型	凭证名称	摘要	科目名称	科目编号	借方金额
20051231	12\121			包头北方奔驰公司	应收账款-应收账款	11301	600,000.00
20050125	1\38			25立方低温罐<4862>	应收账款-应收账款	11301	603,243.00
20050125	1\40			48立方低温罐<4870>	应收账款-应收账款	11301	913,243.00
20050225	2\21			30立方罐	应收账款-应收账款	11301	683,243.00
20051231	12\75			北京普莱克斯实用气体公司罐车	应收账款-应收账款	11301	1,030,000.00
20051130	11\54			北方奔驰汽车公司三方转账	应收账款-应收账款	11301	525,000.00
20051130	11\60			鹤港第二农药厂30立方乙烯贮罐	应收账款-应收账款	11301	700,000.00
20050527	5\65			中汽福达罐车	应收账款-应收账款	11301	750,000.00
20050527	5\94			林德气体公司100立方氢气贮罐	应收账款-应收账款	11301	736,000.00
20050630	6\55			调整05.5/65#	应收账款-应收账款	11301	-750,000.00
20050630	6\55			调整05.5/65#	应收账款-应收账款	11301	750,000.00
20050630	6\88			北京普莱克公司11立方二氧化碳车	应收账款-应收账款	11301	950,000.00
20050630	6\89			北京化工研究院30立方乙烯贮罐	应收账款-应收账款	11301	970,000.00
20050630	6\90			BOC气体(天津)公司21立方CO2罐车	应收账款-应收账款	11301	680,000.00
20051031	10\86			比欧西气体北方有限公司21.8立方	应收账款-应收账款	11301	680,000.00
20050831	8\98			冲回估价材料及本月材料估价入账	应收账款-应收账款	11301	542,540.63
20050730	7\40			BOC气体(武汉)公司21.8立方CO2车	应收账款-应收账款	11301	680,000.00
20050930	9\75			鸡西市化学原料厂25立方乙烯罐车	应收账款-应收账款	11301	1,025,000.00

图 7-101 【金额查询】对话框

可以看到，abc 公司 2005 年发生的金额在 50 万元以上的应收账款有 18 笔，其中有两笔是调整“5\65”号凭证的，其他主要与产品销售有关。

3）任意字词查询

任意字词查询可以对凭证库内出现的任意字词进行模糊查询，以发现审计线索或核实疑点问题。

例如，执行【审计检查】菜单下的【任意字词查询】命令，打开【任意字词查询】对话框，通过下拉列表框选择“输入关键字词”为“借款”，然后单击【查找】按钮，可以查到与借款有关的凭证，如图 7-102 所示。

3. 检查计算

用友审易软件系统设置了贷款利息计算、坏账准备检查、产成品汇总三个与审计检查相关的计算工具供审计人员进行数据计算。

1）贷款利息计算

贷款利息计算是一个纯粹的利息计算工具，与被审计的账务数据没有直接关系。当被审计单位发生借贷业务时，利用该工具可以计算利息并与实际支付的利息对比，从中寻找审计线索。

任意字词查询

常规查询

输入关键字词 借款　☑模糊　查询

相关表及字段信息

字段名称
- 部门往来明细库
  - 摘要
- 调整余额表
  - 科目名称
- 分类明细账
  - KMMC1
  - 科目名称
  - 摘要
- 分类往来明细账
  - 摘要
- 分类账
  - 科目名称
- 个人往来明细库
  - 摘要
- 科目库
  - kmmcsys

数据结果

摘要	科目编号	A1	A2	科目名称	A3	部门名称	二级名称	A4	凭证日期	凭证编号	凭证类型	借方金额	贷方金额	部门编
借款	11902			个人应收款		张晖			20031222	0\47		40,000.00	0.00	7
本厂张晖借款	11902			个人应收款		张晖			20050930	9\1		25,000.00	0.00	7
买扩散泵借款	11902			个人应收款		赵国强			20041225	0\11		7,000.00	0.00	2
借款	11902			个人应收款		张若君			20040121	0\23		7,000.00	0.00	8
借款	11902			个人应收款		赵国强			20031222	0\19		7,000.00	0.00	2
本厂赵惠新借	11902			个人应收款		赵惠新			20050829	8\21		6,000.00	0.00	3
出差借款	11902			个人应收款		张若君			20040926	0\10		6,000.00	0.00	8
出差借款	11902			个人应收款		赵惠新			20030329	0\5		6,000.00	0.00	3
赵小林出差借	11902			个人应收款		赵小林			20051031	10\35		5,000.00	0.00	5
本厂张晖借款	11902			个人应收款		张晖			20050829	8\21		5,000.00	0.00	7
张大候借款	11902			个人应收款		张若君			20050527	5\5		5,000.00	0.00	8
借款	11902			个人应收款		赵国强			20040926	0\11		5,000.00	0.00	2
出差借款	11902			个人应收款		张文峰			20040926	0\4		5,000.00	0.00	10
记录数 77 条												249,630.00	11,850.00	

图 7-102 【任意字词查询】对话框

例如，执行【审计检查】菜单下的【贷款利息】命令，打开【贷款利息计算】对话框。输入贷款额，起止日期和年利率，然后单击【测算】按钮就能计算得到月利率和利息额，如图 7-103 所示。

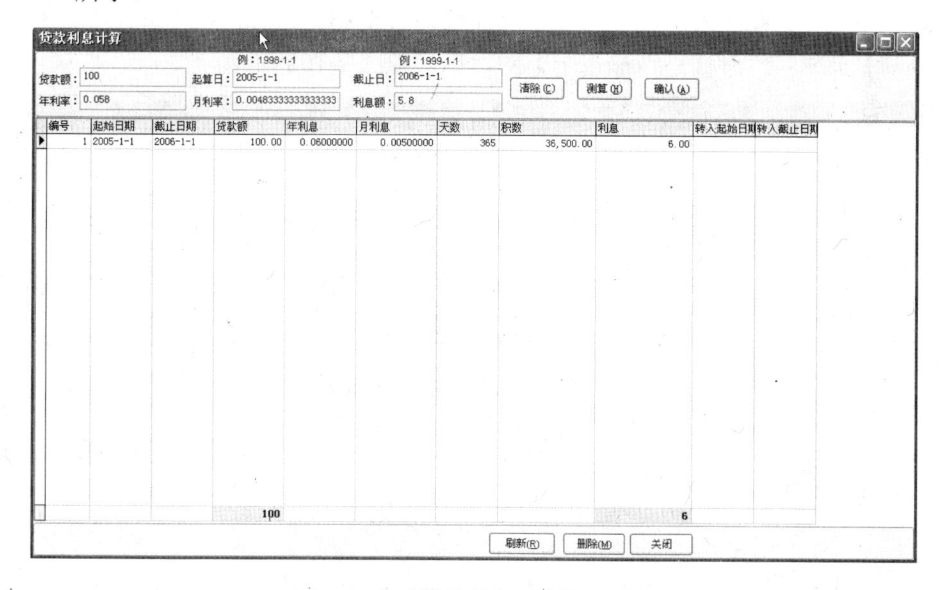

图 7-103 【贷款利息计算】对话框

再单击【确认】按钮，可以把计算结果存入窗口下部的利息计算列表中备查。

利息计算列表自动合计出总的贷款额和利息额，并且可以按字段标题排序。通过鼠标右键菜单，可以对计算结果作进一步处理，如发送到工作底稿等。

2）坏账准备检查

坏账准备检查工具根据应收账款的余额、发生额计算应提数，并与转入库里的结果进行比较。

例如，执行【审计检查】菜单下的【坏账准备】命令，打开【坏账准备检查】对话框，输入年份和计提比率，单击【查询】按钮，系统自动根据应收账款余额计算出各月应计提的坏账准备金，如图 7-104 所示。

坏帐准备检查

年份：2005　提比率：0.05　查询

月份	应收账款借方金额	其他应收款借方余额	应提基数	应提数	坏账准备借方发生额	坏账准备贷方发生额	坏账准备账面余额	提取坏账准备	冲减坏账准备
余额	1,073,874.30	20,175.73	1,094,050.03	54,702.50			3,221.62	51,480.88	
200501	1,003,572.21	35,675.73	1,039,247.94	51,962.40			3,221.62	48,740.78	
200502	2,240,366.64	36,675.73	2,277,042.37	113,852.12			3,221.62	110,630.50	
200503	2,855,994.46	37,175.73	2,893,170.19	144,658.51			3,221.62	141,436.89	
200504	2,658,796.24	32,175.73	2,690,971.97	134,548.60		2,460.83	5,682.45	128,866.15	
200505	2,268,754.20	32,575.73	2,301,329.93	115,066.50			5,682.45	109,384.05	
200506	1,829,909.36	30,175.73	1,860,085.09	93,004.25			5,682.45	87,321.80	
200507	1,374,604.83	32,175.73	1,406,780.56	70,339.03			5,682.45	64,656.58	
200508	2,585,753.80	43,175.73	2,628,929.53	131,446.48			5,682.45	125,764.03	
200509	3,318,646.19	71,810.73	3,390,456.92	169,522.85			5,682.45	163,840.40	
200510	2,297,502.36	71,970.31	2,369,472.67	118,473.63			5,682.45	112,791.18	
200511	133,560.03	73,046.00	206,606.03	10,330.30			5,682.45	4,647.85	
200512	2,203,090.30	77,546.00	2,280,636.30	114,031.82			5,682.45	108,349.37	

图 7-104 【坏账准备检查】对话框

与坏账准备账面余额对比可以看出，该单位坏账准备金计提不足。

3）产成品汇总

产成品汇总工具用于对产成品等数量金额账的查询和汇总。执行【审计检查】菜单下的【产成品】命令，打开【产成品汇总】对话框，如图 7-105 所示。

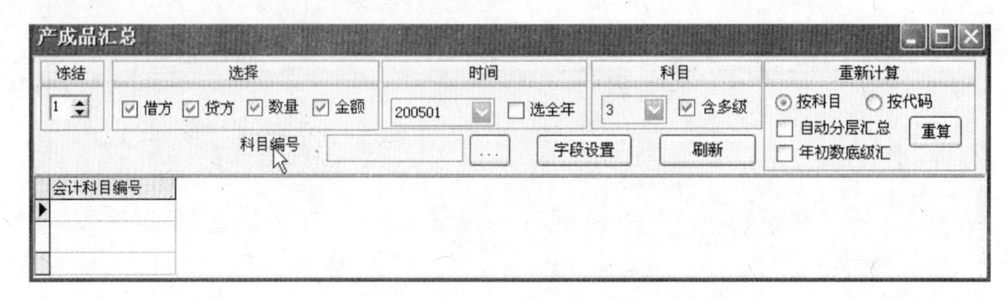

图 7-105 【产成品汇总】对话框

在【产成品汇总】对话框中，选择科目编号后单击【刷新】按钮，系统自动查询显示产成品汇总表。

7.4.4 审计分析

审计软件根据审计作业的需要，提供了丰富的审计分析工具，如图形分析、汇总分析、负值分析、金额构成分析、科目比照分析等，利用这些分析工具可以实现对会计科目、报表的有效分析，甚至还可以利用数学模型进行经济效益分析、经济责任评价指标分析等。

1. 常用审计分析工具

1）图形分析

图形分析根据每月发生额、累计发生额或期末余额，为余额表中选定的会计科目绘制一年各月、多年同月或多年度的曲线图、柱形图，用比较直观的形式帮助审计人员进行对比分析，以便清楚明了地发现审计线索。

【例 7-41】 对比分析 abc 公司 2005 年产品销售收入与成本。

操作步骤如下：

（1）执行【审计分析】菜单下的【图形分析】命令，打开【图形分析】对话框。在【需出图科目】栏目中单击【全清】，删除所有已选取的科目。

（2）在【科目选取】列表框中依次找到并双击“501-产品销售收入”、“502-产品销售成本”，使之添加到【需出图科目】列表框中。

（3）在【需出图科目】列表框中分别为已选科目指定数据源（501：贷，502：借）。

（4）指定数据源类型为：月发生额。

（5）指定图形类型为：曲线，如图 7-106 所示。

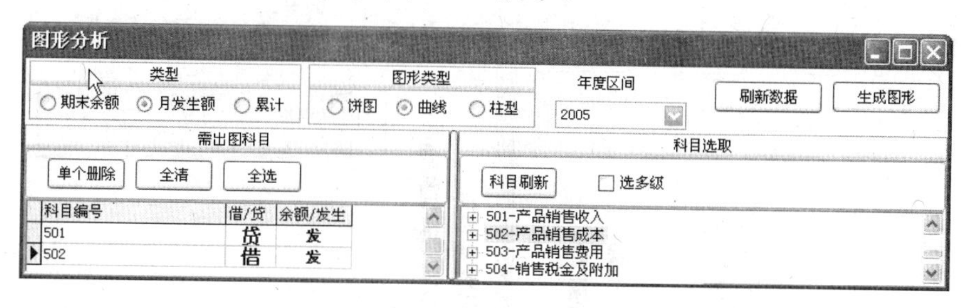

图 7-106　产品销售收入与成本图形分析参数

（6）单击【生成图形】按钮，打开【2005 月发生额】对话框，显示产品销售收入与成本对比曲线，如图 7-107 所示。

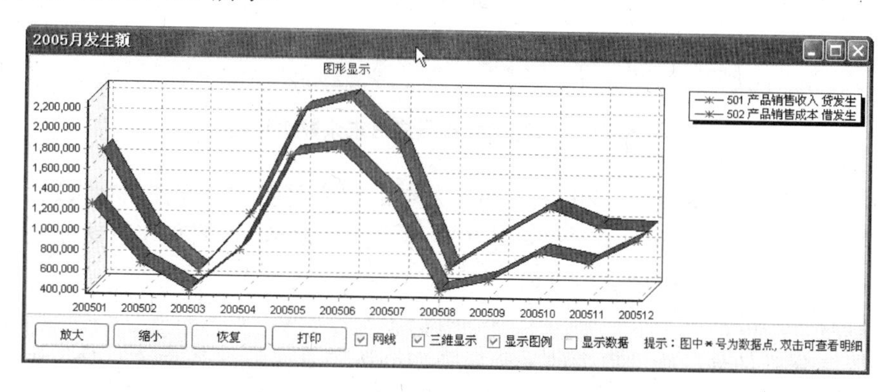

图 7-107　产品销售收入与成本对比曲线

从对比曲线可以看出，2005 年 abc 公司的产品销售收入与成本变化趋势基本一致，收入高于成本大约 20 万元左右。但是，12 月份的收入略低于成本，应作为疑点进一步查证。

【例 7-42】 对比分析 abc 公司 2005 年银行存款各账户的月末余额。

操作步骤如下：

（1）执行【审计分析】菜单下的【图形分析】命令，打开【图形分析】对话框。

（2）选择银行存款的四个下级科目到【需出图科目】列表框中，数据均取自借方，指定数据源类型为：期末余额，图形类型为：柱型，如图 7-108 所示。

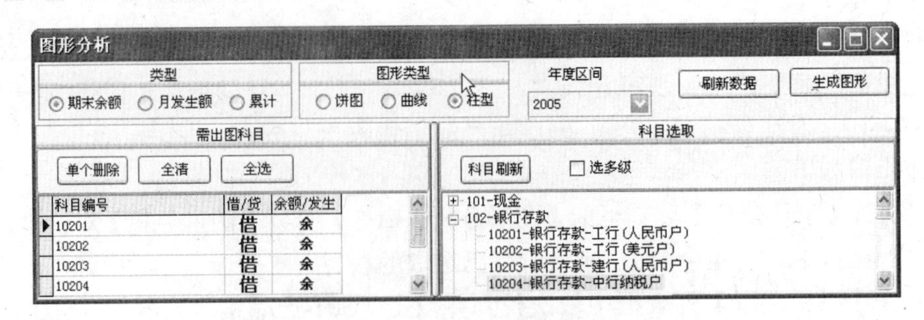

图 7-108 银行存款构成图形分析参数

（3）单击【生成图形】按钮，打开【2005 期末余额】对话框，显示银行存款各账户月末余额对比图，如图 7-109 所示。

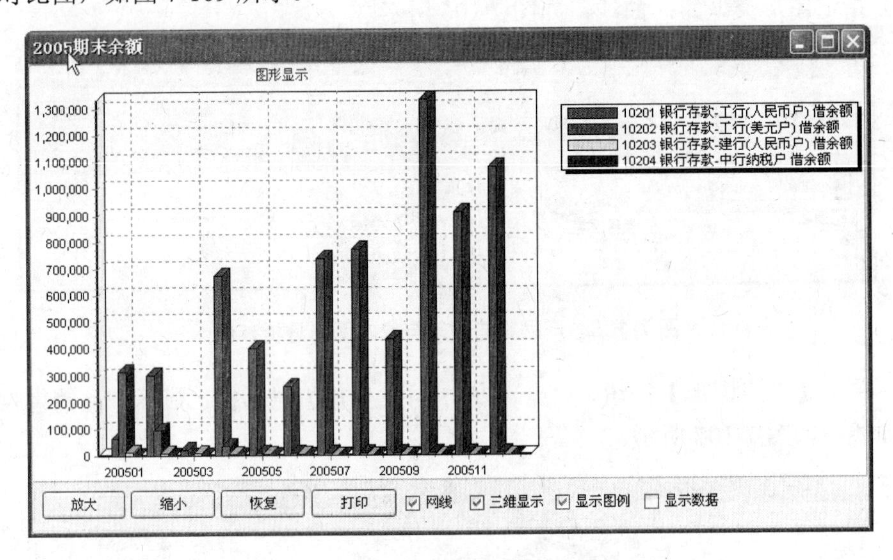

图 7-109 银行存款各账户月末余额对比图

对比分析柱形图可以看出，2005 年 abc 公司的银行存款主要存在工行人民币账户；3 月份最低，不足 2 万元；10 月份最高，达 133 万余元。但是，1 月份工行美元账户远远高于人民币账户，可作为疑点进一步查证。

2）对方科目分析

对方科目分析是审易软件提供的一个向导型分析工具，能够从大量的财务数据中统计出选定会计科目的所有对方科目，帮助审计人员了解经济业务的来龙去脉，发现审计目标，突出审计重点，节约审计时间，提高审计效率。

【例 7-43】 审查分析 abc 公司预付货款的对方科目情况。

操作步骤如下：

（1）执行【审计分析】菜单下的【对方科目分析】命令，打开【对方科目分析】对话框。单击【选择科目】按钮，在打开的【科目查询】对话框中，选择“115-预付货款”作为本方科目，如图 7-110 所示。

（2）返回【对方科目分析】对话框后，单击【下一步】按钮，为本方科目设置筛选条件。筛选条件可以按凭证库中的字段任意设置，如果不设置条件则会基于所有的凭证进行分析，如图 7-111 所示。

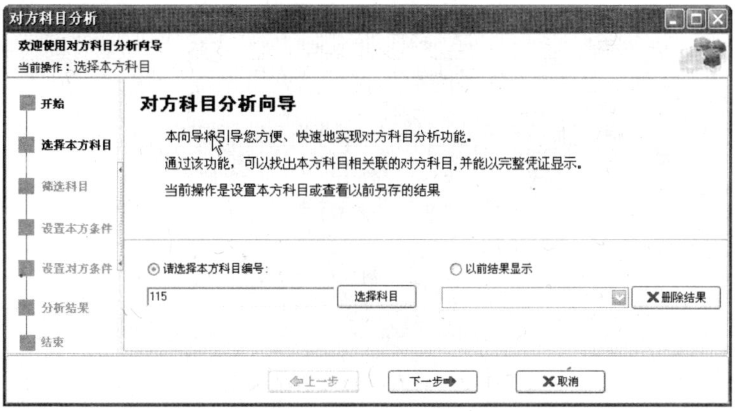

图 7-110　【对方科目分析】对话框

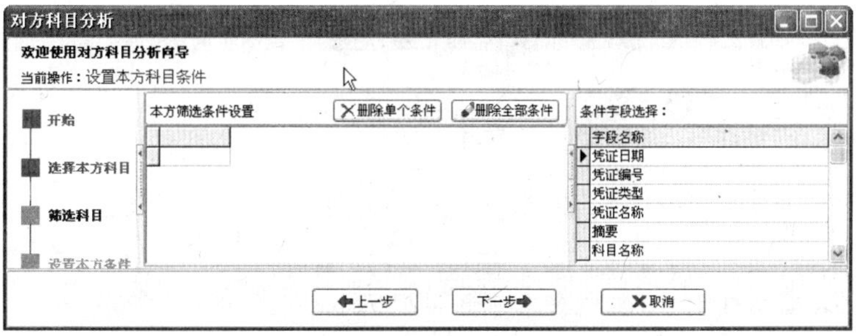

图 7-111　本方科目筛选条件设置对话框

（3）保持本方科目筛选条件为空，单击【下一步】按钮，系统自动搜索分析出明细账中出现的与预付货款对应的所有科目，可以排除不需要抽查的对方科目，如图 7-112 所示。

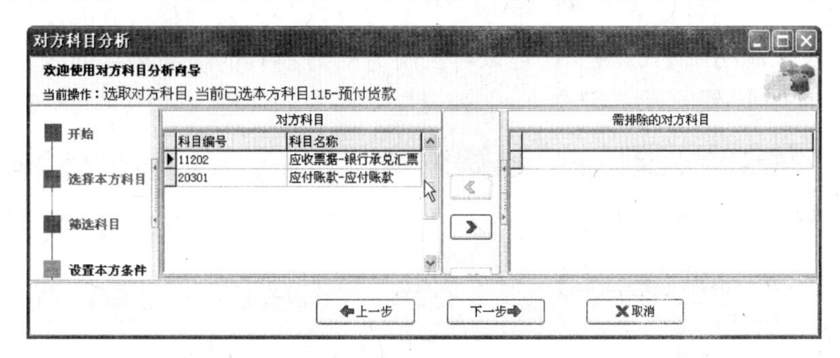

图 7-112　对应科目

（4）对所有的对方科目进行分析，单击【下一步】按钮，为对方科目设置筛选条件。

（5）保持对方科目筛选条件为空，单击【下一步】按钮，打开【分析结果】对话框。

（6）单击【执行】按钮，系统根据已设置的本方科目、对方科目及其筛选条件，进行组合查询分析，如图 7-113 所示。

显示预付货款的对方科目分析结果一览表，可以按月份和科目级次选择查看。

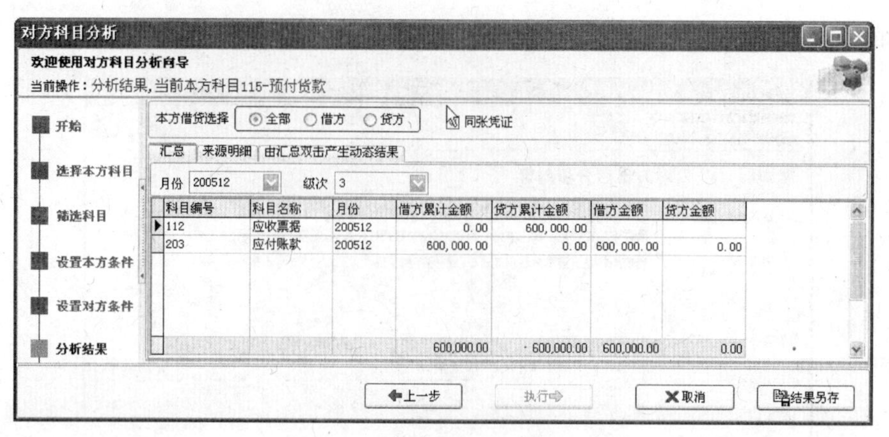

图 7-113　对方科目分析结果汇总

（7）在【汇总】选项卡中双击对方科目“应付账款”，则在另一张选项卡中动态显示应付账款科目与本方科目（预付货款）有关的明细账，如图 7-114 所示。

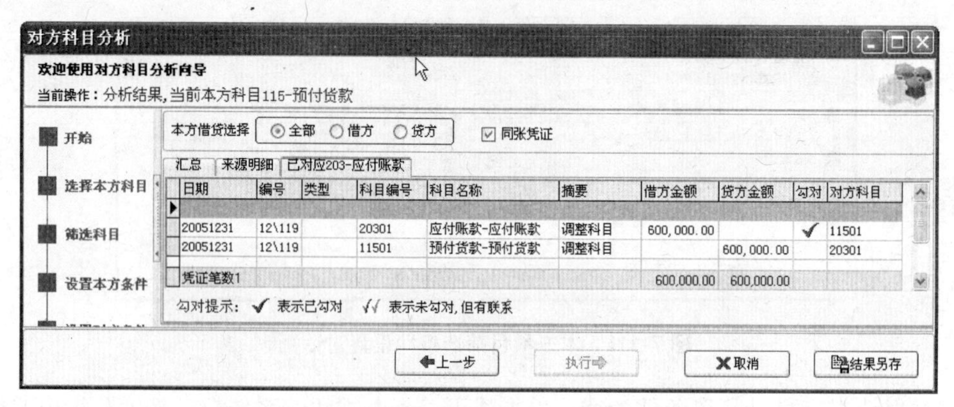

图 7-114　对方科目的明细账

可以看到涉及“预付货款”、“应付账款”的凭证均是因为调整科目而发生的。

（8）单击【来源明细】选项卡，可以看到所有对方科目的明细科目列表。单击明细科目、“11202 应收票据-银行承兑汇票”，则列表显示对应的凭证，如图 7-115 所示。

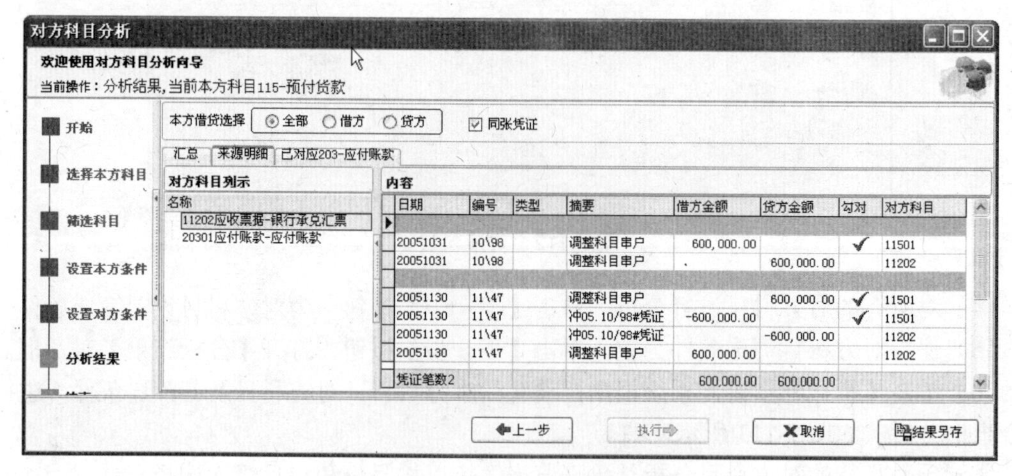

图 7-115　对方明细科目及其凭证列表

图中带对钩符号（√）的，是含有本方科目（预付货款）的记录。

综合分析可以看出，2005 年 abc 公司预付货款科目的对方明细科目只有“11202 应收票据-银行承兑汇票”和“20301 应付账款-应付账款”两个科目，而且都是因为调整科目串户或冲销已有凭证引起的，abc 公司记账凭证差错率比较高。

3）负值分析

负值一般是审计人员比较关注的财务信息。利用负值分析工具可以对凭证库中借方或贷方发生额为负数的所有会计分录进行统计分析或凭证抽查，审查这些负值分录是否违反了会计原理，是否有不规范操作，方便审计人员确定审计线索。

【例 7-44】 对 abc 公司 2005 年的凭证进行负值分析。

操作步骤如下：

（1）执行【审计分析】菜单下的【负值分析】命令，打开【负值】对话框。输入起止日期：“20050101”-“20051231”，以便从全年的凭证中进行查询。单击【查询】按钮，显示发生额为负值的所有会计分录，如图 7-116 所示。

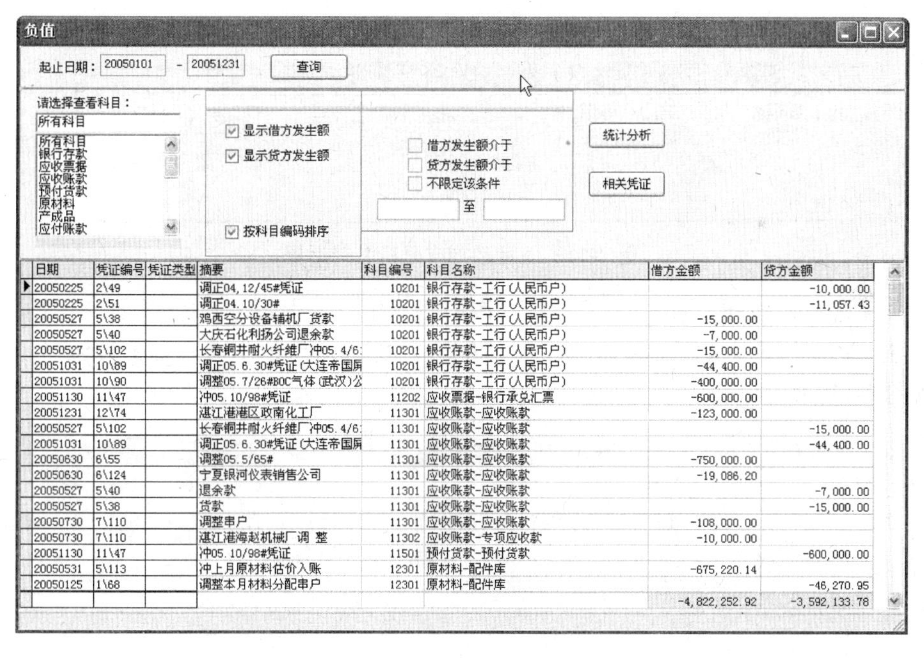

日期	凭证编号	凭证类型	摘要	科目编号	科目名称	借方金额	贷方金额
20050225	2\49		调正04,12/45#凭证	10201	银行存款-工行(人民币户)		-10,000.00
20050225	2\51		调正04.10/30#	10201	银行存款-工行(人民币户)		-11,057.43
20050527	5\38		鸡西空分设备辅机厂货款	10201	银行存款-工行(人民币户)	-15,000.00	
20050527	5\40		大庆石化利扬公司退余款	10201	银行存款-工行(人民币户)	-7,000.00	
20050527	5\102		长春铜井耐火纤维厂冲05.4/6:	10201	银行存款-工行(人民币户)	-15,000.00	
20051031	10\89		调正05.6.30#凭证(大连帝国屏	10201	银行存款-工行(人民币户)	-44,400.00	
20051031	10\90		调整05.7/26#BOC气体(武汉)公	10201	银行存款-工行(人民币户)	-400,000.00	
20051130	11\47		冲05.10/98#凭证	11202	应收票据-银行承兑汇票	-600,000.00	
20051231	12\74		湛江港港区政南化工厂	11301	应收账款-应收账款	-123,000.00	
20050527	5\102		长春铜井耐火纤维厂冲05.4/6:	11301	应收账款-应收账款		-15,000.00
20051031	10\89		调正05.6.30#凭证(大连帝国屏	11301	应收账款-应收账款		-44,400.00
20050630	6\55		调整05.5/65#	11301	应收账款-应收账款	-750,000.00	
20050630	6\124		宁夏银河仪表销售公司	11301	应收账款-应收账款	-19,086.20	
20050527	5\40		退余款	11301	应收账款-应收账款		-7,000.00
20050527	5\38		货款	11301	应收账款-应收账款		-15,000.00
20050730	7\110		调整串户	11301	应收账款-应收账款	-108,000.00	
20050730	7\110		湛江港海赵机械厂调 整	11302	应收账款-专项应收款	-10,000.00	
20051130	11\47		冲05.10/98#凭证	11501	预付货款-预付货款		-600,000.00
20050531	5\113		冲上月原材料估价入账	12301	原材料-配件库	-675,220.14	
20050125	1\68		调整本月材料分配串户	12301	原材料-配件库		-46,270.95
						-4,822,252.92	-3,592,133.78

图 7-116　负值查询结果

在【请选择查看科目】列表框中，单击科目名称可以浏览该科目对应的负值分录。设置借方或贷方发生额的敏感负值范围，可以缩小审查范围。

（2）选择相关凭证后，单击【相关凭证】按钮，可以抽查当前会计分录所在的记账凭证。

（3）单击【统计分析】按钮，显示负值统计结果，如图 7-117 所示。

（4）系统按负值所涉及的总账科目，统计各科目的贷方发生额及其百分比，并分资产、负债、权益、成本、损益五类进行小计。

从“银行存款”到“财务费用”等 20 个总账科目涉及负值，范围之广，反映了 abc 公司内部控制质量很差。借方或贷方百分比很清楚地表示了相应科目所占的比重，比重较大的应作为特别关注的对象，深入进行查证。

统计结果

科目	借方金额	借方百分比	贷方金额	贷方百分比
银行存款	-481, 400. 00	9. 98	-21, 057. 43	0. 59
应收票据	-600, 000. 00	12. 44		
应收账款	-1, 010, 086. 20	20. 95	-81, 400. 00	2. 27
预付货款			-600, 000. 00	16. 70
原材料	-676, 668. 00	14. 03	-769, 523. 82	21. 42
产成品	-593, 528. 13	12. 31	-112, 939. 71	3. 14
小计	-3, 361, 682. 33	69. 71	-1, 584, 920. 96	44. 12
应付账款	-93, 697. 93	1. 94	-1, 267, 739. 77	35. 29
预收账款			-435, 000. 00	12. 11
其他应付款	-26. 59	0. 00		
应交税金	-1, 500. 00	0. 03	-18, 879. 39	0. 53

图 7-117　负值统计结果

4）金额构成分析

金额构成分析主要是对与银行存款有关的科目进行汇总、分析，根据各个科目所占的比重，追溯银行存款的来龙去脉。执行【审计分析】菜单下的【金额构成分析】命令，打开【金额构成分析】对话框，如图 7-118 所示。

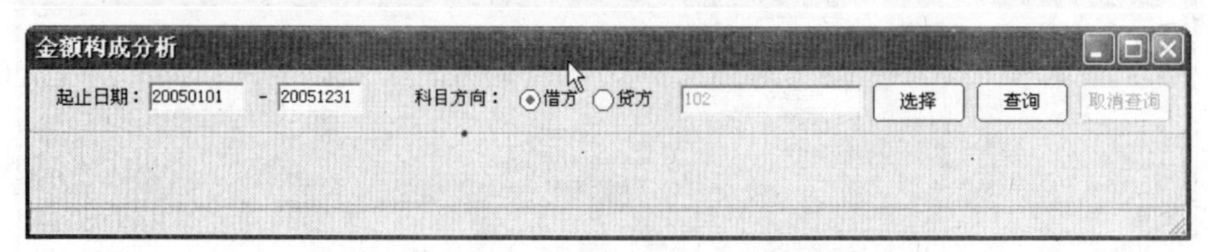

图 7-118　【金额构成分析】对话框

单击【选择】按钮，在打开【科目查询】对话框，选择基准科目，如“102（银行存款）”，输入起止日期，如“20050101”-“20051231”，然后单击【查询】按钮显示金额构成，如图 7-119 所示。

金额构成分析

起止日期：20050101 - 20051231　科目方向：借方 贷方　102　选择　查询　取消查询

对方科目名称1	合计1	百分比1	对方科目名称2	合计2	百分比2	对方科目名称3	合计3	百分比3	对方科目名称4	合计4	百分比4
现金	100, 000. 00	0. 57	应付账款	1, 700, 000. 00	9. 67	其他业务收入	7, 841. 45	0. 04	借方_管理费用	169. 00	0. 00
银行存款	1, 831, 796. 14	10. 42	预收账款	12, 779, 289. 71	72. 72	营业外收入	5, 000. 00	0. 03	借方_财务费用	-7, 728. 12	-0. 04
银行存款-工行 (人民币	1, 705, 935. 99	9. 71	应交税金	1, 333. 05	0. 01						
银行存款-工行 (美元户	125, 860. 15	0. 72									
应收账款	725, 188. 00	4. 13									
小计	2, 656, 984. 14	15. 12	小计	14, 480, 622. 76	82. 40	小计	12, 841. 45	0. 07	小计	-7, 559. 12	-0. 04
合计	17, 150, 448. 35	97. 59									
选择科目借方合计	17, 573, 385. 39										

需要人工判定的凭证：　全选

日期	凭证编	凭证类	摘要	科目名称	科目编号	借方金额	贷方金额	选择
20050125	1\42		澳大利亚(CEM)公司货款AUD56	银行存款-工行 (美元户)	10202	245226. 64		☐
20050125	1\42		澳大利亚(CEM)公司货款AUD45	财务费用-财务费用-银行手续	5220103	245. 45		☐
20050125	1\42		货款AUD45618. 30	应收账款-应收账款	11301		245472. 09	☐
20050730	7\29		上海梅山实用气体有限公司来	银行存款-工行 (人民币户)	10201	16442. 3		☐
20050730	7\29		上海梅山实用气体有限公司液	其他业务收入-其他业务收入	51001		14053. 25	☐
20050730	7\29		上海梅山实用气体有限公司液	应交税金-应交增值税-销项税	2210104		2389. 05	☐
20050730	7\29		鹤港第二农药厂来款	银行存款-工行 (人民币户)	10201	150000		☐
20050730	7\29		鹤港第二农药厂来款	预收账款-预收账款	20801		150000	☐
20051231	12\64		北方市新华书店资料费	管理费用-其他	52114	5200		☐
20051231	12\64		北方市新华书店资料费	银行存款-工行 (人民币户)	10201		5200	☐
20051231	12\64		建行存息	银行存款-建行 (人民币户)	10203	0. 06		☐
20051231	12\64		工行存息	银行存款-工行 (人民币户)	10201	3708. 92		☐
20051231	12\64		工行存息	财务费用-财务费用-利息费用	5220101	-3708. 98		☐

分析结束

图 7-119　银行存款的金额构成

从分析结果看到，有一部分复合凭证需要人工判定。除银行存款之外，金额构成分析工具还可以对其他科目的金额构成进行分析。

5）应收账款减少分析

应收账款减少分析是审易软件提供的一个向导型专用分析工具，能够从大量的财务数据中统计分析出导致应收账款减少的会计科目及其相应的会计分录，帮助审计人员发现审计疑点。

【例 7-45】 分析 abc 公司应收账款减少情况。

操作步骤如下：

（1）执行【审计分析】菜单下的【应收账款减少分析】命令，打开【应收账款减少分析】对话框。单击【自动测试】按钮，自动搜索应收账款的明细科目作为基准科目，如图 7-120 所示。

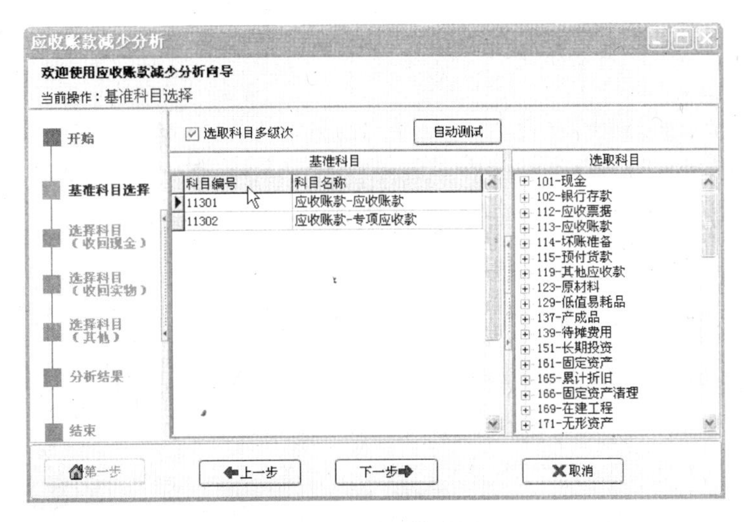

图 7-120　选择基准科目

（2）单击【下一步】按钮，选择导致应收账款减少的收回现金的科目，如现金、银行存款、应收票据等，如图 7-121 所示。

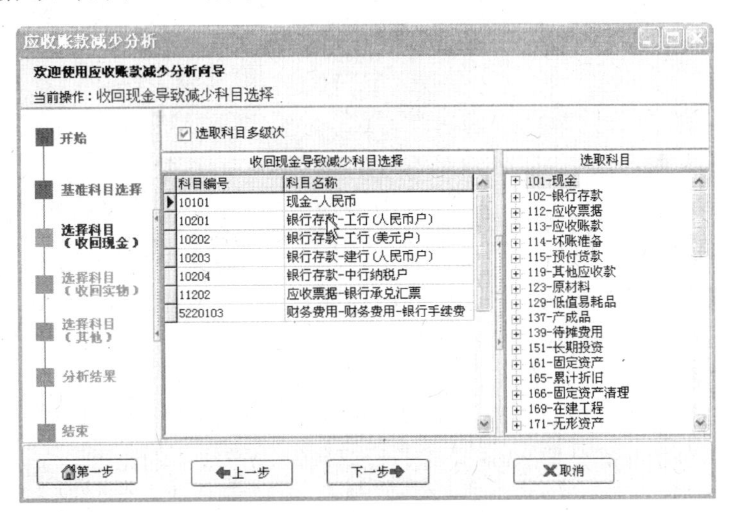

图 7-121　选择收回现金科目

（3）单击【下一步】按钮，选择导致应收账款减少的收回实物的科目，如原材料、固定资产等，如图 7-122 所示。

图 7-122　选择收回实物科目

（4）单击【下一步】按钮，选择导致应收账款减少的其他科目，如其他应收款、应付账款、预收账款等，如图 7-123 所示。

图 7-123　选择导致减少科目

（5）单击【下一步】按钮，打开【分析结果】对话框，单击【执行】按钮，分类显示导致应收账款减少的分析结果，如图 7-124 所示。

6）科目比照分析

科目比照分析用于分析两个相关联的会计科目之间金额所占的比重。

【例 7-46】 分析 abc 公司 2005 年各月原材料所占产成品的比重。

操作步骤如下：

（1）执行【审计分析】菜单下的【科目比照分析】命令，打开【科目比照分析】对话框，如图 7-125 所示。

科目编号	科目名称	日期	编号	类型	金额
10201	银行存款-工行(人民币户)	20050125	1\21		20,000.00
10202	银行存款-工行(美元户)	20050125	1\42		245,226.64
5220103	财务费用-财务费用-银行手续	20050125	1\42		245.45
10201	银行存款-工行(人民币户)	20050225	2\18		7,000.00
10201	银行存款-工行(人民币户)	20050225	2\18		29,850.00
5220103	财务费用-财务费用-银行手续	20050225	2\39		580.00
10201	银行存款-工行(人民币户)	20050325	3\25		15,000.00
10201	银行存款-工行(人民币户)	20050331	3\50		93,000.00
10201	银行存款-工行(人民币户)	20050331	3\51		53,000.00
10201	银行存款-工行(人民币户)	20050428	4\61		15,000.00
10201	银行存款-工行(人民币户)	20050428	4\63		308,000.00
10201	银行存款-工行(人民币户)	20050527	5\102		-15,000.00
					3,021,854.40

图 7-124　分析结果

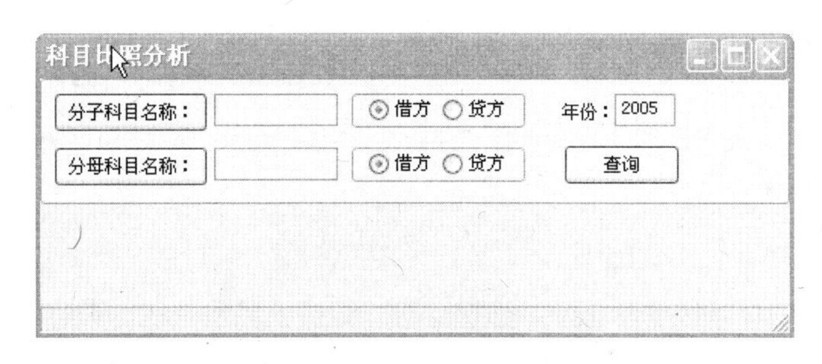

图 7-125　【科目比照分析】对话框

（2）输入年份值“2005”；单击【分子科目名称】按钮，在打开的【科目查询】对话框中选择“123-原材料”为分子科目；单击【分母科目名称】按钮，在打开的【科目查询】对话框中选择“137-产成品”为分母科目；两个科目均选择借方，用借方发生额进行比较。

（3）单击【查询】按钮，显示原材料与产成品的比较分析结果，如图 7-126 所示。

科目比照分析

分子科目名称：原材料　◉借方 ○贷方　年份：2005

分母科目名称：产成品　◉借方 ○贷方　查询

借贷	科目名称	一月	二月	三月	四月	五月	六月	七月	八月	九月	十月	十一月	十二月
借方	原材料	267,457.22	154,941.64	740,349.38	1,806,686.46	609,174.74	920,213.18	1,260,987.20	568,057.91	1,000,397.81	450,469.01	716,689.07	259,023.27
	原材料-配件库	221,186.27	100,507.63	301,330.41	1,616,459.66	494,691.34	449,491.24	1,229,416.43	434,992.90	785,713.60	295,874.99	685,184.82	222,538.27
	原材料-钢材库	46,270.95	54,434.01	439,018.97	190,226.80	114,483.40	470,721.94	31,570.77	133,065.01	214,684.21	154,594.02	31,504.25	36,485.00
	原材料/产成品（%	45.89	26.66	464.56	171.89	37.16	50.53	102.03	131.30	185.04	54.60	99.79	26.90
	均值（%）	82.98	82.98	82.98	82.98	82.98	82.98	82.98	82.98	82.98	82.98	82.98	82.98
	差额（%）	-37.09	-56.32	381.58	88.91	-45.82	-32.46	19.05	48.32	102.05	-28.38	16.80	-56.08
借方	产成品	582,798.31	581,083.48	159,364.71	1,051,072.79	1,639,111.07	1,821,231.42	1,235,865.21	432,626.78	540,650.21	824,998.04	718,228.56	962,776.21

图 7-126　原材料所占产成品的比重

通过分析可以看到，abc 公司 2005 年各月原材料所占产成品的比重，平均为 82.98%；2 月份最低，只有 26.66%；3 月份最高，竟达 464.56%，应作为审计疑点进一步查明原因。

7）摘要汇总分析

摘要汇总分析工具用于分析凭证库中各种摘要事项出现的频率，帮助寻找审计线索，或生成疑点字词。

【例 7-47】 分析 abc 公司 2005 年凭证库中涉及银行存款科目的摘要分布情况，把贷方发生额最高的摘要放入疑点字词库中。

操作步骤如下：

（1）执行【审计分析】菜单下的【摘要汇总分析】命令，打开【摘要汇总分析】对话框。输入会计期间：“200501”至“200512”。

（2）单击【全部科目】复选框，取消其选择状态；单击【选择科目】按钮，在打开的【科目查询】窗口中选择“102-银行存款”科目，或直接在【科目】文本框中输入科目编号：“102”。

（3）单击【执行汇总分析】按钮，显示摘要汇总结果；单击标题“贷方比重”，按从大到小的顺序排列，如图 7-127 所示。

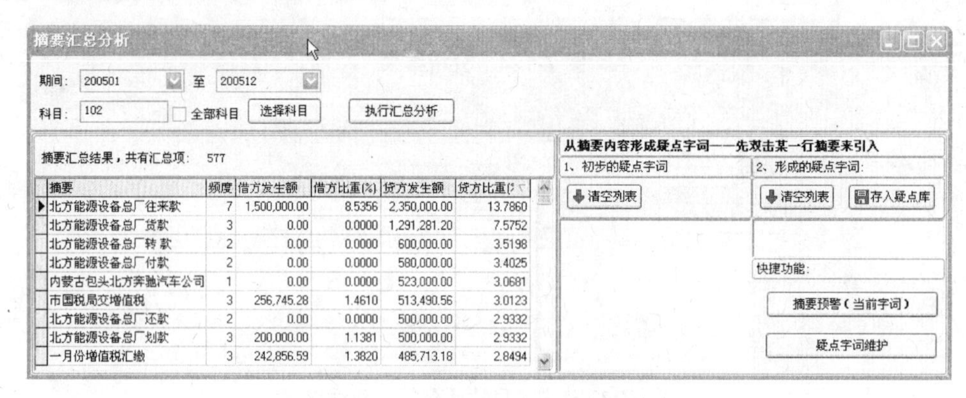

摘要	频度	借方发生额	借方比重(%)	贷方发生额	贷方比重(%
北方能源设备总厂往来款	7	1,500,000.00	8.5356	2,350,000.00	13.7860
北方能源设备总厂货款	3	0.00	0.0000	1,291,281.20	7.5752
北方能源设备总厂转款	2	0.00	0.0000	600,000.00	3.5198
北方能源设备总厂付款	2	0.00	0.0000	580,000.00	3.4025
内蒙古包头北方奔驰汽车公司	1	0.00	0.0000	523,000.00	3.0681
市国税局交增值税	3	256,745.28	1.4610	513,490.56	3.0123
北方能源设备总厂还款	2	0.00	0.0000	500,000.00	2.9332
北方能源设备总厂划款	3	200,000.00	1.1381	500,000.00	2.9332
一月份增值税汇缴	3	242,856.59	1.3820	485,713.18	2.8494

图 7-127 与银行存款有关的摘要汇总

从摘要汇总结果中可以看到，abc 公司 2005 年的全部会计分录中，涉及银行存款科目的摘要共有 557 项不同的描述。其中贷方发生额最高的摘要是“北方能源设备总厂往来款”，发生 7 笔，金额高达 235 万元。可以把该摘要作为疑点字词，进行深入查证。

（4）双击摘要“北方能源设备总厂往来款”，使之显示在“初步的疑点字词”列表中，每个字占一行；全部选择这些字后单击鼠标右键，在弹出的快捷菜单中单击【合成疑点词】，则“北方能源设备总厂往来款”出现在“形成的疑点字词”列表中，如图 7-128 所示。

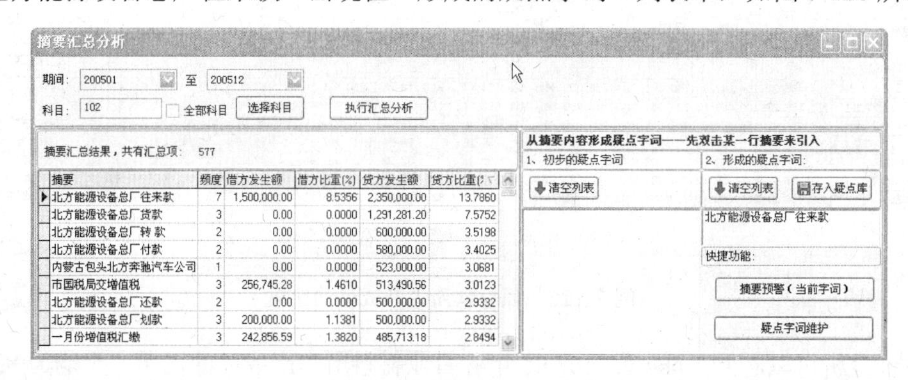

摘要	频度	借方发生额	借方比重(%)	贷方发生额	贷方比重(%
北方能源设备总厂往来款	7	1,500,000.00	8.5356	2,350,000.00	13.7860
北方能源设备总厂货款	3	0.00	0.0000	1,291,281.20	7.5752
北方能源设备总厂转款	2	0.00	0.0000	600,000.00	3.5198
北方能源设备总厂付款	2	0.00	0.0000	580,000.00	3.4025
内蒙古包头北方奔驰汽车公司	1	0.00	0.0000	523,000.00	3.0681
市国税局交增值税	3	256,745.28	1.4610	513,490.56	3.0123
北方能源设备总厂还款	2	0.00	0.0000	500,000.00	2.9332
北方能源设备总厂划款	3	200,000.00	1.1381	500,000.00	2.9332
一月份增值税汇缴	3	242,856.59	1.3820	485,713.18	2.8494

图 7-128 形成疑点字词

（5）此时单击【摘要预警】按钮，打开【摘要预警】对话框。单击【存入疑点库】按钮，把“形成的疑点字词”列表中所有的词语均存入疑点库。单击【疑点字词维护】按钮，打开【疑点字词维护】对话框，可以修改疑点字词。

2. 会计报表分析

软件提供的会计报表分析工具可以帮助审计人员检查报表的平衡关系，它通过设定标准报表模板及指标模板导入报表公式及指标，利用公式向导生成资产表、负债表、利润表等，测试平衡后可以回写到报表模板公式。

1）报表初始化

创建审计项目时需要选择会计制度，实际就是在选择报表模板。通过报表初始化工具可以重新选择会计报表模板，并导入经济指标模板。执行【报表与指标】菜单下的【报表初始化】命令，打开【报表与经济指标初始化】对话框，如图 7-129 所示。

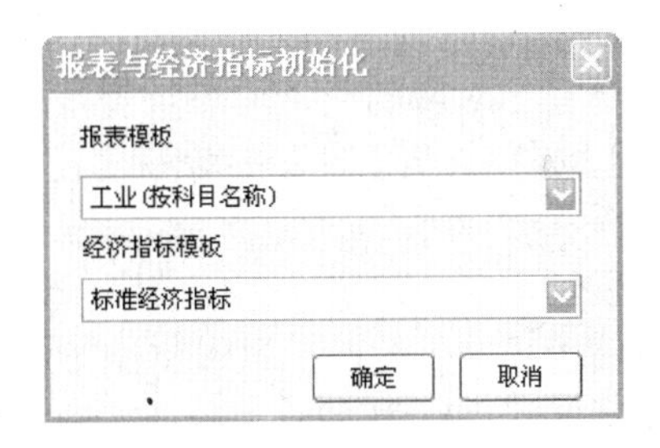

图 7-129 【报表与经济指标初始化】对话框

通过下拉列表框选择报表模板（如“企业会计（abc 项目）”）、经济指标模板（如“标准经济指　标”），然后单击【确定】按钮，即开始导入报表与指标公式。

系统预置了几十种报表模板和两种经济指标模板（标准经济指标、其他行业指标），审计人员可以根据被审计单位经济类型，选择适当的会计报表模板和经济指标模板。

2）报表公式向导

报表公式向导用于导入设定的报表公式与指标公式。执行【报表与指标】菜单下的【报表公式向导】命令，打开【报表向导与经济指标】对话框，如图 7-130 所示。

报表向导与经济指标

资产表　负债表　利润表　经济指标

月份 200512　增加表项　删除表项　修改表项　科目设置　平衡测试　重导模板　回写模板　刷新　全部　数据

报表项目名称	自适应科目	模板公式	年初数	期末数
货币资金			565,499.72	1,088,056.20
短期投资		111	0.00	0.00
应收票据	应收票据	112	0.00	70,000.00
应收账款	应收帐款	113	1,073,874.30	2,203,090.30
减:坏账准备	-坏帐准备	114	3,221.62	5,682.45
应收账款净额	=(行-2) -(行-1)	=R[-2]C-R[-1]C	1,070,652.68	2,197,407.85
预付账款	预付货款	115	0.00	0.00
应收补贴款		118	0.00	0.00
其他应收款			20,175.73	77,546.00
存货			3,790,818.00	3,362,905.19
待摊费用	待摊费用	139	2,086.84	30,023.17
待处理流动资产净损失	待处理财产损益-待处理财产损益	19101	0.00	0.00
一年内到期的长期债券投资			0.00	0.00
其他流动资产			0.00	0.00
流动资产合计		合计	5,449,232.97	6,825,938.41

实际科目没有报表项　无经济业务发生不显示

科目名称	科目编号	年初借	年初贷	本月借	本月贷	本期累借	本期累贷	期末借	期末贷
待处理财产损益	191	0.00	0.00	0.00	0.00	0.00	0.00	0.00	0.00
递延税金	270	0.00	0.00	0.00	0.00	0.00	0.00	0.00	0.00
其他业务收入	510	0.00	0.00	9,798.20	9,798.20	336,594.75	336,594.75	0.00	0.00
调整以前年度损益	560	0.00	0.00	0.00	0.00	0.00	0.00	0.00	0.00
		0.00	0.00	9,798.20	9,798.20	336,594.75	336,594.75	0.00	0.00

图 7-130 【报表向导与经济指标】对话框

在【报表向导与经济指标】对话框中，有【资产表】、【负债表】、【利润表】、【经济指标】四个选项卡。其中，【经济指标】选项卡用于制作经济指标公式。

通过相关功能按钮可以实现增加表项、删除表项、修改表项、科目设置、平衡测试、重导模板、回写模板等业务操作。

例如，发现资产表中“其他流动资产”项没有二级科目“待处理财产损益”，导致流动资产期末余额不正确，则应将“待处理财产损益”添加为资产表“其他流动资产”的二级科目。

在“实际科目没有报表项”列表中选中“待处理财产损益”科目，在“报表项目名称”列表中选中“其他流动资产”，单击【增加表项】按钮，打开【增加项目】对话框，如图 7-131 所示。

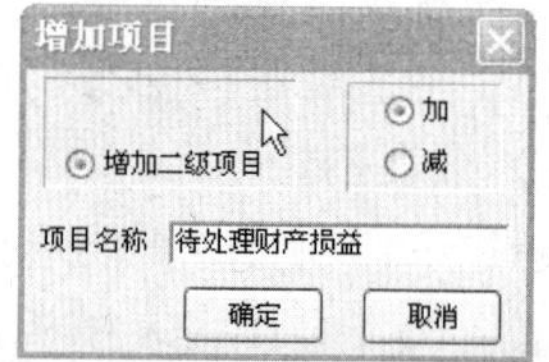

图 7-131 【增加项目】对话框

保持项目名称为“待处理财产损益”不变，选中“加”单选框，单击【确定】按钮，即将“待处理财产损益”增加到资产报表中。

将所有未对应的科目均添加为报表项目后，单击【平衡测试】按钮，打开【报表平衡测试表】对话框，如图 7-132 所示。

测试结果显示，“资产减负债权益总计”的“期初值”和“期末值”均为 0，说明资产表和负债表平衡。此时，可以将调整好的报表公式回写到报表模板中。单击【回写模板】按钮，打开【回写报表公式】对话框，如图 7-133 所示。

报表平衡测试表

表项	期初值	期末值
资产总计	9,903,040.76	10,497,275.16
负债总计	3,575,741.75	2,555,803.70
负债及所有者权益总计	9,903,040.76	10,497,275.16
资产减负债权益总计	0.00	0.00

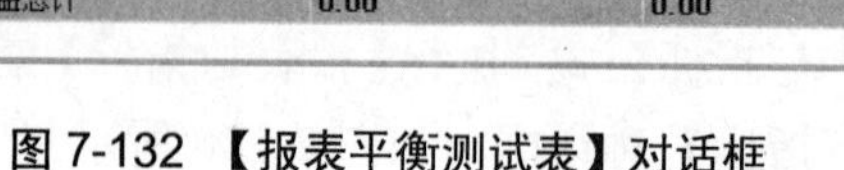

图 7-132 【报表平衡测试表】对话框

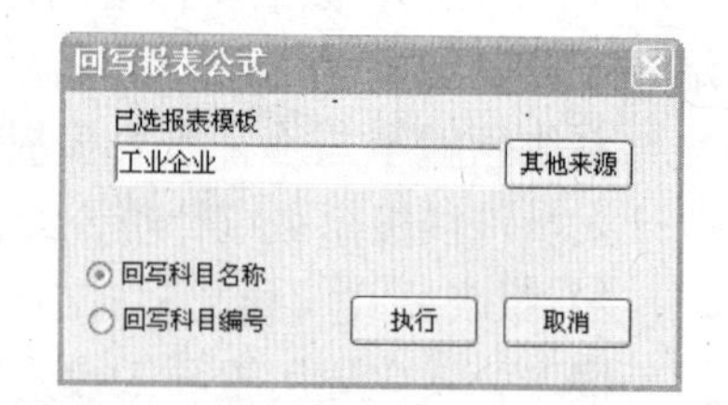

图 7-133 【回写报表公式】对话框

可以选择科目名称或科目编号作为回写的标准，调整新的报表模板。

【例 7-48】 用报表公式向导编制 abc 公司 2005 年 9 月末的资产负债表（简表）。

操作步骤如下：

（1）执行【报表与指标】菜单下的【报表公式向导】命令，打开【报表向导与经济指标】对话框，如图 7-134 所示。

报表向导与经济指标

资产表 负债表 利润表 经济指标

月份 200509 增加表项 删除表项 修改表项 科目设置 平衡测试 重导模板 回写模板 刷新 全部 数据

报表项目名称	自适应科目	模板公式	年初数	期末数
其他流动资产			0.00	0.00
流动资产合计		合计	5,449,232.97	7,782,308.15
长期投资			0.00	0.00
固定资产原价			4,110,716.87	4,157,576.87
减:累计折旧	-累计折旧	165	466,243.97	1,006,183.28
固定资产净值	=(行-2) -(行-1)	=R[-2]C-R[-1]C	3,644,472.90	3,151,393.59
固定资产清理	固定资产清理	166	0.00	0.00
在建工程			0.00	57,345.40
待处理固定资产净损失		19102	0.00	0.00
固定资产合计		合计	3,644,472.90	3,208,738.99
无形资产			760,191.65	635,796.62
递延资产	递延资产	181	49,143.24	38,857.41
无形资产及递延资产合计		合计	809,334.89	674,654.03
其他长期资产			0.00	0.00
递延税款借项			0.00	0.00
资产总计		总计	9,903,040.76	11,665,701.17

图 7-134 【报表向导与经济指标】对话框

（2）通过下拉列表框选择月份："200509"，增加或调整资产表的报表项目；选择【负债表】选项卡，增加或调整负债表的报表项目。

（3）单击【平衡测试】按钮，打开【报表平衡测试表】对话框，如图 7-135 所示。

报表平衡测试表

表项	期初值	期末值
资产总计	9,903,040.76	11,665,701.17
负债总计	3,575,741.75	3,631,596.44
负债及所有者权益总计	9,903,040.76	11,665,701.17
资产减负债权益总计	0.00	0.00

图 7-135 【报表平衡测试表】对话框

从测试结果可以看到，abc 公司 2005 年 9 月期末资产总计、负债和所有者权益总计均为：11665701.17 元，报表平衡。

3）报表计算

软件为会计报表提供了取数、报表算全年以及报表元变万元制三种计算工具。在底稿平台中，通过取数计算工具，可实现自动为所打开的报表完成取数工作；通过报表算全年功能，可以将当前审计项目中所有已设置好计算公式的会计报表，一次性全部计算完成；通过报表元变万元制功能，可以将会计报表中的金额单位，由以"元"为单位转化为以"万元"为单位。

4）报表重分类

报表重分类工具通过设置重分类科目对子，实现报表重分类调整额的自动计算。

5）报表附注

审计人员完成会计报表后，需要编制报表附注。报表附注工具首先选择模板初始化报表附注，然后对已完成的报表附注进行汇总。

6）报表汇总工具

报表汇总工具对审计作业中的统计项目或会计报表进行汇总，把多个项目的审计台账汇总到一张明细表或一张分类汇总表中。汇总时，先定义总表格式，指定各项统计指标位置；然后选择需要汇总的各审计项目统计台账文件；最后执行汇总处理，即可得到最终结果。

3．经济指标分析

系统提供的经济指标分析工具可以帮助审计人员分析被审计单位的各种经济指标，并与同行业相比较审查其所处水平，从而发现审计线索。经济指标分析注重企业的实际运营效果，关注企业经济活动的规范性及经济责任制度，能体现对经营者的综合评价。

1）常用经济指标

系统预置的经济指标包括基础数据、财务指标、税务指标等几类，计算这些指标的原始数据分别来自报表资产项、报表负债项、报表利润项、指标项以及分类账。

2）经济指标显示

经济指标显示功能可以按照经济指标库中定义好的公式计算所有的指标，并分类别、分时间按照显示参数显示出来。

执行【报表与指标】菜单下的【经济指标】命令，打开【经济指标显示】对话框，如

图 7-136 所示。

经济指标显示

⊙标准 ○多月 ○多年 ⊙常规 ○环比 ○定比 □全部数据 月份 200512 指标名称 公式 刷新 图形

类型	指标名称	200501值	百分号	行业值	行业差值	预算值	预算差值
财务指标							
	资产总额	8,823,910.10					
	平均存货	3,397,774.06					
	销售成本率	0.75					
经营指标							
	销售毛利率	0.25					
	营业收益率	0.21					
	销售净利润	0.21					

图 7-136 【经济指标显示】对话框

经济指标显示的内容包括类型、指标名称、值、百分号、行业值、行业差值、预算值、预算差值等。

经济指标在“标准”方式，只显示指定月份的指标数值；在“多月”方式，显示该年度所有月份的指标数值；在“多年”方式，同时显示并比较多年度的指标数值。

经济指标在“常规”方式，计算各月的经济指标数值；在“环比”方式，以当年第一个月为基准，下面各月减去上月的差额作为当前月的经济指标数值；在“定比”方式，以选择月份的数据为基准，其他各月减去基准月的差额作为当前月的经济指标数值。

在【经济指标显示】对话框中，单击【刷新】按钮，将打开【指标数据全算】对话框，根据已经选定的报表模板和显示参数重新计算所有的经济指标；单击【图形】按钮，打开【经济指标图形分析】对话框；单击【公式】按钮，打开【经济指标制作】对话框。

3）经济指标图形分析

【例 7-49】 对比分析销售毛利率、营业收益率、销售净利润三项经营指标。

操作步骤如下：

（1）执行【报表与指标】菜单下的【经济指标】命令，打开【经济指标显示】对话框，单击【图形】按钮，打开【经济指标图形分析】对话框，如图 7-137 所示。

图 7-137 【经济指标图形分析】对话框

（2）在“可选指标”列表中，通过双击鼠标，分别把销售毛利率、营业收益率、销售净利润三项经营指标选入到“选定指标”列表中。

（3）通过单选钮，分别指定经济指标的显示方式为“当年多月”，经济指标的计算方式为“常规”，图形类型为“曲线”。

（4）单击【出图】按钮，显示当年各月的销售毛利率、营业收益率、销售净利润三项经营指标的变化趋势图，如图 7-138 所示。

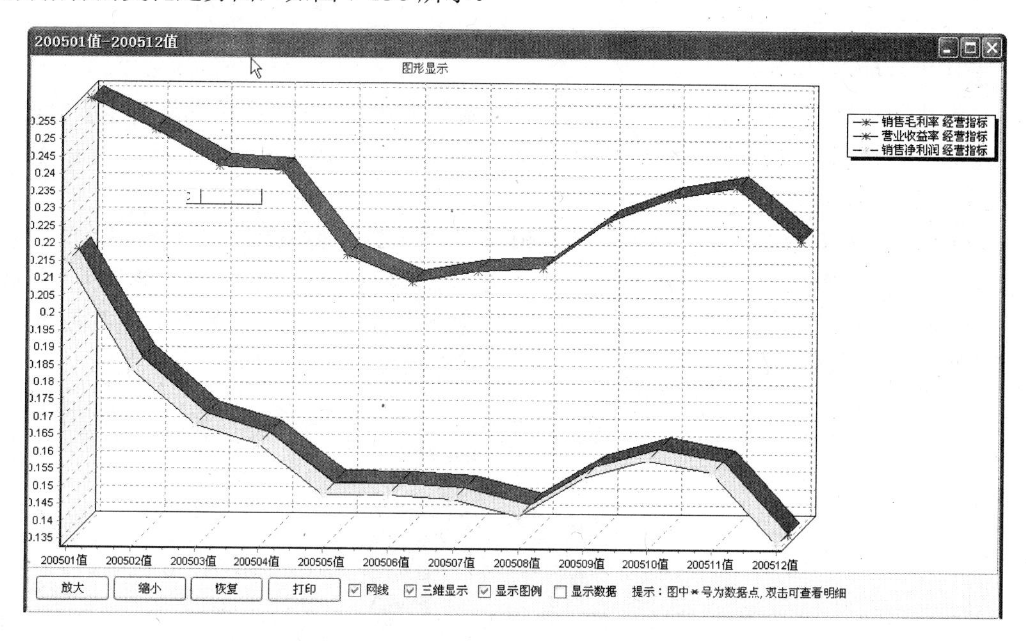

图 7-138　销售毛利率、营业收益率、销售净利润图形分析

从图中可以看出，营业收益率和销售净利润的变化趋势大体一致，其中 11 月份有比较明显的升高。

4）经济指标公式制作

系统不仅提供了许多常用的、定义好了的指标，而且也为制作更适合被审计单位实际的指标提供了实用工具。

在【经济指标显示】对话框中，单击【公式】按钮，打开【经济指标制作】对话框，如图 7-139 所示。

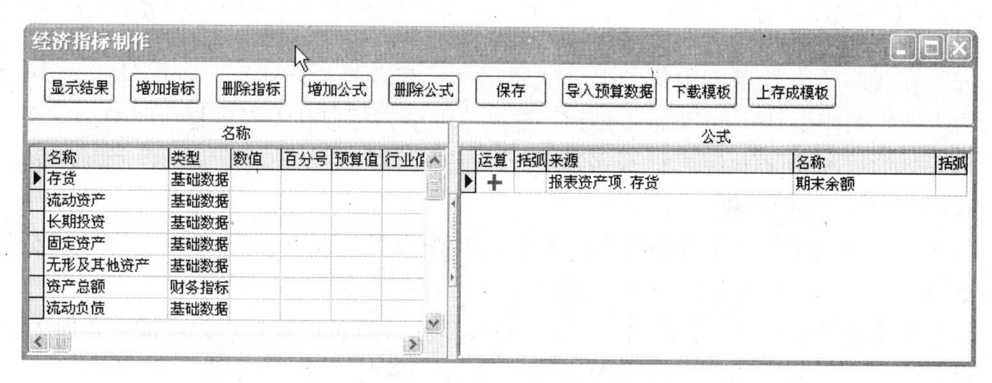

图 7-139　【经济指标制作】对话框

项目管理员使用【下载模板】按钮，可以将已有的经济指标库下载到当前项目中。通过相关功能按钮可以实现打开【经济指标显示】对话框、增加、删除指标及其公式等业务

操作。

【例 7-50】 定义一项经营指标：资本保值增值率，审查 abc 公司 2005 年资本保值增值率变化情况。

资本保值增值率=期末所有者权益总额÷期初所有者权益总额

操作步骤如下：

（1）执行【报表与指标】菜单下的【经济指标】命令，打开【经济指标显示】对话框，单击【公式】按钮，打开【经济指标制作】对话框。单击【增加指标】按钮，打开【增加经济指标】对话框，如图 7-140 所示。

（2）输入经济指标名称为“资本保值增值率”，选择指标类型为“经营指标”；单击【确定】按钮，返回【经济指标制作】对话框，为“资本保值增值率”指标输入行业值为“1.00”。在【经济指标制作】对话框中选中“资本保值增值率”指标，单击【增加公式】按钮，弹出【增加经济指标公式选择】对话框，如图 7-141 所示。

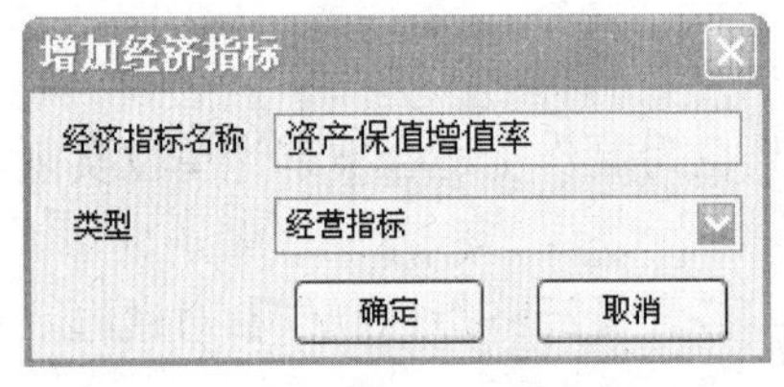

图 7-140 【增加经济指标】对话框

图 7-141 【增加经济指标公式选择】对话框

（3）在【报表】选项卡中找到报表负债项“所有者权益合计”，通过下拉列表框选取时间为“期末余额”，单击【确定】按钮，返回【经济指标制作】对话框，即增加一个来源为“报表负债项.所有者权益合计”，名称为“期末余额”的数据项，表示为“报表负债项.所有者权益合计.期末余额”。

（4）同样方式增加一个来源为“报表负债项.所有者权益合计”，名称为“年初余额”的数据项，表示为“报表负债项.所有者权益合计.年初余额”。

（5）在【经济指标制作】窗口中，在“运算”栏目里单击鼠标，把“报表负债项.所有者权益合计.年初余额”数据项前面的加号（+）改为除号（÷），如图 7-142 所示。

（6）单击【保存】按钮，即完成“资本保值增值率”指标的定义。在【经济指标制作】对话框中，单击【显示结果】按钮，打开【经济指标显示】对话框，单击【刷新】按钮，打开【指标数据全算】对话框，选择报表模板后，单击【执行】按钮，重新计算各指标的值。选择经济指标的显示方式为“多月”，即可以看到各月的“资本保值增值率”，如图 7-143 所示。

经济指标制作

显示结果　增加指标　删除指标　增加公式　删除公式　保存　导入预算数据　下载模板　上存成模板

名称

名称	类型	数值	百分号	预算值	行业值
营业收益率	经营指标				
销售净利润	经营指标				
资产保值增值率	经营指标				

公式

运算	括弧	来源	名称	括弧
+		报表负债项. 所有者权益合计	期末余额	
÷		报表负债项. 所有者权益合计	年初余额	

图 7-142 【经济指标制作】对话框

经济指标显示

标准　多月　多年　常规　环比　定比　全部数据　月份 200512　指标名称　公式　刷新　图形

指标名称	200501值	200502值	200503值	200504值	200505值	200506值	200507值	200508值	200509值	200510值	200511值	200512值
销售毛利率	0.00	0.00	0.00	0.00	0.00	0.00	0.00	0.00	0.00	0.00	0.00	0.00
营业收益率	0.00	0.00	0.00	0.00	0.00	0.00	0.00	0.00	0.00	0.00	0.00	0.00
销售净利润	0.00	0.00	0.00	0.00	0.00	0.00	0.00	0.00	0.00	0.00	0.00	0.00
资产保值增值率	1.06	1.08	1.08	1.09	1.13	1.19	1.22	1.23	1.27	1.31	1.33	1.26

图 7-143　经济指标分析

从图中可以看出，abc 公司 2005 年各月的资本保值增值率均大于 1，并且整体上呈上升趋势，说明所有者权益在增加。

7.4.5　审计抽样

审计抽样可以帮助审计人员迅速、高效地检查和计算数量极大的数据和为数众多的会计事项。根据《独立审计准则第 4 号——审计抽样》，审计抽样是在实施审计程序时，从审计对象总体中选取一定数量的样本进行测试，并根据测试的结果，推断审计对象总体特征的一种方法。在审易软件中特别嵌入了“PPS 抽样”工具，在对大量数据金额进行抽样时，能够辅助审计人员规避更多的风险。

1．审计抽样方法

系统提供了固定样本量抽样、停走抽样、发现抽样、PPS 抽样四种抽样方法。

1）固定样本量抽样

固定样本量抽样，是通过对样本审计结果来对会计总体的属性进行估计的典型抽样审计方法。固定样本抽样需要设置三个参数：可靠性，分别为 90%、95%、97.5%；误差率，最少为 1%；估计的错误率，从 0.25%～9.5%。

2）停走抽样

停走抽样是指当审计人员观察到零个或预先规定的错误个数发生时，即可停止继续抽样。此工具较适用于审计人员估计会计错误为低错误率时使用，因为如果在此时使用固定样本容量属性抽样将产生大的样本容量，从审计效率方面来讲是不适宜的。停走抽样参数设置有三个：可靠性，分别为 90%、95%、97.5%；误差率，原则上讲应取 1%～3%；估计的错误数，设置从 1～30 之间。

3）发现抽样

发现抽样是审计人员根据情况而使用的一种抽样技术，当审计人员相信会计总体的发生错误率很低接近于零时，可使用发现抽样。发现抽样被设计用来得到一个大到足以找出一个错误的样本容量。发现抽样参数设置有两个：可靠性为90%、95%、97.5%；误差率错误率从0.1%～2%。

4）PPS 抽样

PPS 抽样是目前国际审计界最流行的一种审计抽样方法，其核心是通过一定的审计样本的选定去组织实施审计，以客观地完成审计目标。样本的抽取排除了主观人为的影响，力求客观公允，实现审计风险与样本选取数量、审计成本的相对均衡。PPS 抽样只能对数值型字段起作用，对字符型字段无效，也就是只对有金额相关的字段进行抽样，如“借方金额”、“贷方金额”等。其特点是面值越大，抽中的概率越大，小面值的样本也抽取，概率较小，因此，能够尽量让审计人员规避风险。此方法适用于大型数据库管理系统或经济业务发生频繁的行业部门，是对抽样审计的进一步规范。

四种抽样方法的特点如表 7-8 所示。

表 7-8　审计抽样方法及特点

抽 样 类 型	抽 样 特 点
PPS 抽样	PPS 抽样是属性抽样的一个变种，其含义是与容量成比例的概率抽样，即大金额抽中几率高，小金额也能随机地被均匀抽中；适用于实质性测试和合规性测试；通过检查样本的错误金额，来估计总体的错误金额（而不是错误的比率），并在抽样结果的基础上，计算总体错误上限；能自动对抽样总体进行分层，大金额的错误容易被发现
固定样本量抽样	又称固定样本规模抽样，是基本的属性抽样方法；根据公式或表格确定固定的样本数量进行审查，并以全部样本审查结果推断总体
停走抽样	固定样本量抽样的一种改进形式；一边抽样审查，一边判断分析，一旦能满足抽样要求，即终止审查，并根据已得到的样本审查结果推断总体；在总体错误率较小的情况下，停走抽样会使审计效率更进一步提高
发现抽样	固定样本量抽样的一种改进形式，先假定总体错误率为零，在审查了一定的样本以后，若一个错误也没有发现，就做出审计结论；若发现错误就改用其他方法继续抽样审查或停止审计抽样进行详查；适用于对关键控制点的测试，以期发现故意欺诈和舞弊行为

在这四种抽样方法中，PPS 抽样可以直接在【查询】对话框中作为查询条件定义。要用 PPS 抽样查询 abc 公司 2005 年贷方金额不为负值的凭证，首先应选择字段“贷方金额”，然后单击鼠标右键选择【PPS 抽样】项，在【PPS 抽样参数设置】对话框中设置风险和误差及其他条件，然后单击【查询】按钮，即得到抽样结果。

2．审计抽样

除了 PPS 抽样可以在综合查询工具中完成之外，还可以通过工具栏上的【抽样】按钮，打开抽样向导实现。在抽样向导中，系统将四种抽样方法统一管理。在进行审计抽样时，可以根据抽样向导来完成。

【例 7-51】 使用 PPS 抽样工具抽查 abc 公司发生应收账款的凭证，并评价抽样。

操作步骤如下：

（1）执行【抽样】|【抽样向导】命令，打开【审计抽样向导】对话框。单击【第一

步】或【下一步】按钮，打开【选择抽样类型】对话框，如图 7-144 所示。

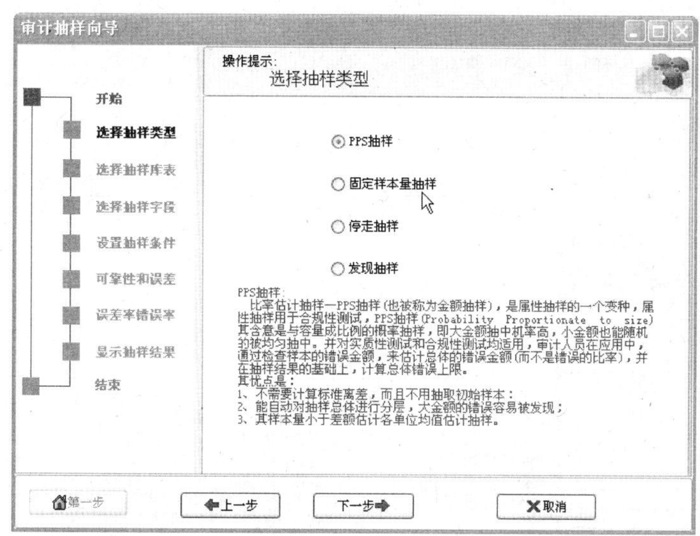

图 7-144　选择抽样类型

（2）选择抽样类型为“PPS 抽样”，然后单击【下一步】按钮，选择抽样库表为“转入库-凭证库”。

（3）单击【下一步】按钮，选择抽样字段为“借方金额”，不选择“同张凭证”或“借贷同抽”。

（4）单击【下一步】按钮，设置抽样条件为“科目编号 像 113”，如图 7-145 所示。

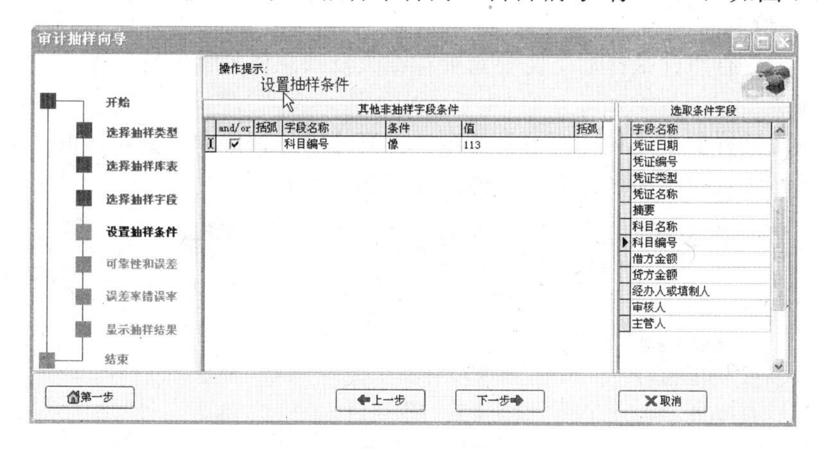

图 7-145　设置抽样条件

（5）单击【下一步】按钮，选择可靠性为 97.5%（即风险为 2.5%）。

（6）单击【下一步】按钮，设置误差率为 1%。

（7）单击【执行】按钮，打开确认窗口，询问是否确认执行抽样。单击【确定】按钮，系统自动计算并显示抽样结果，如图 7-146 所示。

图中显示的抽样结果中有 141 条记录，其中最上面的 10 条记录用于反映 PPS 抽样的总体情况。凭证库中，与“113-应收账款”科目有关的记录共有 799 条，按照风险为 2.5%、误差为1%的PPS抽样参数，共抽得131条记录，PPS抽样总比达到72.05%，其中重点样本账值占总体账值的65.5%。可以对重点样本作进一步审查，以发现审计线索或做出评价。

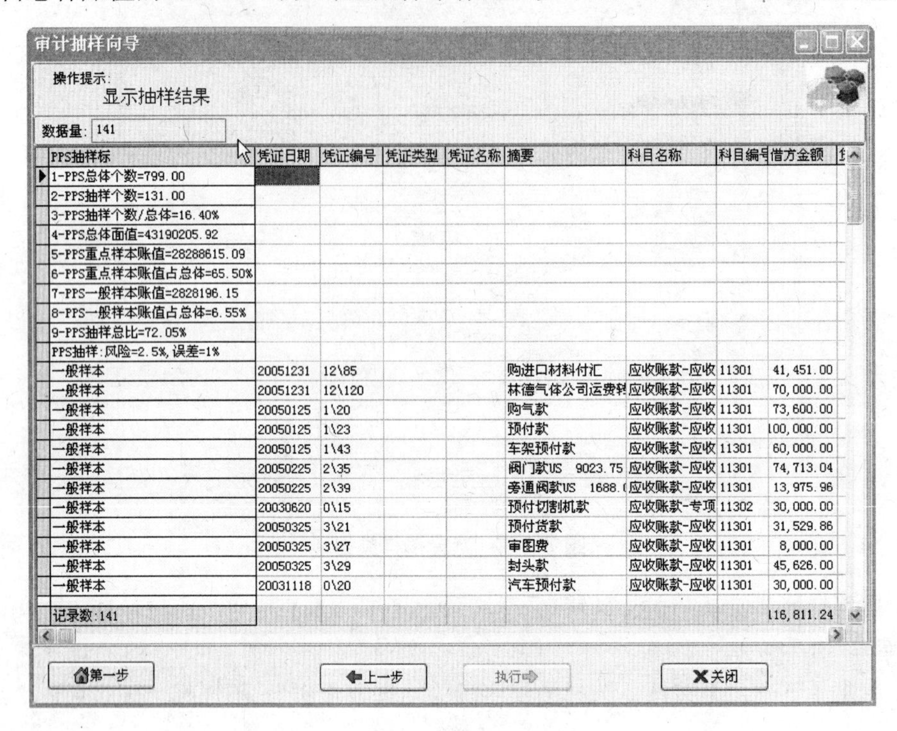

图7-146 显示抽样结果

3. 抽样评价

在系统中，进行审计抽样后，需要对抽样结果反映总体的情况进行评价。

操作步骤：

（1）执行【抽样】|【抽样评价】命令，打开【审计评价向导】对话框。单击【下一步】按钮，打开【选择结果名称】对话框，如图7-147所示。

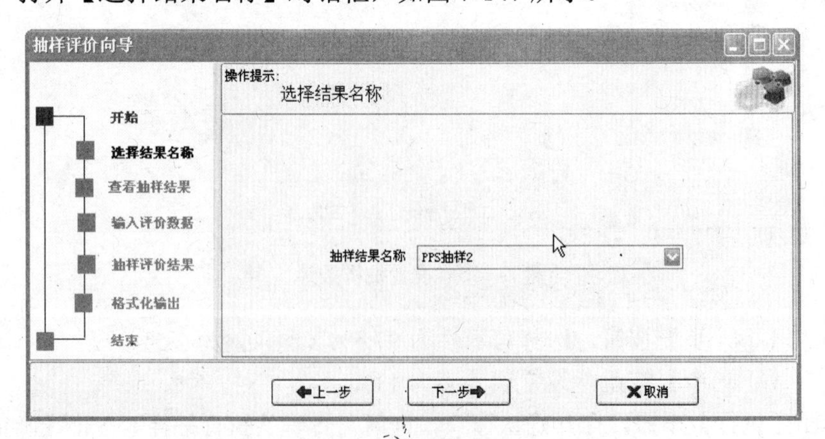

图7-147 选择结果名称

（2）选择已执行的审计抽样名称，单击【下一步】按钮调入并审查审计抽样结果，如图7-148所示。

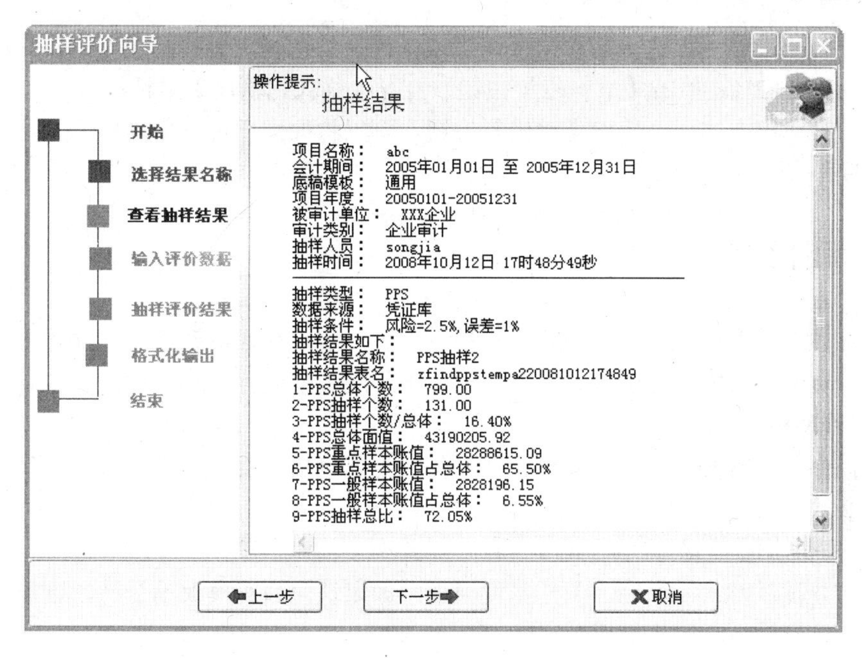

图 7-148 审计抽样结果

（3）单击【下一步】按钮，选择评价显示字段，如“借方金额”。

（4）单击【下一步】按钮，打开【输入评价数据】对话框，输入审定值，然后单击【下一步】按钮，打开【输入错误数】对话框。

（5）输入错误数个数后，单击【下一步】按钮，即可得到对该抽样的评价结果，如图 7-149 所示。

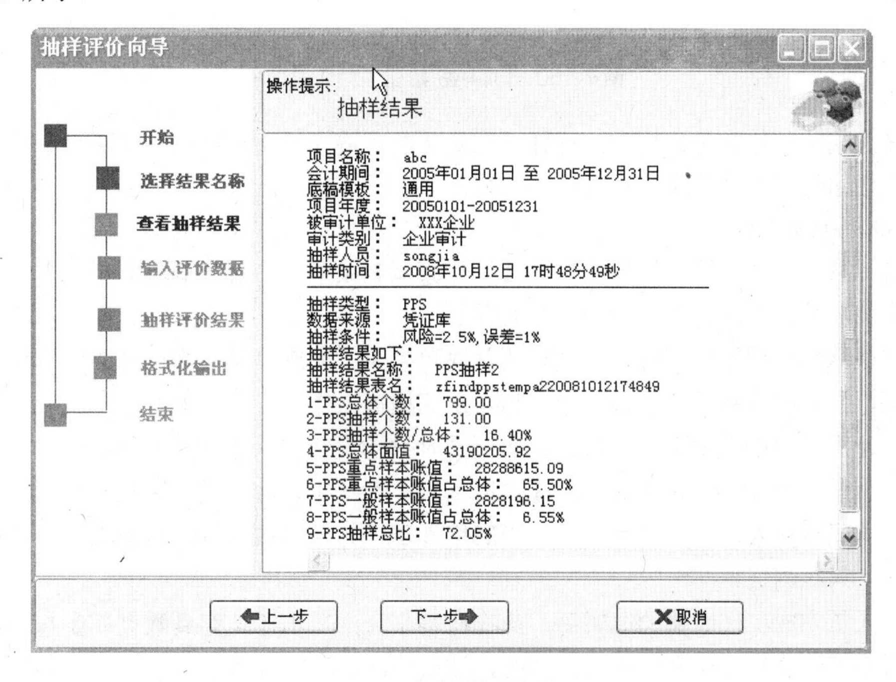

图 7-149 抽样评价结果

（6）评价结果显示：基于统计抽样证明，审计人员有 97.5%的把握确信，该抽样总体错误率不超过 2.82%。单击【下一步】按钮，打开【格式化输出】对话框。

（7）选择输出方式后，单击【输出】按钮，可以将抽样评价结果输出为外部文件或发送至工作底稿。

7.4.6 审计记录

在审计预警、查账、查询、分析等过程中，可以通过鼠标右键菜单选项将所获取的数据、图形等资料直接发送到选定的审计日记、工作底稿中进行保存。

1．工作底稿

软件提供了丰富的审计工作底稿管理工具，主要包括底稿初始化、底稿选取、底稿导出、设置取数公式等。

1）底稿初始化

创建审计项目时已经设定了工作底稿模板。如果认为底稿模板不合适，可以通过底稿初始化重新选择最适合的底稿模板。

执行【工作底稿】菜单下的【底稿初始化】命令，打开【底稿初始化】对话框，如图 7-150 所示。

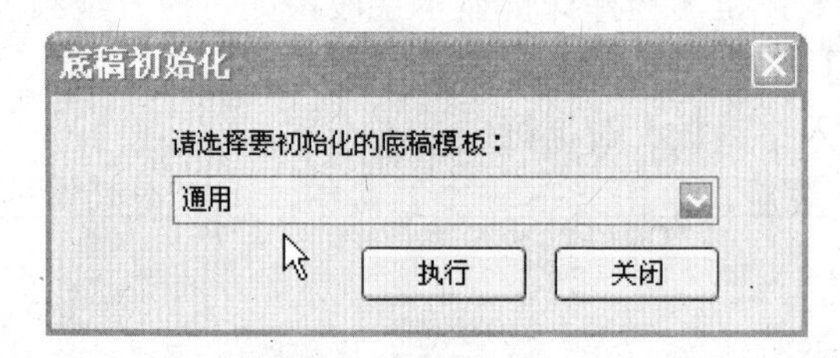

图 7-150 【底稿初始化】对话框

在【底稿初始化】对话框中，选择要初始化的底稿模板，然后单击【执行】按钮，即完成底稿初始化，原来的底稿模板会被覆盖。

2）底稿编制平台

单击工具栏上【底稿】按钮或执行【工作底稿】菜单下的【底稿编制平台】命令，打开【底稿编制平台】对话框，如图 7-151 所示。

通过底稿平台的鼠标右键可以进行刷新底稿列表、复制底稿名称、修改底稿属性、添加新底稿、打开或删除已有底稿、导入与导出底稿等工作。

在审计组的网络环境下，一张工作底稿同时只能由一个审计人员进行编辑。审计人员在底稿平台中，选择一张底稿并单击【提取到本地】按钮之后，或直接双击打开了一张底稿之后，该底稿就处于“签出”状态。当底稿处于“签出”状态时，其他人不能再打开该工作底稿，只能浏览。

审计人员完成工作底稿的编辑后，应在底稿平台中单击【上存到数据库】按钮，及时将完成后的工作底稿上传到服务器。此时，该底稿即处于“签入”状态。当底稿处于“签入”状态时，其他有权限的审计人员可以对该工作底稿进行进一步修改。

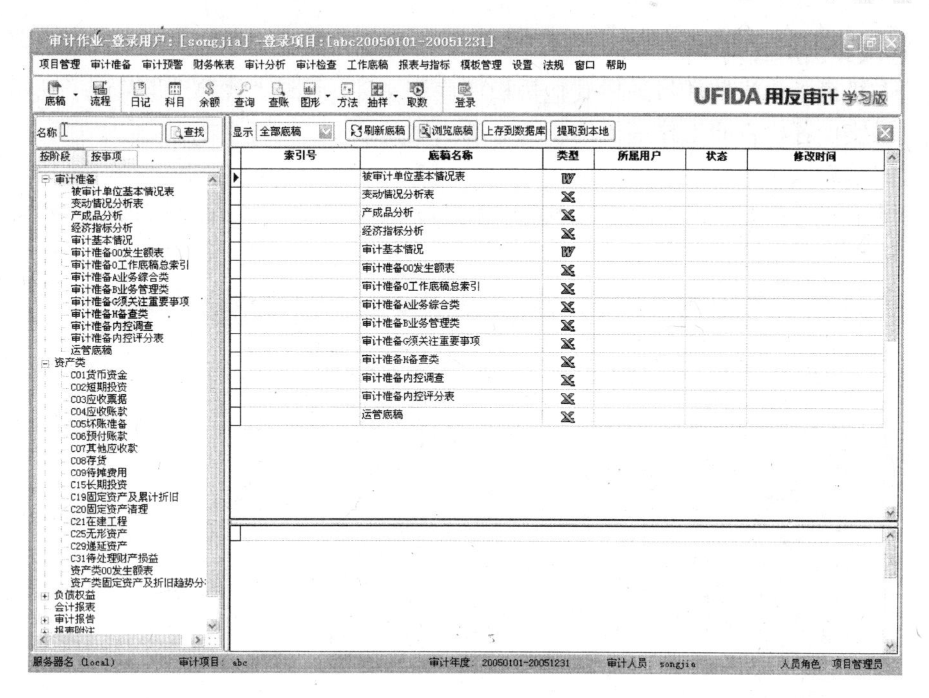

图 7-151　底稿编制平台

3）设置底稿权限

在【底稿编制平台】对话框中，单击鼠标右键选择【属性】项，打开【底稿属性】对话框，如图 7-152 所示。

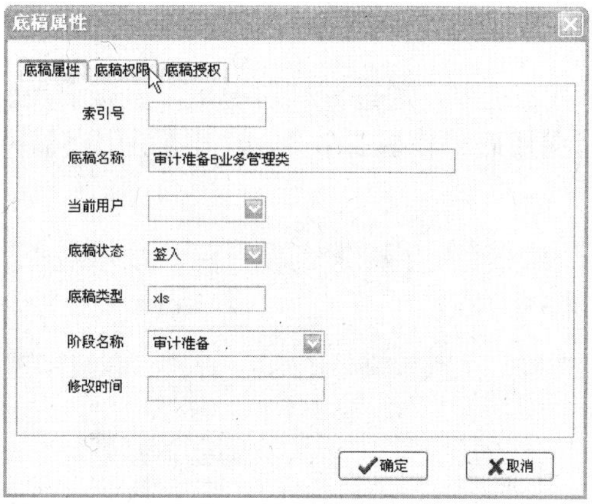

底稿属性
底稿属性 底稿权限 底稿授权
索引号
底稿名称 审计准备B业务管理类
当前用户
底稿状态 签入
底稿类型 xls
阶段名称 审计准备
修改时间
确定 取消

图 7-152　【底稿属性】对话框

项目管理员不仅可以浏览或设置工作底稿的属性，还可以对工作底稿进行授权，控制底稿的删除或修改等访问权限。

底稿初始化时，默认将底稿的“只读”权授予“所有用户”。第一个使用底稿的人，自动取得“完全控制”权。拥有底稿“完全控制”权的用户可以对底稿进行授权。而“项目管理员”则可以强制将某个底稿的“完全控制”权授予某用户，可以强制删除、编辑底稿属性和底稿内容。

4）选取或引用底稿

审计人员可以为当前项目选用其他模板的底稿文件，通过“底稿选取”或“底稿引用”功能，可以实现各模板间工作底稿的相互穿插引用。

（1）底稿选取

执行【工作底稿】菜单下的【底稿选取】命令，打开【底稿选取】对话框，如图 7-153 所示。

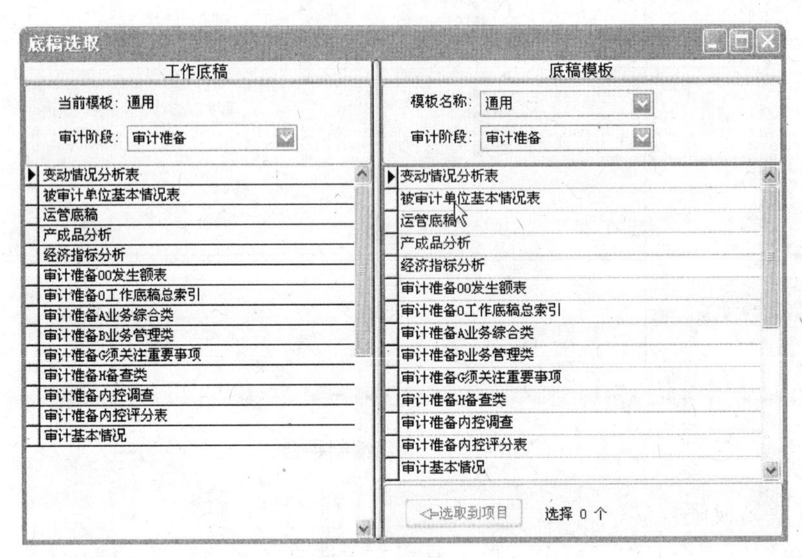

图 7-153 【底稿选取】对话框

在【底稿选取】对话框中，可以把所选底稿引用到当前项目的指定阶段中。

（2）底稿引用

在【底稿编制平台】对话框中，通过鼠标右键可以直接引用其他模板的底稿。单击鼠标右键，执行【添加】|【引用底稿模板】命令，打开【引用底稿模板】对话框，如图 7-154 所示。

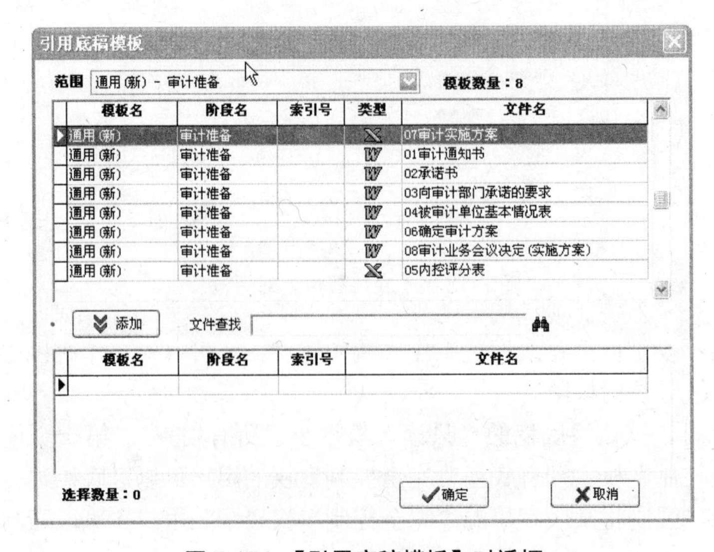

图 7-154 【引用底稿模板】对话框

在【引用底稿模板】对话框中，可以将选定的底稿引用到当前项目中。

5）导入与导出底稿

导入、导出工具有助于实现工作底稿的共享使用。执行【工作底稿】菜单下的【底稿导出】命令，打开【底稿导入、导出】对话框，如图 7-155 所示。

图 7-155 【底稿导入、导出】对话框

单击【导出】按钮，可以将选定的底稿导出；单击【导入】按钮，可以为当前项目导入底稿文件。可以导入的底稿文件必须是 Word 文件或 Excel 文件。

2. 审计日记

审计日记是编制审计工作底稿的基础，用于记录审计业务执行过程及其所取得的资料，为形成审计结论、发表审计意见提供直接依据。审计日记的应用与工作底稿一样，贯穿于整个审计工作过程中。

1）编制审计日记

审计日记是根据审计署 6 号令制作，用于记载审计事项的名称、实施审计的步骤和方法、审计查阅的资料名称和数量、审计人员专业判断和查证结果等信息的文档。审计人员在审计作业过程中，应将审计过程中发现的疑点等问题随时记录、描述在审计日记中。

单击工具栏上【日记】按钮或执行【工作底稿】菜单下的【审计日记】命令，打开【编制审计日记】对话框，如图 7-156 所示。

审计日记是以人为单位按时间顺序反映每个审计人员每日实施审计全过程的书面记录。每个审计人员都有一个独立的审计日记表格，在这个表格内按“日期”记载“审计工作具体内容”，及相关证据或底稿的“索引”。

2）选择关联底稿

使用模板编写审计日记的一大优势是，可以创建审计工作内容与相关底稿之间的关联、佐证关系。

在【编制审计日记】对话框的“索引”栏目下，单击【…】按钮，打开【选择关联底稿】对话框，如图 7-157 所示。

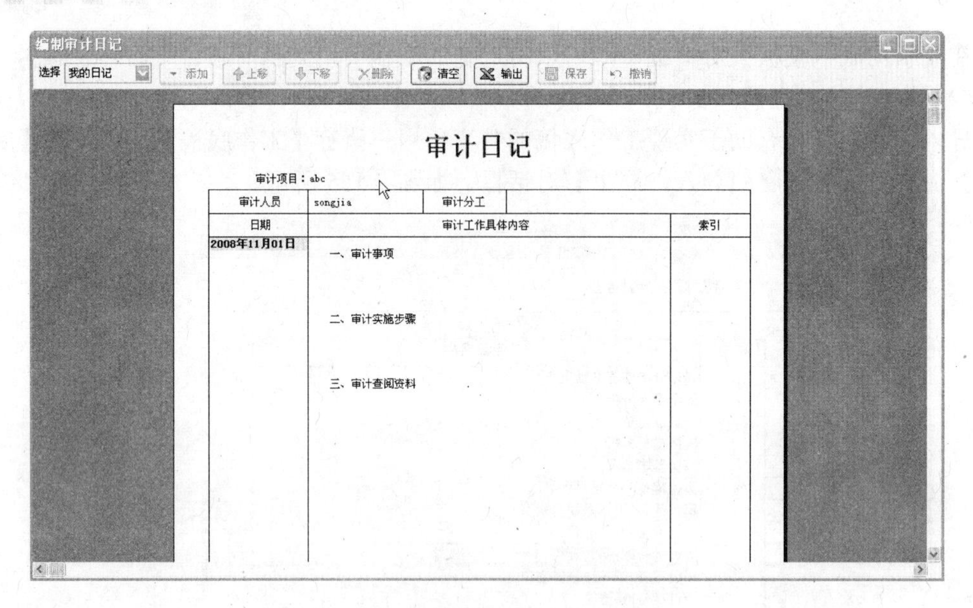

图 7-156 【编制审计日记】对话框

图 7-157 【选择关联底稿】对话框

选定欲关联的底稿后，单击【确定】按钮或直接双击底稿，即建立关联关系，相应的“索引”栏目下会显示所关联底稿的名称或索引号。

3）创建关联底稿

在编制审计日记时，可以直接创建新的底稿并建立关联关系。可创建的底稿包括空白 Word 文件、空白 Excel 文件、审计工作底稿、导入外部文件、引用底稿模板等。

【例 7-52】 创建一个空白 Word 底稿并建立关联关系，索引号为“6078”，名称采用系统自动生成的名称。

操作步骤如下：

（1）单击工具栏上的【日记】按钮，打开【编制审计日记】对话框。

（2）在【编制审计日记】对话框中的“审计工作具体内容”栏目下，单击鼠标右键执行【新建底稿】|【空白 Word 文件】命令，打开【选择阶段】对话框。

（3）选择存放阶段后，单击【确定】按钮，打开【请输入新底稿的索引号】对话框。

（4）输入底稿索引号，单击【确定】按钮，打开【增加空白 Word 底稿】对话框。

（5）保持系统自动生成的底稿名称不变，选中“带表头”复选框。单击【确定】按钮，打开【提示】对话框。

（6）单击【是】按钮，在打开的 Word 窗口中，可以编辑修改新创建的审计工作底稿。

（7）返回【编制审计日记】对话框后，可以看到新创建的关联底稿。

4）导入证据文件

通过导入外部文件，可以直接在审计日记中引用相关的证据。可以导入的文件类型包括 Word 文件、Excel 文件、图形文件及多媒体文件。

【例 7-53】 把凭证扫描图作为证据引入到审计日记中。

操作步骤如下：

（1）在【编制审计日记】对话框中的“审计工作具体内容”栏目下，单击鼠标右键执行【创建底稿】|【导入外部文件】命令，打开【选择阶段】对话框。

（2）选择存放阶段为“会计报表”，单击【确定】按钮，打开【打开】对话框。

（3）通过下拉列表框，选择文件类型为“图片证据”，找到相关图片文件，单击【打开】按钮，返回【编制审计日记】对话框。

返回【编制审计日记】窗口后，可以看到新关联的证据文件。如果没有指定索引号，则会在“索引”栏显示原始图片文件的名称。

5）管理审计日记

审计日记不仅是增强审计人员责任意识和保护审计人员的有效措施，也是审计组长检查审计方案执行情况、控制审计质量的重要依据和手段，是审计机关考核审计人员工作业绩，落实审计质量责任制的重要途径，必须加强管理。

打开【编制审计日记】对话框时，自动显示“我的日记”，即操作者本人的日记。通过“选择”下拉列表框，可以查阅当前项目组其他成员的审计日记，但无权更改其他人的日记。

在【编制审计日记】对话框中，“审计工作具体内容”是按日期分组管理的。通过“日期”栏目下的鼠标右键菜单，可以新建、删除某天的日记，或更改日记的日期，但日期不允许出现重复。

可以将审计日记输出成独立的 Excel 文件，在输出的审计日记文件中，“审计工作具体内容”是按日期正序排列的，而不管在【编制审计日记】对话框中的显示顺序如何。

审计日记文件可以用 Excel 程序打开并进行编辑修改，可以打印输出给被审计单位签字盖章，获得确认。

3. 审计记录

审计工作底稿用于记录审计人员所搜集的证明材料，以及实施审计的方法、程序和结果，是支持审计报告的一种专业记录。审计人员应当在编写审计日记的基础上，编制审计工作底稿，对审计的情况应记录于审计工作底稿中。

1）编制工作底稿

在【底稿编制平台】对话框中，单击鼠标右键执行【添加】|【审计工作底稿】命令，打开【增加审计工作底稿】对话框。在对话框中输入底稿名称，然后单击【确定】按钮，即为当前项目的当前审计阶段增加一张新的审计工作底稿。打开该底稿，其样式如图7-158所示。

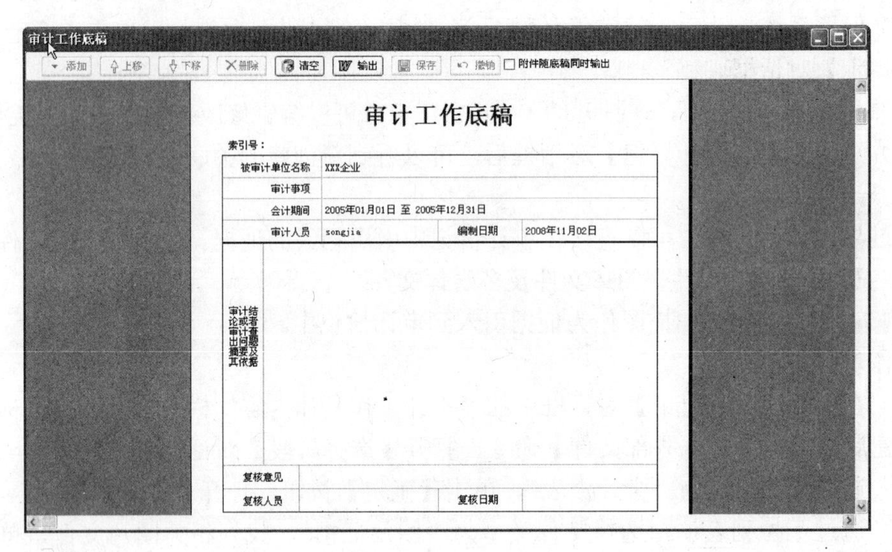

图7-158　审计工作底稿样式

审计工作底稿模板包含了审计署第6号令所要求的所有要素。审计人员应按照格式填入被审计单位名称、审计事项、会计期间或者截止日期、审计人员及编制日期、复核人员、复核意见及复核日期、索引号及页次。

审计工作底稿的核心内容是“审计结论或者审计查出问题摘要及其依据”，通过鼠标右键可以添加空白行、审计问题、审计成果、法律依据、审计结论、附件（审计证据及相关资料）等。

添加“审计问题”或“审计成果”时，会打开统计分录编辑窗口；添加“审计结论”或“法律依据”时，系统会在内容栏自动添加“审计结论：”或“法律依据：”字样，以便填写相关的内容；添加“附件”时，打开【选择关联底稿】对话框，可实现将附件关联到审计工作底稿中。

2）编辑统计分录

在审计工作底稿中添加“审计问题”或“审计成果”时，将打开【编辑统计分录】对话框，如图7-159所示。

系统将审计查出问题统计项目设置为违规违纪、损失及其他三大类，将审计成果统计项目设置为审计处理处罚、提出审计建议两大类。可以通过下拉菜单选择需要的统计项目，然后填写相应的发生额，并确定“是否汇总”，即是否在“成果统计”菜单中对统计结果进行汇总。

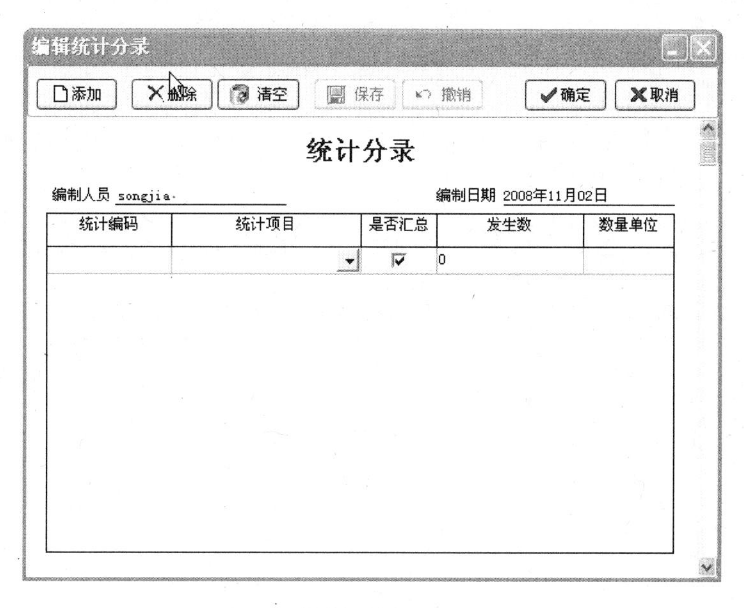

图 7-159 【编辑统计分录】对话框

3）管理统计分录

执行【工作底稿】菜单下的【审计成果】|【明细表】命令，打开【统计分录明细表】对话框，如图 7-160 所示，可以查看该项目的统计明细。

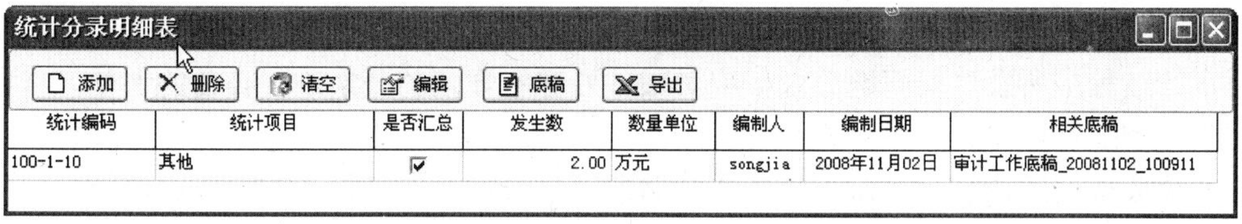

统计分录明细表

添加　删除　清空　编辑　底稿　导出

统计编码	统计项目	是否汇总	发生数	数量单位	编制人	编制日期	相关底稿
100-1-10	其他	☑	2.00	万元	songjia	2008年11月02日	审计工作底稿_20081102_100911

图 7-160 【统计分录明细表】对话框

为了使成果统计更加完整，在统计分录明细表中，有两种录入方式：自由录入、从审计工作底稿中录入。在审计终结阶段，审计人员可以根据审计报告的内容，在统计分录明细表中自由添加新的统计分录。

成果统计是与审计工作底稿密切关联的，所有审计工作底稿中记录的问题、成果都会在统计分录明细表中反映出来，并且同时明确地反映出该问题或成果的编制人、编制日期及与其相关联的审计工作底稿。

4．审计成果

统计分录集中体现了审计的成果，在审计终结阶段，要对所有的统计分录进行汇总。

1）初始化统计分录

初始化审计成果统计分录是根据审计项目的类别，从系统库装入现行的统计指标，供选取和汇总统计指标时使用。当更改了原有的统计指标模板时，也需要执行初始化来对模板进行更新。

执行【工作底稿】菜单下的【审计成果】|【初始化】命令，打开【初始化统计项目】对话框，选择统计模板类别后，单击【执行】按钮，系统更新模板的统计项目，并与工作

底稿之间产生新的关联，自动统计工作底稿中增加或变更的相关内容。

2）汇总统计分录

执行【工作底稿】菜单下的【审计成果】|【汇总表】命令，打开【审计成果统计汇总表】对话框，如图 7-161 所示。

审计成果统计汇总表

重新汇总　明细分录　显示方式 全部显示　导出

	统计项目	统计编码	相关分录数量	统计数量	数量单位
-	审计查出问题	100			
-	违规违纪	100-1			
	隐瞒截留应缴款	100-1-01			
	转移截留收入	100-1-02			
	虚列收入	100-1-03			
	多计成本费用支出	100-1-04			
	少计成本费用支出	100-1-05			
	私设小金库	100-1-06			
	账外资产	100-1-07			

完成

图 7-161 【审计成果统计汇总表】对话框

系统自动计算审计查出问题、审计处理处罚、增加被审计单位经济效益、提出审计建议等各类统计项目的相关分录数量，并逐级汇总到“统计指标汇总表”中。

5. 调整分录

调整分录工具的主要功能是提供一个对分录进行调整的操作平台，方便于审计人员随时对审计过程中所发现有问题分录，或对账务处理不规范的分录进行必要的调整。

1）编制调整分录

系统会根据所作调整分录，重新生成调整后报表，并在对报表进行计算取数时方便地体现出来。

（1）执行【工作底稿】菜单下的【调整分录制作】命令，打开【调整分录】对话框，如图 7-162 所示。

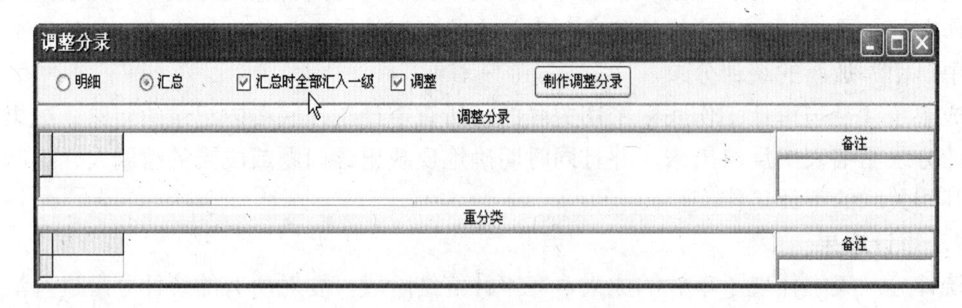

图 7-162 【调整分录】对话框

（2）单击【制作调整分录】按钮，打开【调整分录制作】对话框，如图 7-163 所示。

【调整分录制作】对话框分为左中右三部分，对话框左上部是调整分录栏，对话框左下部是重分类栏；中间部可输入调整分录备注和重分类备注；窗口右侧区是科目列示区，制作调整分录和重分类时，拖拽科目至调整分录或重分类栏，则自动记录科目，输入借贷方调整金额即可完成调整分录的制作。

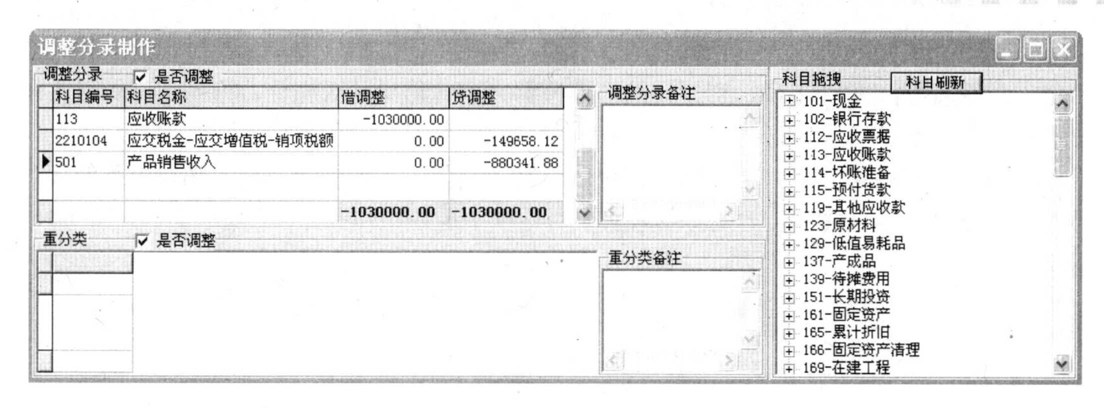

图 7-163 【调整分录制作】对话框

2）审定表

软件能轻松地生成审计项目的审定表，以方便地查看调整分录。执行【工作底稿】菜单下的【审定表】命令，打开【审定表】对话框，如图 7-164 所示。

审定表

科目　报表　审计人员:songjia　复核人员　从报表模板导入公式　输出成底稿

现金　审计日期:2010年07月26日　复核日期　科目展开

科目编号	科目名称	方向	期初数	期末数	审计调整数	审定数
101	现金	借	5,004.92	428.39	0.00	428.39
10101	现金-人民币	借	5,004.92	428.39	0.00	428.39
10102	现金-美元	借	0.00	0.00	0.00	0.00
			5004.92	428.39	0.00	428.39

审计结论　审计说明

图 7-164 【审定表】对话框

在【审定表】对话框中，可以选择按“科目”或按“报表”查看调整分录；单击【输出成底稿】按钮，可以将审定表输出到底稿。

7.5 审计终结

审计人员完成审计实施阶段的各项工作后，进入审计终结阶段，即审计报告阶段，开始综合性的审计工作。一般情况下，审计组长应在审计现场完成审计工作底稿的复核、审计成果的汇总、审计报告的编制等工作，然后起草审计意见书。审计主管部门对审计项目进行总体性复核，做出审计结论和审计决定，审计项目即告结束。审计组长将电子与纸质的审计底稿等资料交档案管理部门归档。

1．复核工作底稿

复核工作底稿是审计实施过程中一个重要的环节。为了保证审计工作质量、降低审计风险，审计组长要对审计人员已完成的审计工作底稿进行汇总、复核，检查审计人员是否按审计方案完成了审计工作，所记录的审计证据、审计结果是否充分、恰当，是否已实现预期的审计目标。

审易软件的底稿复核功能在默认情况下是被关闭的。要使用该功能，必须以系统管理员（如：admin）身份登录，在【综合设置】对话框中选中“启用复核”复选框，如图 7-165 所示。

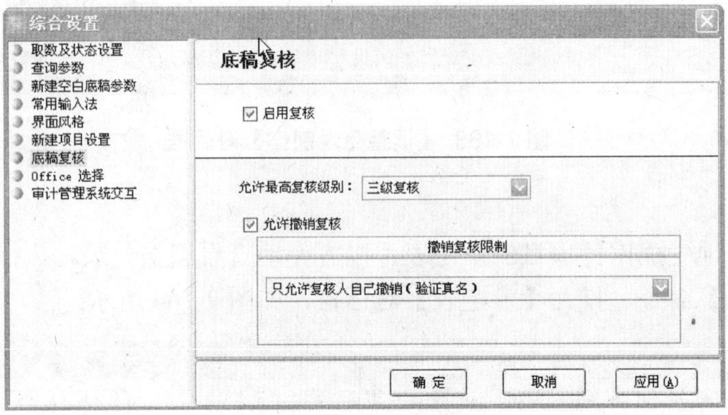

图 7-165　启用复核

启用底稿复核功能之后，审计人员再进入底稿平台，就可以看到在对话框底部增加了与底稿复核有关的一组功能按钮，如图 7-166 所示，这样就可以分类查看“已复核”或“未复核”的底稿。

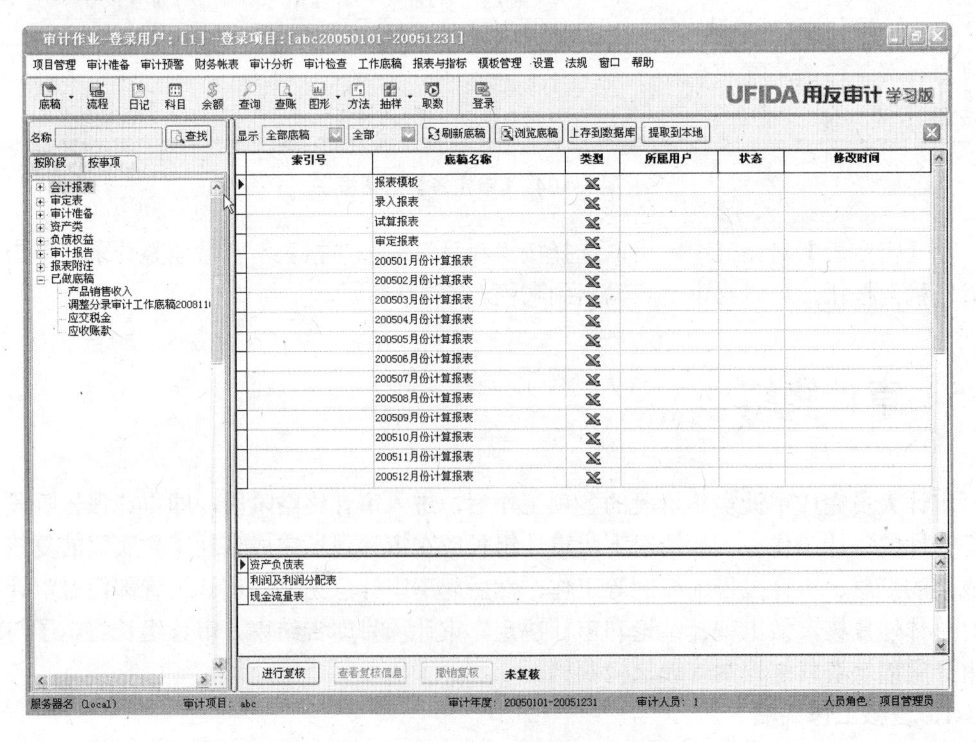

图 7-166　底稿平台上与复核有关的功能

按照分工，有复核权限的复核人员选择一张底稿后，单击【进行复核】按钮，就可以打开如图 7-167 所示的【底稿复核】对话框；填写复核意见后，单击【复核】按钮即完成该底稿的复核工作。

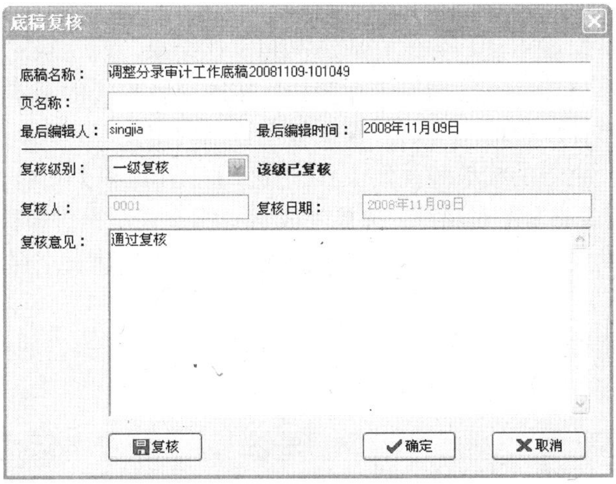

图 7-167 【底稿复核】对话框

对于已经复核过的底稿，则可以单击【查看复核信息】或【撤销复核】按钮，查看复核信息或撤销复核。撤销复核（或重新复核）时，系统会进行全名验证（检查所登录用户的全名与复核人是否一致），不一致时则不允许撤销复核（或重新复核）。

2．检查审计作业

审计人员可以随时检查审计作业完成情况，包括凭证的审查情况以及底稿的复核情况。执行【工作底稿】菜单下的【审计作业情况】命令，打开【审计作业情况】对话框，如图 7-168 所示。

根据系统自动计算的结果，可以看到凭证总数，已审阅、未审阅和有问题的凭证数量

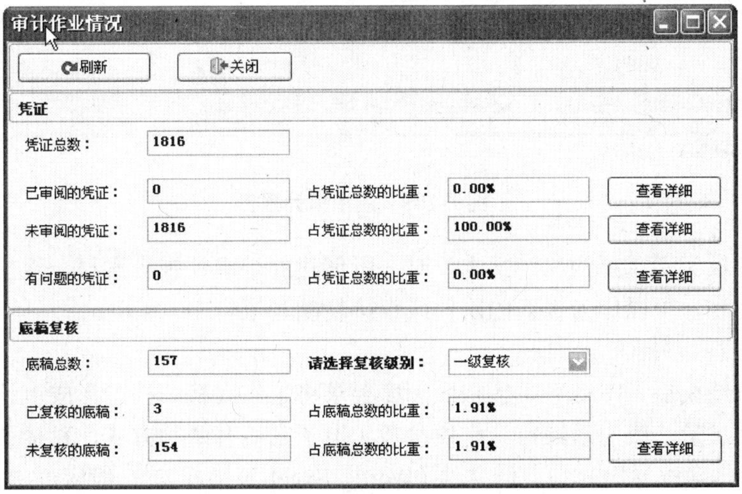

图 7-168 【审计作业情况】对话框

及其在所有凭证中所占的比重。

单击【查看详细】按钮，可以分别查看已审阅、未审阅或者有问题的凭证以及已复核或者未复核的底稿。

3．编制审计报告

审计报告是审计组就审计任务的完成情况和审计结果，向上级主管部门提出的书面报告。审计组长对计算机辅助审计结果进行归纳，按照审计报告的基本格式和质量要求起草审计报告，征求被审计单位的意见后，报上级主管部门审定。

软件提供了审计报告的模板和编制工具。执行【工作底稿】菜单下的【审计报告草稿】命令，打开【审计报告素材】对话框；选择生成素材的方式及报告模板的类别后，单击【确定】按钮，系统自动在底稿编制平台中的审计报告阶段内创建一个名为“审计报告素材”的 Word 文档。

当报告模板类别选择为“通用审计报告”时所创建的审计报告的样式如图 7-169 所示。审计人员可以在此基础上修改或填写相关内容。

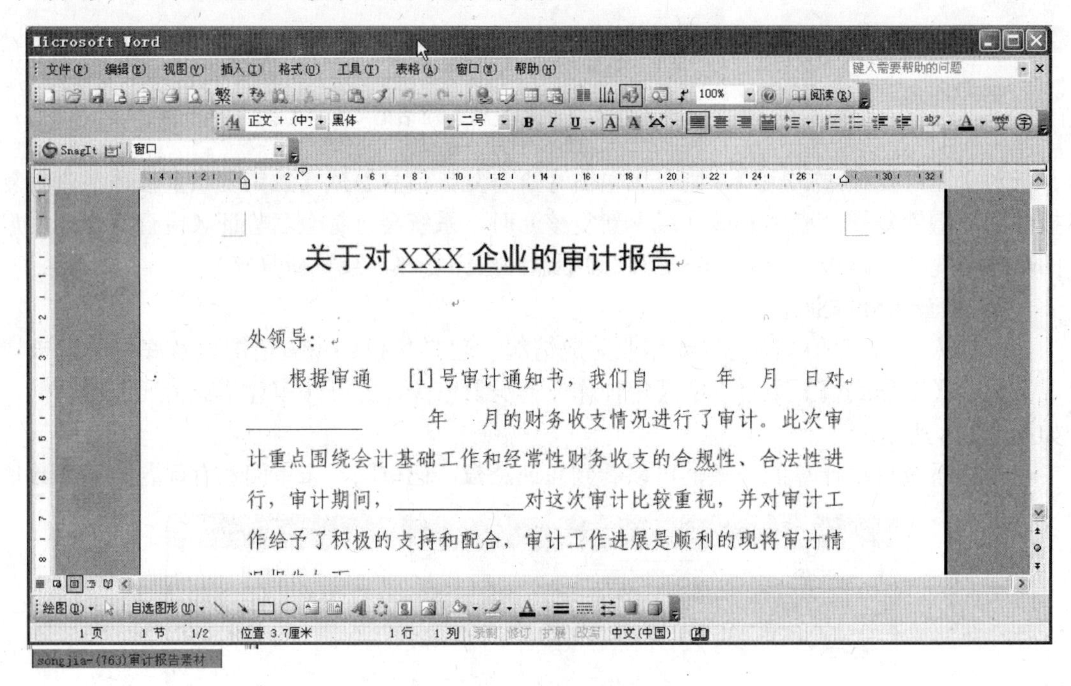

图 7-169 通用审计报告

当报告模板类别选择为“纯文本”时，所创建的是审计报告素材。素材汇总了通过审计所查证的问题，可以作为报告的附件或直接复制到报告中。

4．审计资料归档

审计项目结束后，审计人员应按照制度要求将工作底稿归档，形成审计档案，以便于评价审计工作质量，或为后续审计提供参考。电子底稿有两种方式，直接备份本项目的数据库，或将工作底稿导出为独立的文件（Word、Excel 等格式）。一般应刻成光盘加以保存，条件允许时可以将审计作业系统的数据导入到审计管理系统中，实现审计档案的管理信息化，从而提高审计档案的利用效率。

思考练习题

1. 什么是审计软件？审计软件主要分为哪几类？
2. 简述审计软件的工作原理。
3. 在用友审易软件中，角色是如何划分的？其操作权限有何差异？
4. 审计准备阶段的主要工作有哪些？
5. 何谓会计流处理？会计流处理的阶段是如何划分？
6. 什么是审计抽样？用友审易软件提供了哪几种审计抽样方式？各有何特点？
7. 何谓审计日记、审计工作底稿？
8. 在用友审易软件中，提供了哪些审计查询功能？
9. 在用友审易软件中，提供了哪些审计检查功能？
10. 在用友审易软件中，提供了哪些审计分析功能？
11. 在用友审易软件中，提供了哪些审计预警功能？

第8章 计算机辅助审计实践训练

为配合各章节的学习，本章设计了十个实践训练项目，各实践训练项目所需原始数据可从清华大学出版社网站下载。为有效完成这些实践训练项目，要求实训用计算机系统必须正确安装 Microsoft SQL Server 数据库、Microsoft Visual FoxPro 数据库、Microsoft Office（Word、Excel、Access）、用友审易 A460 等软件，以满足实践训练的要求。

实训项目 1　审计数据采集与转换

【实训目的】

（1）掌握审计数据采集的基本方法。

（2）掌握审计数据整理的内容与方法。

【实训要求】

（1）数据采集方法有直接读取、利用数据库系统的导入导出工具、实体迁移、先备份后恢复及利用审计软件中的专用数据获取工具等，进行数据采集方法自定。

（2）数据转换方法主要有利用数据库自身的导入/导出工具（DTS）实现、通过 ODBC 转换实现、利用审计软件中的专用数据获取工具实现，进行数据转换时，方法自选。

（3）数据整理的内容主要有值缺失处理、空值处理、清除冗余数据、数据值定义不完整处理、字段类型不合法问题等，具体整理内容根据各个数据的具体情况确定。

【实训资料】

（1）SQL Server 数据库：财务 SQL 数据、凭证库等。

（2）VFP 数据表：WA_GZData.DBF、WA_GZtblset.DBF、PZ1.DBF、PZ2.DBF、PZ3.DBF、GL_ACCVOUCH.DBF、GL_ACCSUM.DBF 等。

（3）Excel 文件：GL_ACCSUM、GL_ACCVOUCH、工资数据等。

【实训内容】

（1）将 SQL Server 数据库“财务 SQL 数据”附加到 SQL Server 数据库系统中。

（2）采集 SQL 数据库“财务 SQL 数据”中的表 WA_GZTBLSET 和 WA_GZDATA，将其转换为 Visual FoxPro 数据库格式，并通过编程实现数据库字段名的替换处理（编写字段名称转换程序“字段名转换.prg”，执行程序实现转换），然后将转换后的 WA_GZDATA.DBF 数据表转换为 Excel 电子表数据，并对电子数据表数据进行整理，删除不需要的列，并对缺失数据进行处理。

（3）采集 SQL 数据库“财务 SQL 数据”中的表 GL_ACCSUM 和 GL_ACCVOUCH，将其转换为.dbf 格式数据和 Excel 电子表数据，并对相关字段名进行处理，转换为中文字段名，删除不需要字段，并根据数据库记录情况完成数据的整理。

（4）采集 SQL 数据库“凭证库”中的表“凭证库”，将其转换为.dbf 格式数据，建立新数据库表“凭证库 2.dbf”（表结构与“凭证库”结构相似，设置“借方金额”、“贷方金额”替代“凭证库”中的“借贷方向”和“金额”两上字段），并编写程序完成数据库金额存储方式的转换。

（5）将 SQL Server 数据库“财务 SQL 数据”转换为 Access 数据库。

（6）将 Access 数据库“abc 公司财务数据”转换为 SQL Server 数据库。

（7）将 Visual FoxPro 数据库表 WA_GZData.DBF 转换为 Excel 文件。

【实训思考题】

1．为什么要进行数据整理处理？

2．如何进行数据的采集与整理？

3．简述将 SQL Server 数据转换为 Visual FoxPro 数据的过程。

4．写出利用工资项目列表文件“WA_GZTBLSET”中的中文工资项目名称替换工资数据表“WA_GZDATA”中工资字段名的转换程序语句。

实训项目 2　审计数据完整性校验

【实训目的】

（1）掌握审计数据验证的内容与方法。

（2）能够正确编写审计数据验证 SQL 语句。

【实训要求】

（1）利用 Excel 电子表技术进行记录数验证、凭证数验证、借贷平衡验证。

（2）利用数据库技术进行记录数验证、凭证数验证、借贷平衡验证。

【实训资料】

（1）SQL Server 数据库：财务 SQL 数据等。

（2）Excel 文件：GL_ACCSUM、GL_ACCVOUCH、凭证库。

【实训内容】

1．记录数、凭证数验证

（1）验证“财务 SQL 数据”中的表 GL_ACCSUM 和 GL_ACCVOUCH 的记录数是否与原数据库一致。

（2）验证实训 1 所采集的 SQL 数据库“财务 SQL 数据”中的表 GL_ACCSUM 和 GL_ACCVOUCH 的凭证数是否与原数据库一致。

（3）分别利用 Excel 和数据库技术验证“财务 SQL 数据”中的表“凭证库”的凭证号是否存在断号、重号问题。

2．数据金额验证

（1）验证“财务 SQL 数据”中的表 GL_ACCVOUCH 的借贷累计发生额是否平衡。

（2）验证“财务 SQL 数据”中的表 GL_ACCSUM 中各月份期初总账科目借贷方是否平衡。

（3）验证“财务 SQL 数据”中的表 GL_ACCSUM 中各月份期末总账科目借贷方是否平衡。

（4）验证“财务 SQL 数据”中的表 GL_ACCSUM 的上下级科目余额是否相等。

【实训思考题】

1．写出数据验证所使用的方法（程序语句）及结果。

2．如何验证凭证库中凭证是否存在断号？

3．如何验证凭证库中凭证是否存在重号？

实训项目 3 审计数据分析

【实训目的】

（1）掌握账表分析的基本思路与方法。

（2）掌握经济指标分析的基本思路与方法。

（3）掌握数据分析的基本思路与方法。

（4）掌握回归分析的基本思路与方法。

【实训要求】

（1）运用账表分析法分析凭证库中相关科目数据是否合理。

（2）运用经济指标分析法分析企业资产变动、结构是否合理。

（3）运用回归分析法进行相关性分析，并进行分析预测。

（4）运用数据分析法对财务、业务数据进行分析。

【实训资料】

（1）SQL Server 数据库：财务 SQL 数据。

（2）Excel 文件：abc 公司凭证库、abc 公司报表分析、账表分析、销售成本回归分析等。

【实训内容】

（1）获取 SQL Server 数据库“财务 SQL 数据”的“凭证库”数据表，将其转化为 Excel 文件，利用账表分析法分析企业生产成本是否合理。

（2）利用经济指标分析法分析 abc 公司资产状况是否合理。

（3）利用回归分析法分析 abc 公司产品销售成本与生产工时之间是否存在相关性，并根据 2005 年各月生产工时预测 2005 年销售成本，分析是否合理。

（4）利用数值分析法分析“财务 SQL 数据”数据库的数据表 dispatchlist 中的单据是否存在断号现象。

（5）利用 Benford 定律分析“财务 SQL 数据”数据库的“凭证库”数据表的借方金额是否合理。

【实训思考题】

1．如何利用账表分析法分析审计数据？

2．如何利用经济指标分析法分析审计数据？

3．如何利用回归分析法分析审计数据？

4．如何利用数值分析法分析审计数据？

实训项目 4　Excel 审计应用

【实训目的】

（1）掌握 Excel 排序筛选和分类汇总技术在审计工作中的应用。

（2）掌握 Excel 公式函数在审计工作中的应用。

（3）掌握 Excel 审计复核的应用。

【实训要求】

（1）运用 Excel 审查科目总账数据与凭证及明细账数据是否一致。

（2）运用 Excel 查找销售发票连续编号的完整性。

（3）运用 Excel 审计大额其他应收款业务信息。

（4）运用 Excel 审查个人所得税计算是否符合税法有关规定。

【实训资料】

（1）Excel 文件：GL_ACCVOUCH、GL_ACCSUM、WA_GZDATA、发票审计、工资数据等。

（2）个人所得税相关法规文件（Word 文件）：中华人民共和国个人所得税法、中华人民共和国个人所得税法实施条例、三险一金相关规定等。

【实训内容】

（1）利用 Excel 审查工作表 GL_ACCVOUCH 和 GL_ACCSUM 中科目总账数据与凭证及明细账数据是否一致。

（2）利用 Excel 审查工作表 GL_ACCVOUCH 中大额其他应收款业务信息（大于 10 万）。

（3）审查“发票审计”文件中发票编号的连续性。

（4）利用 Excel 审查工资数据库中 WA_GZDATA 中个人所得税计算是否符合税法的有关规定。

① 利用 IF()函数正确判断并填充每名员工适合的个人所得税税率及速算扣除数。

② 个人所得税税率如表 8-1 所示。

表 8-1　工资、薪金所得税率表

级　次	应纳税所得额下限	应纳税所得额上限	税率（%）	速算扣除数
1	0.00	500.00	5.00	0
2	500.00	2000.00	10.00	25.00
3	2000.00	5000.00	15.00	125.00
4	5000.00	20000.00	20.00	375.00
5	20000.00	40000.00	25.00	1375.00
6	40000.00	60000.00	30.00	3375.00
7	60000.00	80000.00	35.00	6375.00
8	80000.00	100000.00	40.00	10375.00
9	100000.00		45.00	15375.00

【实训思考题】

1．在 Excel 中如何验证总账数据与明细账数据是否一致？

2．在 Excel 中如何验证个人所得税扣缴是否正确？

3．在 Excel 中如何利用 IF()函数开展审计数据分析？

实训项目 5　数据库技术审计应用

【实训目的】

（1）运用 Select 查询语句筛选审计线索。

（2）Select 查询语句在财务数据完整性校验中的运用。

（3）Select 查询语句在商业银行零售信贷审计中的运用。

（4）掌握各种数据库数据之间的转换处理。

【实训要求】

（1）熟练掌握 Select 查询语句在审计线索筛选中的应用。

（2）熟练运用 Select 查询语句审查财务数据的完整性。

（3）熟练运用 Select 查询语句审查商业银行零售信贷业务情况。

【实训资料】

（1）SQL Server 数据库：财务 SQL 数据、零售信贷案例数据等。

（2）Access 数据库：abc 公司财务数据、财务数据库等。

【实训内容】

（1）对 SQL Server 数据库“财务 SQL 数据”中凭证数据表 GL_ACCVOUCH 分别进行借、贷方发生额平衡性校验及凭证号连续性校验。

（2）对 SQL Server 数据库“财务 SQL 数据”中总账数据表 GL_ACCSUM 的借、贷方发生额是否平衡进行验证。

（3）对 SQL Server 数据库“财务 SQL 数据”中科目代码表 CODE 进行完整性验证。

（4）审查 SQL Server 数据库“零售信贷案例数据”中贷款余额和不良贷款余额的分布情况：正确计算各种贷款产品的贷款余额、正确筛选不良贷款、正确筛选不良贷款排行前 50 位的贷款户、检索一人多贷情况。

（5）对 SQL Server 数据库“零售信贷案例数据”进行住房贷款审计：正确检索短期“断供”情况。

（6）利用 SQL Server 数据库“财务 SQL 数据”中总账数据表 GL_ACCSUM 检查固定资产折旧计提是否正确。

（7）利用 SQL Server 数据库“财务 SQL 数据”中总账数据表 GL_ACCSUM 审查坏账准备计提是否合理。

（8）利用 SQL Server 数据库“财务 SQL 数据”中总账数据表 GL_ACCSUM 分析企业各月产品销售毛利率是否合理。

（9）利用 SQL Server 数据库“财务 SQL 数据”中凭证数据表 GL_ACCVOUCH 进行大额现金收支业务审查。

（10）将 SQL Server 数据库“财务 SQL 数据”转化为 Access 数据库。

（11）将 Access 数据库“abc 公司财务数据”转化为 SQL Server 数据库。

【实训思考题】

1. 在财务数据完整性校验审查中，如何正确定义 SQL 语句？

2. 针对各种审查情况如何编写 SQL 语句，举例说明。

实训项目 6　审前准备与项目管理

【实训目的】

（1）掌握审计软件中机构人员设置的基本方法。

（2）掌握审计项目的建立、审计组设置与工作分配。

（3）掌握审计软件中会计流处理的基本方法。

（4）掌握审计软件中审计项目的备份与恢复处理。

【实训要求】

（1）完成审计软件数据初始化处理。

（2）正确设置组织机构及审计组组建，合理进行工作分配。

（3）正确建立审计项目，并完成审计数据转换处理。

【实训资料】

（1）Access 数据库：时代集团(用友 850)案例数据。

（2）演示数据：ABC 审计项目“abc20050101-20051231”。

【实训内容】

（1）完成用友审易软件数据初始化处理。

（2）设置审计组织机构：合理虚构部门及人员设置。

（3）建立被审计单位信息项目“时代集团 20030101-20031231”，合理虚构有关内容，创建被审计单位。

（4）执行会计流处理，为时代集团项目进行数据转换（数据源位于 C:\UFSYA460\用友审计案例分析\时代集团（用友 850）案例数据.MDB）。

（5）用用友审易软件中提供的“abc”演示数据，完成对“abc20050101-20051231”项目的人员分配和工作分配。

（6）为项目“abc20050101-20051231”完成科目对应设置。

（7）对审计项目“abc20050101-20051231”进行备份与恢复处理。

【实训思考题】

1. 用友审计软件中角色是如何划分的？其操作权限有何差异？

2. 如何为审计项目设置操作员？

3. 用友审计软件中，如何进行会计流处理？

实训项目 7 审计查询

【实训目的】

（1）掌握审易软件审计预警处理的内容与方法。

（2）掌握审易软件财务账表查询的内容与方法。

（3）掌握审易软件审计查询工具的应用。

（4）掌握审计查询结果的存储方法。

【实训要求】

（1）正确运用审计预警工具筛选审计线索。

（2）利用财务账表查询功能对 ABC 审计项目进行财务账表操作。

（3）利用审计查询工具对 ABC 审计项目实施查询，寻找审计线索。

（4）正确掌握审计查询结果的存储方法。

【实训资料】

（1）演示数据：ABC 审计项目“abc20050101-20051231”。

（2）实训项目 6 的备份数据。

【实训内容】

（1）使用综合预警工具，分析 abc 公司 2005 年银行存款各月余额变化趋势，并将结果发送至工作底稿。

（2）使用金额预警工具，分析 abc 公司 2005 年 9 月大金额凭证情况，并将结果发送至工作底稿。

（3）使用摘要预警工具，分析 abc 公司凭证库，找出一些疑点字词，并将结果发送至工作底稿。

（4）检查 abc 公司凭证库，看看同天同类业务发生次数最多的是什么业务，并将结果发送至工作底稿。

（5）利用凭证查询工具，检查 abc 公司 2005 年凭证库中与“餐费”有关的凭证。

（6）查询 abc 公司 2005 年发生的金额在 10 万元以上的应付账款。

（7）查看 abc 公司总账科目各月发生额，要求只显示贷方金额。

（8）查看 abc 公司各月产品销售成本及其构成。

（9）利用收入支出表向导，查询 abc 公司 2005 年发生的所有营业外收入。

（10）利用科目与辅助核算工具，查询 abc 公司名称含“京”字的客户年末欠款情况。

（11）利用账龄分析工具，查询 abc 公司 2005 年年末应收账款的账龄情况。

（12）使用科目查询工具，导出并查看 abc 公司的总账数据。

（13）使用查账工具，在 abc 公司的电子账簿中，找到当月现金支出比较大的凭证。

（14）使用查询工具查看 abc 公司 2005 年度的收入支出汇总数据。

（15）使用查询工具检查 abc 公司大额成本与费用。

（16）使用查询工具，统计分析 abc 公司 2005 年凭证库情况。

【实训思考题】

1．审计人员如何利用审计查询功能筛查审计线索？

2．审计人员如何利用审计预警功能筛查审计线索？

实训项目 8　审计分析

【实训目的】

（1）掌握审计抽样处理。

（2）了解审计分析的基本方法。

（3）熟练掌握图形分析、负值分析、金额构成分析、科目比照分析工具。

（4）了解摘要汇总分析、金额构成分析、应收账款减少分析工具。

（5）能够使用报表公式向导编制并测试资产负债表。

（6）熟悉经济指标图形分析工具。

【实训要求】

（1）正确运用审计抽样功能实施审计抽样，并对审计抽样结果进行评价。

（2）能够使用审计分析工具查找审计线索，确定审计疑点。

【实训资料】

（1）演示数据：ABC 审计项目“abc20050101-20051231”。

（2）实训项目 7 的备份数据。

【实训内容】

（1）使用 PPS 抽样工具抽查 abc 公司发生的应收、应付账款的凭证。

（2）对比分析 abc 公司 2005 年产品销售收入与成本。

（3）审查分析 abc 公司预付货款的对方科目情况。

（4）对 abc 公司 2005 年的凭证进行负值分析。

（5）分析 abc 公司应收账款减少情况。

（6）分析 abc 公司 2005 年各月原材料所占产成品的比重。

（7）分析 abc 公司 2005 年凭证库中涉及银行存款科目的摘要分布情况，把贷方发生额最高的摘要放疑点字词库中。

（8）用报表公式向导编制 abc 公司 2005 年 9 月末的资产负债表（简表）。

（9）对比分析 abc 公司 2005 年流动比率、速动比率、资产负债率三项财务指标。

【实训思考题】

1．审计人员如何利用审计分析功能筛查审计线索？

2．审计人员应如何进行审计抽样？

3．进行审计判断，针对各实训内容结果，你得出什么结论？

实训项目 9　审计检查

【实训目的】

（1）掌握科目余额方向、科目变动、科目对冲的审计检查方法。

（2）熟练掌握科目额度、会计分录、开户行倒账的审计检查方法。
（3）掌握凭证查询、金额查询的方法。
（4）了解坏账准备检查的方法。

【实训要求】

能够使用审计检查工具查找审计线索，确定审计疑点。

【实训资料】

（1）演示数据：ABC 审计项目“abc20050101-20051231”。
（2）实训项目 8 的备份数据。

【实训内容】

（1）利用分录检查向导，检查 abc 公司是否存在将应收账款转固定资产的情况。
（2）利用科目额度检查工具，查看 abc 公司银行存款余额变化情况。
（3）利用科目变动检查工具，分析 abc 公司银行存款科目的变动情况。
（4）利用开户行倒账检查工具，分析 abc 公司 2005 年工商银行人民币账户与其他账户之间的倒账情况。
（5）利用凭证检查工具，检查 abc 公司 2005 年凭证库中与“手机”有关的凭证。
（6）利用余额查询工具，查询 abc 公司 2005 年发生的金额在 50 万元以上的应收账款。
（7）利用坏账准备检查工具，检查 abc 公司坏账准备金的计提情况。

【实训思考题】

1．审计人员如何利用审计检查功能筛查审计线索？
2．进行审计判断，针对各实训内容结果，你得出什么结论？

实训项目 10　审计记录与审计报告编制

【实训目的】

（1）掌握审计日记的编制方法。
（2）掌握审计工作底稿的应用技术，熟悉统计分录的编制方法。
（3）了解调整分录的编制方法和审定表的应用方法。
（4）能复核工作底稿，检查审计作业，编制审计报告。

【实训要求】

能够运用工作底稿平台完成工作底稿复核与审计报告的编制。

【实训资料】

（1）演示数据：ABC 审计项目“abc20050101-20051231”。
（2）实训项目 9 的备份数据。

【实训内容】

（1）为 abc 项目选择“通用（新）”底稿模板，并初始化，观察模板的变化。
（2）在底稿平台中，创建一个空白 Excel 底稿并建立关联关系。
（3）为项目组人员设置权限。
（4）编制一个审计日记，并创建关联底稿。

（5）编制一个审计工作底稿，添加统计分录。
（6）汇总审计成果统计分录。
（7）参考标准模板，为国家审计定制一套统计项目模板。
（8）编制调整分录，生成审定表，并输出成底稿。
（9）为 abc 项目编制一份审计报告。

【实训思考题】

1．审计人员如何利用工作底稿平台完成审计报告的编制？
2．为 ABC 审计项目编写一份完整的审计报告。

参考文献

[1] 陈福军，孙芳编著. 会计信息系统实务教程（第二版）. 北京：清华大学出版社，2010.

[2] 叶陈刚，李相志主编. 审计理论与实务（第二版）. 北京：中信出版社，2009.

[3] 陈伟，张金城编著. 计算机辅助审计原理与应用. 北京：清华大学出版社，2008.

[4] 邱银河，木南编著. 计算机审计实务操作. 北京：人民邮电出版社，2006.

[5] 刘汝卓等编著. 计算机审计技术和方法. 北京：清华大学出版社，2004.

[6] 苏运法，袁小勇，王海洪主编. 计算机审计. 北京：首都经济贸易大学出版社，2005.

[7] 郭宗文，张红卫，胡仁昱编著. 计算机审计. 北京：清华大学出版社，2005.

[8] 田芬主编. 计算机审计. 上海：复旦大学出版社，2007.

[9] 赵天希编著. 审计软件应用技术. 北京：高等教育出版社，2007.

[10] 中华人民共和国审计署《AO》研发项目组著. 现场审计实施系统实用手册（2005 版）. 北京：中国时代经济出版社，2005.

[11] 崔婕，姬昂等编著. Excel 在会计和财务中的应用（第二版）. 北京：清华大学出版社，2008.

[12] 李素平主编. 计算机审计实务问题释疑. 北京：经济管理出版社，2009.

[13] 董化礼，刘汝卓主编. 计算机审计案例选. 北京：清华大学出版社，2003.

[14] 董化礼，刘汝卓主编. 计算机审计数据采集与分析技术. 北京：清华大学出版社，2002.

[15] 杰诚文化编著. Excel 在财务管理中的应用. 北京：中国青年出版社，2005.

[16] 乔鹏，杨宝刚主编. 会计信息系统审计. 北京：科学出版社，2003.

[17] 胡玉明编著. 财务报表分析. 大连：东北财经大学出版社，2008.

[18] 张金城，黄作明. 信息系统审计. 北京：清华大学出版社，2009.

[19] 刘仲文，王海林编著. Excel 在财务、会计和审计中的应用. 北京：清华大学出版社，2005.

[20] 杨兵，肖燕松编著. Excel 财务管理高级应用. 北京：中国电力出版社，2005.

[21] 朱锦余主编. 审计（第二版）. 大连：东北财经大学出版社，2007.

[22] 周峰编著. SQL Server 2005 中文版关系数据库基础与实践教程. 北京：电子工业出版社，2006.

[23] 陈明编著. 数据库系统及应用：SQL Server 2000. 北京：清华大学出版社，2007.

[24] 刘德山，邹健主编. Visual FoxPro 6. 0 数据库技术与应用. 北京：人民邮电出版社，2009.

[25] 邵丽萍，王伟岭，朱红岩编著. Access 数据库技术与应用. 北京：清华大学出版社，2007.